职业教育电工电子类基本课程系列教材

Protel DXP 2004 基础与实训

李雪梅　白炽贵　主　编
李　冬　副主编
邓青川　李　敏　参　编

電子工業出版社
Publishing House of Electronics Industry
北京·BEIJING

内 容 简 介

本书是中等职业学校电子专业电子 CAD 教学的实训教材。本书以企业级 PCB 板产品开发实际过程为实训进程，以极具实用价值的单片机实验板、单片机开发板为实训项目，关注细节、操作细化，把学生的电子 CAD 学习过程，直接转化为工程项目技术运作过程。

本书以 Protel DXP 2004 SP2 作为技术平台，选用单片机实验板（由 STC89C52、MAX232、DS1302、AT24C02、DS18B20、HS0038、8 路发光二极管和两个继电器及两个 DIP20 接口组成）进行手动布线的单面型 PCB 图设计，选用单片机开发板（在实验板基础上扩充了“74HC138+74HC595”驱动的 16×16 点阵 LED 显示屏、一个 40DIP 接口和“LCD12864+LCD1602”接口）进行自动布线的双面型 PCB 板设计。

本书在电路板设计的实训力度上做了精心安排，把绘制原理图元件、绘制 PCB 元件、绘制原理图、绘制 PCB 图整合成了一个密不可分的系统工程，能让读者事半功倍地完成电路复杂的实用印制电路板设计。

本书配有教学指南、电子教案及习题解答。另外还提供 20 多个单片机实验板的验证程序和 10 组 LED 汉字动态显示程序，以满足读者在各方面的实用需求。有此需要的教师，请从出版社网站下载。

图书在版编目（CIP）数据

Protel DXP 2004 基础与实训 / 李雪梅，白炽贵主编. —北京：电子工业出版社，2014.6

职业教育电工电子类基本课程系列教材

ISBN 978-7-121-23288-6

Ⅰ.①P… Ⅱ.①李… ②白… Ⅲ.①印刷电路－计算机辅助设计－应用软件－中等专业学校－教材 Ⅳ.①TN410.2

中国版本图书馆 CIP 数据核字（2014）第 106871 号

策划编辑：杨宏利
责任编辑：杨宏利
印　　刷：北京虎彩文化传播有限公司
装　　订：北京虎彩文化传播有限公司
出版发行：电子工业出版社
　　　　　北京市海淀区万寿路 173 信箱　邮编 100036
开　　本：787×1 092　1/16　印张：20.75　字数：531.2 千字
版　　次：2014 年 6 月第 1 版
印　　次：2024 年 9 月第15 次印刷
定　　价：38.50 元

凡所购买电子工业出版社图书有缺损问题，请向购买书店调换。若书店售缺，请与本社发行部联系，联系及邮购电话：（010）88254888，88258888。

质量投诉请发邮件至 zlts@phei.com.cn，盗版侵权举报请发邮件至 dbqq@phei.com.cn。

本书咨询联系方式：（010）88254592，bain@phei.com.cn。

前　言

本书结合中等职业学校的教学实际，参照电子类专业相关教学指导意见，以培养学生的就业、创业能力为编写目标，以助推学生的“成功感”为教学理念，以学生完成产品级 PCB 板设计为教学目标，以单片机实验板、开发板为教学项目，以企业印制电路板开发设计工作流程为教学过程，章节内容以任务驱动的形式展开。

第 1 章，以 Protel DXP 2004 SP2 的安装、DXP 2004 的主界面浏览、项目文件及设计文件的建立为起步实训，引导读者尽快进入 DXP 2004 应用开发平台。

第 2 章，通过单片机实验板基本器件 STC89C52、MAX232、DS1302、AT24C02 和四位数码管等器件的原理图元件绘制，让读者熟练掌握基本的原理图元件设计方法和过程。

第 3 章，以四位数码管、小型继电器、小 6 脚开关等 8 个元件的封装绘制，进行 PCB 元件设计实训，能让读者牢固掌握基本的元件封装设计方法。

第 4 章，依照在原理图中，放置原理图元件及指派封装，放置导线，放置电源端口和网络标签的顺序，完成单片机学习板原理图设计任务。

第 5 章，用第 4 章所完成的原理图载入封装和网络，以手动布线方式完成单面型单片机实验板（由 STC89C52、MAX232、DS1302、AT24C02、DS18B20、HS0038、8 路发光二极管和两个继电器及两个 DIP20 接口组成）的 PCB 图绘制。

第 6 章，用层次原理图设计模式，完成单片机开发板（在实验板基础上扩充了“74HC138+74HC595”驱动的 16 × 16 点阵 LED 显示屏、一个 40DIP 接口和“LCD12864+LCD1602”接口）的双面型 PCB 图设计。

本书运用图和文本之间的互补关系，构建直观的学习实训环境，打造更好的“做中学，做中教”的教学场面。通过 500 多幅示例图片，以图导学，为学习提供高质量的技能细节图解，以图铺路，为实训铺垫操作流程，确保学生能成功完成产品级 PCB 图设计。学生按照本书实训所完成的单片机实验板和单片机开发板，可直接用于学生的单片机技术学习开发，可为本专业学生的单片机课程教学，提供有价值、有创意的学习平台，能让学生从中享受到极大的学习成就感。

本书由深圳市沙井职业高级中学李雪梅和重庆市綦江职业教育中心白炽贵任主编，由无锡工艺职业技术学院李冬任副主编。第 1 ~ 2 章由李雪梅编写，第 3、4 章由重庆市綦江职业教育中心邓青川、李敏编写，第 5 章由李冬编写，第 6 章由白炽贵编写。本书在编写过程中得到了重庆市綦江职业教育中心舒楚彪校长和电子专业全体教师的大力支持和精心指导。在此，特向他们表示衷心的感谢。由于编者水平有限，书中错误在所难免，恳请读者指正。

本书配有教学指南和电子教案及习题解答。另外还提供 20 多个单片机实验板的验证程序和 5 组 LED 汉字动态显示程序，以满足读者在各方面的实用需求。有此需要的教师，请从华信教育资源网下载（http://www.hxedu.com.cn）。

编者

2014 年 2 月

目　　录

第1章 DXP 2004系统安装与操作起步

Protel DXP 2004 是目前最为流行的 CAD 软件之一。它功能强大，易学好用，能让初学者很快入门并能用其完成商业级电路板设计。为行文方便，下面把 Protel DXP 2004 简称为 DXP 2004。

本书以 DXP 2004 SP2 为实训平台，引导读者从零起步，以单片机实验板、单片机开发板这两块电路板的 PCB 图设计为任务，直接进入印制电路板产品开发设计实训。

1.1 DXP 2004 系统安装

1.1.1 安装 DXP 2004 软件

DXP 2004 这款 CAD 软件的安装非常容易。把 DXP 2004 的第一张安装光盘放入光驱，安装光盘就会自动运行其安装程序，如果其安装光盘没能自动运行安装程序，则须用鼠标左键双击光盘 Setup 文件夹中的 Setup 文件（该安装文件的图标中有光盘图样）以执行安装程序。安装程序一运行就会出现如图 1-1 所示的欢迎界面。

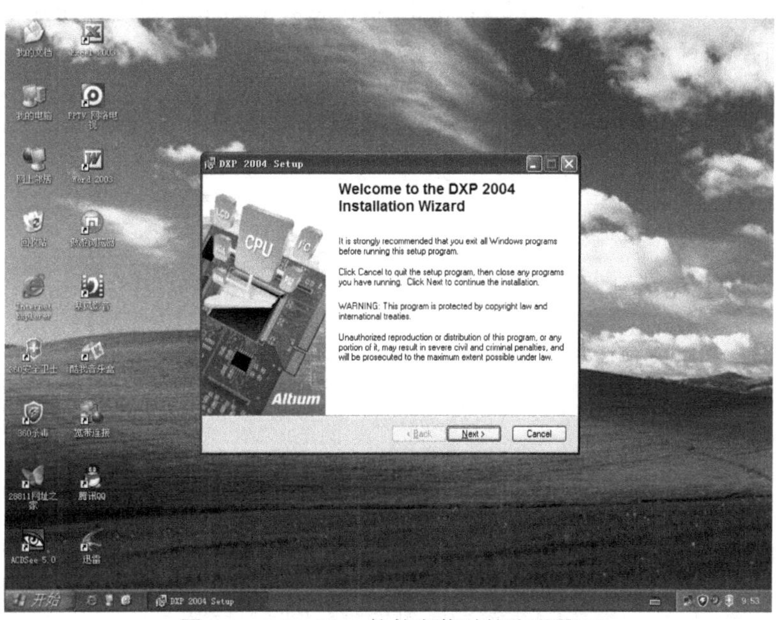

图 1-1 DXP 2004 软件安装时的欢迎界面

下面，我们要一步一步地完成 DXP 2004 软件的安装。为行文方便，对鼠标操作，本书做如下约定：

① 鼠标单击：将鼠标光标移到对象上，按下鼠标左键后立即放开。

② 鼠标双击：将鼠标光标移到对象上，迅速按放两次鼠标左键。

③ 鼠标右击：将鼠标光标移到对象上，按下鼠标右键后立即放开。

④ 鼠标拖动：先将鼠标光标移到对象上，然后按下鼠标左键不放开而移动鼠标。

⑤ 鼠标指向：将鼠标光标移到对象上。

另外，本书也经常把“鼠标单击”简称为“单击”，把“鼠标双击”简称为“双击”，把“鼠标右击”简称为“右击”，请读者根据具体上下文做相应理解。

在如图 1-1 所示界面中，单击“Next”按钮，安装进入下一步，如图 1-2 所示。

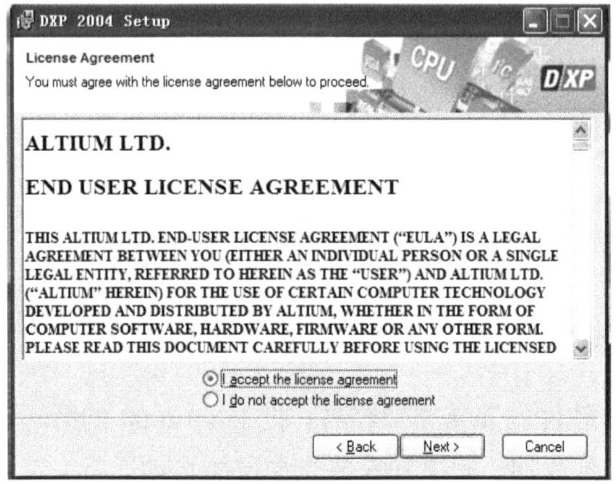

图 1-2 接受 DXP 2004 安装协议操作界面

在如图 1-2 所示界面中，选择“I accept the license agreement”单选按钮并单击“Next”按钮，安装进入下一步。此时，需要输入用户及公司名称，如图 1-3 所示。

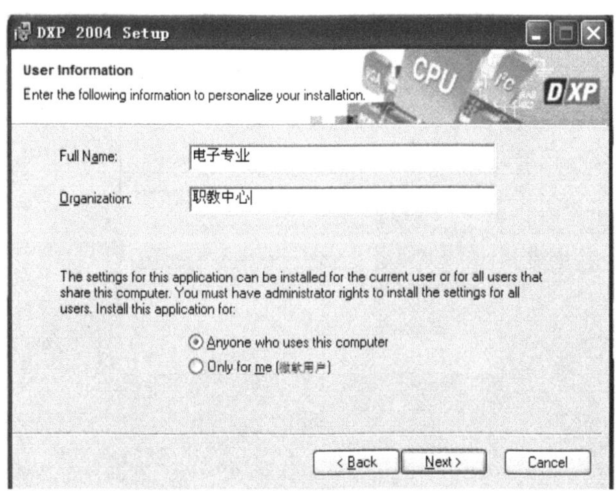

图 1-3 输入用户名和公司名称操作图示

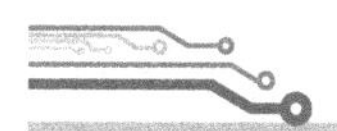

在如图 1-3 所示界面中单击“Next”按钮，安装进入下一步，为系统确认安装路径，这里采用默认路径，如图 1-4 所示。

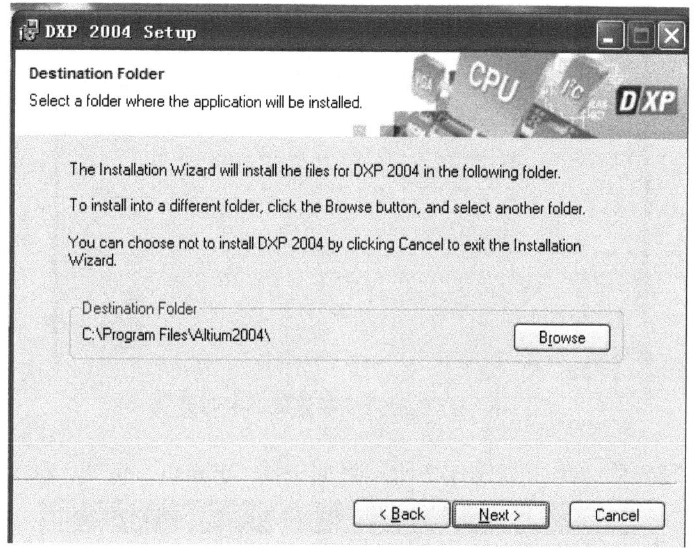

图 1-4　DXP 2004 安装路径确认操作图示

在如图 1-4 所示界面中单击“Next”按钮，安装进入下一步，系统完成准备工作，如图 1-5 所示。

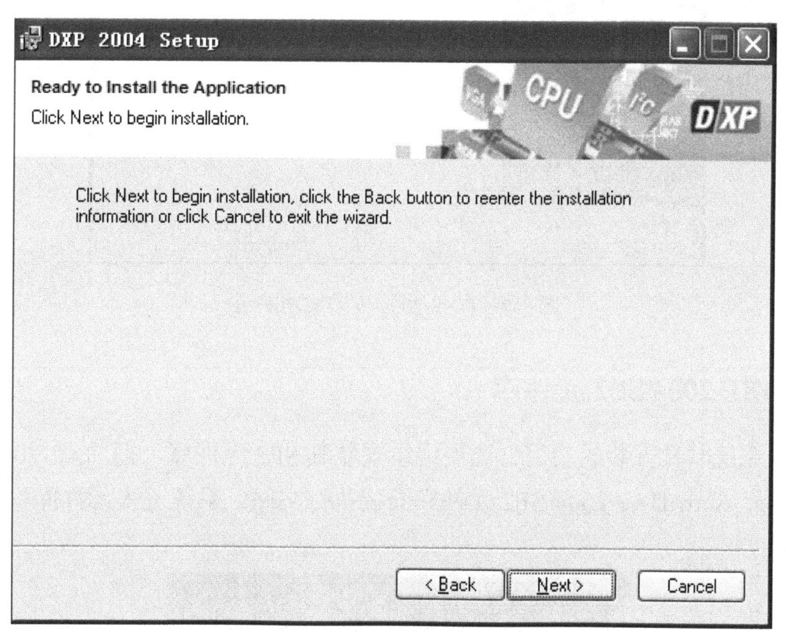

图 1-5　安装准备完毕图示

在如图 1-5 所示界面中单击“Next”按钮，系统开始安装软件，并用进度条实时显示安装进度，如图 1-6 所示。

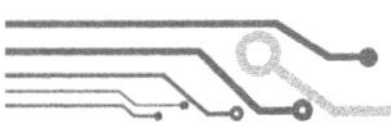

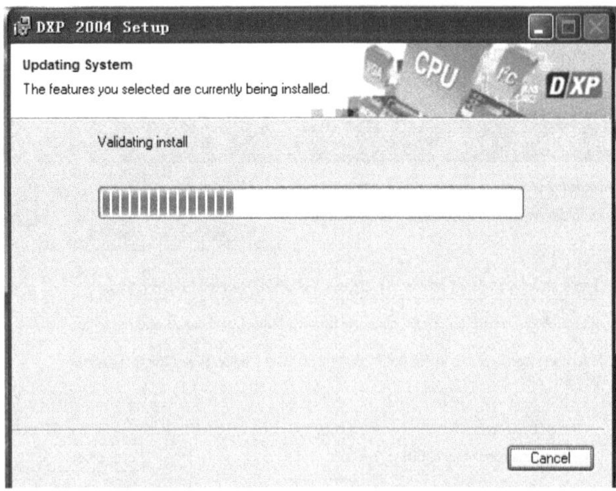

图 1-6 DXP 2004 安装进度的实时显示

安装进度显示完毕后，单击如图 1-7 所示界面中的“Finish”按钮，确认安装成功。

图 1-7 DXP 2004 安装成功图示

1.1.2 安装 DXP 2004 SP2 元件库

DXP 2004 系统软件安装成功后，还要继续安装其 SP2 元件库。把 DXP 2004 的第二张安装光盘放入光驱，双击 DXP 2004 SP2 元件库安装执行文件，系统进入元件库安装向导界面，如图 1-8 所示。

图 1-8 SP2 元件库安装向导界面

安装向导运行后，安装过程进入如图 1-9 所示的安装协议确认界面。

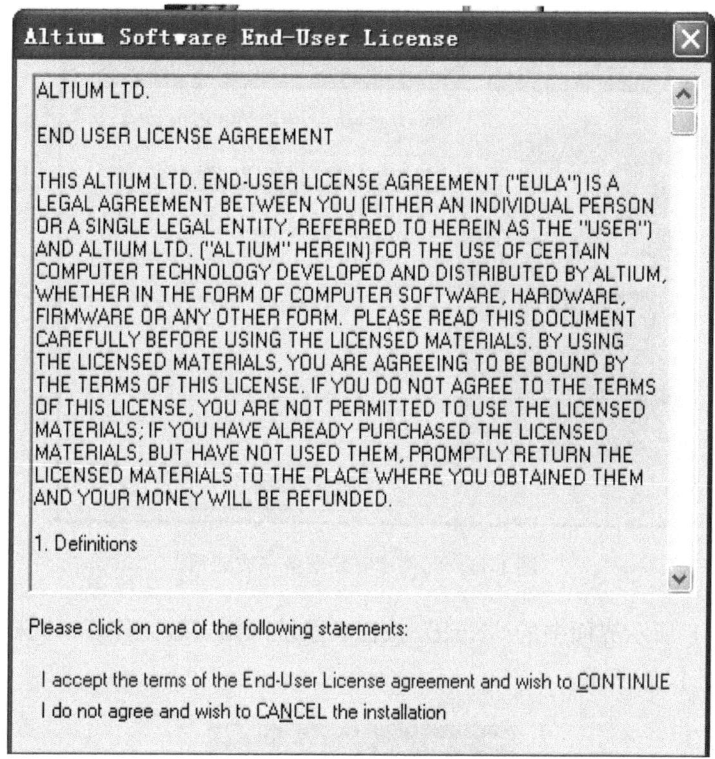

图 1-9　安装协议确认图示

在如图 1-9 所示界面中单击“I accept the terms of the End-User License agreement and wish to CONTINUE”选项，安装过程进入如图 1-10 所示的元件库安装路径选择界面。

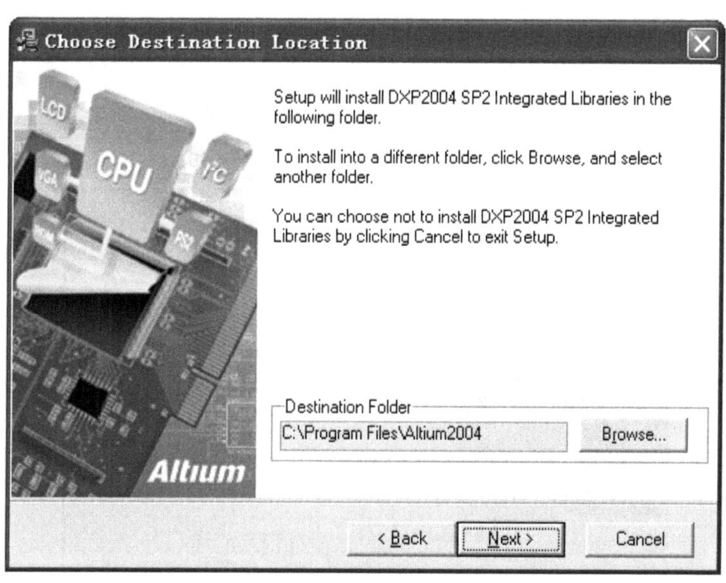

图 1-10　SP2 元件库安装路径确认图示

单击如图 1-10 所示界面中的“Next”按钮，安装过程进入如图 1-11 所示的安装准备完成界面。

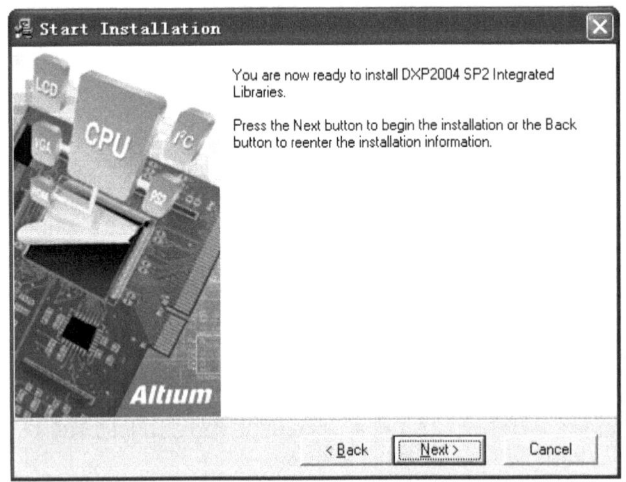

图 1-11　元件库安装准备完成图示

单击如图 1-11 所示界面中的“Next”按钮，系统开始安装元件库，同样用进度条实时显示安装进度，如图 1-12 所示。

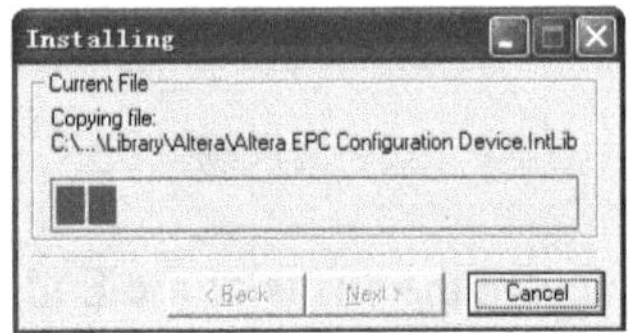

图 1-12　SP2 元件库安装进度的实时显示

安装进度显示完毕后，单击如图 1-13 所示界面中的“Finish”按钮，确认安装成功。

图 1-13　SP2 元件库安装成功图示

1.1.3　安装 DXP 2004 SP2 补丁

下面，还要安装 DXP 2004 SP2 补丁。双击第二张光盘中的 SP2 补丁安装执行文件，系统进入如图 1-14 所示的 SP2 补丁安装向导界面。

安装向导运行后，安装过程进入如图 1-15 所示的安装协议确认界面。

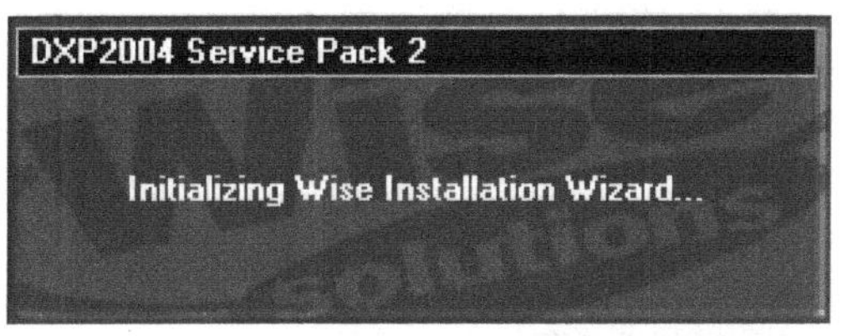

图 1-14　SP2 补丁安装向导图示

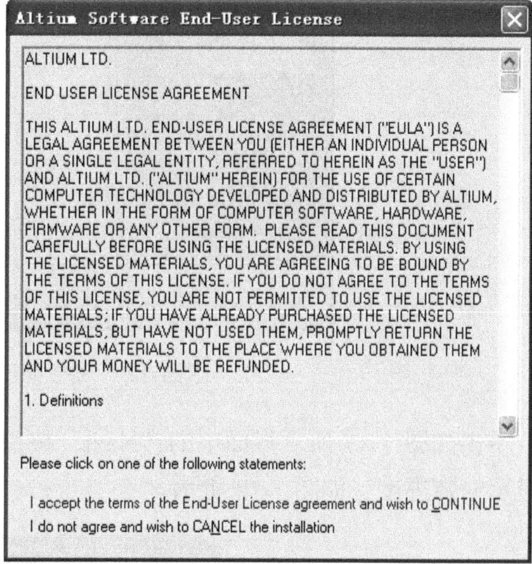

图 1-15　安装协议确认图示

在如图 1-15 所示界面中单击“I accept the terms of the End-User License agreement and wish to CONTINUE”选项，安装过程进入如图 1-16 所示的 SP2 补丁安装路径选择界面。

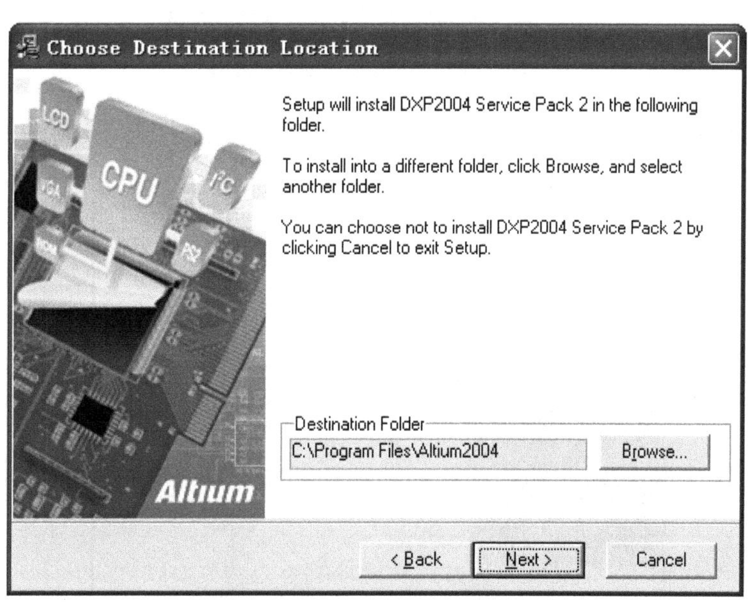

图 1-16　SP2 补丁安装路径选择图示

单击如图 1-16 所示界面中的“Next”按钮，安装过程进入如图 1-17 所示的安装准备完成界面。

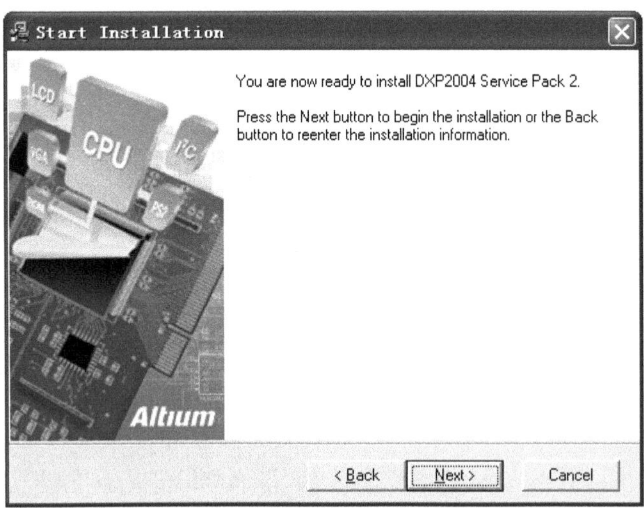

图 1-17　SP2 补丁安装准备完成图示

单击如图 1-17 所示界面中的“Next”按钮，系统开始安装 SP2 补丁，也同样用进度条实时显示安装进度，如图 1-18 所示。

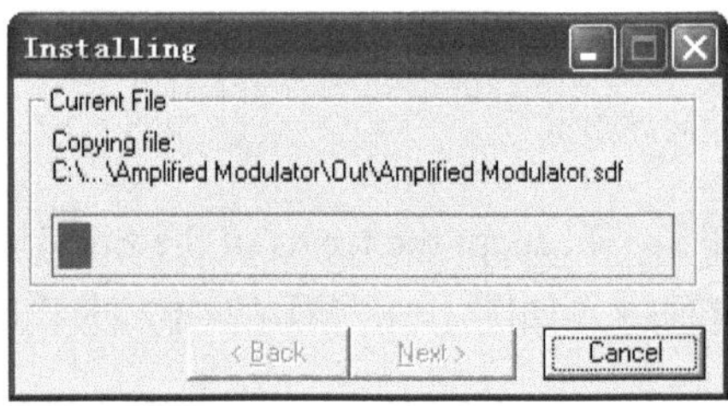

图 1-18　SP2 补丁安装进度的实时显示

安装进度显示完毕后，单击如图 1-19 所示界面中的“Finish”按钮，确认安装成功。

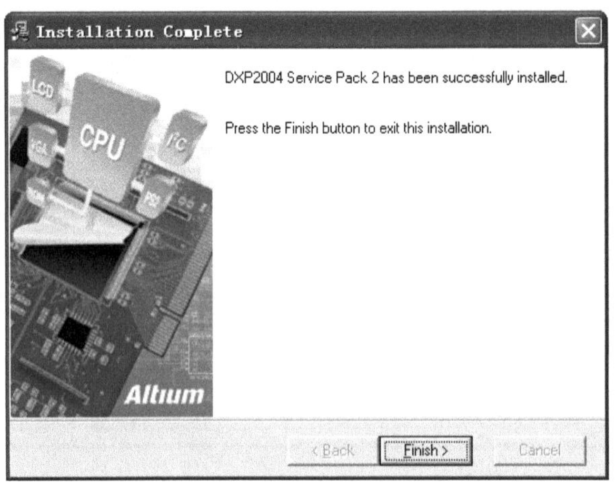

图 1-19　SP2 补丁安装成功图示

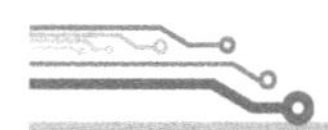

完成这三个安装过程后，就完成了 DXP 2004 整个系统的安装。

1.1.4　启用 DXP 2004 中文界面和激活使用许可

单击 Windows 桌面上的“开始”按钮，然后依次单击“所有程序”→“Altium”→“DXP 2004”菜单命令，如图 1-20 所示。

图 1-20　启动 DXP 2004 的操作图示

在如图 1-20 所示的菜单操作完成后，DXP 2004 就会弹出启动界面，如图 1-21 所示。

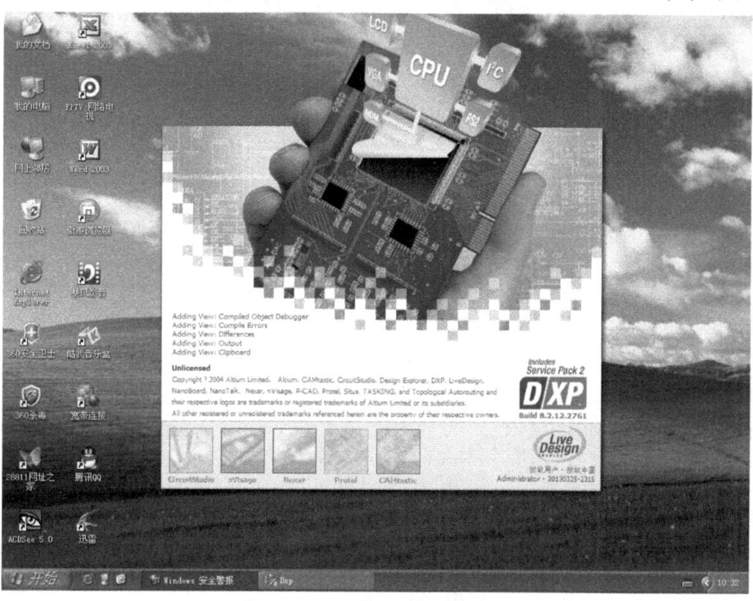

图 1-21　DXP 2004 的启动界面

DXP 2004 启动完成后会进入其设计环境的初始界面，如图 1-22 所示。

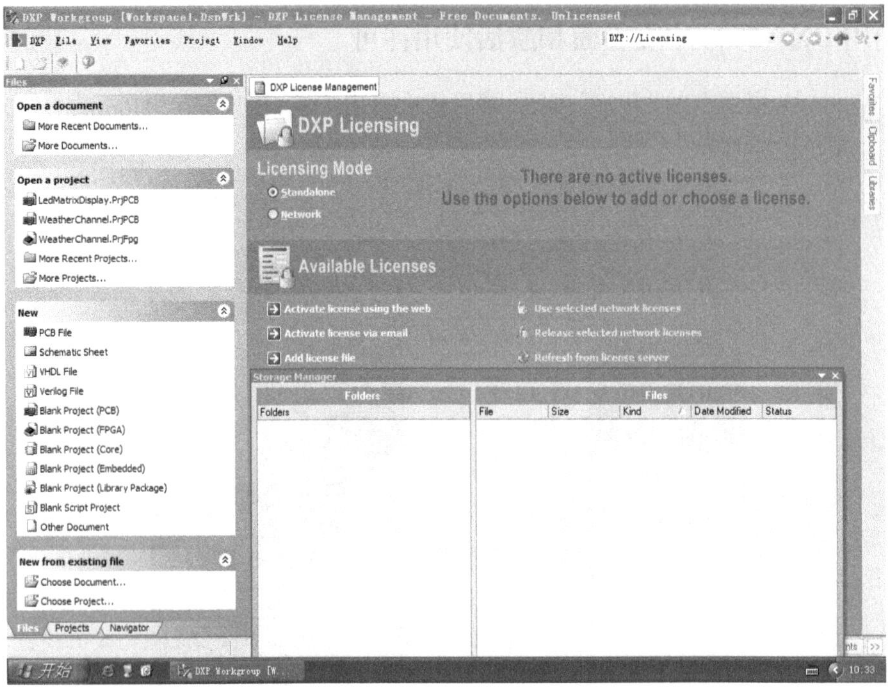

图 1-22　DXP 2004 设计环境的初始界面

由图 1-22 可知，DXP 2004 运行环境默认界面为英文，但它也支持中文。中英文界面切换的操作是，单击菜单栏中的“DXP”→“Preferences”命令，如图 1-23 所示。

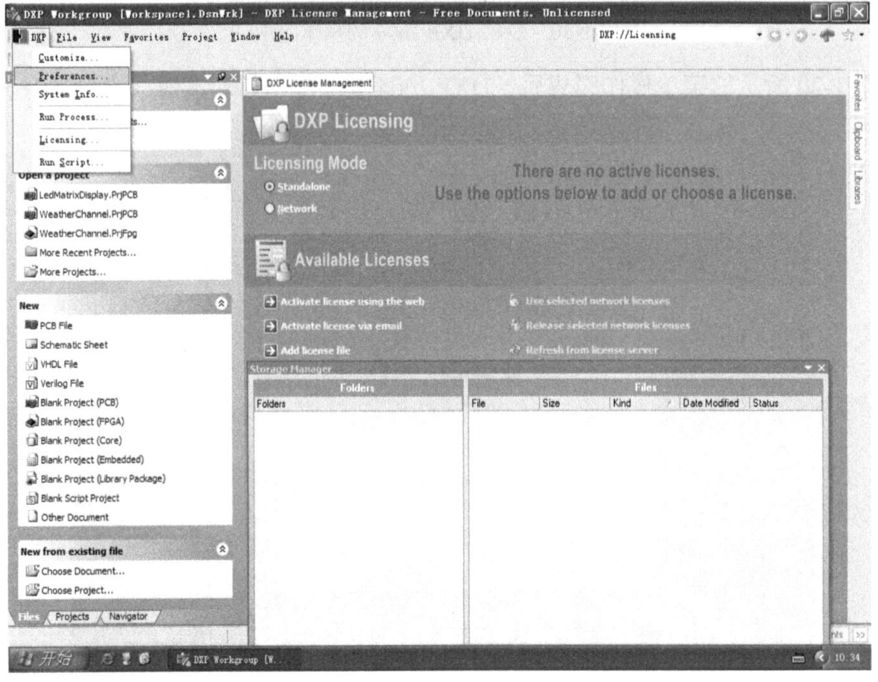

图 1-23　中英文界面切换的菜单操作图示

菜单操作执行后，系统会弹出“Preferences”对话框，在对话框左侧依次单击“DXP System”→“General”选项，在右侧下方的“Localization”选项组中选中“Use localized resources”复选框，选中后系统又弹出“DXP Warning”对话框，如图 1-24 所示。

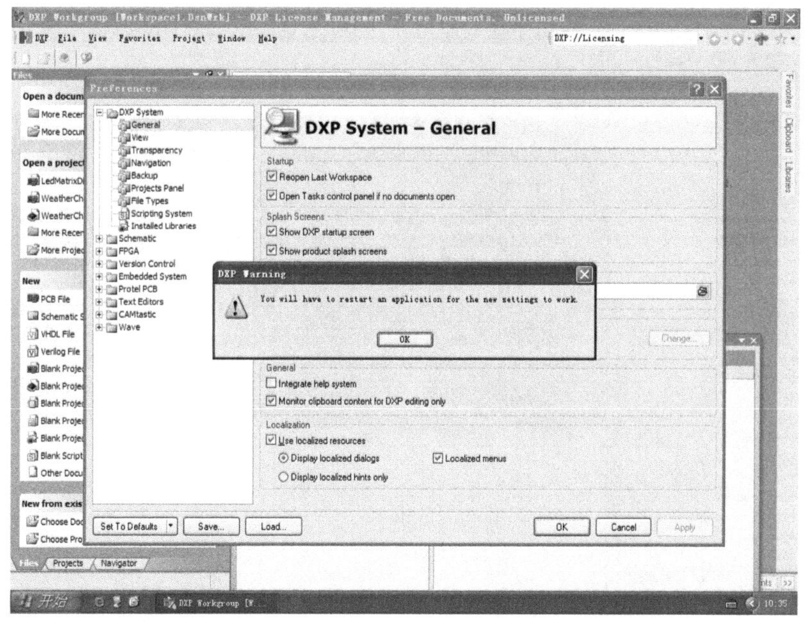

图 1-24　DXP 2004 中英文界面的切换设置操作图示

依次单击如图 1-24 所示界面中的上下两层的“OK”按钮，然后再单击 DXP 2004 主界面右上角上的“×”（关闭）按钮，退出 DXP 2004 的运行状态后，再重新启动 DXP 2004，系统就会显示中文界面。

按如图 1-20 所示方法，重新启动 DXP 2004，系统已显示中文界面，如图 1-25 所示。

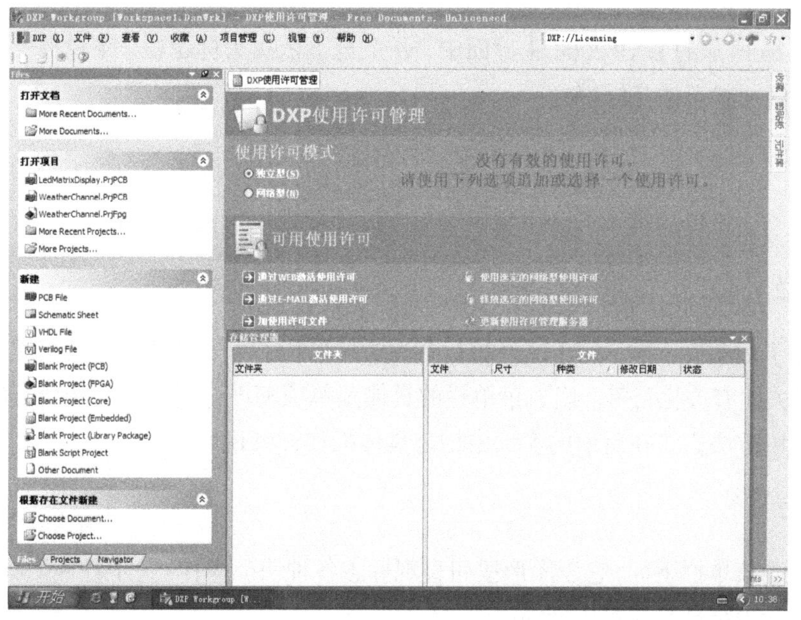

图 1-25　DXP 2004 设计环境的中文界面

由图 1-25 可知，要获得该软件的使用许可，DXP 2004 才能正常运行。请读者按照安装光盘中说明的方法，追加一个使用许可，从而激活 DXP 2004 系统软件。

激活成功后的 DXP 2004 初始主界面如图 1-26 所示。

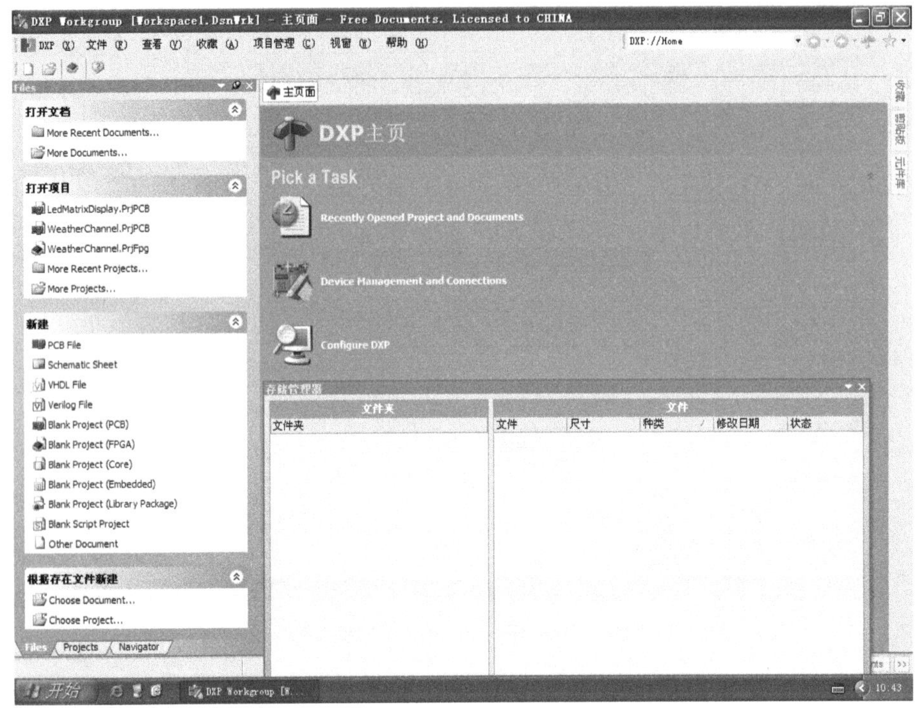

图 1-26　激活成功后的 DXP 2004 初始主界面

1.1.5　DXP 2004 主窗口简介

在如图 1-26 所示的 DXP 2004 主界面中，从上至下依次为标题栏、菜单栏、工具栏、工作区面板与工作区、状态栏与标签栏。

1. 标题栏

标题栏位于主窗口的第 1 行，主要用于显示设计项目中的文档名称。

2. 菜单栏

菜单栏位于标题栏下面，用于选择执行各种需要的操作，如打开或保存文件、放置或删除元件、显示或关闭有关栏目等。组成菜单栏的具体菜单项随设计界面的改变会有所不同。关于各项菜单的使用方法，将在后面的实训中结合具体操作详细说明。

3. 工具栏

工具栏位于菜单栏下面，它以图形按钮直观标志各种快捷操作。关于各种工具的使用方法，将在后面的实训中结合具体操作详细说明。

4. 工作区面板和工作区

工作区面板与工作区位于工具栏下面，占据了主窗口的绝大部分。在图 1-26 中，左边窗格称为工作区面板（下面，工作区面板简称工作面板），右边的窗格称为工作区。

（1）工作面板

DXP 2004 设计环境中安排了众多的工作面板，使用工作面板，可以方便地管理项目文件、浏览元件库、查找和编辑相关对象。工作面板可分为左、右面板组。

在图 1-26 中，左边面板组处于锁定显示方式，系统此时默认显示的是左边面板组中的文件（Files）面板，在左边面板最下边，显示出三个面板标签。其中，文件面板标签处于选中状态。若单击另一个面板标签，就切换为另一个面板显示。在其他设计界面中，左边面板组中的面板个数将有所增加。右边面板组处于自动隐藏状态，它的三个面板标签（收藏、剪贴板、元件库）竖向显示于工作区右边沿。若将鼠标光标指在“元件库”标签上，元件库面板就会自动弹出来显示，若再将光标从该面板上移开，该面板又会自动隐藏。

在工作面板的右上角从左至右依次有三个图标：▼， ，×。单击左边那个图标，系统就弹出关于工作面板组中所有面板标签的下拉列表框，从中可选出所需的工作面板；单击中间那个图标，工作面板就在锁定显示方式与自动隐藏方式之间切换， 为锁定显示标记， 为自动隐藏方式标记；单击右边那个图标，系统就关闭该组工作面板。

另外，在如图 1-26 所示界面中，工作区下边还有一组面板，其“存储管理器”面板可用来查看在项目设计过程中相关设计文件的名称、尺寸、处理日期等。但这组面板只能打开或关闭，不能自动隐藏。一般地，我们可以不使用这组面板而将其关闭。关闭了这组面板后的主窗口如图 1-27 所示。

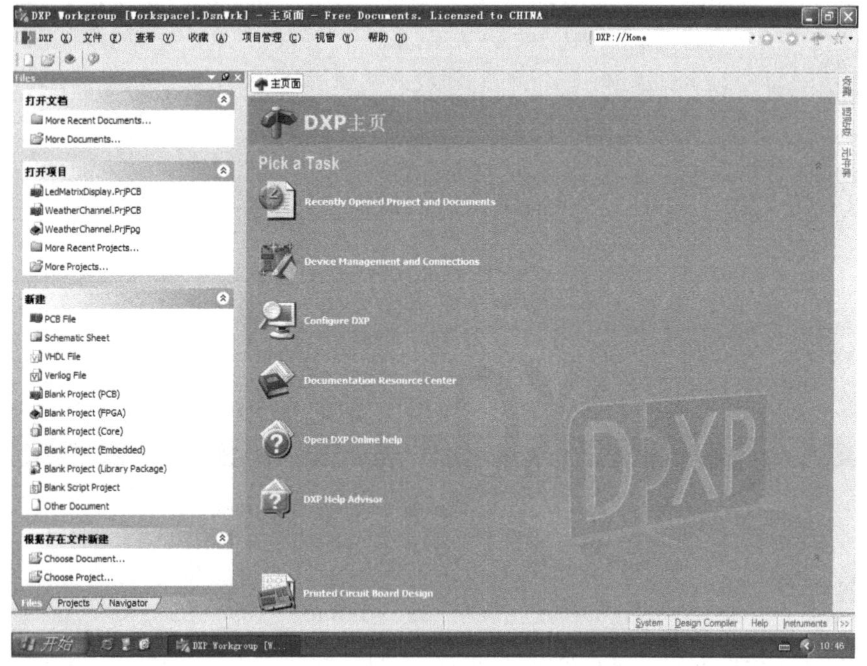

图 1-27　关闭了“存储管理器”面板后的主窗口图示

（2）工作区

工作区中的显示内容与其所处的设计环境相关，可通过工作区的选项卡（选项卡将在下节说明）进行切换。在图 1-27 中，工作区默认显示的是主页面。一般地，我们可以不使用这个主页面去进行相关操作。工作区的主要作用是用来绘图，DXP 2004 中各种图纸都在工作区中进行绘制。

（3）工作面板的显示切换

左、右两边的工作面板，给 DXP 2004 各种设计环境下的设计操作都带来了极大方便。如果需要，两边的工作面板可以同时为锁定显示方式，也可以同为自动隐藏方式，两边的工作面板都可以任意关闭。如果我们需要的工作面板被关闭了，还可用菜单操作将其恢复。如图 1-28 所示，左右两边的工作面板都已经关闭，依次单击“查看”→“桌面布局”→“Default”命令，主窗口就恢复为默认界面显示。此时，左边工作面板为锁定显示方式，右边工作面板为自动隐藏方式，如图 1-29 所示。

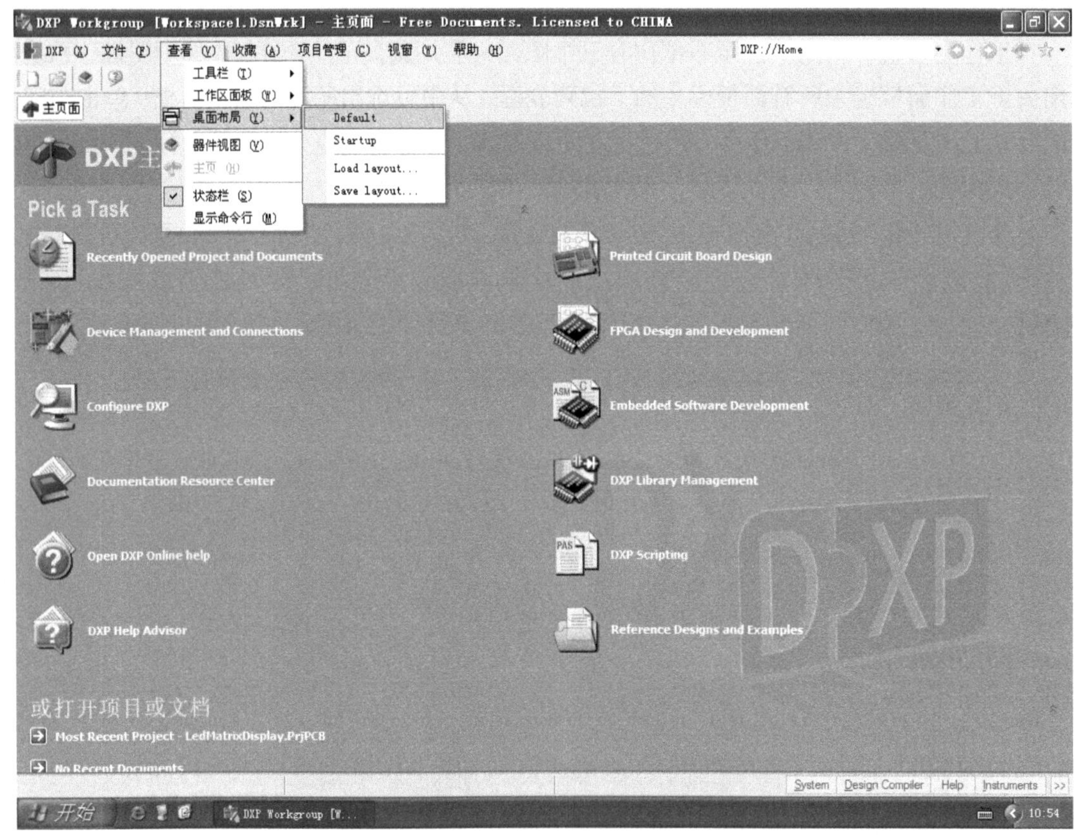

图 1-28　恢复工作面板显示的菜单操作图示

5. 标签栏

标签栏位于工作区的右下方，这些标签可用来打开前面所讲过的各种面板和其他面板。

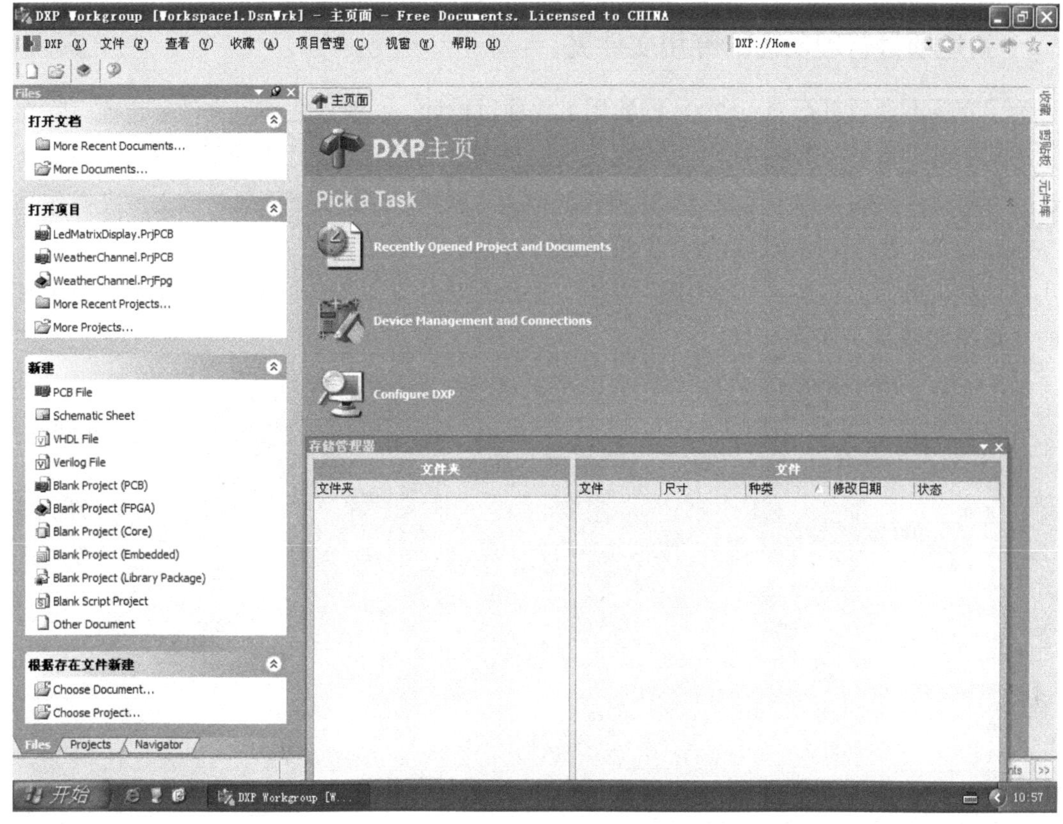

图 1-29　DXP 2004 主窗口的默认显示界面

6. 状态栏和命令行栏

状态栏在工作区左下方，可用来指示绘图时鼠标箭头所处的位置坐标及移动时的最小移动间距。命令行栏在状态栏的下方，用来显示正在执行的命令。这两栏都可用“查看”菜单下的相应子菜单（“状态栏”或“显示命令行”）打开或关闭。

1.2　DXP 2004 操作起步

1.2.1　DXP 2004 的项目管理机制

在 DXP 2004 中，任何一个工程设计都是以项目的形式来进行组织和管理的。DXP 2004 工程设计的一般步骤是先创建一个项目文件，用来代表一个工程项目，然后再在这个项目中创建各种设计文件。项目文件用来管理工程设计中各个设计文件之间的逻辑关系，但不将各个设计文件包含在内，即在磁盘文件结构上，项目文件与其他设计文件的地位是平等的，没有管理与被管理的层次差别。

1.2.2　新建项目管理所需的专用文件夹

为了有条不紊地进行 DXP 2004 的实用工程项目设计，一般应在项目文件创建前，先在计算机的某个逻辑盘上，新建一个专用文件夹，以存放该工程项目设计中的所有设计文件。新建的这一专用文件夹的名称，最好与工程项目的称谓有联系。注意，下面的新建文件夹操作是在以 Windows XP 为操作系统的计算机上进行的。

在计算机桌面上右击“我的电脑”图标，系统弹出快捷菜单，如图 1-30 所示。再单击其中的“资源管理器”命令。

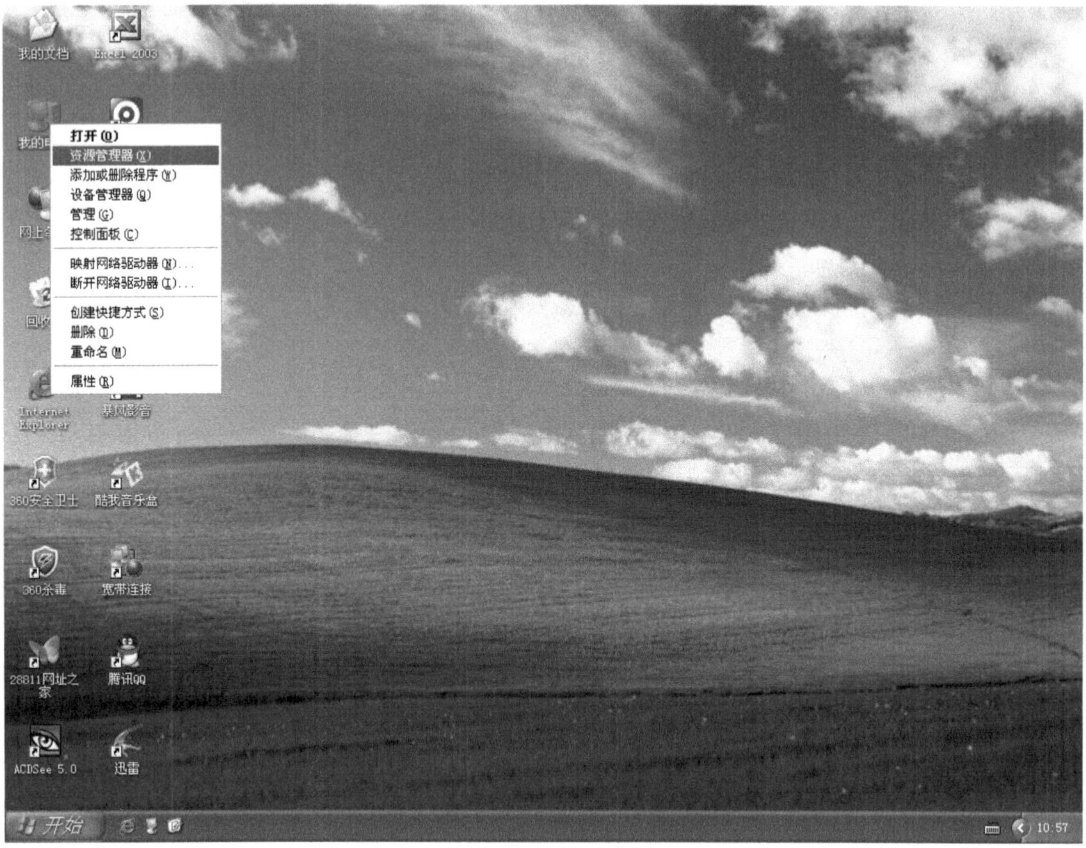

图 1-30　打开“资源管理器”操作图示

打开“资源管理器”后，展开“我的电脑”，单击“本地磁盘（D:）”，再在右边空白处右击，系统弹出快捷菜单，再单击其中的“新建”菜单项，然后再单击第二级菜单中的“文件夹”菜单项，如图 1-31 所示。

新建文件夹菜单的单击操作完毕后，系统就在右边空白处弹出一个名为“新建文件夹”的文件夹图标，此时，可把这个文件夹名更改为“DXP2004 实训”，如图 1-32 所示。

图 1-31　新建专用文件夹的操作图示

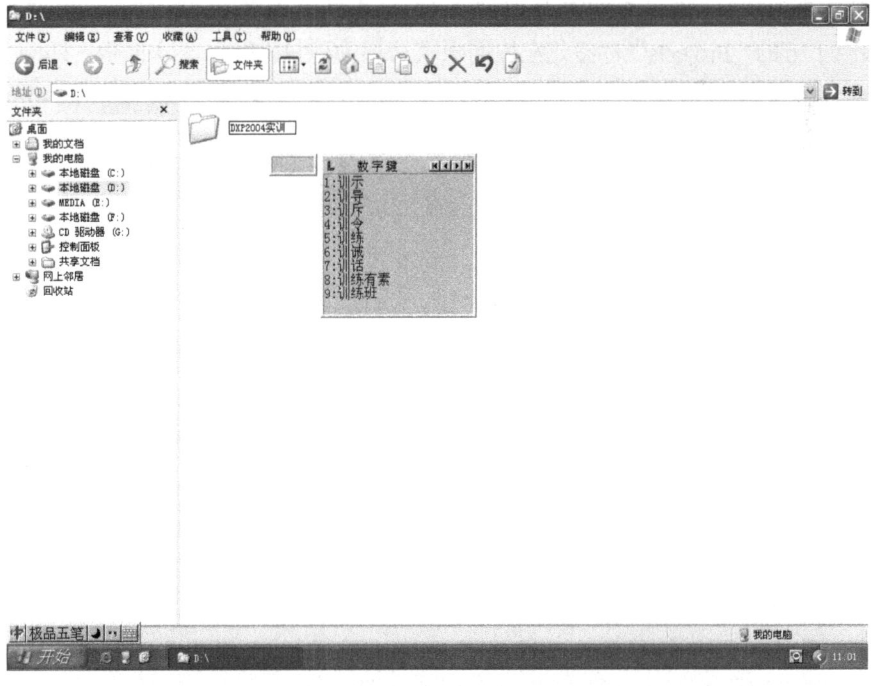

图 1-32　新建“DXP2004 实训”专用文件夹操作图示

按本书安排进行的所有实训而得的全部设计文件，都将存放在这个“DXP2004 实训”文件夹中。

1.2.3 创建项目文件

在桌面上依次单击“开始”→“所有程序”→“Altium”→“DXP 2004”，如图 1-33 所示。

图 1-33 用“开始”菜单启动 DXP 2004 的操作图示

DXP 2004 被启动后，就进入如图 1-29 所示的 DXP 2004 主窗口。在如图 1-29 所示界面中单击左边面板组下方的“Projects”标签，左边面板就切换为项目（Projects）面板，如图 1-34 所示。

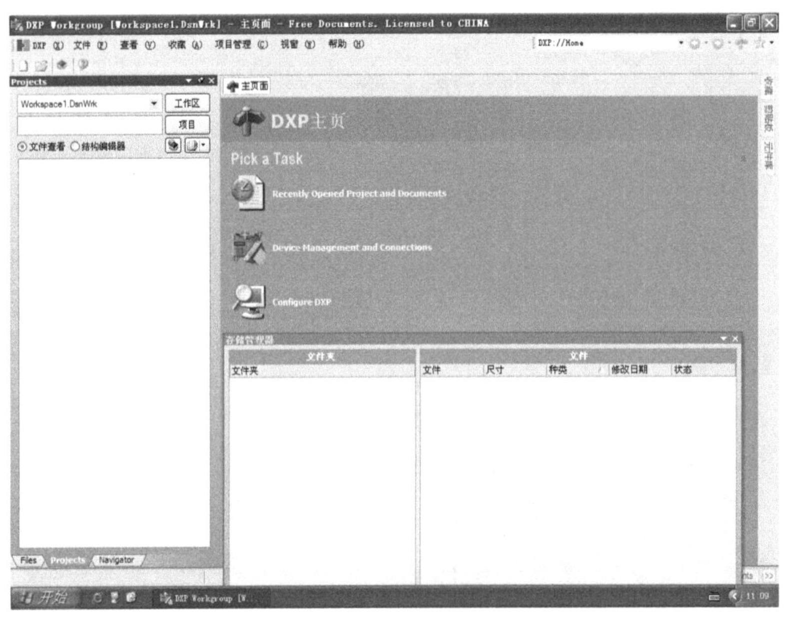

图 1-34 没有项目文件的项目面板图示

在如图 1-34 所示界面中，依次单击菜单“文件”→“创建”→“项目”→“PCB 项目”，如图 1-35 所示。

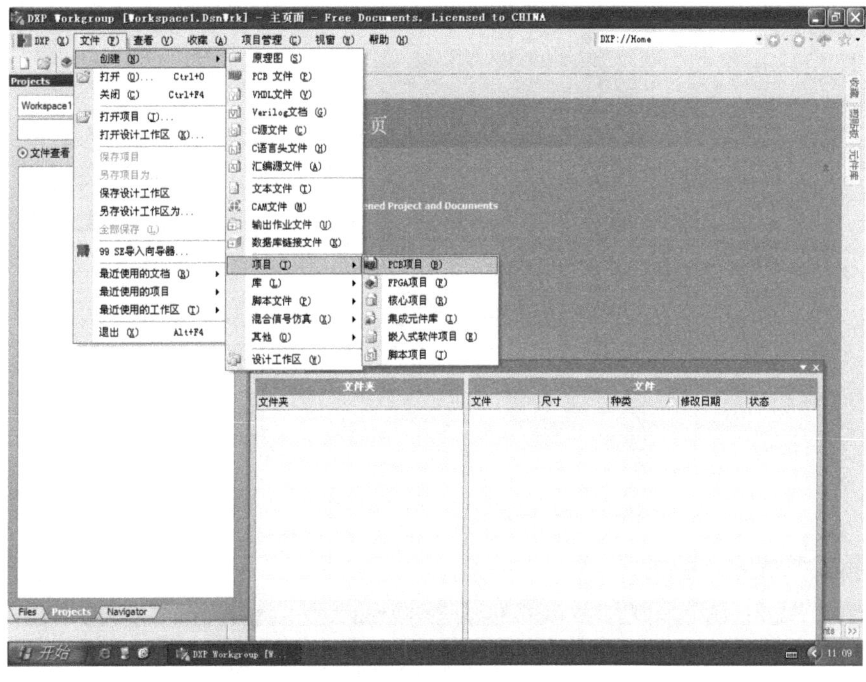

图 1-35　创建 PCB 项目文件的菜单操作图示

在如图 1-35 所示界面中三级菜单的单击操作完毕后，项目面板中就会显示出所创建的该项目文件，如图 1-36 所示。

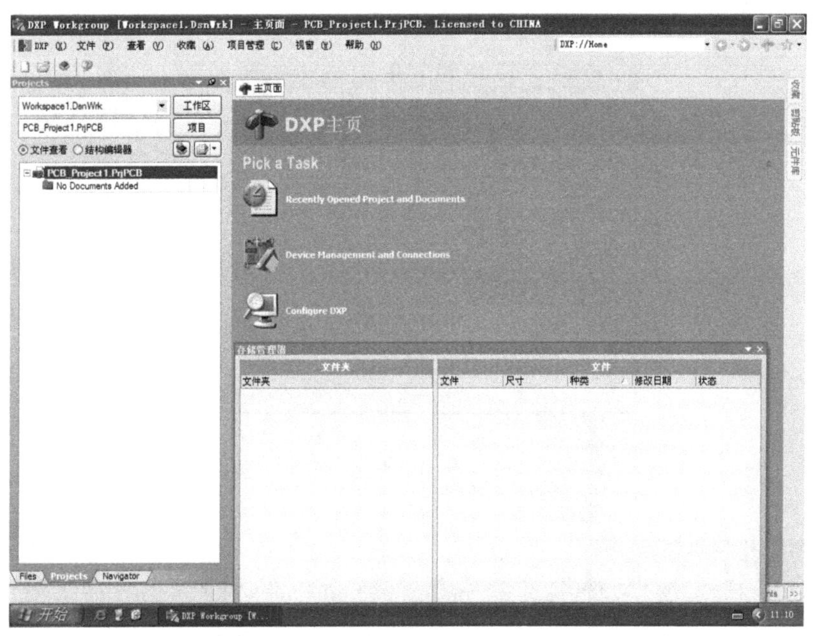

图 1-36　创建了项目文件后的主窗口图示

在如图 1-36 所示界面中，依次单击菜单“文件”→“保存项目”，如图 1-37 所示。

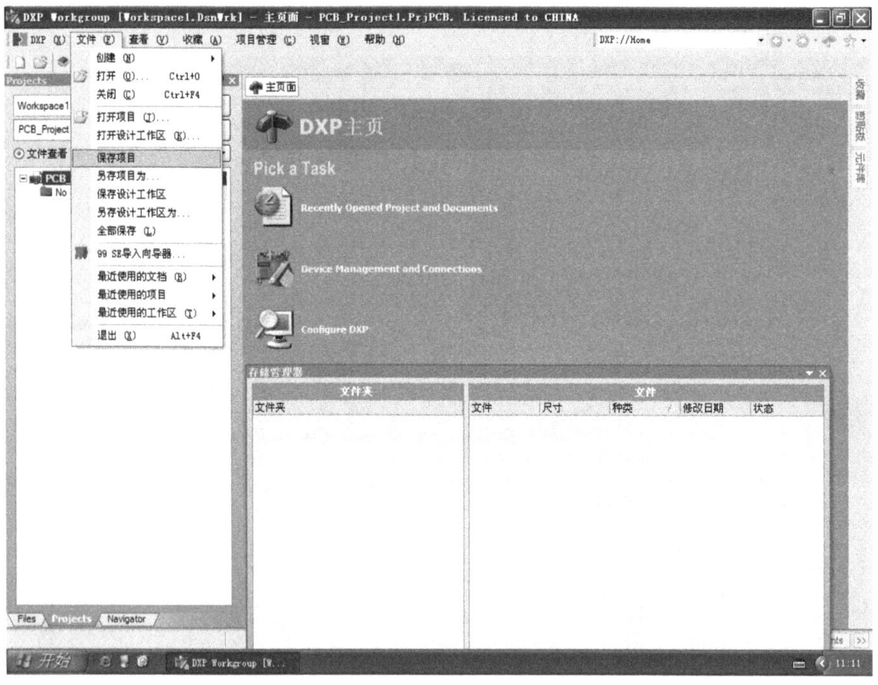

图 1-37　保存所创建项目文件的菜单操作图示

单击“保存项目”菜单项后，系统就弹出“Save[PCB_Project1.PrjPCB]As”对话框，如图 1-38 所示。

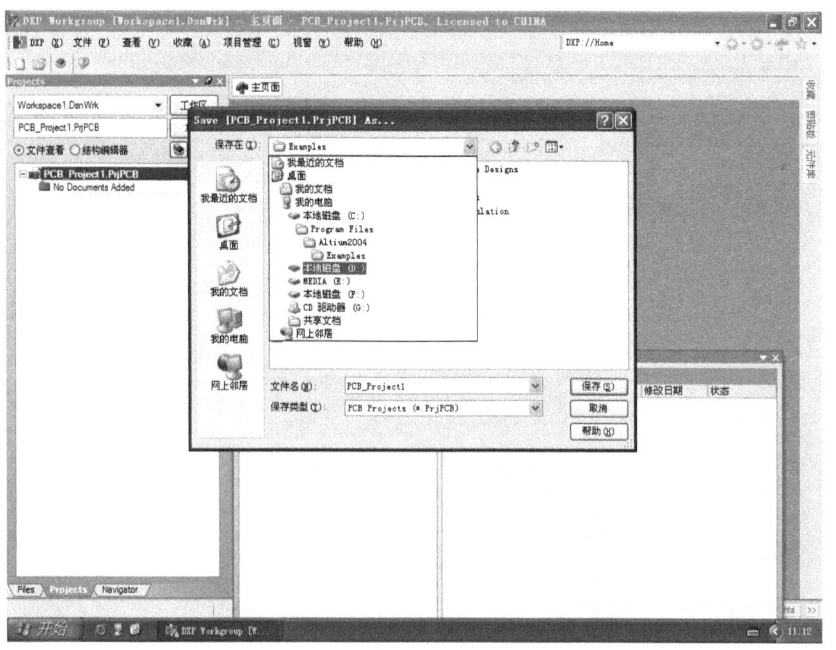

图 1-38　保存项目文件的对话框操作图示

在对话框的"保存在"下拉列表框中，先选择"本地磁盘(D)"，再在D盘中选择"DXP2004实训"文件夹。然后用系统默认的文件名和保存类型来保存，如图1-39所示。

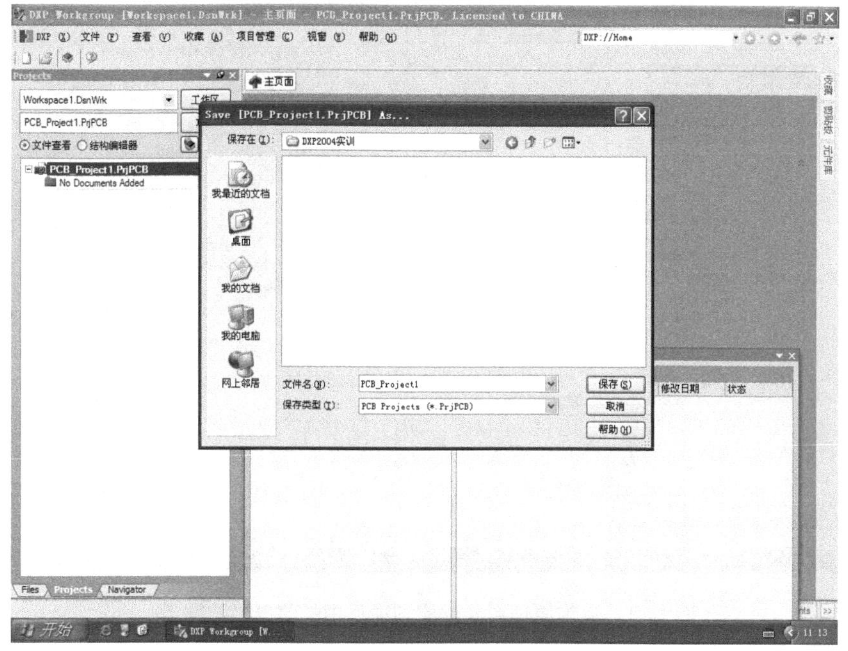

图1-39　保存项目文件的文件夹、文件名和文件类型示意图

单击如图1-39所示界面中的"保存"按钮，就完成了项目文件的保存操作。

1.2.4　在项目中添加原理图元件库文件

这里的原理图元件是指表示一个电子器件的逻辑符号，如图1-40所示的逻辑符号，就是一个原理图元件74HC163，表示的就是数字集成电路74HC163。

原理图元件描述的是电子器件的电路逻辑和引脚功能，是绘制原理图的基本构件。尽管DXP 2004系统自带了众多的库元件，但不可能满足所有工程项目的原理图设计之需，若要使用DXP 2004库中没有包含的最新器件来开发产品，就必须自行设计表示该元件电路功能的逻辑符号。换言之，要想用DXP 2004应对所有的电路板开发设计，就必须掌握原理图元件的设计方法。在同一个项目设计中，自行设计的多个原理图元件都存放在同一个元件库中，这个元件库要以一个库文件的形式来管理。下面，就在项目中新建这个库文件。

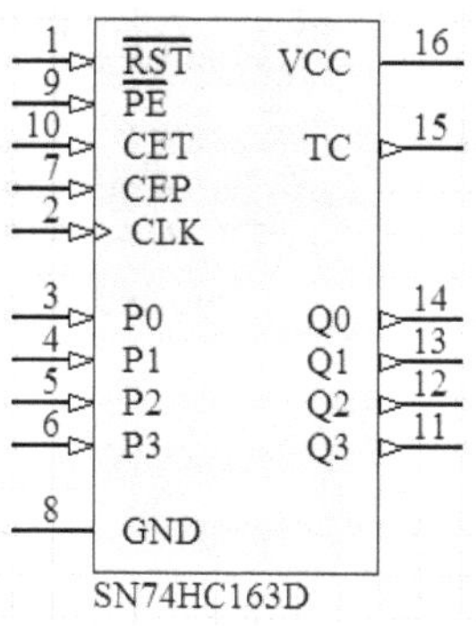

图1-40　原理图元件74HC163

在DXP 2004主窗口中，先右击项目面板中的项目名称栏（或项目面板空白处），再在弹出的快捷菜单中单击"追加新文件到项目中"菜单项，再单击子菜单中的"Schematic Library"菜单项，如图1-41所示。

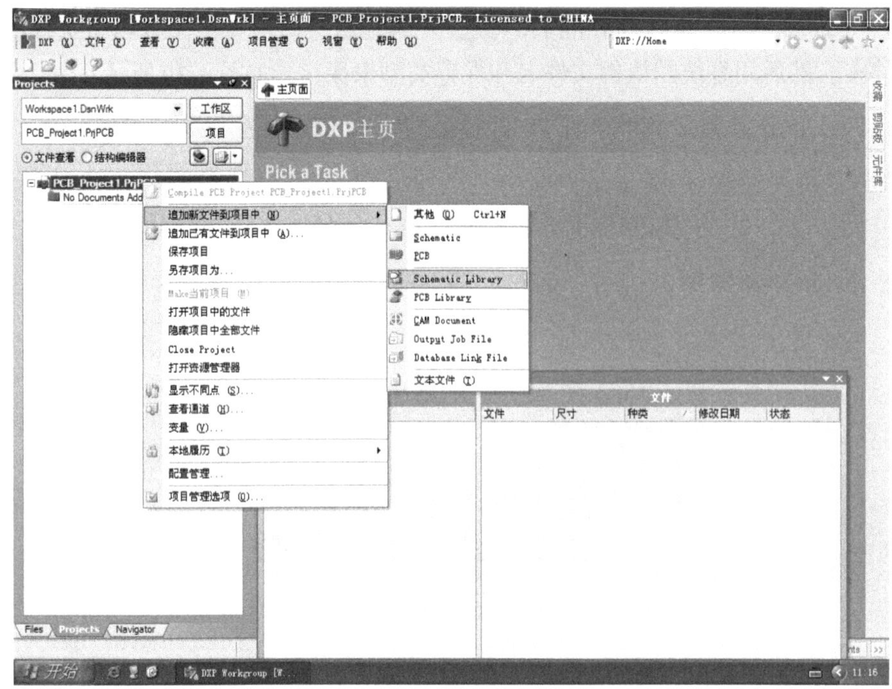

图 1-41　追加原理图元件库到项目中的菜单操作图示

两次单击完成后，如图 1-42 所示。在项目面板中，就会出现追加的原理图元件库文件名称栏，由此图可以看出，原理图元件库文件栏在项目文件栏的下方，且位置有所缩进，它表明原理图元件库文件在项目文件的逻辑管理之下。另外，还可看到，工作区选项卡栏中增加了此库文件的选项卡，并且该库文件选项卡处于选中状态，同时，工作区显示为原理图元件绘制界面。

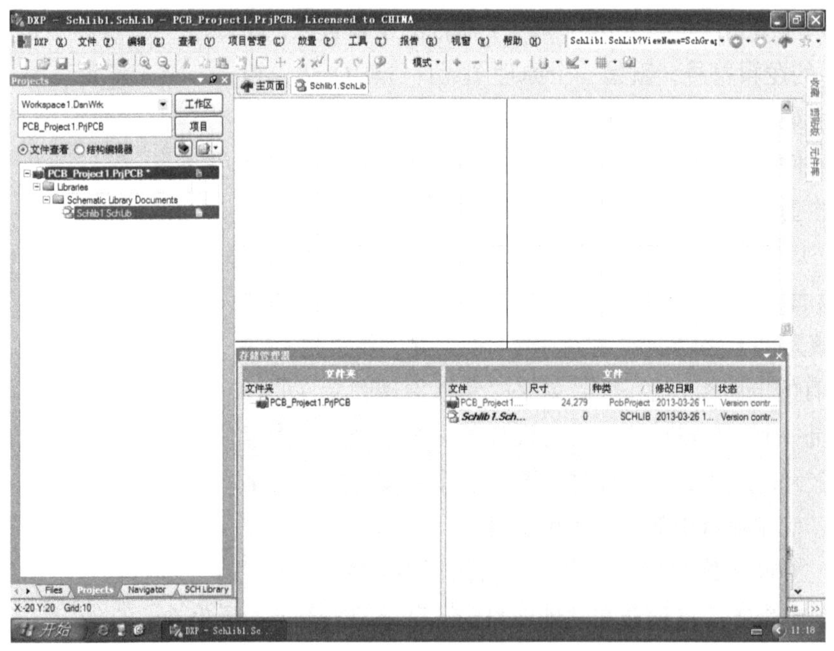

图 1-42　追加了原理图元件库文件后的主窗口界面

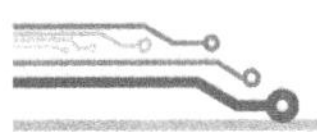
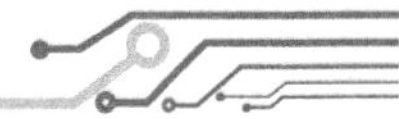

在如图 1-42 所示界面中单击“文件”→“保存”菜单项，如图 1-43 所示。

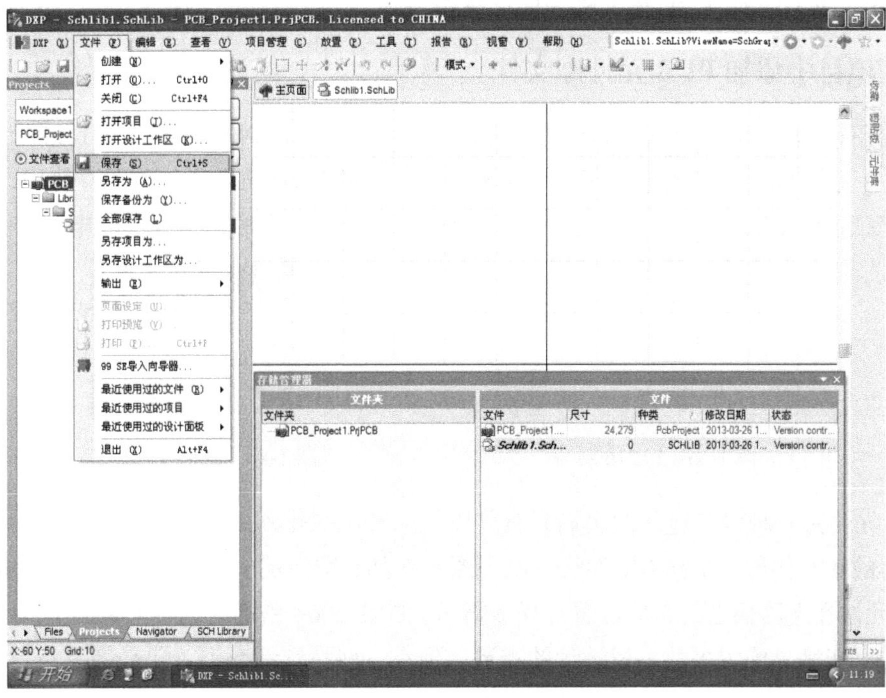

图 1-43　保存元件库文件的菜单操作图示

单击“保存”菜单项后，系统弹出保存原理图元件库文件的操作对话框，如图 1-44 所示。

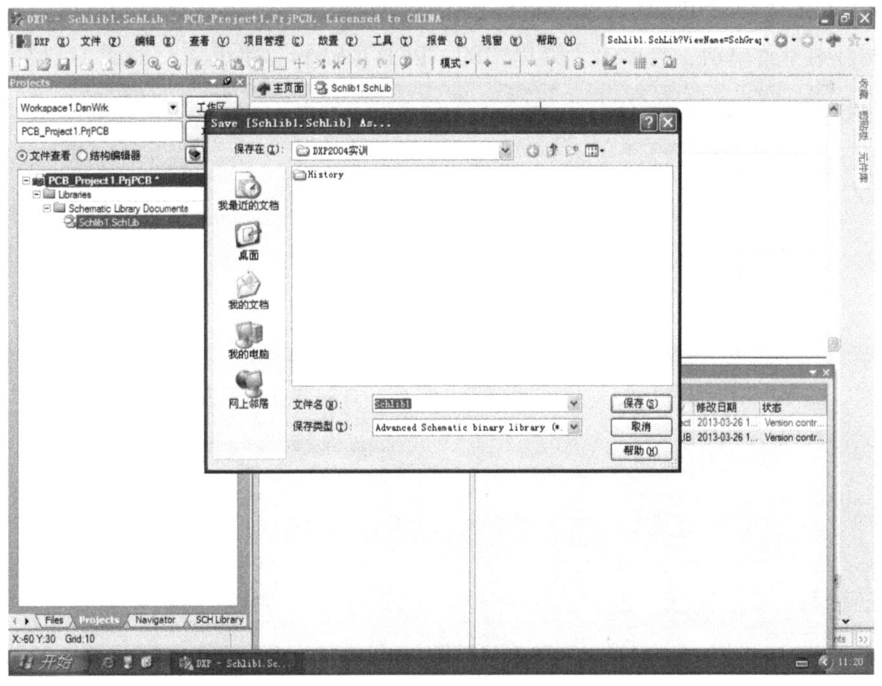

图 1-44　保存原理图元件库文件对话框图示

在如图 1-44 所示界面中，直接使用系统默认的文件名、保存类型和路径，单击“保存”按钮。这就完成了原理图元件库文件的保存操作。

1.2.5 在项目中添加 PCB 元件库文件

PCB 元件是指表示一个电子器件的外围尺寸和电极结构的封装图，如图 1-45 所示的封装图就是 PCB 元件 DIP16，可配搭给任何一个有 16 引脚的双列直插集成电路器件使用；如图 1-46 所示封装图是 PCB 元件 SO-G16，可配搭给任何一个有 16 引脚的贴片式集成电路器件使用。

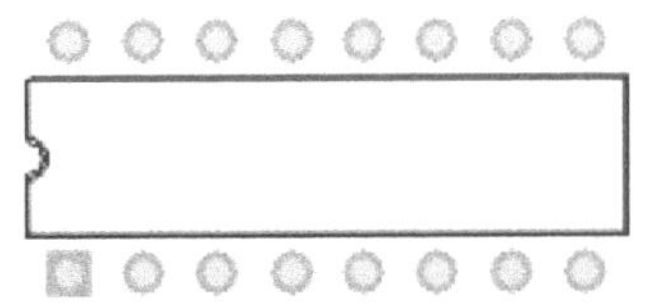

图 1-45　DIP16 封装

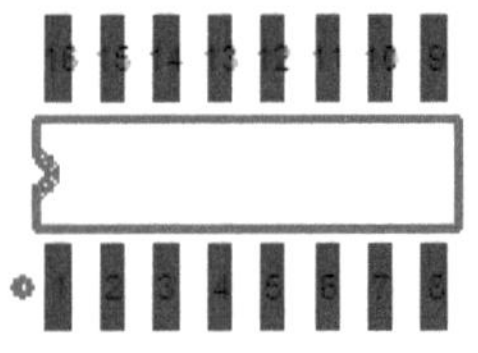

图 1-46　SO-G16 封装

PCB 元件是一种没有电路逻辑而只有外围尺寸和电极排列的元件，是设计印制电路板图（PCB 图）的基本构件。原理图中的每一原理图元件都必须指定一个 PCB 元件与之搭配，以此确定这个元件在电路板上的布放位置与焊接需求。DXP 2004 系统集成有大量的 PCB 元件（元件封装图），能满足绝大多数工程设计的需要，但在一些特殊情况下，还是需要自行设计元件封装图（PCB 元件），否则就不能完成电路板的设计开发。在同一个项目设计中，所有自行设计的 PCB 元件都存放在一个 PCB 元件库中，这个元件库也是以一个库文件的形式来管理的。下面，就进行新建这一库文件的操作。

在 DXP 2004 主窗口中，先右击项目面板中的项目名称栏，再在弹出的菜单中单击“追加新文件到项目中”菜单项，再单击子菜单中的“PCB Library”菜单项，如图 1-47 所示。

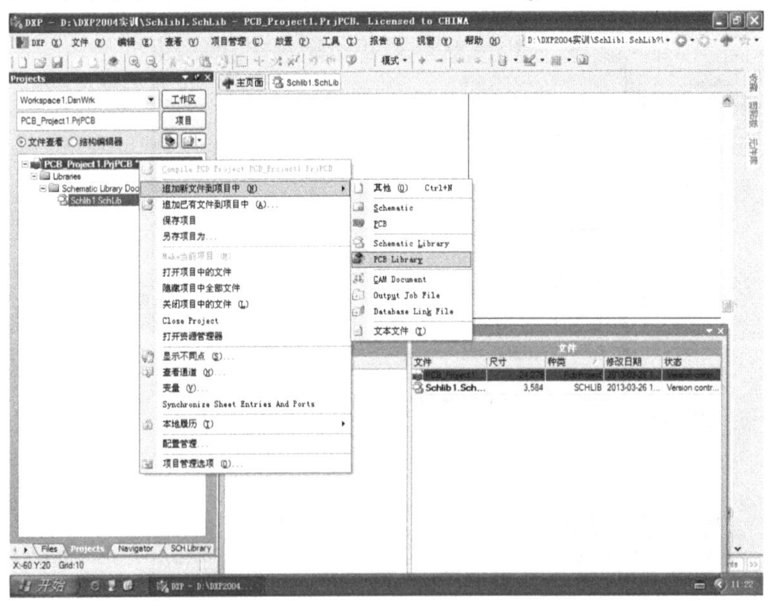

图 1-47　在项目中追加封装库文件的操作图示

菜单的操作完毕后，在 DXP 2004 主窗口的项目面板中就可看到追加而得的封装图库文件名称栏，在工作区选项卡栏也新增了封装图库文件选项卡，新增封装图库文件选项卡处于选中状态，工作区显示为元件封装图设计界面，如图 1-48 所示。

接着进行保存这个元件封装图库文件的操作。单击 DXP 2004 主窗口的“文件”→“保存”菜单项（参照图 1-43），系统弹出保存对话框，如图 1-48 所示。

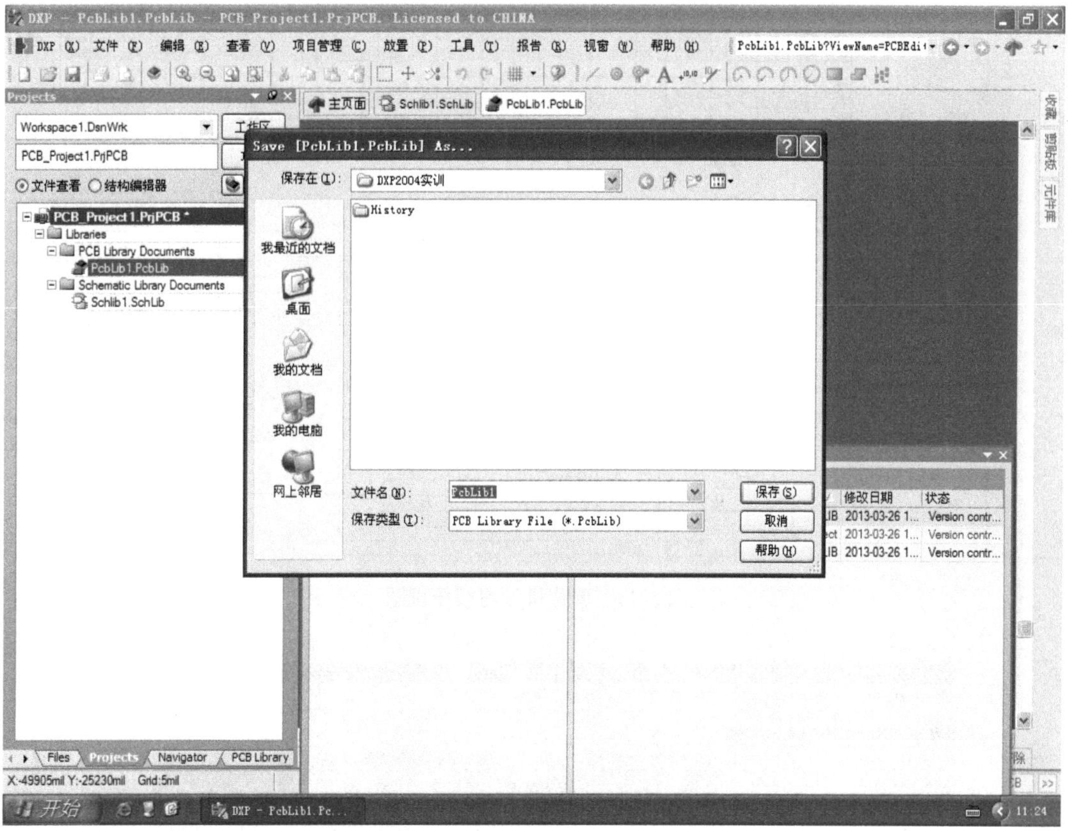

图 1-48　保存封装图库文件的操作图示

在如图 1-48 所示对话框中，单击“保存”按钮，就直接以系统默认的文件名、保存类型和保存位置完成了保存操作。

1.2.6　在项目中添加原理图文件

原理图是指电路中各元件的电气连接关系示意图。图 1-49 所示为一原理图。

项目设计中要用原理图来生成 PCB 图（印制电路板图）。一个原理图要用一个文件来管理。在项目中追加原理图文件的操作如下：先右击项目面板中的项目名称栏，再在弹出的快捷菜单中单击“追加新文件到项目中”菜单项，再单击子菜单中的“Schematic”菜单项，如图 1-50 所示。

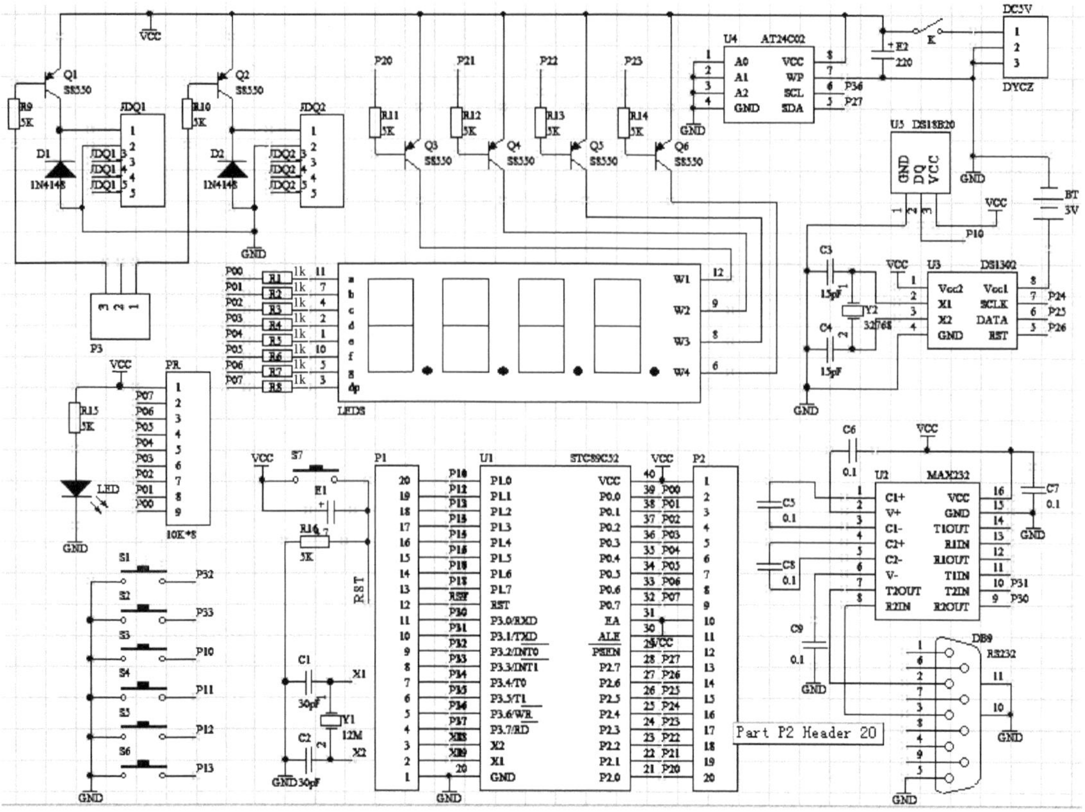

图 1-49　单片机学习板原理图

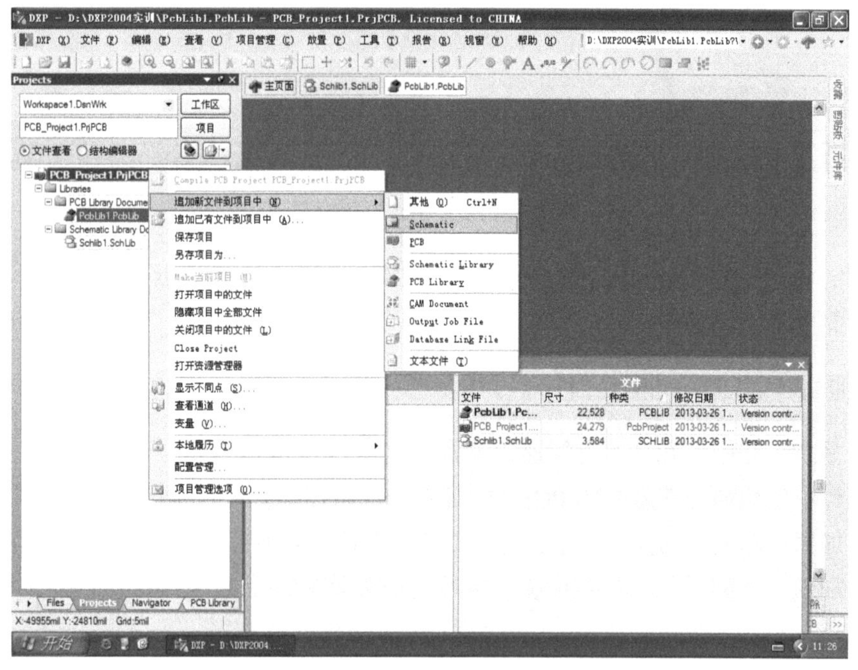

图 1-50　追加原理图文件到项目中的菜单操作图示

在单击“Schematic”菜单项后，在 DXP 2004 主窗口的项目面板中就可看到追加而得的原理图文件名称栏，在工作区选项卡栏也新增了原理图文件选项卡，新增原理图文件选项卡处于选中状态，工作区显示为原理图设计界面。

接着进行保存这个原理图文件的操作。单击 DXP 2004 主窗口的“文件”→“保存”菜单项（参照图 1-43），系统弹出保存对话框，如图 1-51 所示。

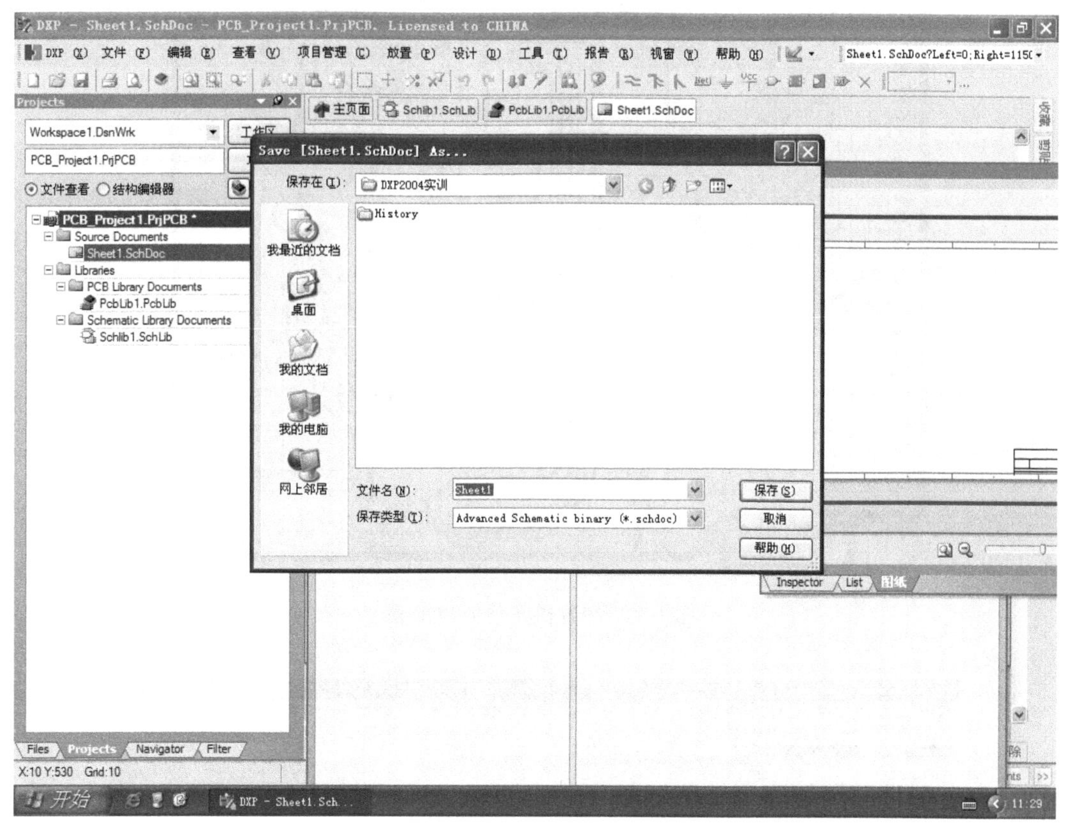

图 1-51　保存追加的原理图文件操作图示

在如图 1-51 所示对话框中，单击“保存”按钮，就以系统默认的文件名、保存类型和保存位置完成了原理图文件保存操作。

1.2.7　在项目中添加 PCB 图文件

PCB 图是指用来生产印制电路板的工程制板图。如图 1-52 所示为 PCB 图。

PCB 图在设计时，是先从相应的原理图导出所有元件和元件间的所有电气连接网络，再来安排（或由系统自动安排）这些元件在印制电路板上的放置位置和电气连接导线。一个 PCB 图也要用一个文件来管理。在项目中追加 PCB 图文件的操作如下：先右击项目面板中的项目名称栏，再在弹出的快捷菜单中单击“追加新文件到项目中”菜单项，再单击子菜单中的“PCB”菜单项，如图 1-53 所示。

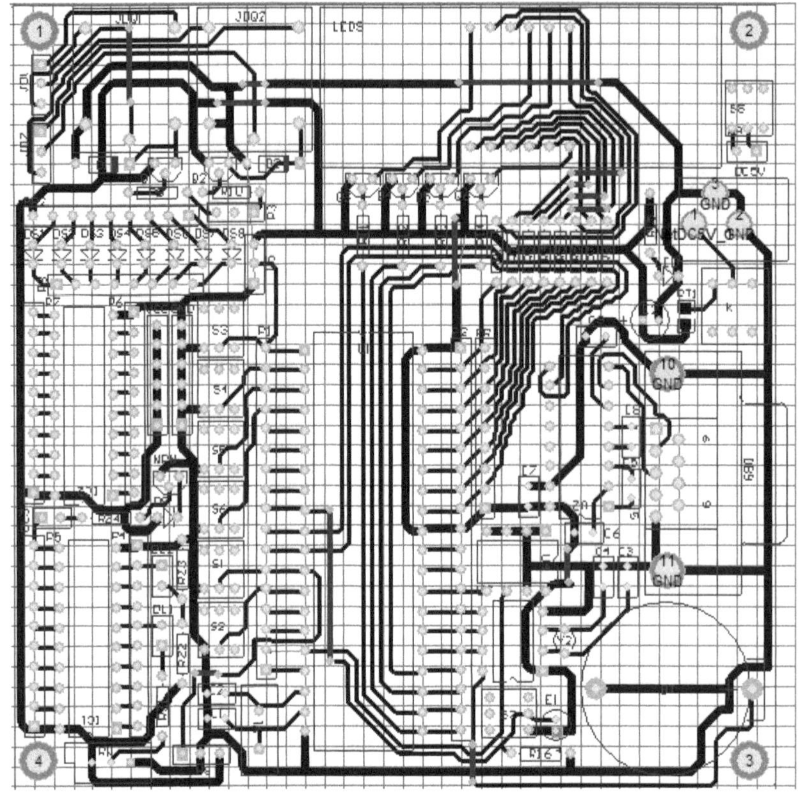

图 1-52　单片机实验板 PCB 图

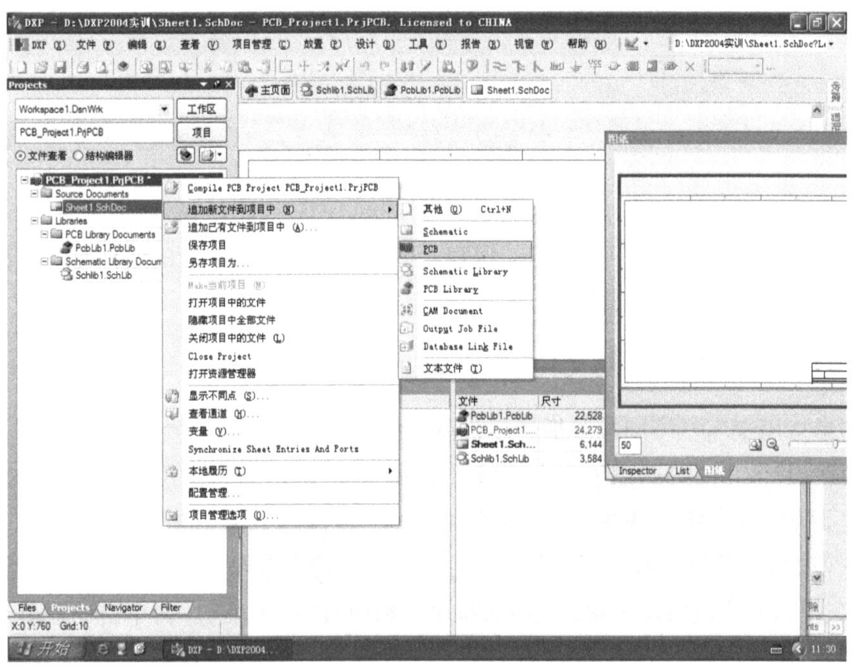

图 1-53　追加 PCB 图文件到项目中的菜单操作图示

在单击“PCB”菜单项后，在 DXP 2004 主窗口的项目面板中就可看到追加而得的 PCB 图文件名称栏，在工作区选项卡栏中也新增了 PCB 图文件选项卡，新增 PCB 图文件选项卡处于选中状态，工作区显示为 PCB 图设计界面。

接着进行保存这个 PCB 图文件的操作。单击 DXP 2004 主窗口的“文件”→“保存”菜单项（参见图 1-43），系统弹出保存对话框，如图 1-54 所示。

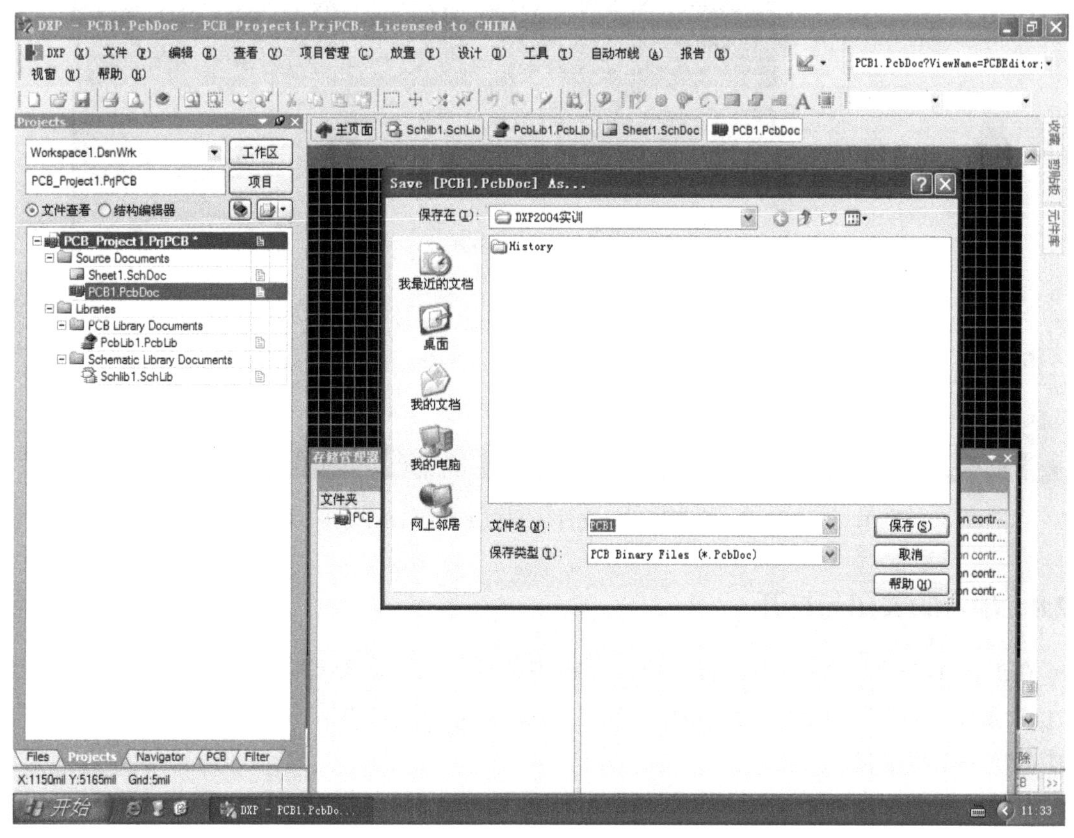

图 1-54 PCB 图的保存操作图示

在如图 1-54 所示对话框中，单击“保存”按钮，就以系统默认的文件名、保存类型和保存位置完成了 PCB 图文件保存操作。

到此，我们就完成了项目中四个图纸设计文件的新建、保存工作，此时 DXP 2004 主窗口界面如图 1-55 所示。

从第 2 章起，我们就要在这四个文件中，分别进行相应的原理图元件、PCB 元件、单片机实验板原理图和单片机实验板 PCB 图设计。

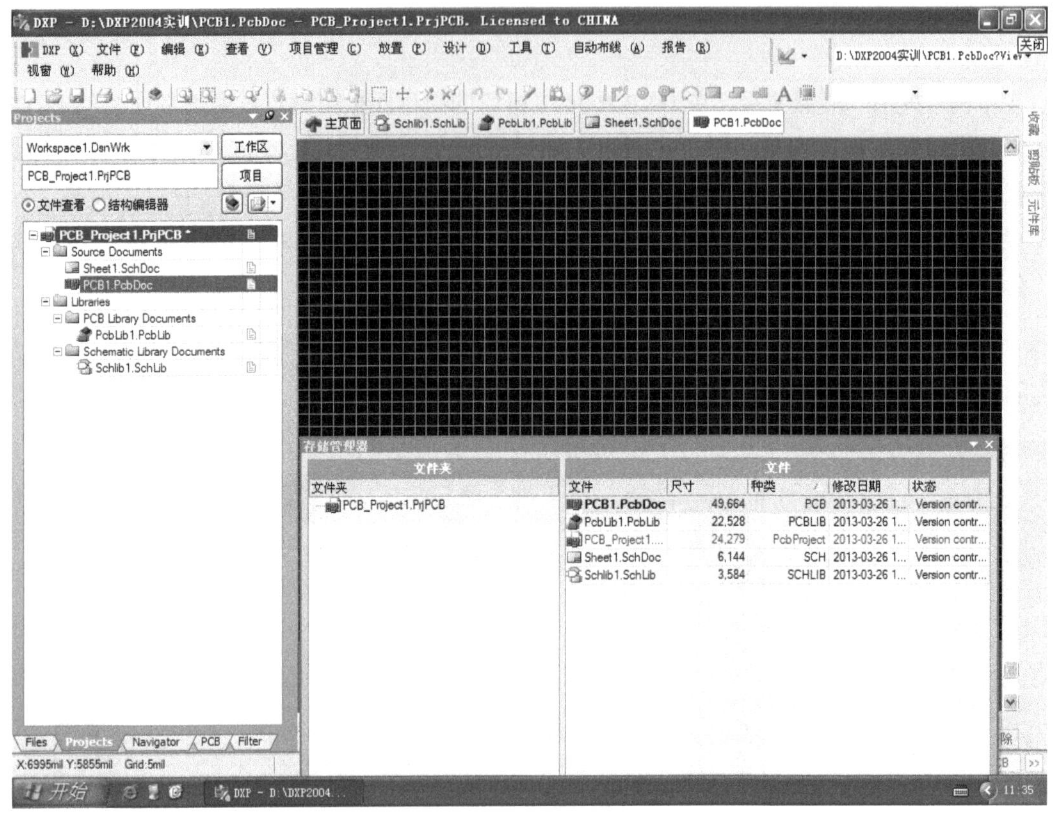

图 1-55　创建了 4 个图纸设计文件（空白）后的 DXP 2004 主窗口界面

1.2.8　项目的关闭与打开

在如图 1-55 所示界面中，右击项目面板中的项目文件名称栏，会弹出一快捷菜单，如图 1-53 所示，再在弹出的快捷菜单中单击“Close Project”菜单项，就会关闭 DXP 2004 主界面中的这一工程项目。

此时，若再单击 DXP 2004 主窗口右上角的“×”按钮，就关闭了正在运行的 DXP 2004 软件。

此后，若要接着进行这个项目中的设计工作，就须启动 DXP 2004 并打开该项目。这就要求对项目文件的存放位置必须一清二楚。显然，前面实训所得到的 5 个文件都保存在 D（逻辑）盘的“DXP2004 实训”文件夹中。先在桌面上右击“我的电脑”图标，再单击“资源管理器”，单击 D 盘盘符，再双击“DXP2004 实训”文件夹，就可看到所保存的 5 个设计文件，如图 1-56 所示。

双击图 1-56 中的项目文件“PCB_Project1”，就启动了 DXP 2004。启动完成后 DXP 2004 主界面如图 1-57 所示。

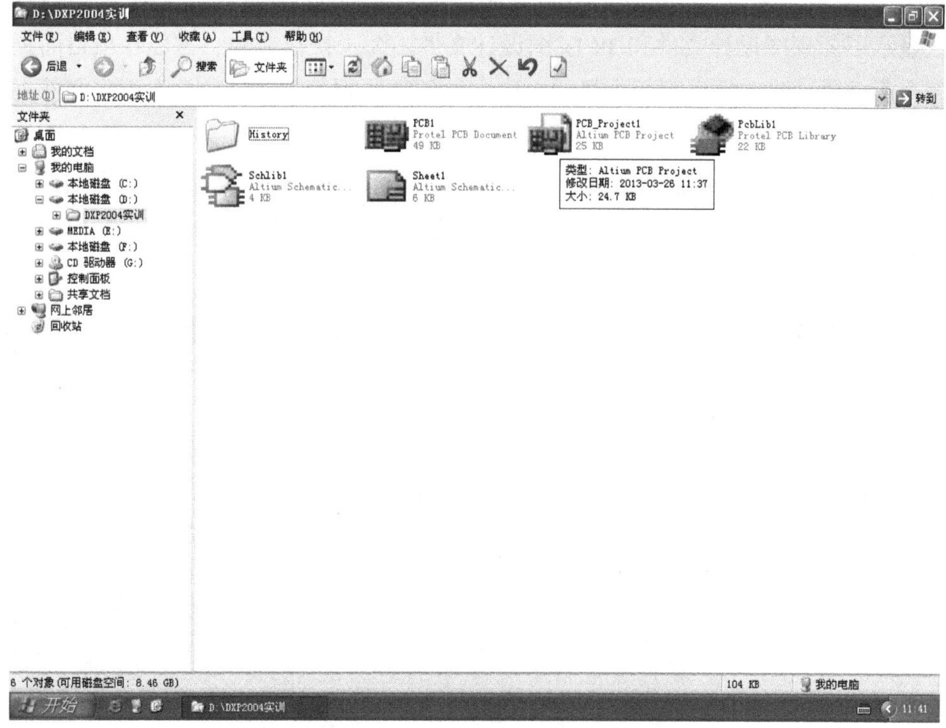

图 1-56　专用文件夹“DXP2004 实训”中保存的文件图示

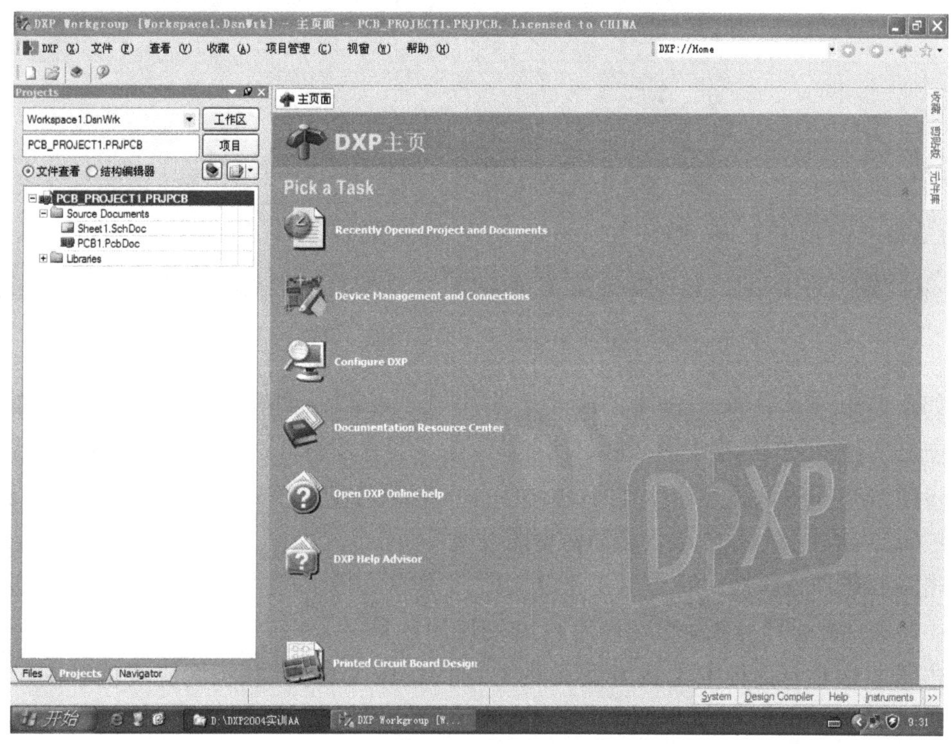

图 1-57　打开项目文件所启动的 DXP 2004 主窗口

如图 1-57 所示，在工作区选项卡栏中，只有系统默认的“主页面”选项卡，项目面板中，也只默认显示了原理图设计文件和 PCB 图设计文件。为了操作方便，需要在项目面板中显示出另外两个库文件。要在项目面板中显示出库文件的方法很简单，只需单击相应文件夹图标前面的展开标志⊞即可。在如图 1-57 所示界面中，先单击“Libraries”文件夹图标前面的文件夹展开标志⊞，该展开标志就切换为关闭标志⊟，可以看到，被打开的“Libraries”文件夹中，有两个关闭着的文件夹，再将那两个文件夹的展开标志单击打开，就可看到前面操作中所建立的两个库文件，打开了这三个文件夹后的主窗口界面如图 1-58 所示。

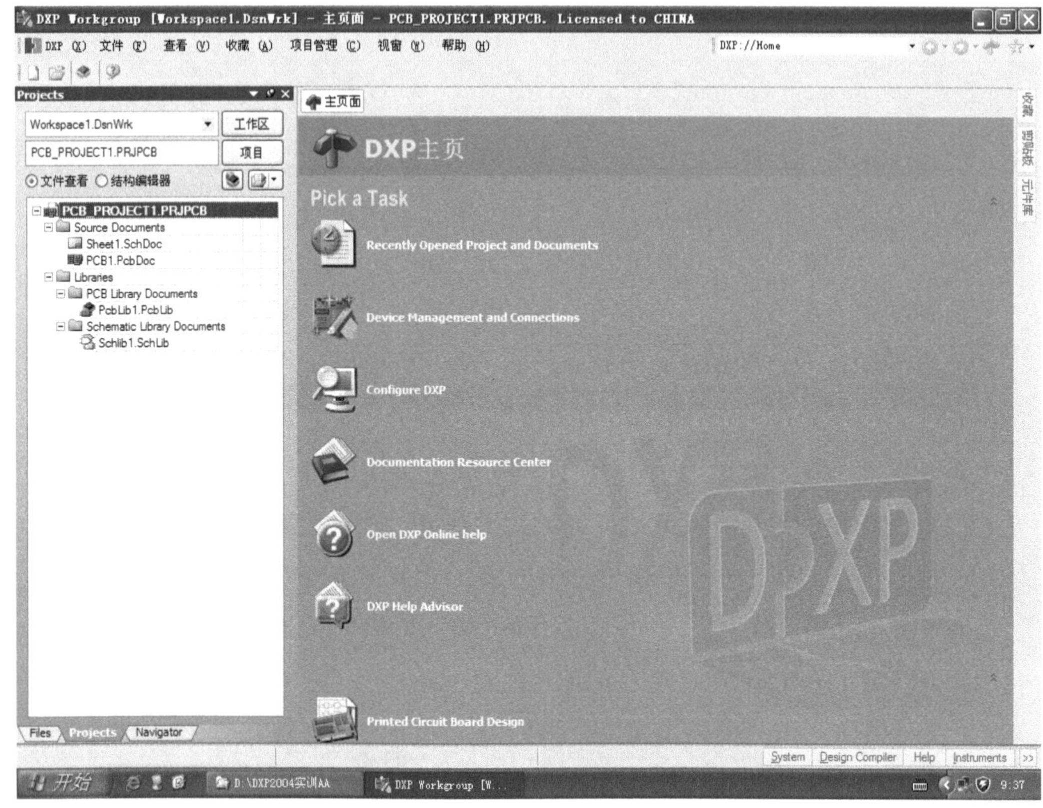

图 1-58　项目面板中显示了 4 个图纸设计文件的主窗口

在如图 1-58 所示界面中，4 个图纸设计文件只显示在项目面板中，还没有进入工作区，即工作区中还没有相应的选项卡。下面，从上到下，一步一步打开这四个设计文件到工作区。

双击图 1-58 项目面板中的原理图设计文件，工作区选项卡栏会增加该原理图文件选项卡，工作区中的 DXP 主页显示就被切换为原理图设计界面。

双击图 1-58 项目面板中的 PCB 图设计文件，工作区选项卡栏会增加该 PCB 图文件选项卡，工作区中的原理图设计界面就被切换为 PCB 图设计界面。

双击图 1-58 项目面板中的 PCB 图元件库文件，工作区选项卡栏会增加该 PCB 图元件库文件选项卡，工作区中的 PCB 图设计界面就被切换为 PCB 图元件设计界面。

双击图 1-58 项目面板中的原理图元件库文件，工作区选项卡栏会增加该原理图元件库文件选项卡，工作区中的 PCB 图元件设计界面就被切换为原理图元件设计界面。

按上面顺序打开了四个设计文件后的 DXP 2004 主窗口如图 1-59 所示。

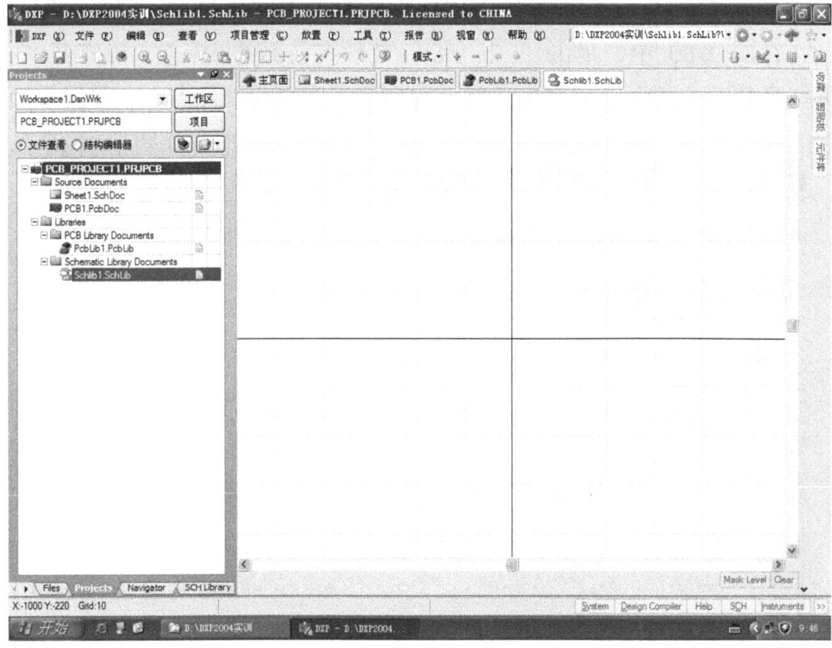

图 1-59 从项目面板中打开四个文件后的主窗口

单击如图 1-59 所示主窗口右上角的“×”按钮，关闭主窗口。再单击桌面上的“开始”按钮，参照前面的启动步骤，重新启动 DXP 2004，启动完毕后，主窗口如图 1-60 所示。

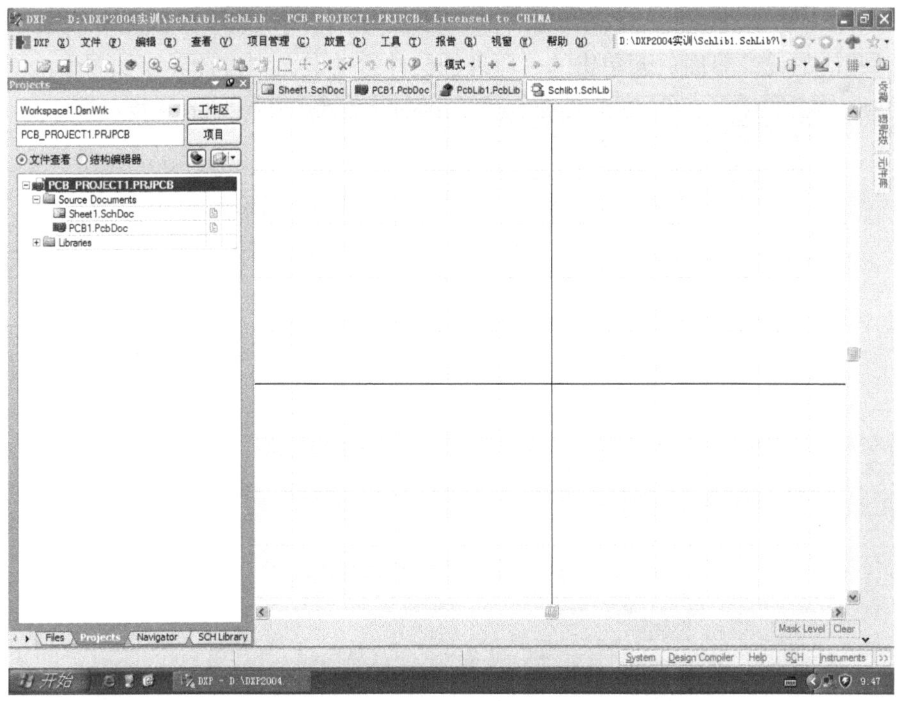

图 1-60 从“开始”菜单启动 DXP 2004 的主窗口

从图 1-60 所示界面可知，用“开始”菜单来启动 DXP 2004，系统启动后显示的主窗口界面基本上就是此次启动前，最后一次关闭 DXP 2004 时的主窗口界面，仅两个库文件在工作面板中未能显示，在图 1-60 中，单击“Libraries”文件夹前面的⊞标志，以打开“Libraries”文件夹，然后再打开其下的两个子文件夹，就可看到两个库文件。注意，工作区中原理图元件库文件选项卡、工作面板中原理图元件库文件名处于高亮显示状态，如图 1-61 所示。

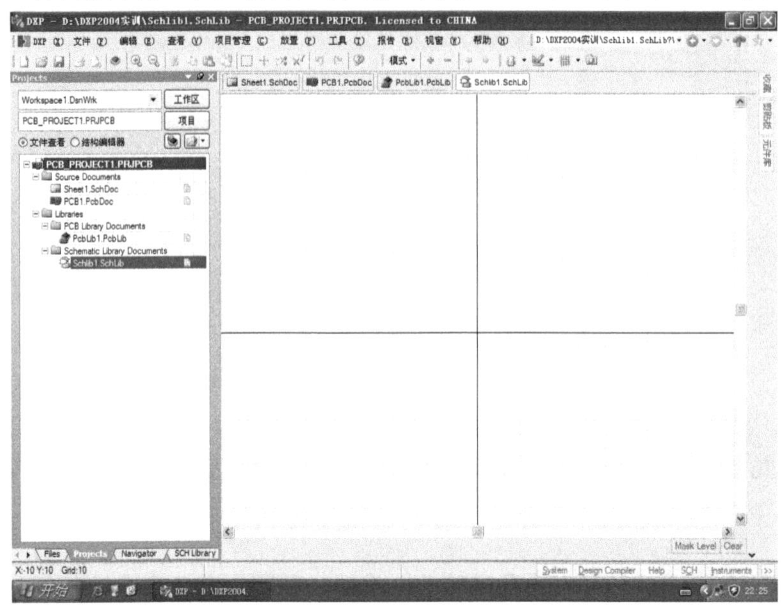

图 1-61　原理图元件库文件高亮显示

在如图 1-61 所示界面中，单击任意一个文件选项卡，则该选项卡被选中，且工作区就切换为该文件相应的设计界面。若单击的是原理图文件选项卡，则设计界面如图 1-62 所示。

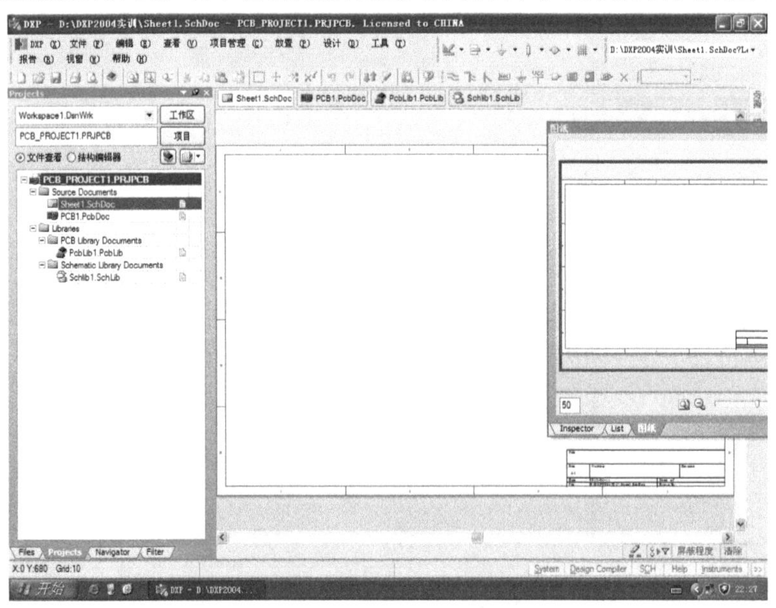

图 1-62　选择原理图文件后的设计界面

因此，把多个设计文件打开到工作区中，利用选项卡来实现在多个设计界面上的快速切换，可提高设计工作效率。

设计工作展开后，若要对当前所进行的设计工作进行保存，可单击“文件”→“保存”菜单项，如图 1-63 所示，即可把当前已经完成的设计内容完整保存下来。保存后仍可接着进行当前的设计工作。在进行工作量较大的设计时，可每隔一定时间，对当前设计文件进行保存操作，以免因突然断电等意外关机带来的损失。

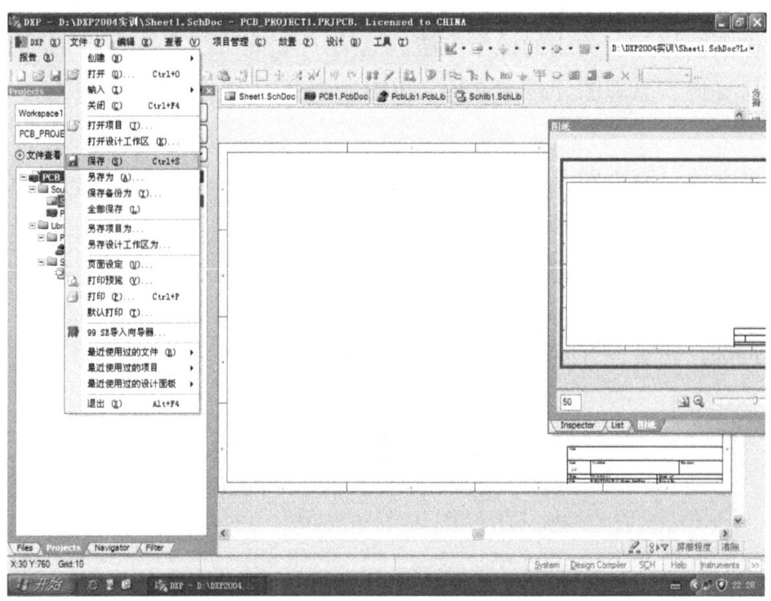

图 1-63　保存当前设计文件的菜单操作图示

另外，保存当前工作文件的操作也可用单击工具栏中的“保存”图标来实现，如图 1-64 所示。

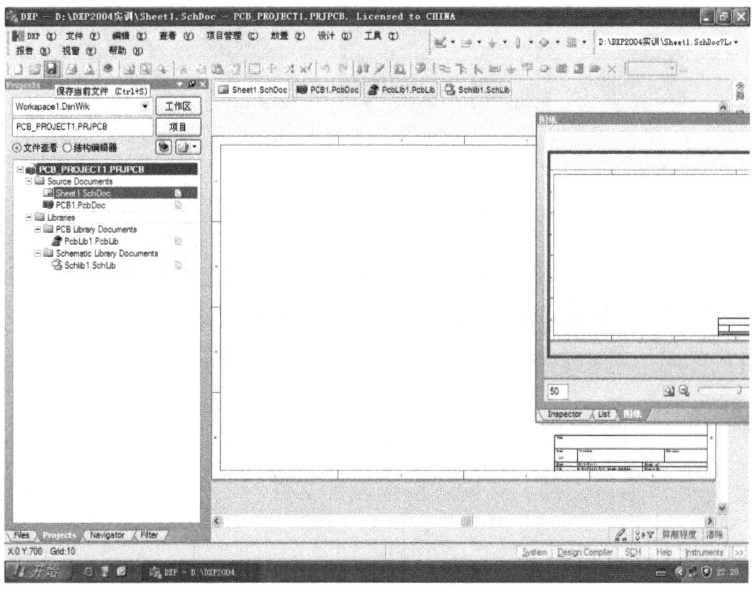

图 1-64　单击工具栏中的“保存”图标保存当前文件

小　结　1

本章以 DXP 2004 的安装、DXP 2004 主界面的浏览和项目文件及设计文件的建立为主线进行实训，引导读者很快进入 DXP 2004 应用开发平台。本章的重点内容如下。

① 掌握 DXP 2004 软件、DXP 2004 SP2 补丁、DXP 2004 SP2 元件库的安装方法。

② 掌握 DXP 2004 主窗口的界面组成。

③ 掌握工作面板打开、关闭的操作方法。

④ 掌握项目文件、原理图元件库文件、PCB 元件库文件、原理图文件、PCB 图文件的创建和保存方法。

⑤ 掌握项目文件、原理图元件库文件、PCB 元件库文件、原理图文件、PCB 图文件这五种文件的扩展名。

⑥ 认识项目文件、原理图元件库文件、PCB 元件库文件、原理图文件、PCB 图文件这五种文件的图标。

⑦ 掌握工作面板标签和文件选项卡的切换功能。

习　题　1

一、填空题

1. 在图 1-65 中，图 1-65（a）是__________文件的图标，图 1-65（b）是__________文件的图标，图 1-65（c）是________文件的图标，图 1-65（d）是________文件的图标，图 1-65（e）是________文件的图标。

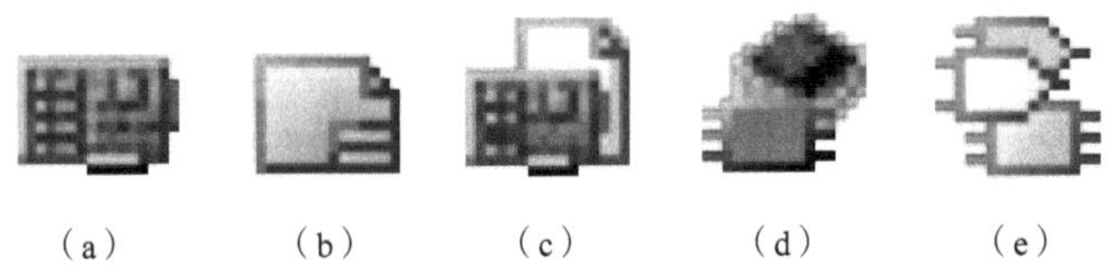

（a）　（b）　（c）　（d）　（e）

图 1-65　5 种文件的图标

2. PRJPCB 是__________文件的扩展名，.SchDoc 是_________文件的扩展名，.SchLib 是________文件的扩展名，.PcbDoc 是________文件的扩展名，.PcbLib 是________文件的扩展名。

3. PCB 元件的作用是用来绘制_______图，原理图元件的作用是用来绘制______________图。

二、问答题

1. 为什么要先创建项目文件，然后才创建设计文件？

2. 关闭项目文件是否将关闭已打开的设计文件？为什么？

三、上机作业

1. 用双击项目文件的启动方法启动 DXP 2004。

2. 单击左边工作面板的项目标签以切换为项目面板显示。

3. 把 4 个设计文件打开到工作区中。

4. 右击工作面板中的项目名称栏，在弹出的快捷菜单中单击“Close Project”以关闭所打开的项目，观察项目面板中的文件组成，然后退出 DXP 2004。

5. 从桌面的“开始”菜单启动 DXP 2004。

6. 用“文件”→“打开”菜单项来打开项目文件（提示：要注意处理打开项目对话框中的查找范围下拉列表框）。

7. 关闭项目面板。

8. 依次单击“查看”→“桌面布局”→“Default”菜单项，观察工作面板的显示。

9. 退出 DXP 2004。

第 2 章 绘制原理图元件

在 DXP 2004 中，用来绘制电路原理图的原理图元件，大多数可取自系统元件库。因此，一般都不大需要自己来设计原理图元件。但为了全面掌握印制电路板的设计开发能力，也为了让第 4 章所设计的单片机原理图能更好地展示相应 PCB 图中元件的布局和线路走向，要特意使用与元器件引脚排列一致的元件逻辑图符号。因此，有几个重要元件，就需要我们自己来设计其原理图。另外，还有个别元件是元件库中没有提供的，这也只能我们自己动手来设计。

2.1 STC89C52 的原理图元件设计

2.1.1 STC89C52 芯片的相关资料

STC89C52 是我们所要制作的单片机学习板上的核心器件，也是 51 单片机芯片中价廉物美的国产型号。在图 2-1 中，图 2-1（a）是它的实物照片，图 2-1（b）是该生产厂家提供的芯片引脚功能图，图 2-1（c）是 DXP 2004 中可以用来表示 STC89C52 的库元件符号，图 2-1（d）就是我们要设计的原理图元件 STC89C52。下面，就以图 2-1（d）为我们设计的样本，进行实训中第一个元件的设计。

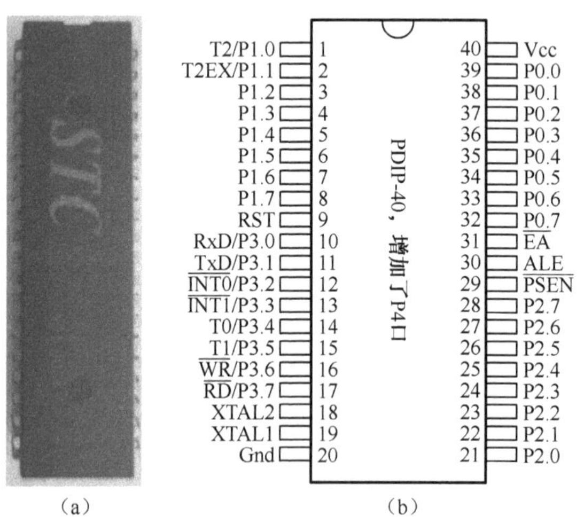

图 2-1 STC89C52 相关资料

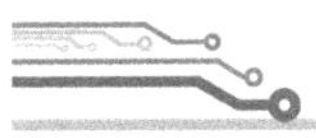

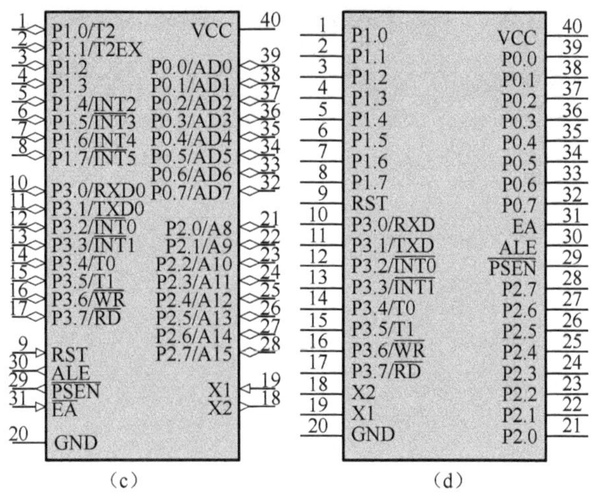

图 2-1 STC89C52 相关资料（续）

2.1.2 进入原理图元件设计界面

按第 1 章实训中的方法，启动 DXP 2004，并在项目面板打开 Schlib1.SchLib 文件到工作区。另外 3 个设计文件可以不打开，也可以打开到工作区，如图 2-2 所示。

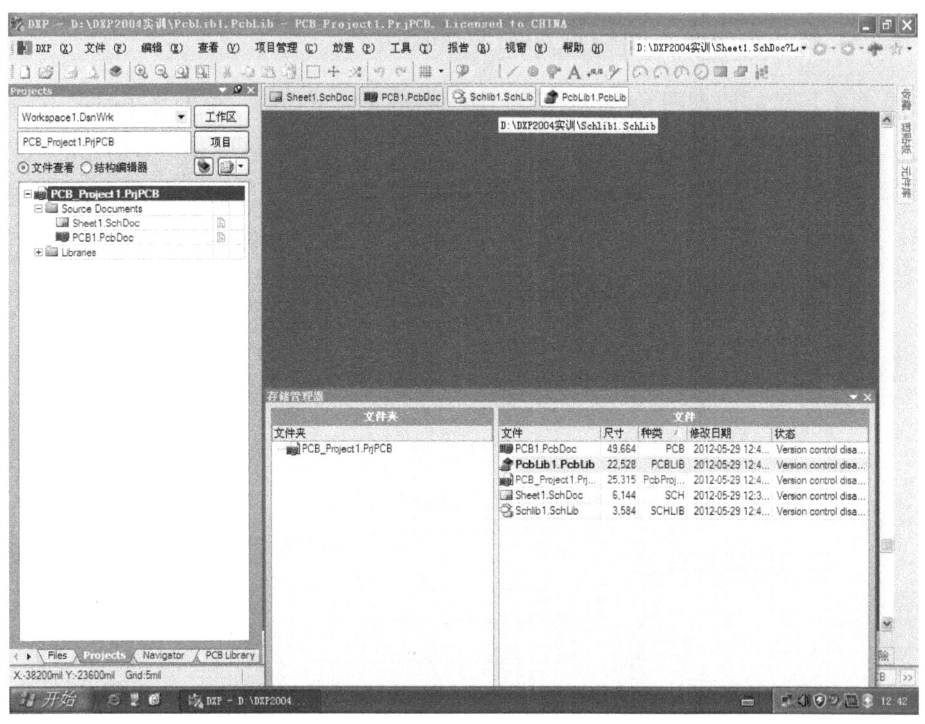

图 2-2 把 4 个设计文件打开到工作区中

在如图 2-2 所示界面中，单击“Schlib1.SchLib”选项卡，进入原理图库元件设计界面，如图 2-3 所示。

图 2-3　原理图元件设计界面

2.1.3　用“SCH_Library”面板追加新原理图元件

在如图 2-3 所示的原理图元件设计界面中，单击面板下边的“SCH_Library”标签，其面板显示切换为原理图库元件排列显示，这是一个空库文件显示，它只有一个初始的元件名而无任何实际内容，如图 2-4 所示。再单击该面板中的“元件”→“追加”按钮，系统弹出一个有默认名的新元件命名对话框，把其默认名改为“STC89C52”，如图 2-4 所示。

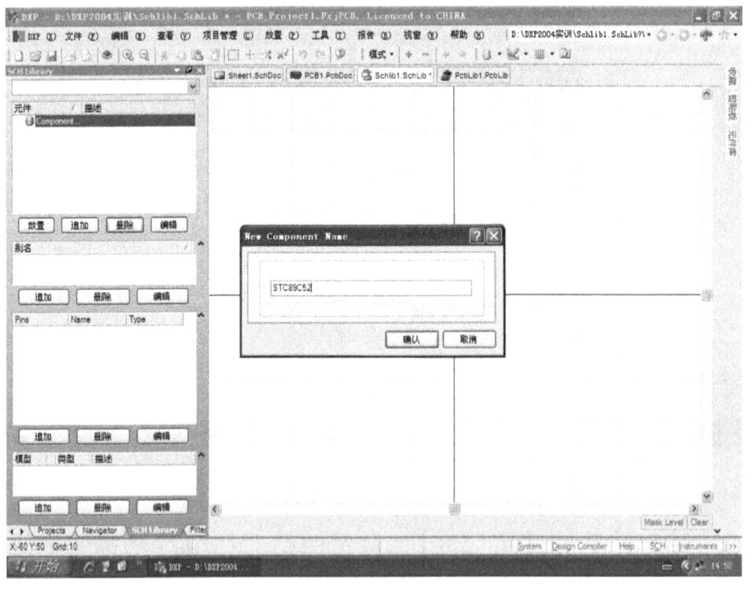

图 2-4　新原理图元件更名操作图示

在如图 2-4 所示的新元件命名对话框中单击“确认”按钮，关闭新元件命名对话框。

2.1.4　在工作区中绘制 STC89C52 的原理图元件

1．设置工作区的显示比例及原点

在如图 2-4 所示的主窗口中，单击“查看”→“200%”菜单项，以让原理图元件设计区大小合适，再单击“编辑”→“跳转到”→“原点”菜单项，如图 2-5 所示。完成后，坐标原点与绘图区中心自动重合。

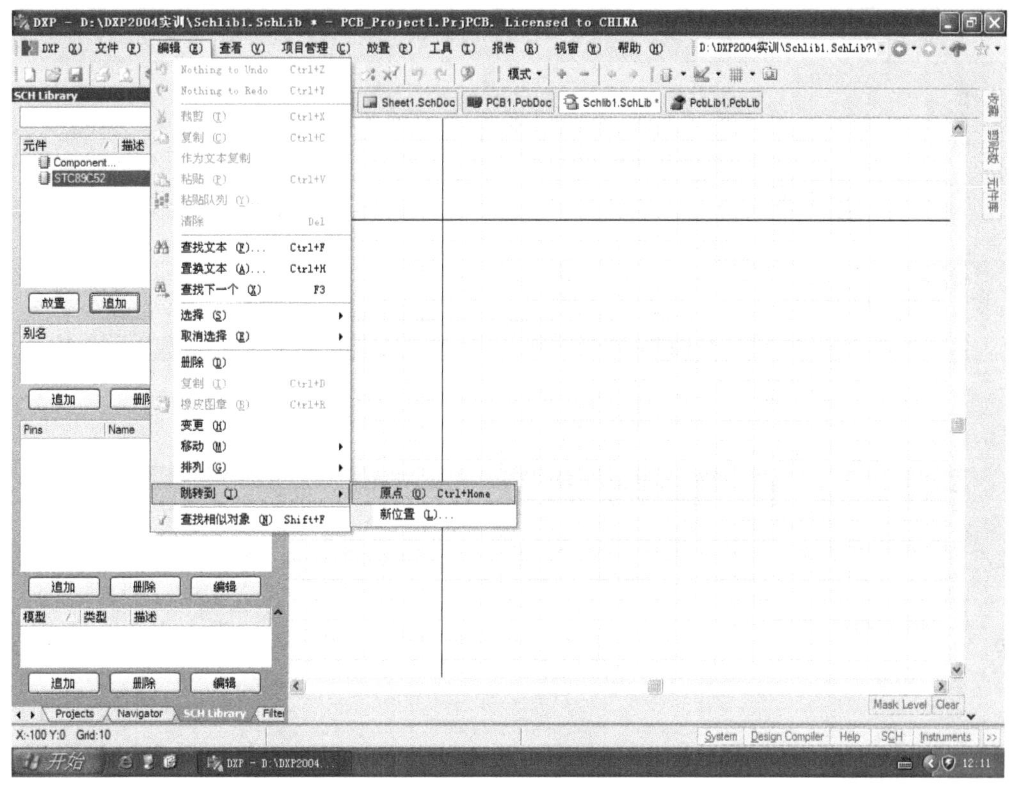

图 2-5　确定设计区域显示比例及原点定位操作图示

2．放置原理图元件的外框

接着，单击“放置”→“矩形”菜单项，如图 2-6 所示。

在单击如图 2-6 所示的“矩形”菜单项后，一个矩形框就会附在鼠标上跟随鼠标一起移动。先把矩形框的左下角定位于坐标为（-50, -100）的格点上，如图 2-7 所示。这里，括号中前一数值为 X 坐标，后一数值为 Y 坐标（本书的坐标都遵守这一约定）。单击鼠标左键后，矩形框的左下角就被定位于单击时的光标位置上。

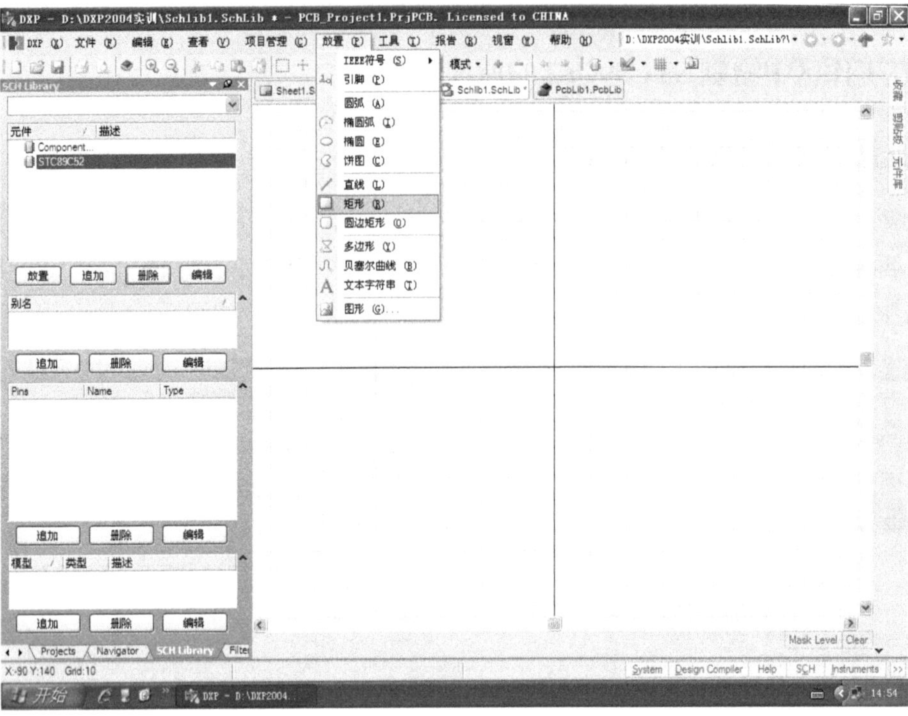

图 2-6　放置构成原理图元件所需边框的菜单操作图示

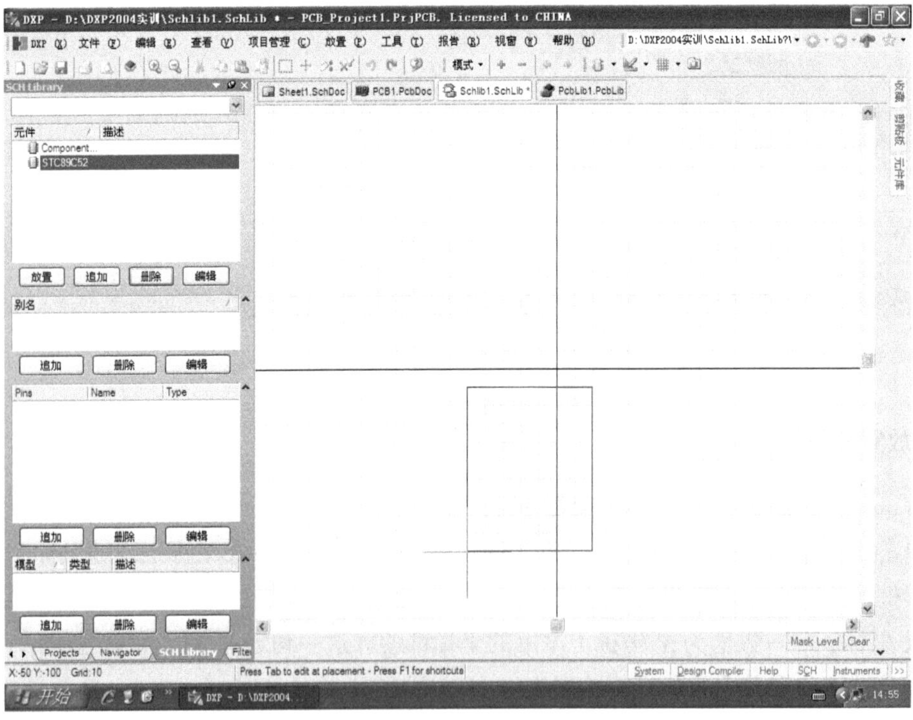

图 2-7　把构成元件所需矩形框左下角定位于所给坐标上的操作图示

然后，把鼠标向右上方移动，并把矩形框的右上角定位于坐标为（50，110）的格点上，再单击鼠标左键，如图 2-8 所示。

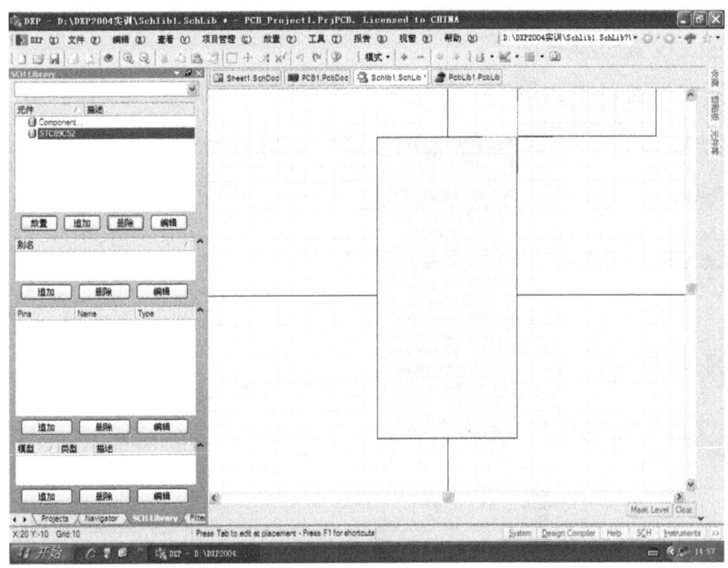

图 2-8　把元件外框右上角定位于所给坐标上的操作图示

如图 2-8 所示，放置一个矩形的鼠标操作完成后，系统仍处于继续放置矩形的鼠标操作状态。由于这个元件只需一个矩形框，因此就单击鼠标右键以退出放置矩形操作。

把矩形的左下角和右下角定位结束后，该矩形的大小（10 格×21 格）和位置就基本被确定了。若发现大小有误，就单击此矩形框，让矩形四边出现可调节标志，如图 2-9 所示。此时，就能按需要调节其大小了。

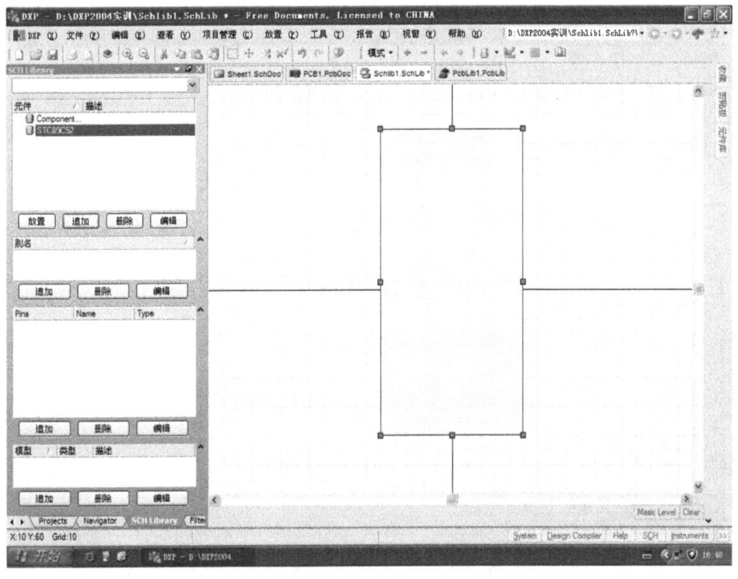

图 2-9　调节矩形大小的操作图示

3. 放置原理图元件的引脚

元件所需的矩形框定位好后，接下来是放置元件所需的电极，即引脚。放置元件引脚操作包含放置引脚符号及设置引脚属性。

在原理图元件设计窗口中，单击“放置”→“引脚”菜单项，如图 2-10 所示。

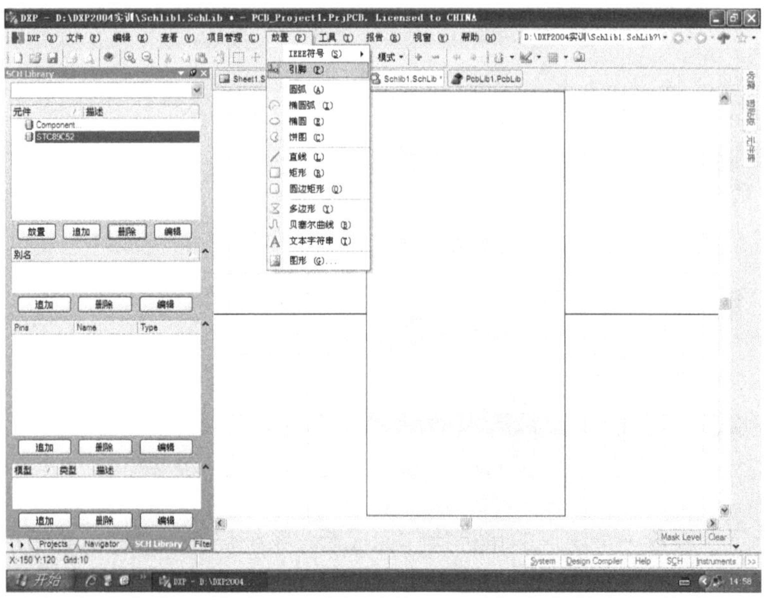

图 2-10　给元件放置引脚的菜单操作图示

用鼠标单击图 2-10 中的“引脚”菜单项后，系统就给鼠标光标附上一只引脚符号(图 2-11)，这时的引脚序号是紧接于上一次放置引脚的编号的，一般都需要重设。

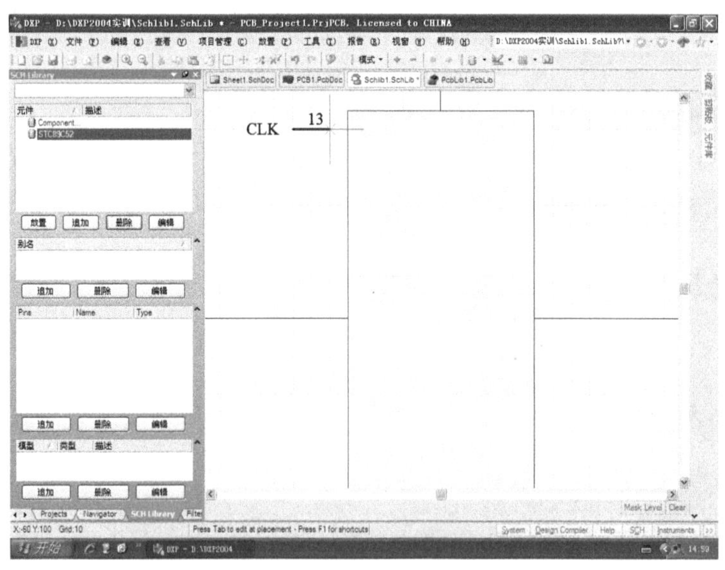

图 2-11　给原理图元件放置引脚的操作状态图示

在如图 2-11 所示的操作状态下，按键盘上的 Tab 键，系统进入如图 2-12 所示的“引脚属性”对话框。

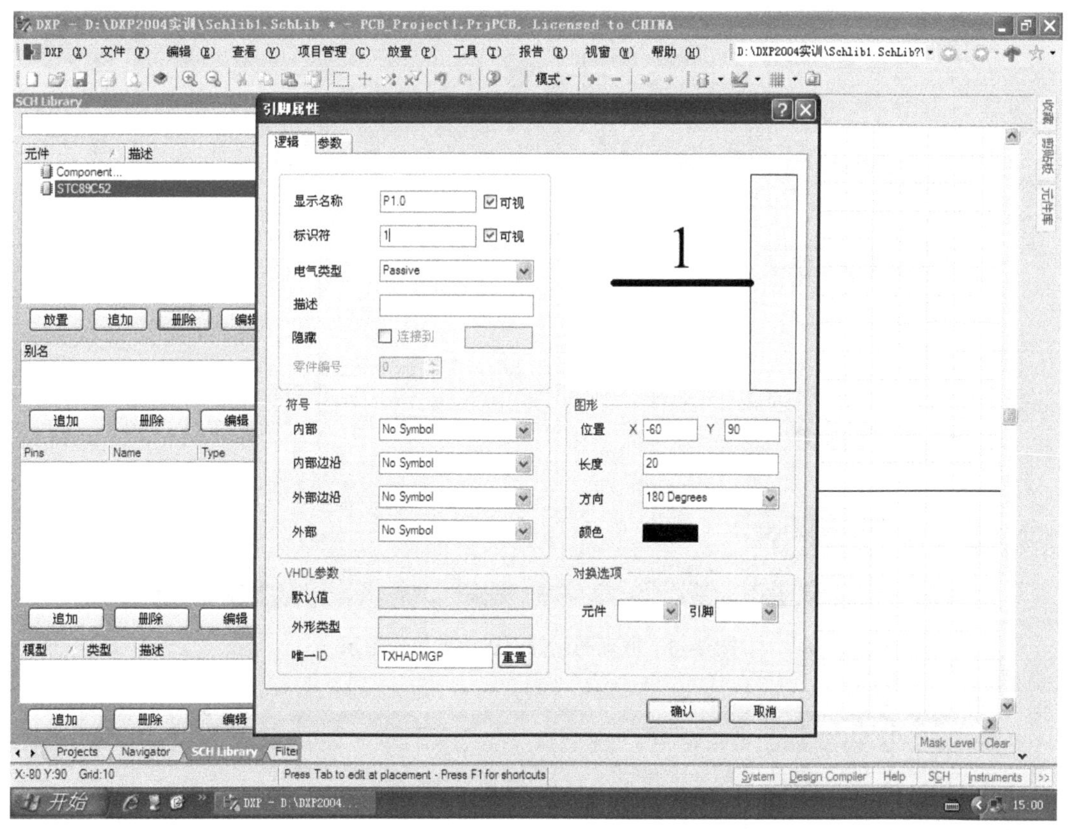

图 2-12　原理图元件的引脚属性设置

在图 2-12 中，“显示名称”用来标注该引脚的功能，“标识符”用来标定引脚的顺序号，即在该物理元件中各电极引脚排列的具体位置。因此，标识符实际就是引脚号，它必须与实物一致。另外，“图形”选项组中的“长度”在我们的图纸中要改为“20”，以减少后面设计原理图时的横向长度。一般只需要修改这三个属性。

完成如图 2-12 所示的引脚属性设置后，在图 2-12 中单击“确认”按钮，系统进入如图 2-13 所示的引脚放置操作界面。

在放置引脚时，一定要把引脚的热端放在外侧，如图 2-13 所示，即引脚“米”字光标那端不要放在元件的矩形边上，如方向不符合，可按实空格键进行旋转，一次旋转 90°。

在满足引脚放置方向和放置位置的状态下，单击鼠标左键，该引脚就被成功放置，并继续处于引脚放置操作状态，如图 2-14 所示。

从图 2-14 上可看出，放置了 1 号引脚后，标识符已经被系统自动修改为后继标识号以待继续放置下一引脚，但显示名称中由于有小数点而不被修改。因此，放置 2 号引脚前就必须先按键盘上的 Tab 键，从而进入“引脚属性”对话框，如图 2-15 所示。

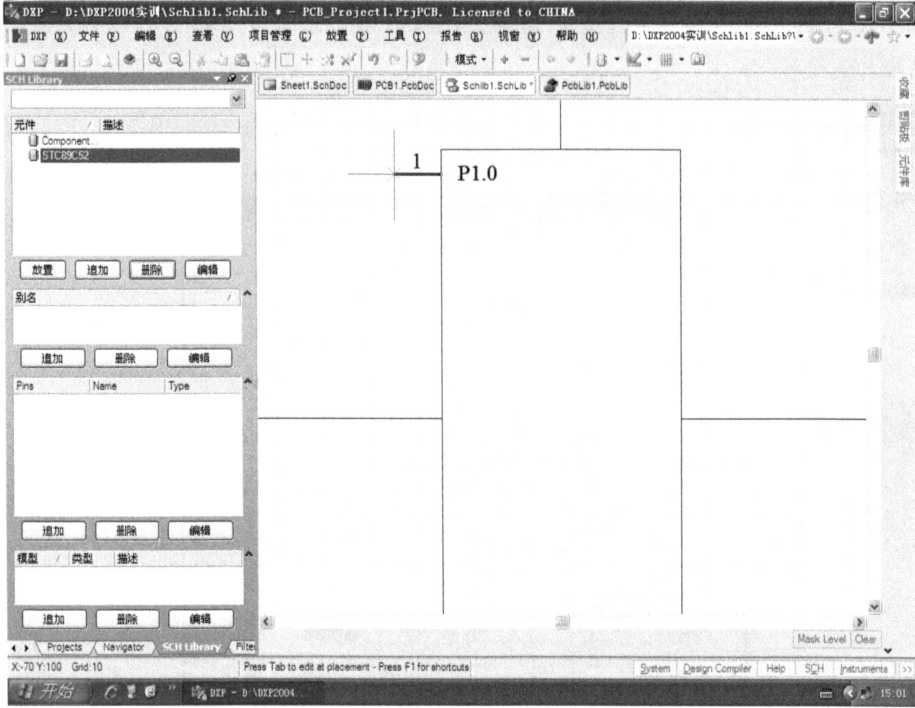

图 2-13　原理图元件引脚放置操作图示

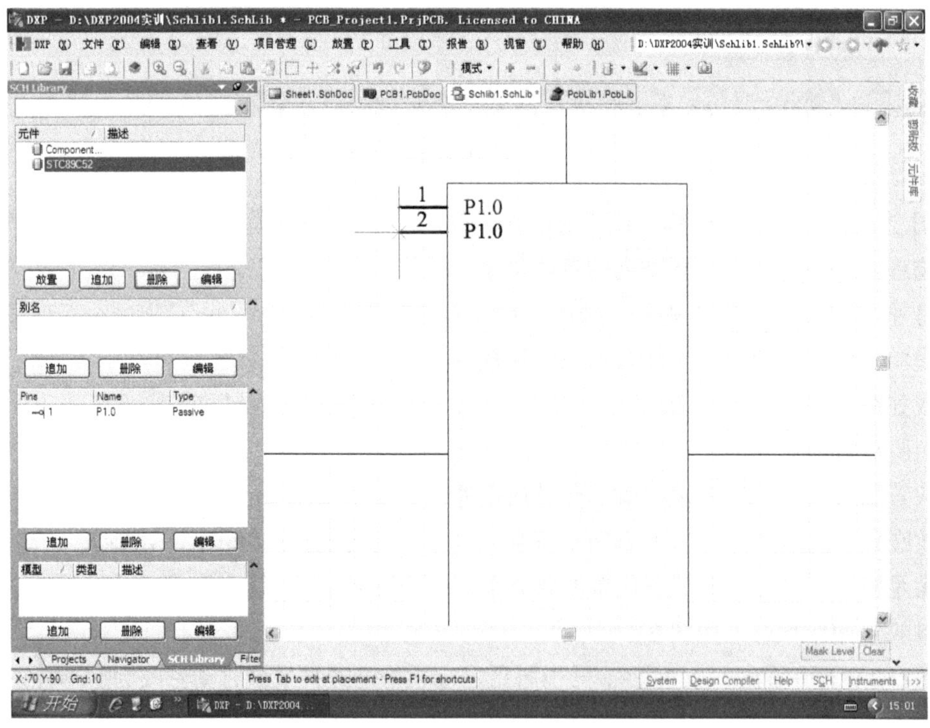

图 2-14　给原理图元件放置引脚的操作状态图示

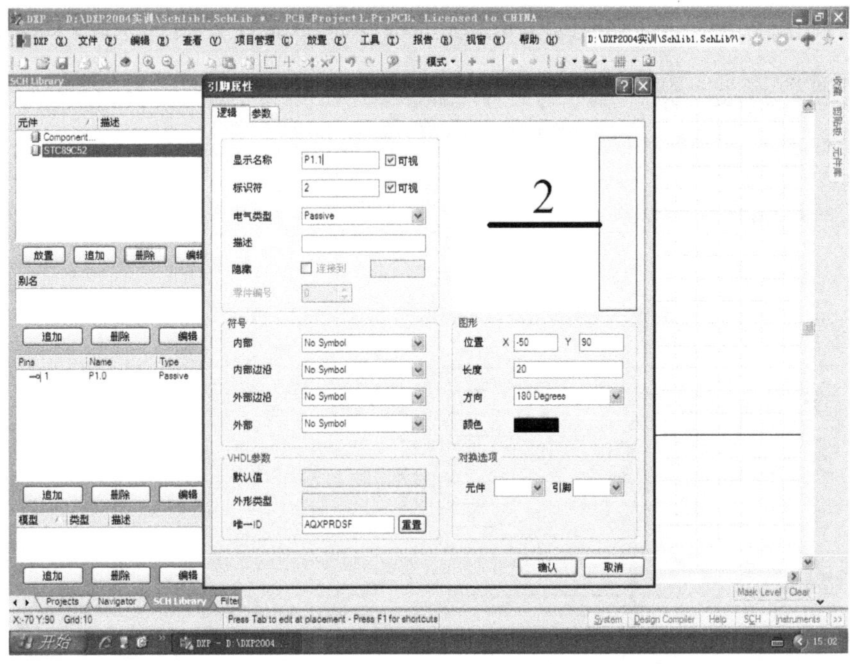

图 2-15　修改待放置引脚的显示名称操作图示

如图 2-15 所示，要把显示名称“P1.0”修改为“P1.1”，再单击“确认”按钮。此后按图 2-16 所示放置 2 号引脚。

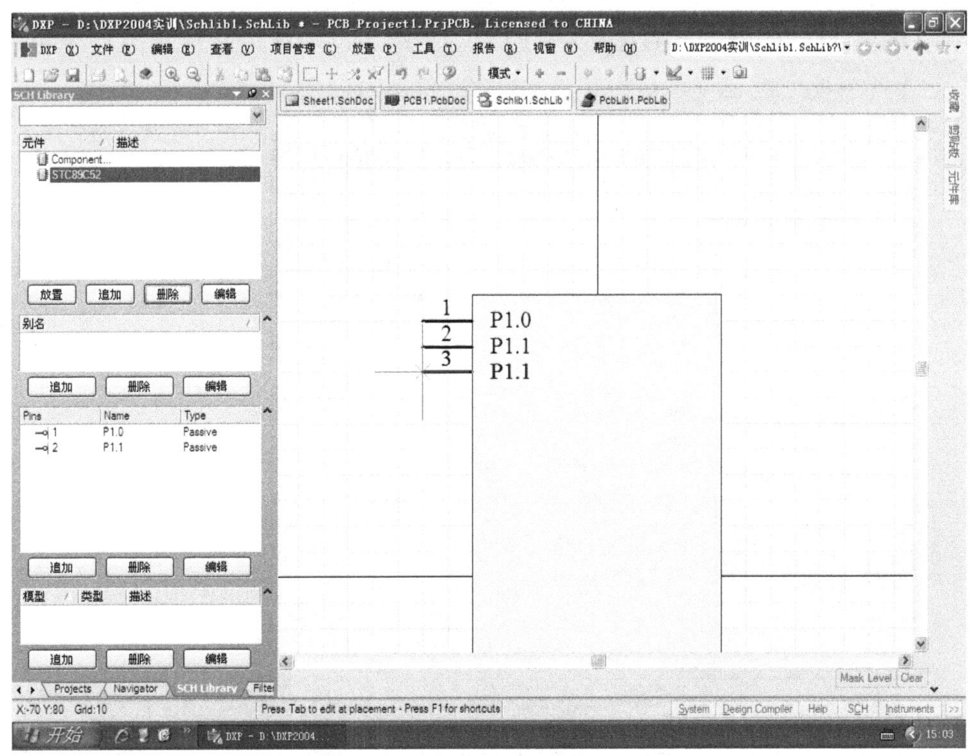

图 2-16　放置了 2 号引脚的操作状态图示

按照这种引脚放置及属性修改的基本方法，我们就能放置好 1～8 号引脚，如图 2-17 所示。

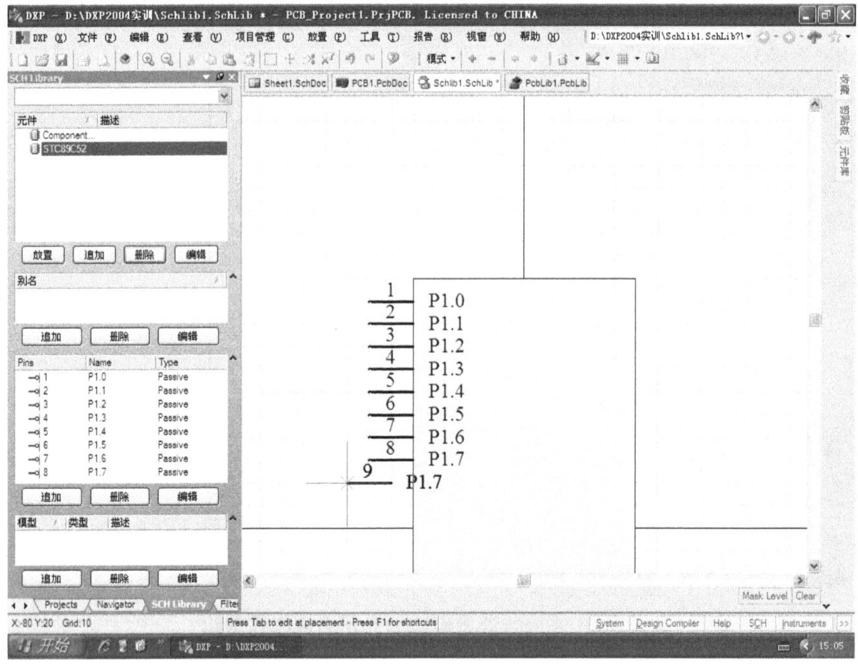

图 2-17　放置 9 号引脚前的操作状态图示

在如图 2-17 所示的放置了第 8 号引脚的状态下，按 Tab 键，进入 9 号引脚的属性设置对话框，并在该对话框中，把显示名称改为“RST”，如图 2-18 所示。

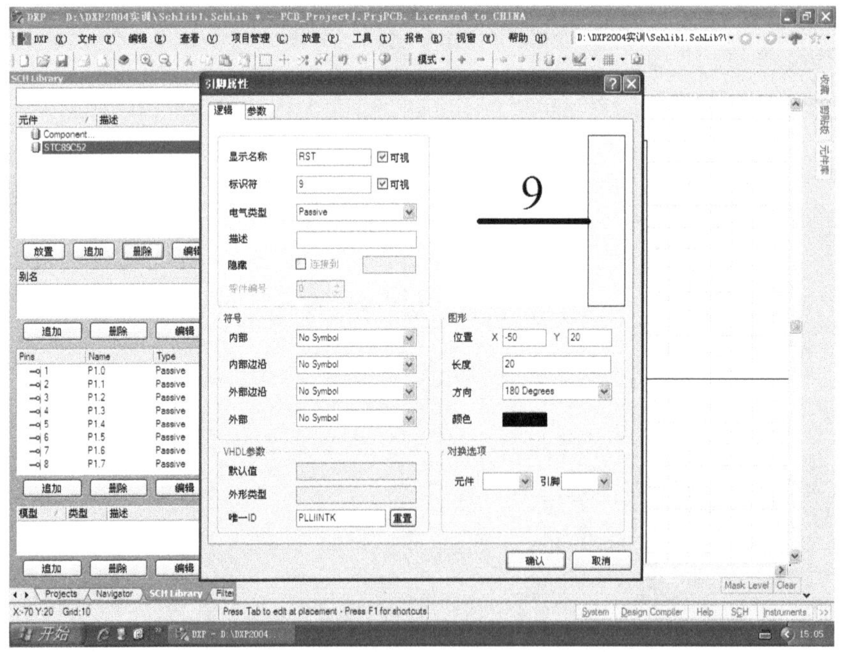

图 2-18　引脚显示名称改为“RST”

由前面放置引脚的操作可知，STC89C52 这个原理图元件的每一引脚放置前都要进行该引脚的属性设置，以修改显示名称。10 号引脚的显示名称要改为“P3.0/RXD”，如图 2-19 所示，以表示这一引脚具有双重功能。11 号引脚的显示名称与 10 号引脚类似。

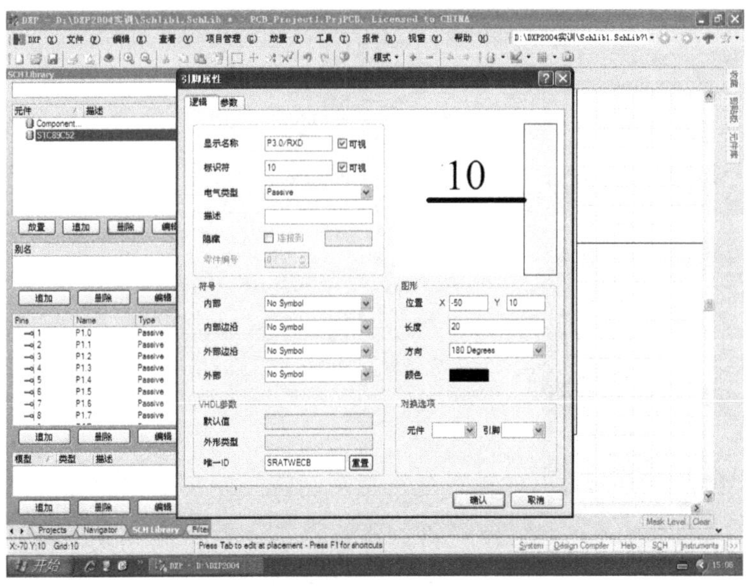

图 2-19　引脚有双重功能的显示名称的编辑图示

需要特别说明的是，有几个引脚的引脚名称上加有上画线，如第 12 引脚、第 13 引脚等，这可在属于上画线管辖的每个字母后跟一反斜杠“\”符号，以 12 号引脚为例，其显示名称文本框中应填写为“P3.2/I\N\T\0\”，也就是字符 I、N、T 和 0 后各有一反斜杠，如图 2-20 所示。

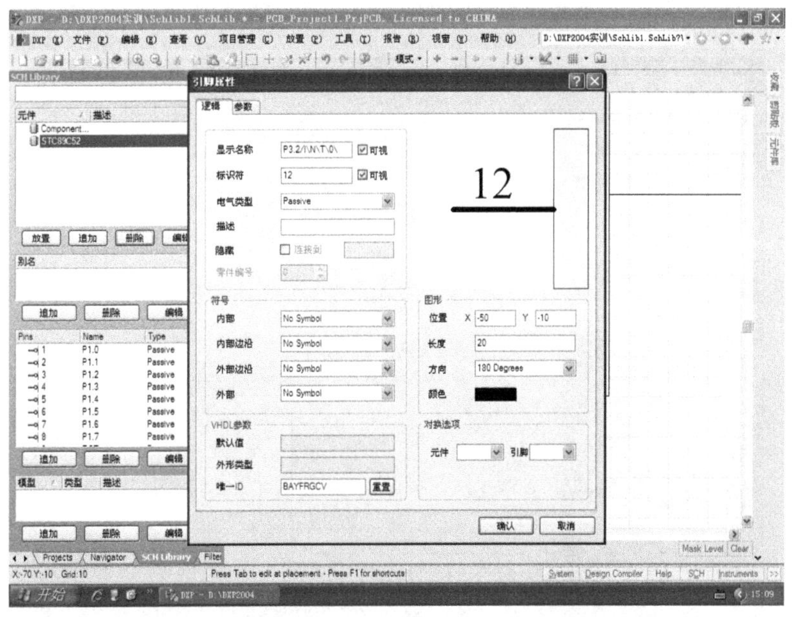

图 2-20　字符上有上画线的显示名称的设置图示

按照图 2-20 所示，将 12 号引脚的显示名称设定并确认，再在相应位置单击鼠标左键后，就能成功放置有上画线显示名称的 12 号引脚，如图 2-21 所示。

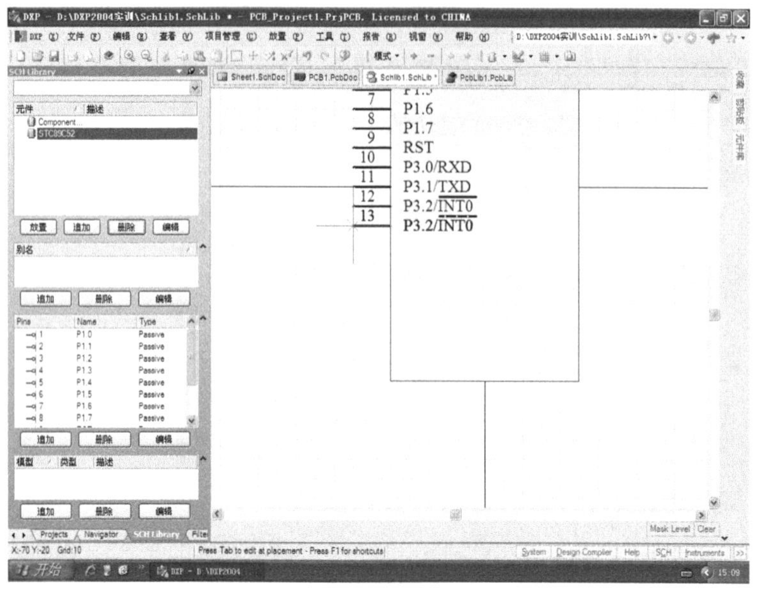

图 2-21　带有上画线的显示名称

同 12 号引脚的放置操作相似，13 号引脚放置前须按 Tab 键，并参照 12 号引脚的显示名称设定方式，设定 13 号引脚显示名称中有上画线的字符序列后再确认并定位放置。

在引脚放置过程中，若放置位置有误而须移动某引脚时，须先右击而退出引脚放置状态，再将鼠标光标放在该引脚上，且按下左键不放开，如图 2-22 所示，再进行相应方向的拖动即可。待放置后续引脚时，因已退出了放置引脚操作，须重新单击“放置”菜单。

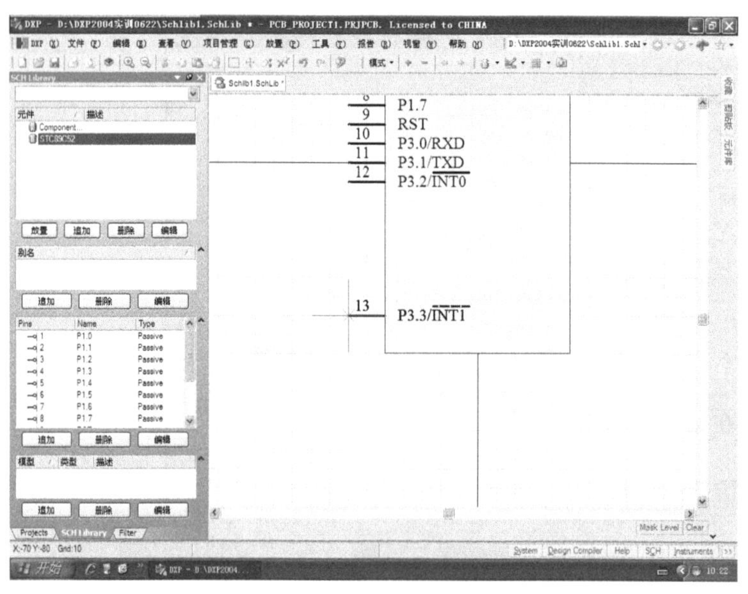

图 2-22　引脚重新定位的操作图示

完成了 1～13 号引脚的放置操作后，后面的 27 个引脚放置操作方法与此相似。需要注意的是，在放置 21 号引脚时，在带有米字形的引脚放置状态下，要按两次空格键，以改变引脚的放置方向。这 40 支引脚放置完工后，就完成了原理图元件 STC89C52 的设计。在此，还要说明一点，引脚放置后发现某引脚显示名称有误，如图 2-23 所示的 34 引脚名称。

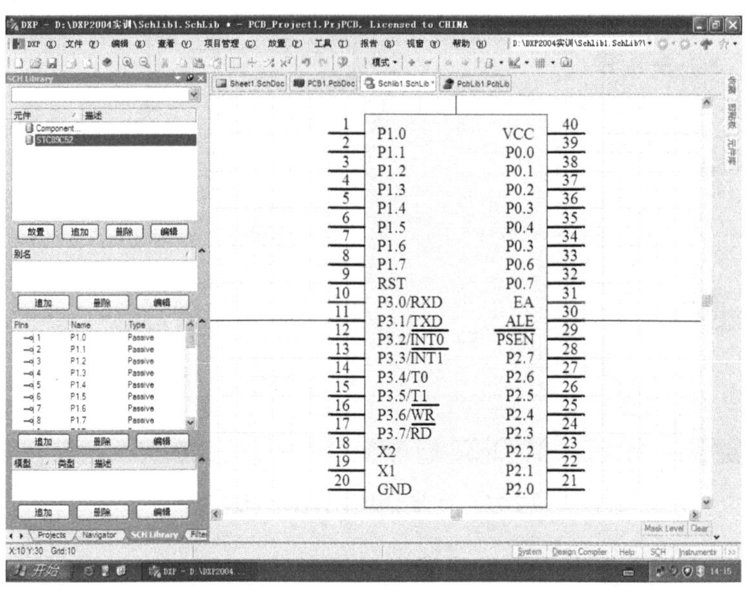

图 2-23　34 引脚显示名称有误的图示

对于如图 2-23 所示的第 34 引脚的显示名称错误，可重新设置其引脚属性。方法是用鼠标双击 34 号引脚的引脚线，就可进入 34 号引脚的“引脚属性”对话框，从而修改其引脚名称，如图 2-24、图 2-25 所示。

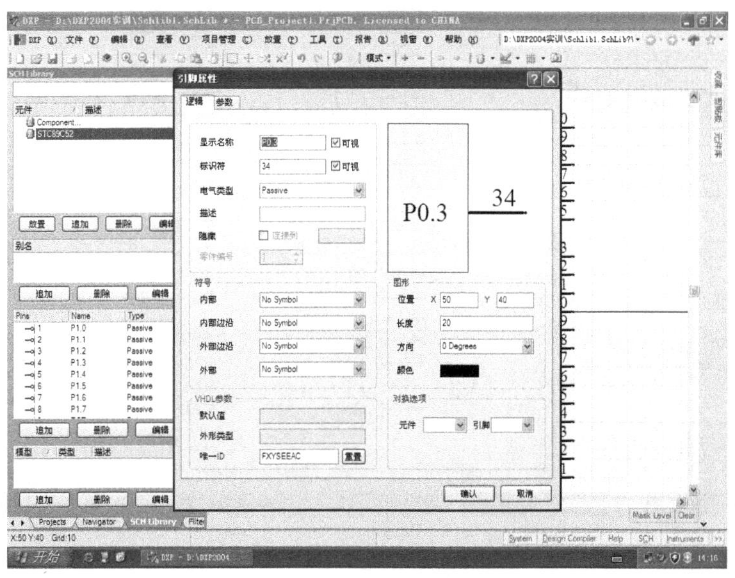

图 2-24　34 号引脚显示名称修改前

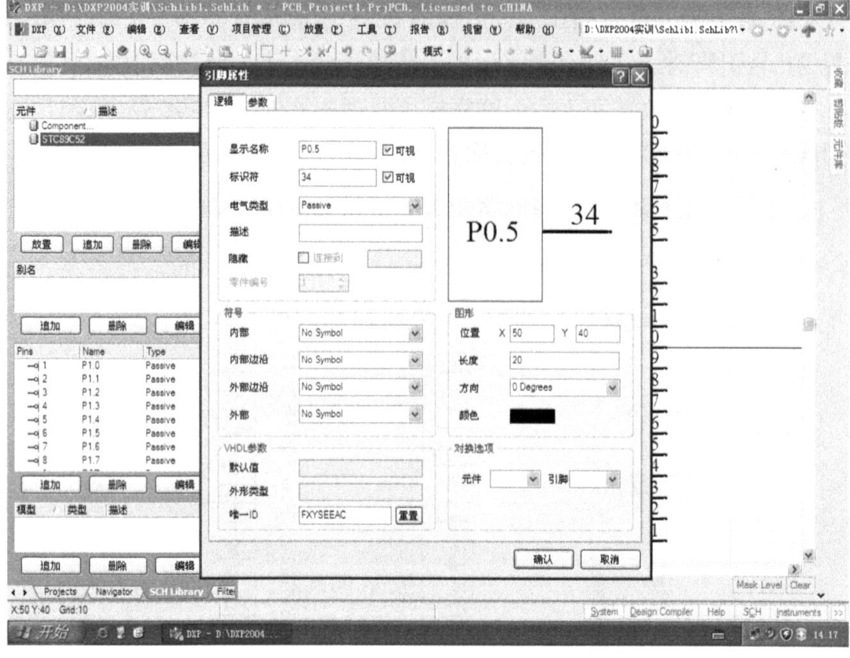

图 2-25　34 号引脚显示名称修改后

修改无误后，单击“确认”按钮，完成修改。

引脚的放置与修改完成后，原理图元件 STC89C52 的元件符号如图 2-26 所示。

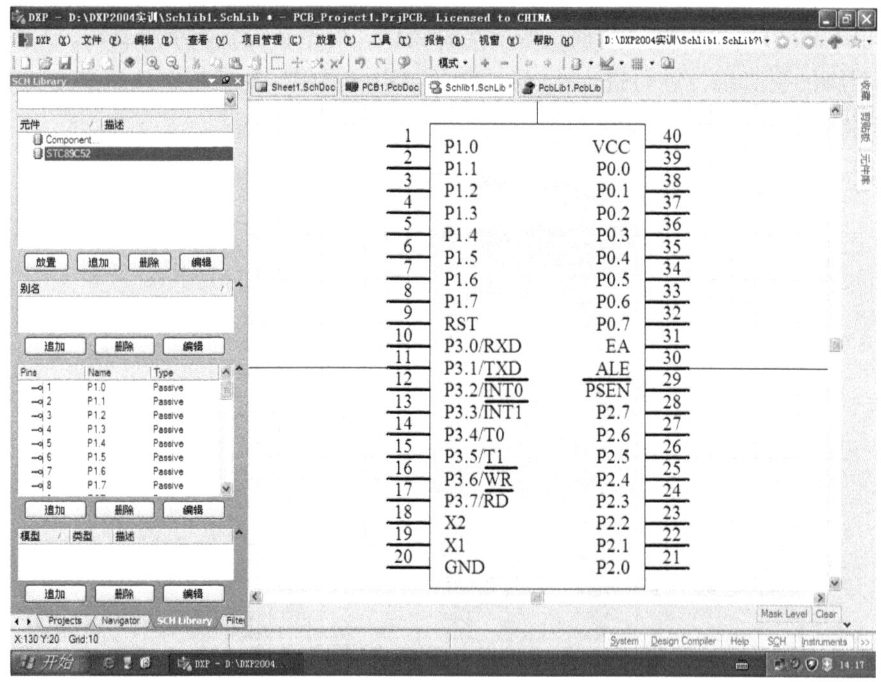

图 2-26　全部引脚放置无误后 STC89C52 元件符号图示

2.2　MAX232 的原理图元件设计

2.2.1　MAX232 芯片的相关资料

MAX232 是单片机系统与 PC 进行串行通信的接口芯片。利用这块学习板，我们可以学习单片机与 PC 间的串行通信技术。图 2-27 是它的实物照片，图 2-28 是我们规划的该芯片原理图符号。下面我们就以图 2-28 为样本，进行 MAX232 的原理图符号设计。

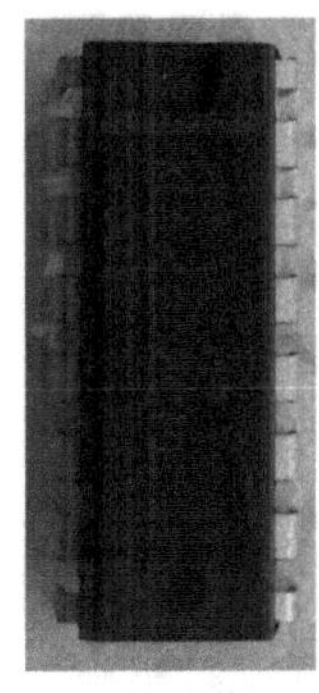

图 2-27　MAX232 实物照片

引脚	名称	名称	引脚
1	C1+	VCC	16
2	V+	GND	15
3	C1−	T1OUT	14
4	C2+	R1IN	13
5	C2−	R1OUT	12
6	V−	T1IN	11
7	T2OUT	T2IN	10
8	R2IN	R2OUT	9

图 2-28　MAX232 的原理图元件

2.2.2　用“SCH_Library”面板追加新原理图元件

在如图 2-26 所示的操作界面中，单击工作面板中的“元件”→“追加”按钮，系统弹出新元件命名对话框，此时，把新元件默认名改为“MAX232”，如图 2-29 所示，然后单击“确认”按钮。

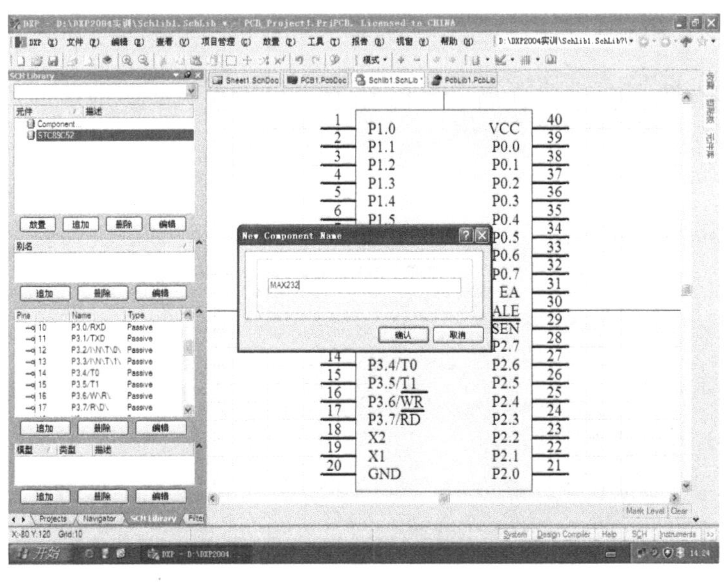

图 2-29　设定新元件名的操作图示

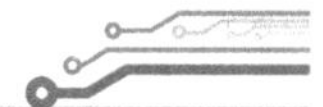

2.2.3 在工作区中绘制 MAX232

1. 放置外框

元件名确认后，放置一个 6 格×9 格的矩形，如图 2-30 所示。

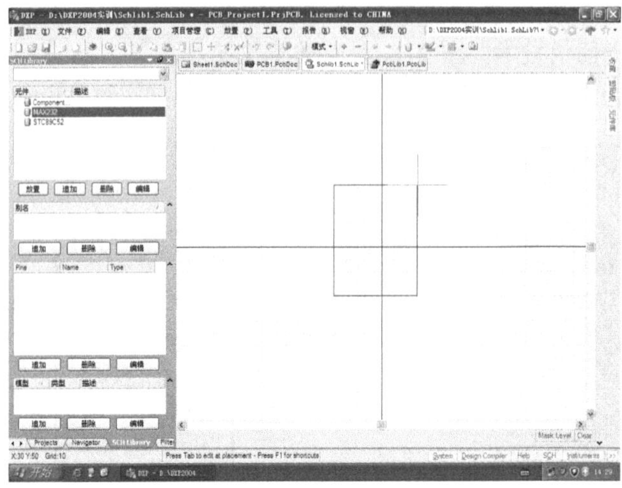

图 2-30 确定新元件矩形的大小及位置操作图示

2. 放置引脚

在如图 2-30 所示界面中，先按一次 Page Up 键，即增大矩形的显示比例，以方便放置引脚的后续操作。此后，参照前面制作 STC89C52 的方法，为 MAX232 放置 16 只引脚。需要说明，对每个新元件，都首先要重新设定其 1 号引脚的显示名称和标识符，重新确定 1 号引脚的放置方向，如图 2-31 所示。

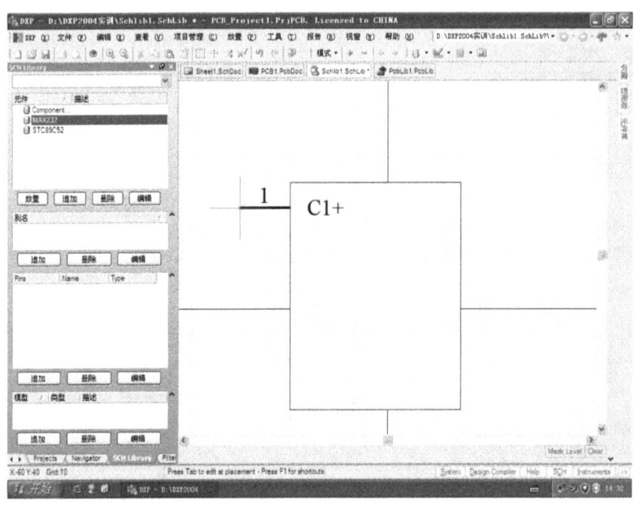

图 2-31 给元件放置 1 号引脚操作图示

全部引脚放置完成后，MAX232 的原理图符号就设计完成了，如图 2-32 所示。

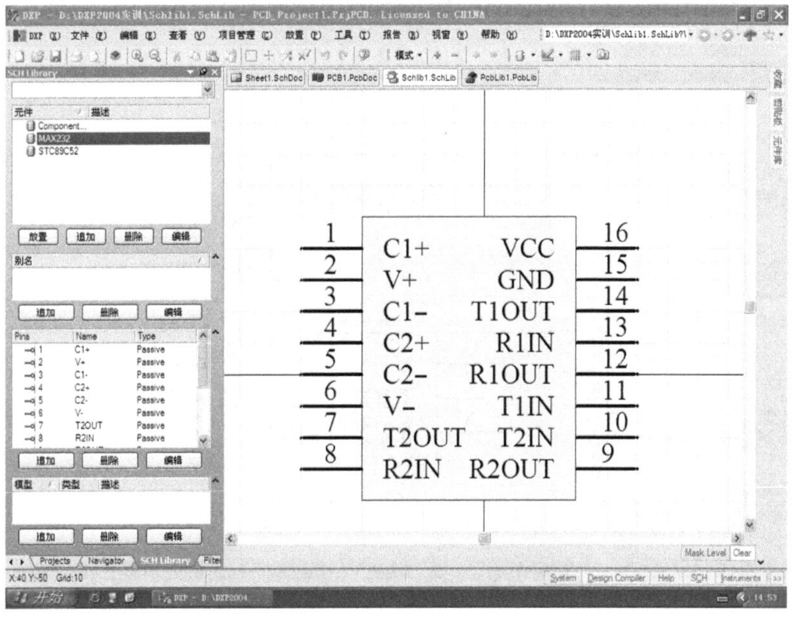

图 2-32　完成设计后的 MAX232 原理图元件符号

2.3　DS1302 的原理图元件设计

2.3.1　DS1302 芯片的相关资料

DS1302 是一块日历时钟芯片，为一典型的三总线器件，利用它的日历时钟功能，这块学习板还能作为学校上下课的自动打铃器使用。图 2-33 是它的实物照片，图 2-34 是我们规划的该芯片的原理图符号。下面我们就以图 2-34 为样本，进行 DS1302 的原理图符号设计。

图 2-33　DS1302 的实物照片

1 Vcc2 Vcc1 8
2 X1 SCLK 7
3 X2 DATA 6
4 GND RST 5

图 2-34　DS1302 的原理图符号

2.3.2　用“SCH_Library”面板追加新原理图元件 DS1302

单击如图 2-35 所示界面中的“元件”→“追加”按钮，系统会弹出新元件命名对话框，把其默认名改为“DS1302”，如图 2-35 所示，然后单击“确认”按钮，关闭新元件命名对话框。

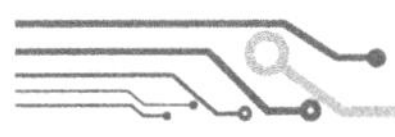
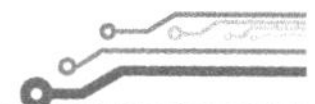

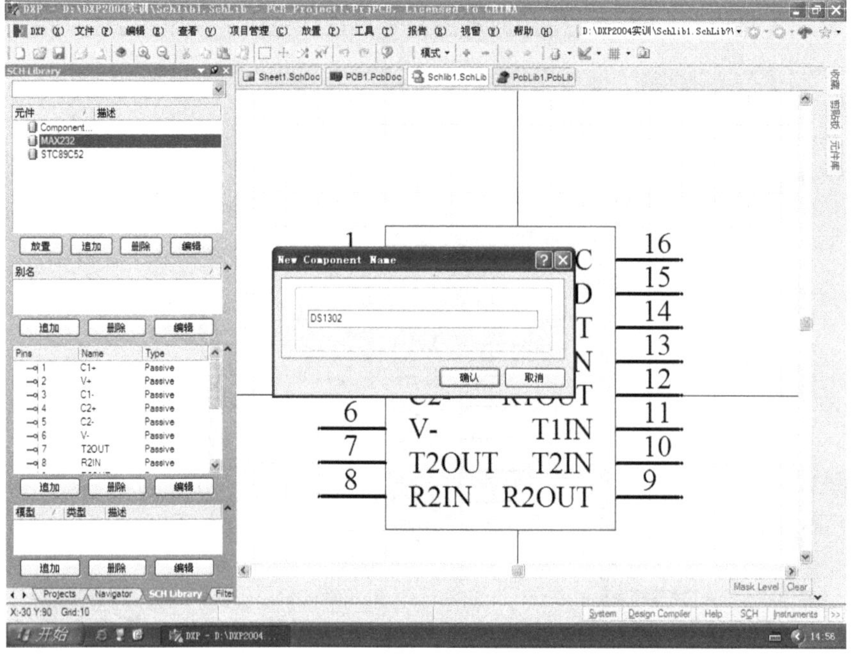

图 2-35 确定新元件 DS1302 的名称

2.3.3 在工作区中绘制 DS1302

1. 放置外框

先在设计窗口中放置一个 5 格×5 格的矩形，如图 2-36 所示。

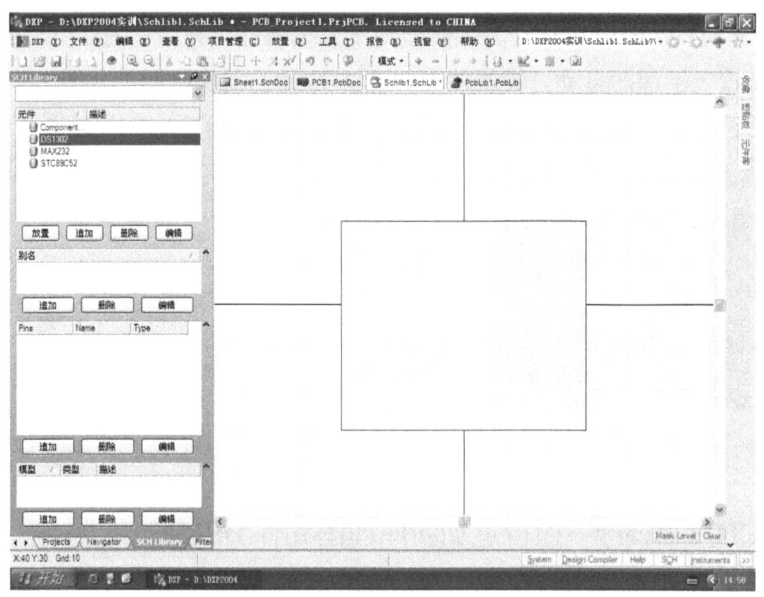

图 2-36 为 DS1302 原理图元件放置矩形

2. 放置引脚

然后，参照前面 STC89C52 的设计方法，为 DS1302 的符号图放置 8 只引脚，如图 2-37 所示，这就完成了 DS1302 的原理图符号设计。

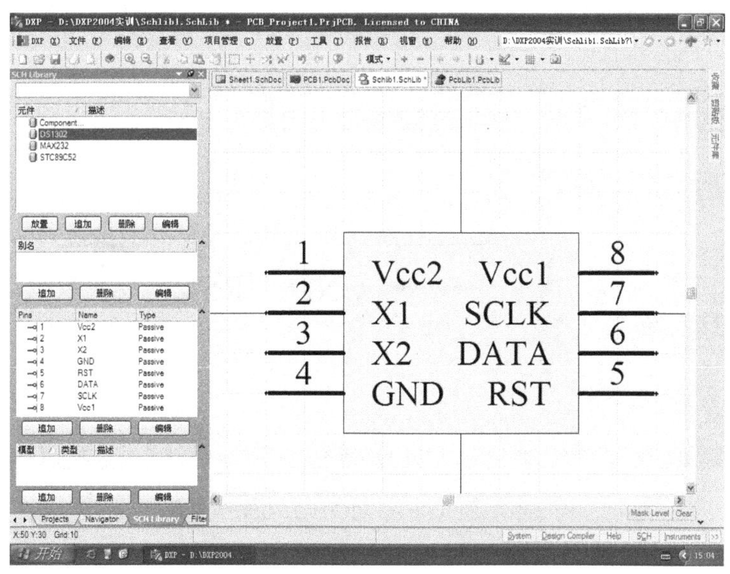

图 2-37　完成后的 DS1302 原理图元件

2.4　AT24C02 的原理图元件设计

2.4.1　AT24C02 芯片的相关资料

AT24C02 是 256 字节的快闪存储器，采用双总线结构。在这块单片机学习板上，可用它来保存每天几十次的上下课自动打铃时间信息。图 2-38 是它的实物照片，图 2-39 是我们规划的该芯片原理图符号。下面就以图 2-39 为样本，进行 AT24C02 的原理图符号设计。

图 2-38　AT24C02 的实物照片

图 2-39　AT24C02 的原理图符号

2.4.2　用“SCH_Library”面板追加新原理图元件 AT24C02

在如图 2-40 所示的界面中单击“元件”→“追加”按钮，系统弹出新元件命名对话框，把其默认名改为“AT24C02”，如图 2-40 所示，再单击“确认”按钮。

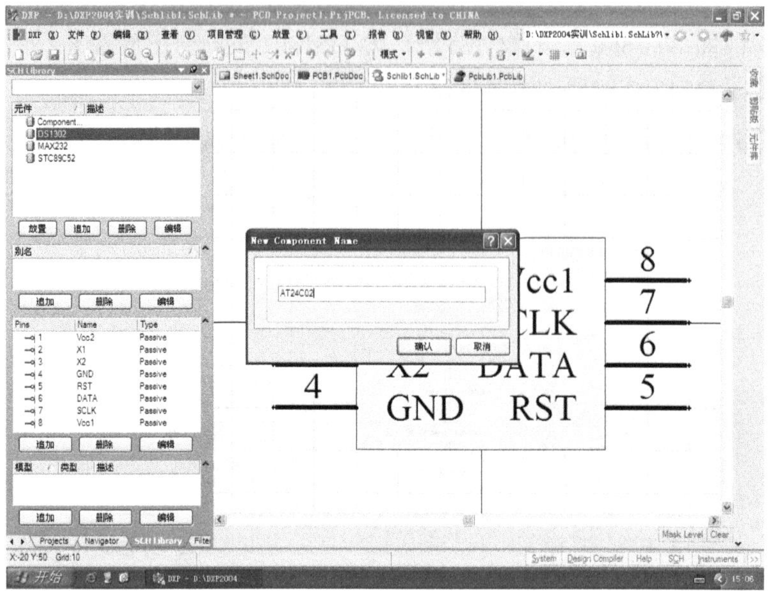

图 2-40　新元件 AT24C02 命名操作图示

2.4.3　在工作区中绘制 AT24C02

参照图 2-41，先放置一个 5 格×5 格的矩形，再放置如图 2-41 所示的引脚，这就完成了 AT24C02 的符号图设计。

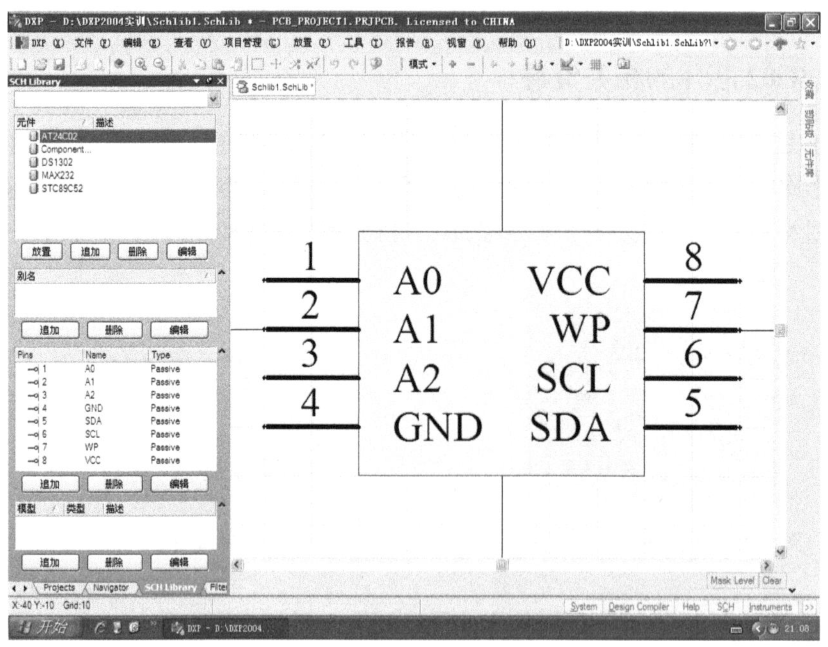

图 2-41　完成后的 AT24C02 元件符号示意图

2.5　DS18B20 的原理图元件设计

2.5.1　DS18B20 芯片的相关资料

DS18B20 是温度传感器，是单总线器件，因此与单片机的连接就非常简单了。在我们这块学习板上，通过它可进行高低温控制实验。图 2-42 是它的实物照片，图 2-43 是我们规划的该芯片原理图符号。下面我们就以图 2-43 为样本，进行 DS18B20 的原理图符号设计。

图 2-42　DS18B20 的实物照片

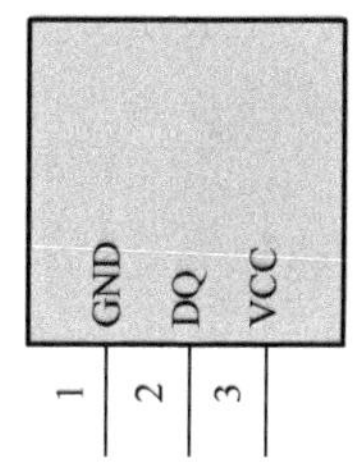

图 2-43　DS18B20 的符号图

2.5.2　用“SCH_Library”面板追加新原理图元件 DS18B20

在图 2-44 所示的界面中单击“元件”→“追加”按钮，系统会弹出一个新元件命名对话框，把其默认名改为“DS18B20”，如图 2-44 所示，然后单击“确认”按钮。

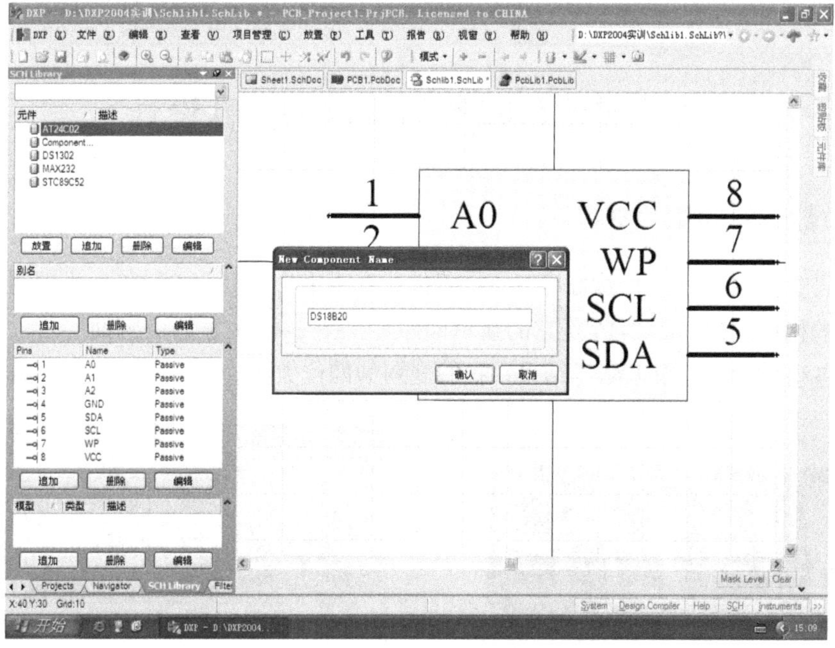

图 2-44　建立 DS18B20 的命名操作图示

2.5.3 在工作区中绘制 DS18B20

参照前面的操作方法，先放置一个 4 格×4 格的矩形，再放置三只引脚，如图 2-45 所示，这就完成了 DS18B20 的原理图符号设计。

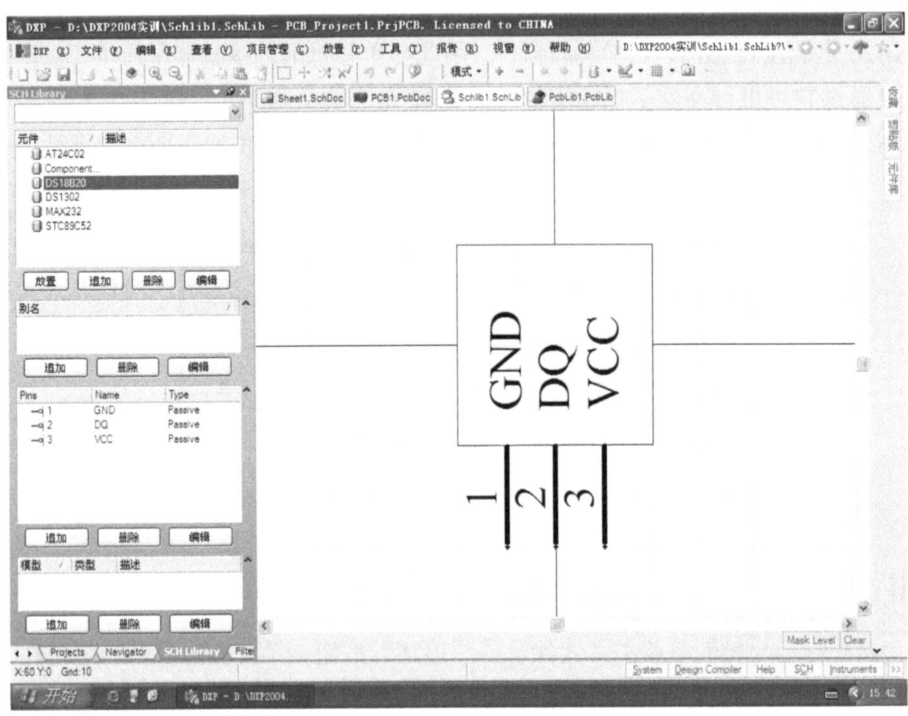

图 2-45　DS18B20 的原理图符号设计图示

2.6　四位数码管的原理图元件设计

2.6.1 四位数码管的相关资料

四位数码管是单片机学习板的基本显示器件，在本书中称其为 LEDS。我们用它来显示单片机运行中的相关数据。图 2-46 是它的显示面照片，图 2-47 是它的引脚面照片。用万用电表可测得它的各引脚功能。根据测得结果，我们规划的四位数码管的原理图符号如图 2-48 所示。

图 2-46　四位数码管“CPS05641BR”数码显示面照片

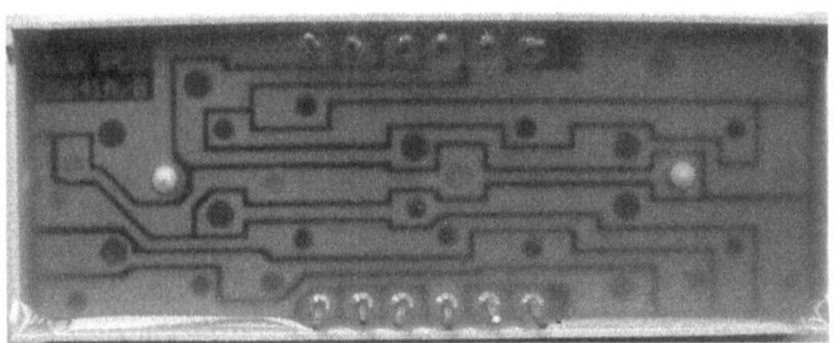

图 2-47　四位数码管“CPS05641BR”引脚面照片

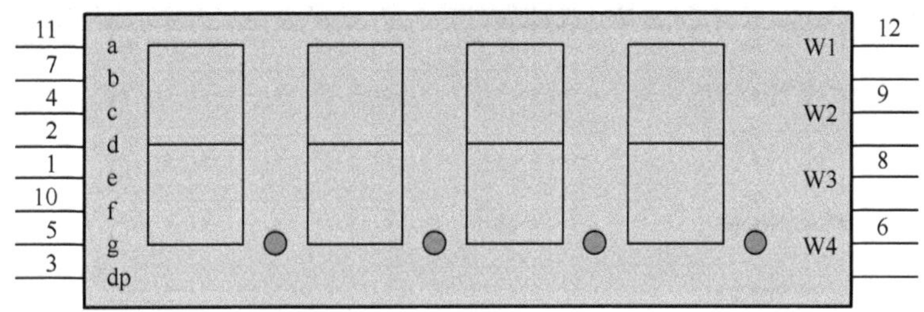

图 2-48　四位数码管“CPS05641BR”的原理图符号

下面，就以图 2-48 为样本，绘制 LEDS 的原理图元件。

2.6.2　用“SCH_Library”面板追加新原理图元件 LEDS

在 SCH_Library 面板中单击“元件”→“追加”按钮，系统弹出新元件命名对话框，把其默认名改为“LEDS”，如图 2-49 所示。命名后单击“确认”按钮，关闭新元件命名框。

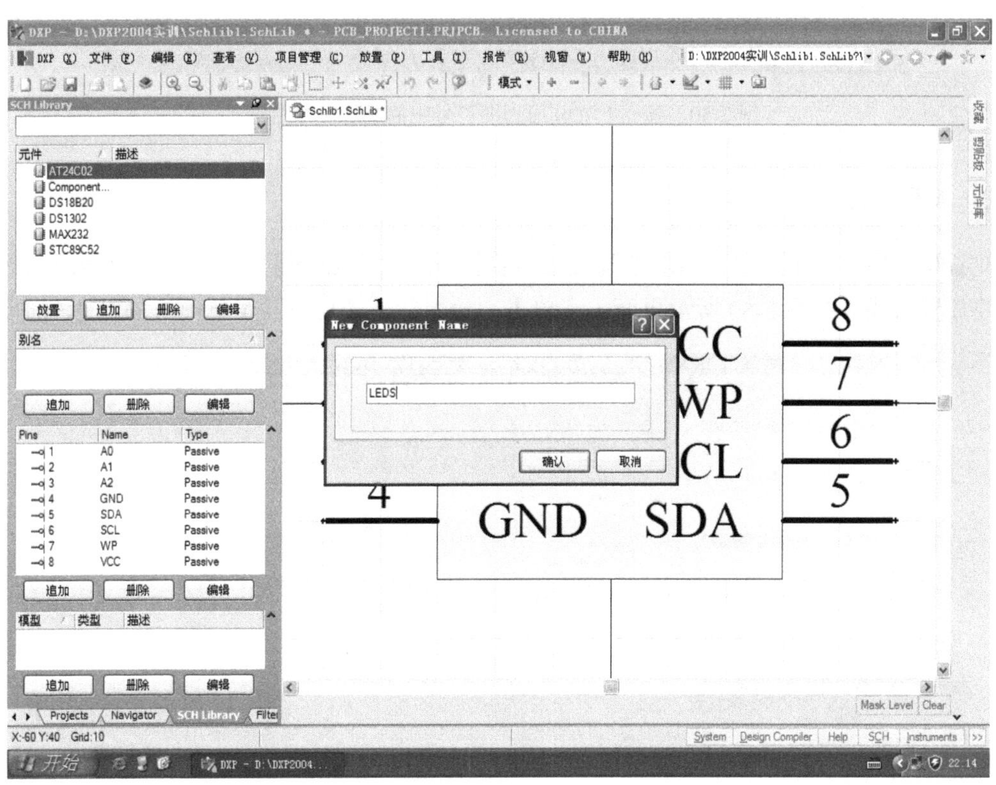

图 2-49　LEDS 原理图元件命名操作图示

2.6.3　在工作区中绘制 LEDS

1. 放置外框

在原理图元件绘制界面中，放置一个 24 格×9 格的矩形，如图 2-50 所示。

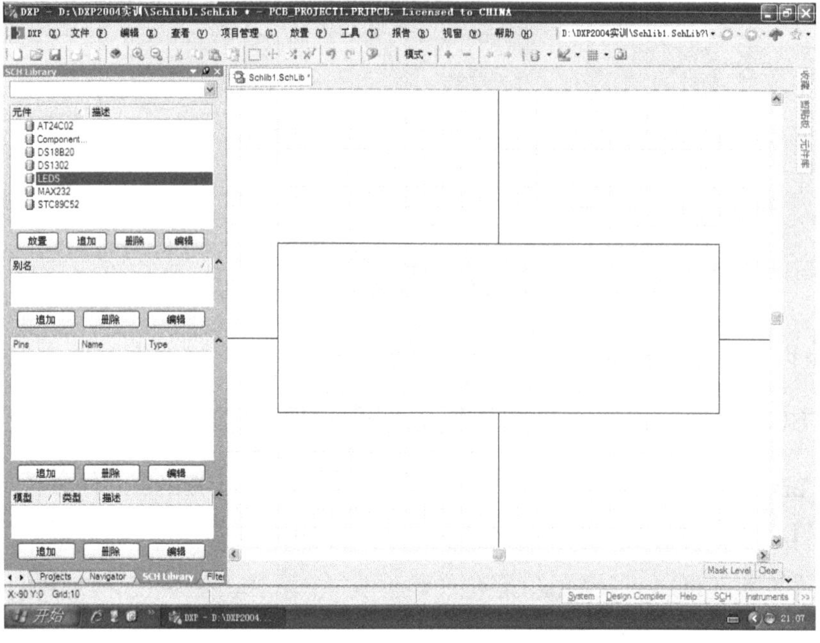

图 2-50　建立 LEDS 原理图符号中的矩形操作图示

2. 放置直线

放置矩形后，接下来要在矩形中放置数码管符号。七段数码管的笔画是用直线段构成的。因此要放置直线。在图 2-50 所示界面中，单击“放置”→“直线”菜单项，如图 2-51 所示。

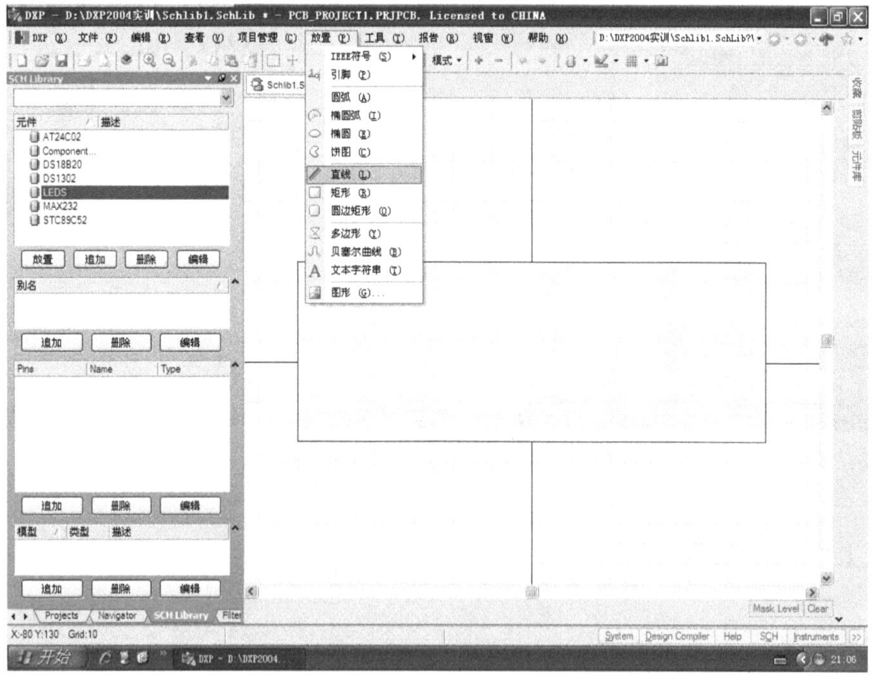

图 2-51　放置直线的菜单操作图示

在图 2-51 中单击“直线”菜单项后，用弹出的十字光标在矩形中先画三条线段，如图 2-52 所示。

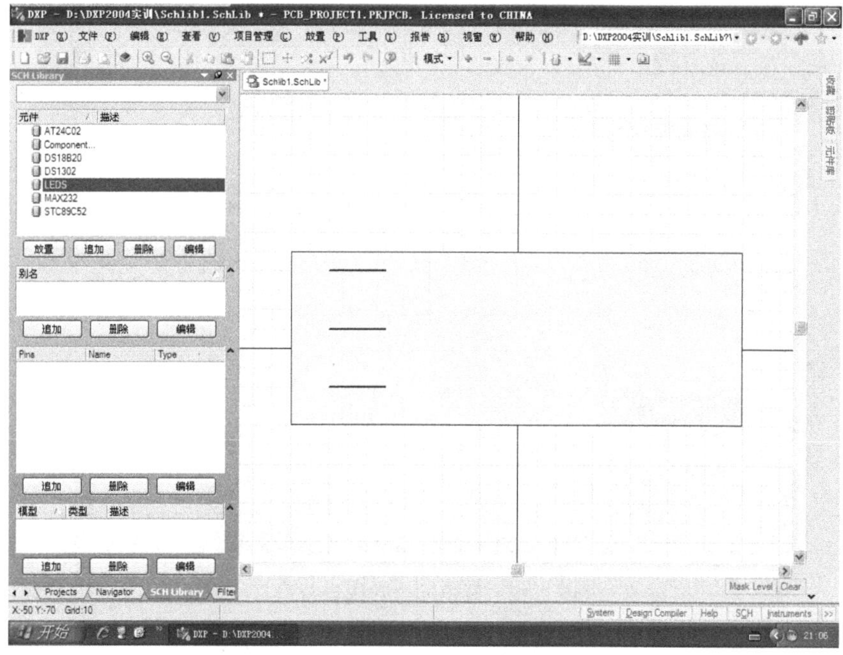

图 2-52　在矩形中画七段数码管的三条横线

再画出两条竖线，以构成一位数码管符号，如图 2-53 所示。

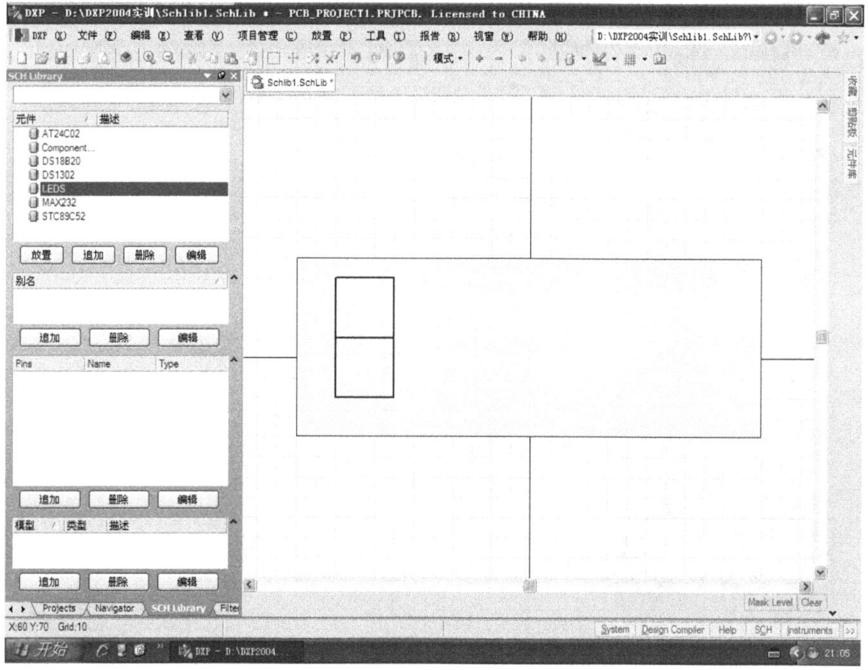

图 2-53　画出左边第一个数码管

仿照第一位数码管的直线放置操作，画出右边的三位数码管，如图 2-54 所示。

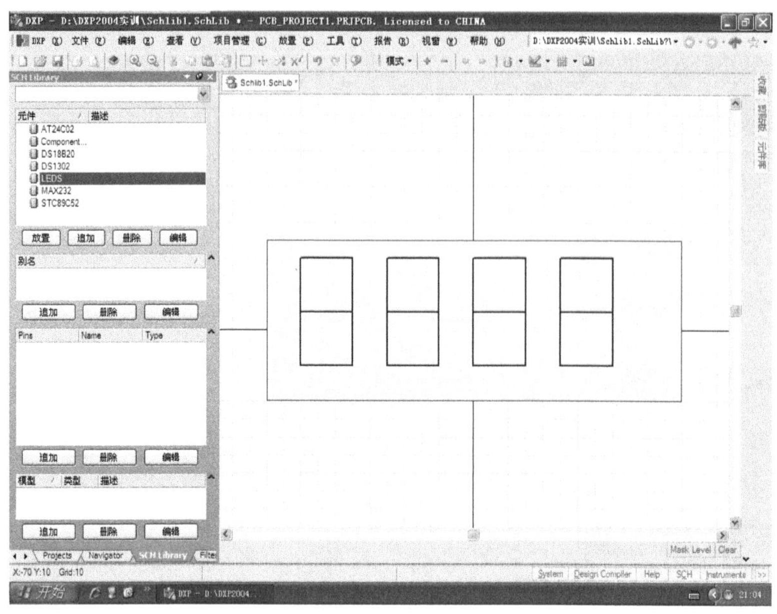

图 2-54　画出四位数码管符号

3. 放置小数点

四位数码管的小数点都是用椭圆的放置与修改实现的。先放置椭圆，单击“放置”→“椭圆”菜单项，如图 2-55 所示。

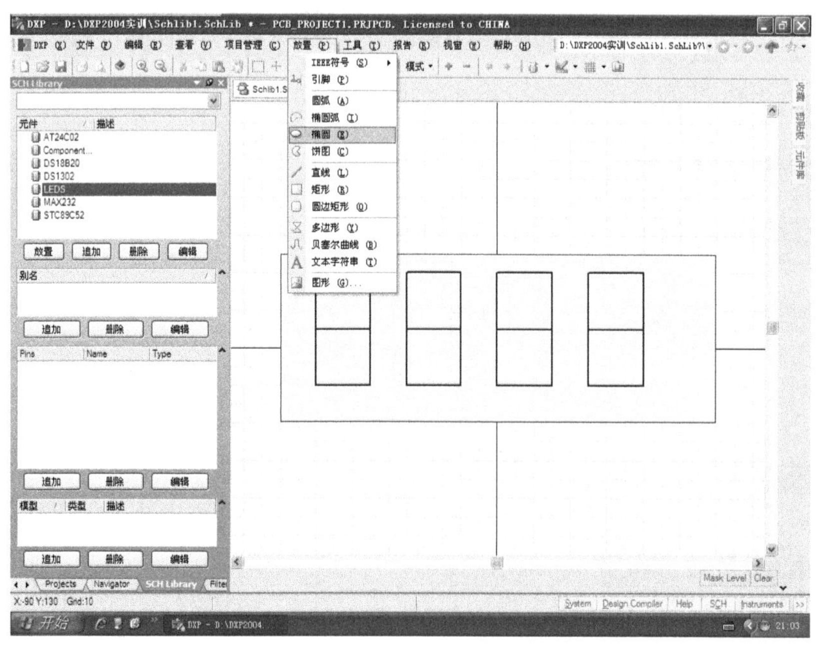

图 2-55　准备给数码管添加小数点的菜单操作图示

在图 2-55 所示的界面中，单击“椭圆”菜单项后，就用相应给出的十字光标在每位数码管右下角旁边画出椭圆，如图 2-56 所示。

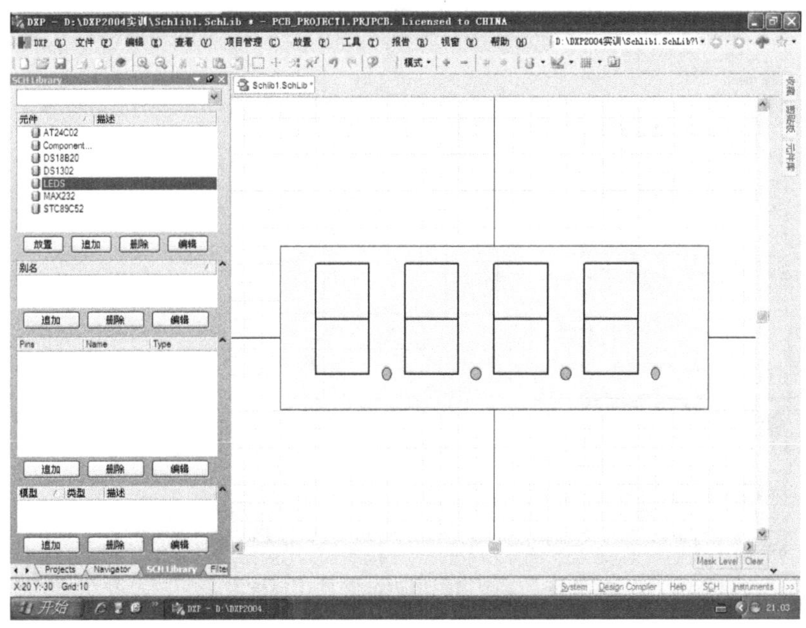

图 2-56　给每位数码管添上小数点椭圆

接下来把放置的 4 个椭圆改成正圆，双击左边第一位数码管右边的椭圆，系统弹出属性对话框，把椭圆的长轴与短轴都改为 3.5mm，如图 2-57 所示。

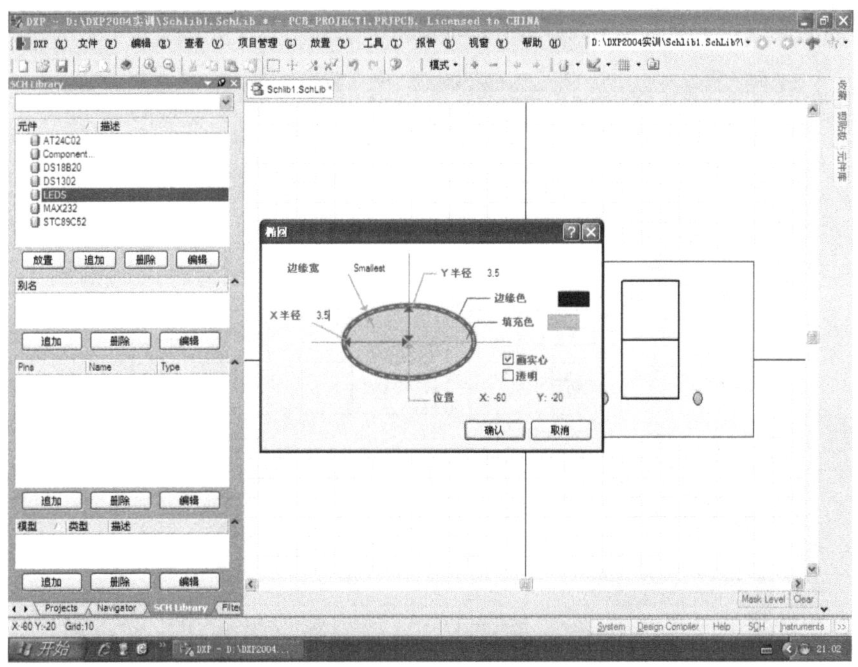

图 2-57　把椭圆的长短轴都改为 3.5mm

要把每一位数码管的椭圆都修改为正圆，如图 2-58 所示。

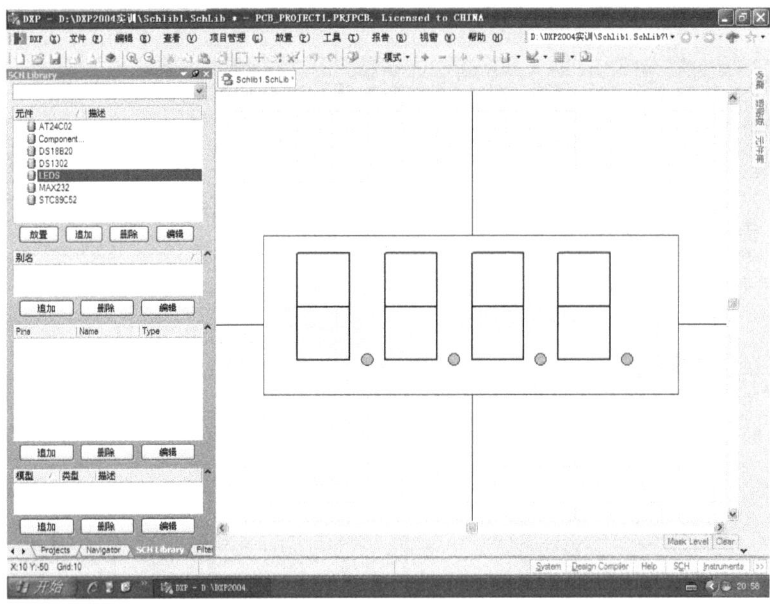

图 2-58　完成了小数点的圆形化处理图示

4．放置引脚

12 支引脚的放置位置如图 2-59 所示。要注意，标识符为 1 的引脚显示名称为 e，放置位置不是列首，标识符为 2 的引脚名称为 d，放置位置不是第二位。因此，每放置一引脚后下一引脚显示名称的修改及放置位置的确定都要细心操作。

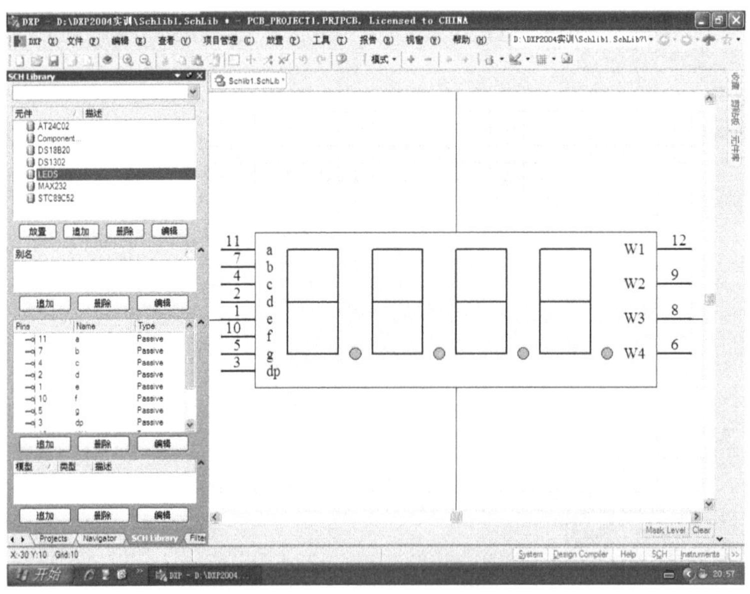

图 2-59　绘制完成的 LEDS 原理图符号

到此，LEDS 的原理图元件设计全部完工了。

现在，删去符号库中没有意义的默认元件。在如图 2-59 所示的操作界面中，单击那个默认的器件名，原理图元件绘制区成为空白，如图 2-60 所示。

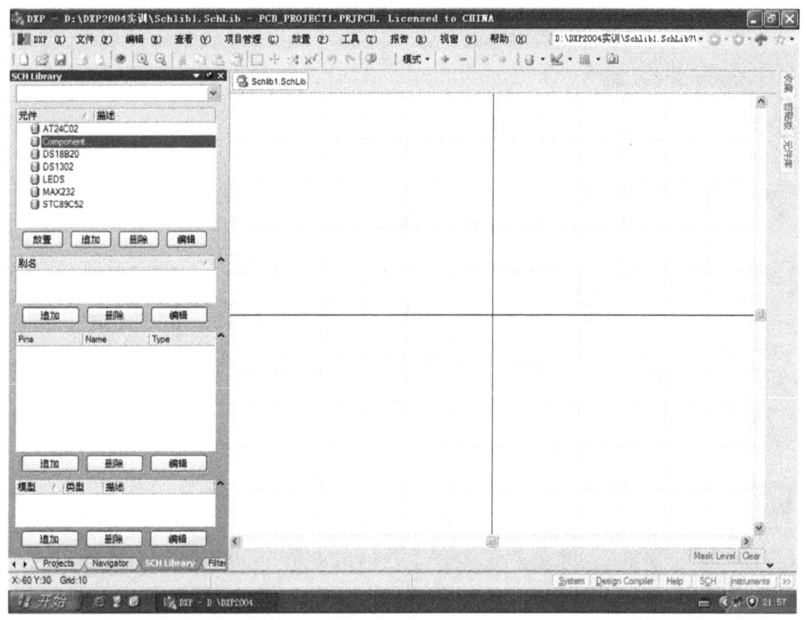

图 2-60　选择没有实际意义的符号库中的默认器件图示

在图 2-60 所示界面中，再单击“元件”→“删除”按钮，系统会弹出确认删除对话框，如图 2-61 所示。

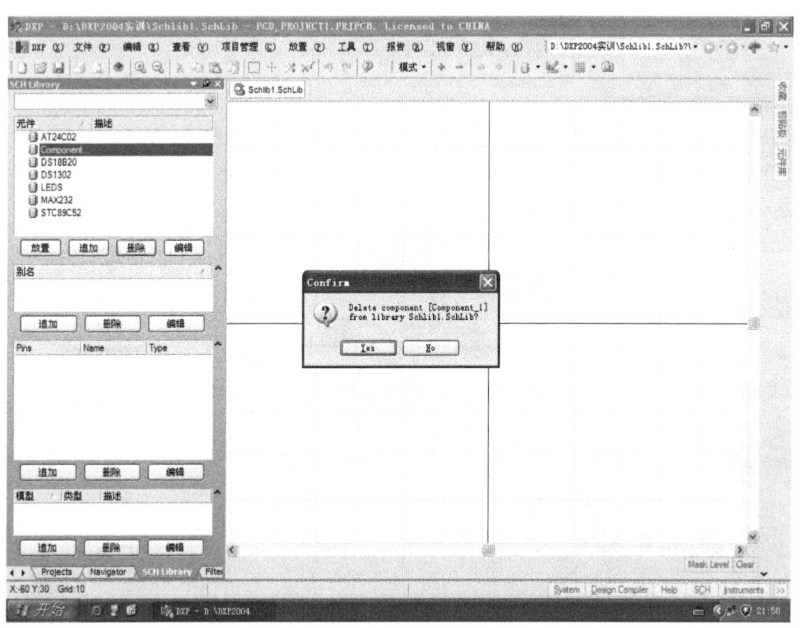

图 2-61　确认删去默认元件的操作示意图

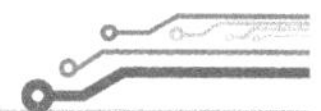

在图 2-61 所示的界面中，单击“Yes”按钮，就删除了元件库中默认的空白元件，此后，符号库中会以字母排序显示，如图 2-62 所示。

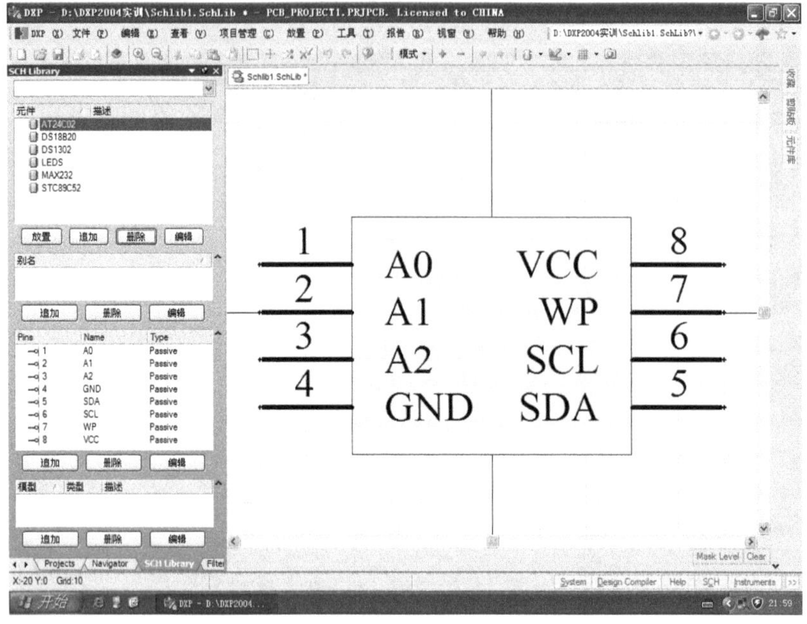

图 2-62　删除默认元件后的原理图元件显示

到此，就完成了所需的 6 个原理图元件的绘制。在图 2-62 所示的界面中，单击主窗口右上角的“×”按钮，系统弹出询问是否保存更新的对话框，如图 2-63 所示。

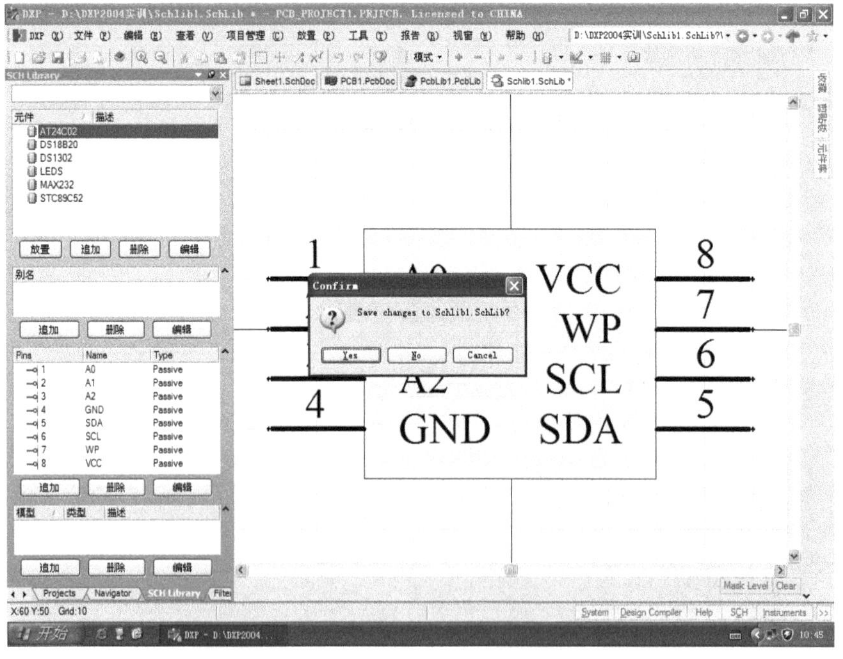

图 2-63　退出 DXP 2004 时的保存提示对话框

当然这时需要保存所完成的设计工作，因此单击“Yes”按钮，也就是保存并退出系统。

小　结　2

本章通过 STC89C52、MAX232 等 6 个器件的原理图元件绘制，让读者牢固掌握基本的原理图元件设计方法和过程。本章的重点内容是：

① 掌握进入原理图元件设计环境的方法。

② 掌握增加新元件并命名新元件的方法。

③ 掌握给原理图元件放置元件外框和引脚的方法。

④ 掌握引脚属性中的显示名称、标识符和长度的设置方法。

习　题　2

一、填空题

1. 在 DXP 2004 主窗口中，打开扩展名为________的原理图元件库文件，再打开________面板，可进入原理图元件设计界面。

2. 在________面板中单击元件框的________按钮，系统会弹出新元件命名对话框。

3. 在空白原理图元件绘制主界面中单击“________”→“________”菜单项后，就可在绘图空白区放置原理图元件的外框了。

4. 在原理图元件绘制主界面中单击“________”→“________”菜单项后，可给原理图元件放置引脚。

二、问答题

怎样修改原理图元件引脚的显示名称和标识符？

三、上机作业

关于“编辑”菜单中的“删除”、“Undo”、“Redo”三个菜单项的操作练习。

1. 启动 DXP 2004，打开 Schlib1.SchLib 文件，再打开 SCH_Library 面板。

2. 在 SCH_Library 面板中单击“AT24C02”元件名。

3. 单击“编辑”→“删除”菜单项，鼠标光标变成“十”字形状，用十字光标中心依次单击绘图区中 AT24C02 元件的第 8、7、6、5 引脚，然后右击鼠标，退出“删除”操作。观察 AT24C02 元件图的现状。

4. 单击“编辑”→“Undo”菜单项，观察 AT24C02 元件图的变化。

5. 单击“编辑”→“Redo”菜单项，观察 AT24C02 元件图的变化，注意引脚数量。

6. 单击主界面右上角的“×”按钮，在弹出的对话框中单击“No”按钮。

7. 重新启动 DXP 2004，然后打开 AT24C02 元件的编辑窗口，观察 AT24C02 的引脚数量。

第3章 PCB元件的绘制

PCB 元件也称元件的封装，它是表示电器元件的外围尺寸和引脚排列的图形符号，是形成 PCB 图的主要构件。在原理图中，每一个原理图元件都必须指定一个与之般配的 PCB 元件，才能在 PCB 板上产生相应的放置和焊接位置。尽管 DXP 2004 系统中自带了大量的 PCB 元件，但有时也并不能完全满足工程设计的需要，还要自行绘制所需的 PCB 元件，否则就不能完成所承担的印制电路板开发设计任务。因此，我们必须掌握 PCB 元件的绘制技术。本章的实训任务，就是完成 8 个 PCB 元件的设计。

3.1 设置 PBC 元件绘制环境参数

3.1.1 进入 PCB 元件设计环境

打开项目文件，以启动 DXP 2004，并从项目面板打开四个设计文件到工作区中，单击工作区中的“PcbLib1.PcbLib”文件选项卡，工作区就显示为 PCB 元件设计界面，再单击“PCB_Library”面板标签，面板就显示出该库文件中的 PCB 元件，如图 3-1 所示。

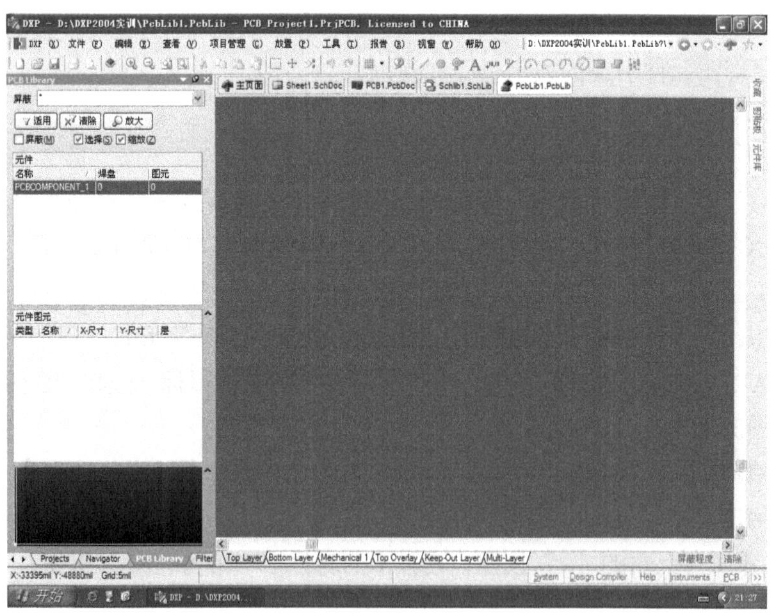

图 3-1 显示 PCB 元件设计界面及 PCB_Library 面板

在图 3-1 的状态栏上可以看到 X 坐标和 Y 坐标的数值，这对坐标数值是鼠标光标的位置坐标，它随鼠标光标在工作区中的移动而变化。图中位置坐标的长度单位为 Mil。若在键盘上打开大写字母锁定键（即 Caps Lock 指示灯点亮），按下字母键 Q，长度单位就在 Mil 和 mm 两者之间切换。本书使用 Mil 作为长度单位。

3.1.2 设置板层和颜色

在如图 3-1 所示界面中，单击“工具”→“层次颜色”菜单项，如图 3-2 所示。

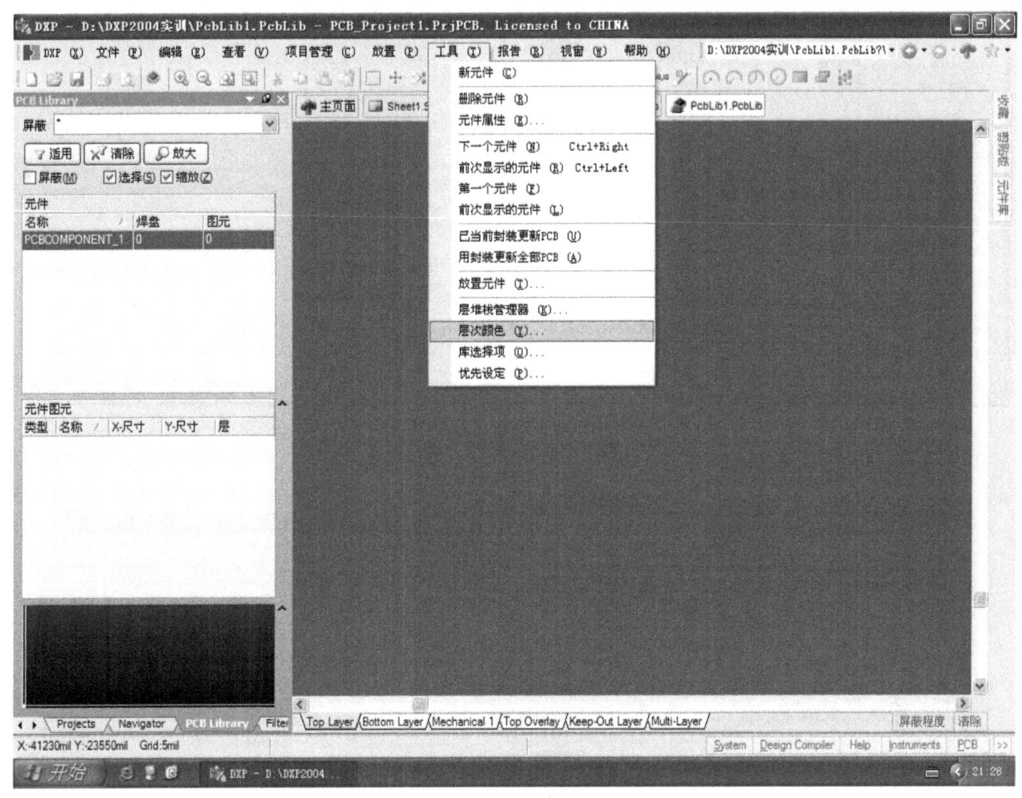

图 3-2　进入 PCB 板层和颜色设置的菜单操作图示

单击图 3-2 中的“层次颜色”菜单项，打开“板层和颜色”对话框，如图 3-3 所示。

在图 3-3 所示的对话框中，将“丝印层”中“Top Overlay”的颜色值设为 222，其他层保持默认值，另外要将“系统颜色”中下面 6 行的颜色值全部改为 233（白色），其余不变。单击“确认”按钮，工作区的背景色将从黑色变为白色。

3.1.3 打开 PCB 元件编辑区的原点显示

在 PCB 元件设计界面中，单击“工具”→“优先设定”菜单项，如图 3-4 所示。

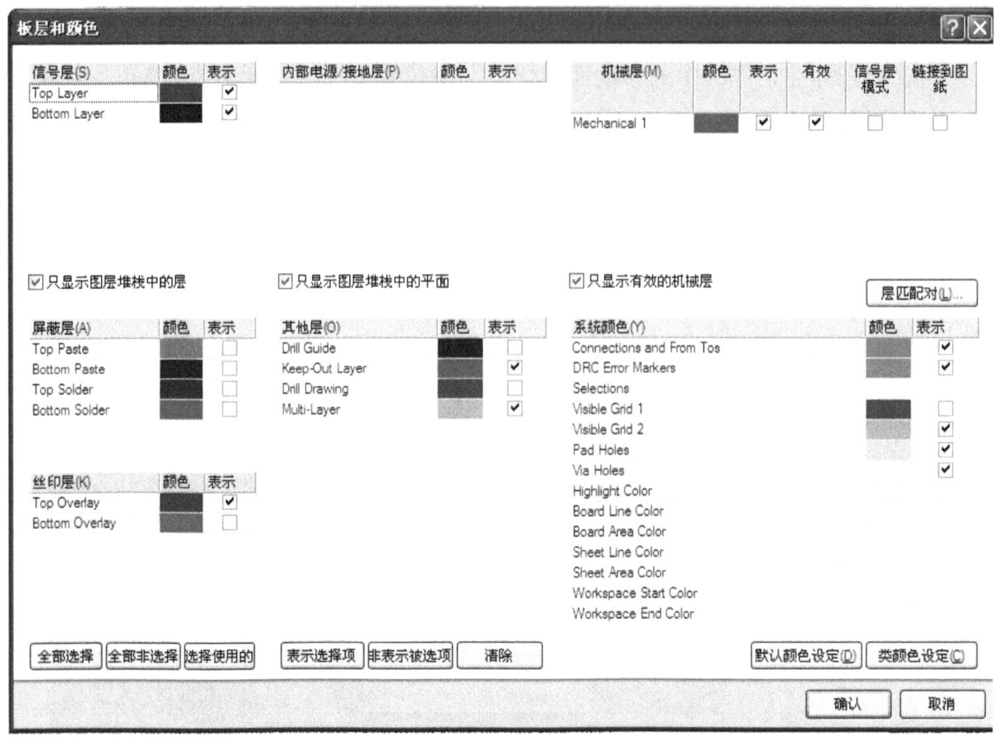

图 3-3 “板层和颜色”对话框

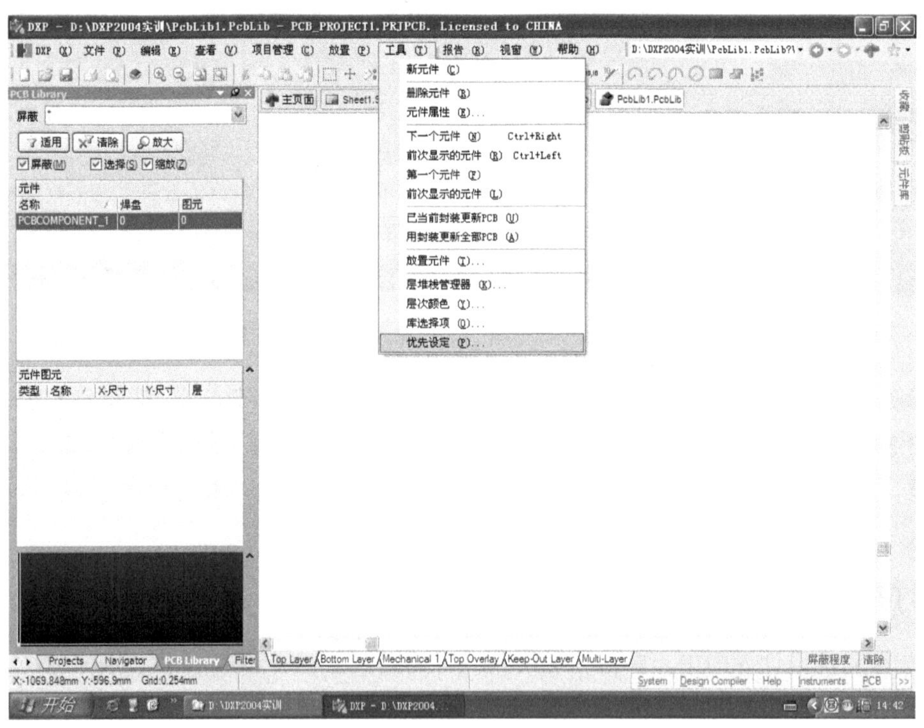

图 3-4 执行“优先设定”菜单项操作图示

系统弹出“优先设定”对话框，如图 3-5 所示。

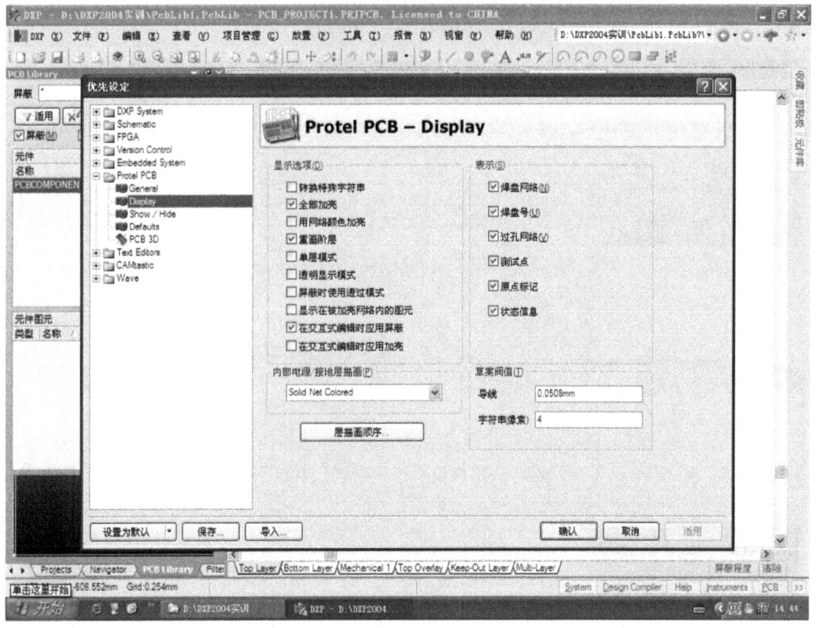

图 3-5　“优先设定”对话框

如图 3-5 所示，在“优先设定”对话框中，先单击打开“Protel PCB”文件夹，再单击“Display”，打开“Protel PCB –Display”选项界面，然后选中“原点标记”复选框，再单击“确认”按钮以关闭“优先设定”对话框。此后可按 Page Up（放大）键或 Page Down（缩小）键，调节显示比例，直到工作区中的网格大小合适（注：若网格显示为点阵，则依次单击“查看”→“网格”→“切换可视网格种类”来切换）。然后依次单击“编辑”→“设定参考点”→“位置”菜单项，如图 3-6 所示。

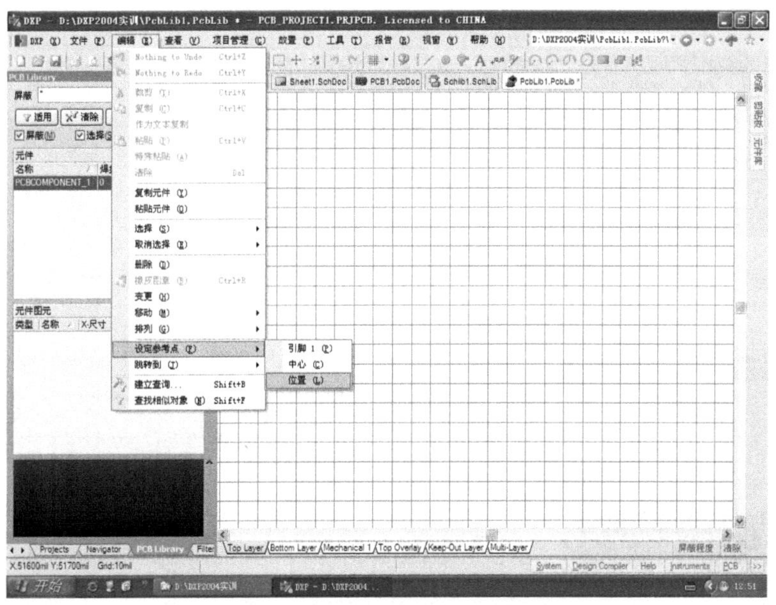

图 3-6　设置 PCB 元件的绘制环境

在图 3-6 所示界面中单击“位置”菜单项后，光标变成“十”字形。用光标的十字中心单

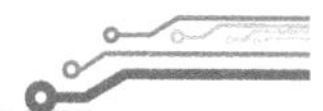

击绘图区任意点，该点就成为坐标原点，如图 3-7 所示。

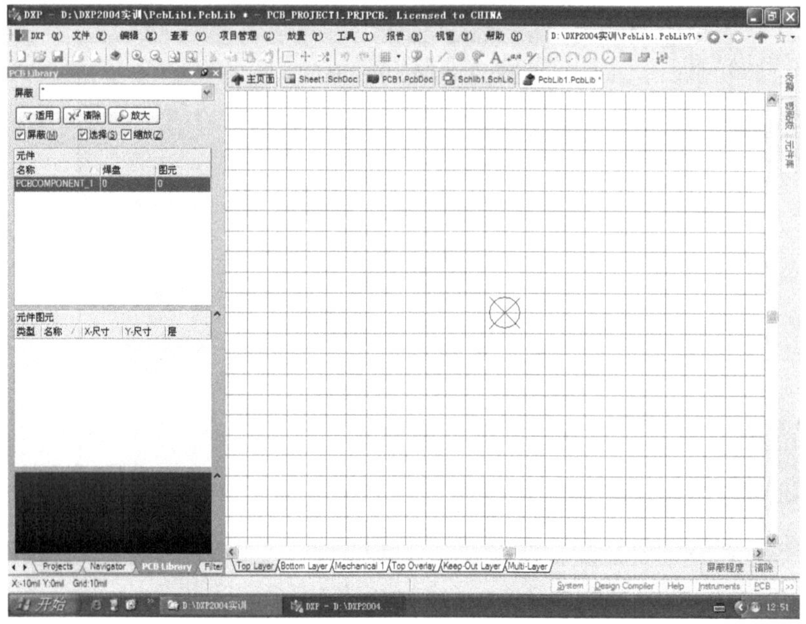

图 3-7　有坐标原点显示的 PCB 元件设计环境

为了使绘图时的鼠标移动能被灵活操作，可将鼠标的最小移动间距设置小一点。设置方法是，先按键盘上的大写字母锁定键 Caps Lock（键盘上相应指示灯亮），再按 G 键，系统弹出最小移动间距选择框，如图 3-8 所示。单击一个数值后，状态栏上就会显示出所选定的数值。本书中最小移动间距都设定为 5mil。长度单位也可用 mm，在大写字母键有效时，按 Q 键，长度单位就在这两种单位间切换。本书为了使用时的数值表示方便（不要带有小数），绘图时一律用 mil 作为长度单位。

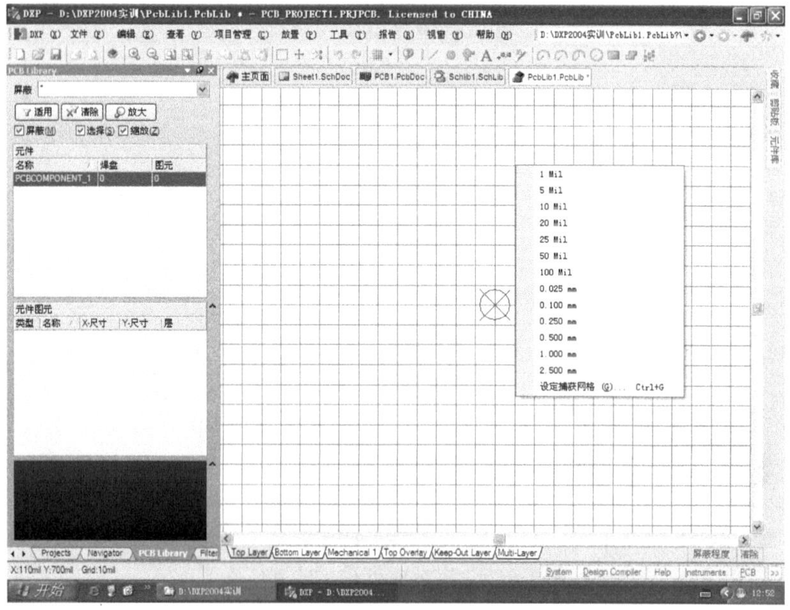

图 3-8　设置最小移动间距

3.2　绘制四位数码管的 PCB 元件

3.2.1　四位数码管的相关资料

单片机实验板上使用的四位数码管型号为 CPS05641BR，图 3-9 是它的实物照片。要绘制出它的 PCB 元件，需要用比较精确的刻度尺，在四位数码管的引脚面，对它的引脚间距、边框尺寸、上部引脚与上部边框线的间距、左面的引脚与左面边框线的间距，进行精细测量并记录，以此作为绘制 PCB 元件的基本数据。

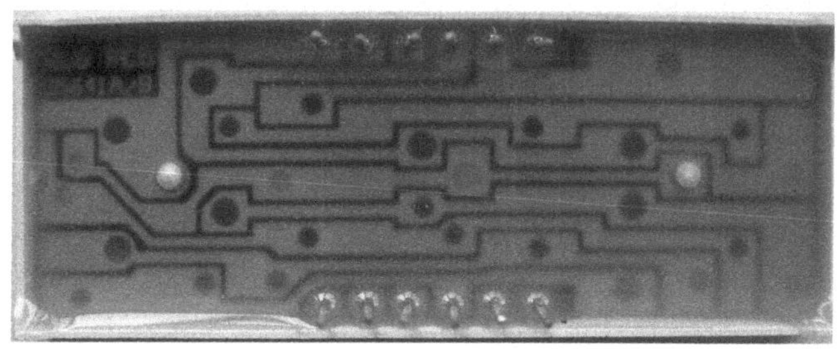

图 3-9　数码管引脚

下面，我们就开始绘制第一个 PCB 元件。在第 2 章中，已把四位数码管的原理图元件命名为 LEDS，这里，就把四位数码管的 PCB 元件命名为 LEDSPCB。

3.2.2　用“PCB Library”面板添加 LEDSPCB 元件

在图 3-7 所示的操作界面中，双击 PCB 元件列表框中的系统默认元件名，系统弹出“PCB 库元件”对话框，将这个系统默认元件名修改为“LEDSPCB”，如图 3-10 所示。

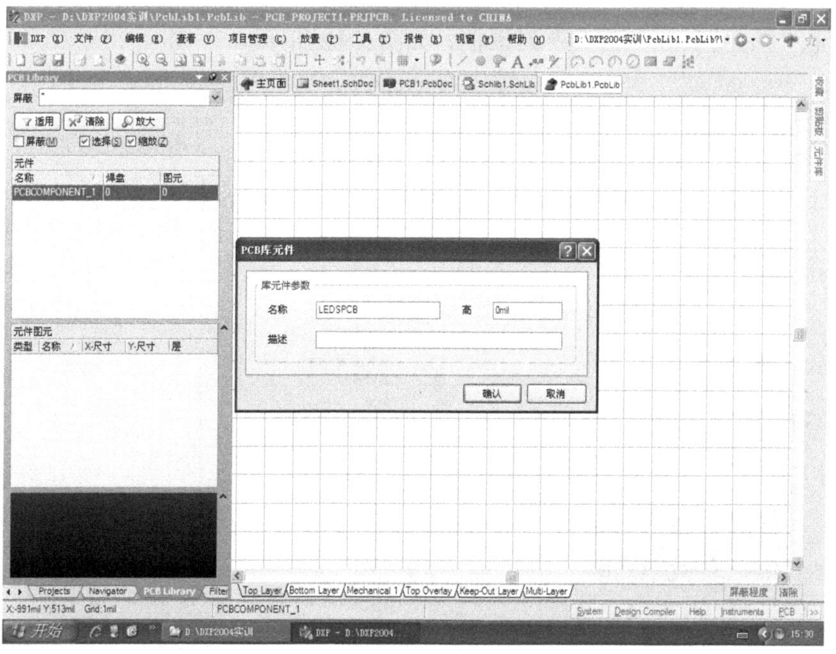

图 3-10　PCB 元件命名操作图示

在如图 3-10 所示的 PCB 库元件对话框中修改了名称后，其余可不做处理，单击“确认”按钮，以关闭“PCB 库元件”对话框。

3.2.3 在工作区中绘制 LEDSPCB

1. 放置焊盘

在主窗口中单击“放置”→“焊盘”菜单项，如图 3-11 所示。

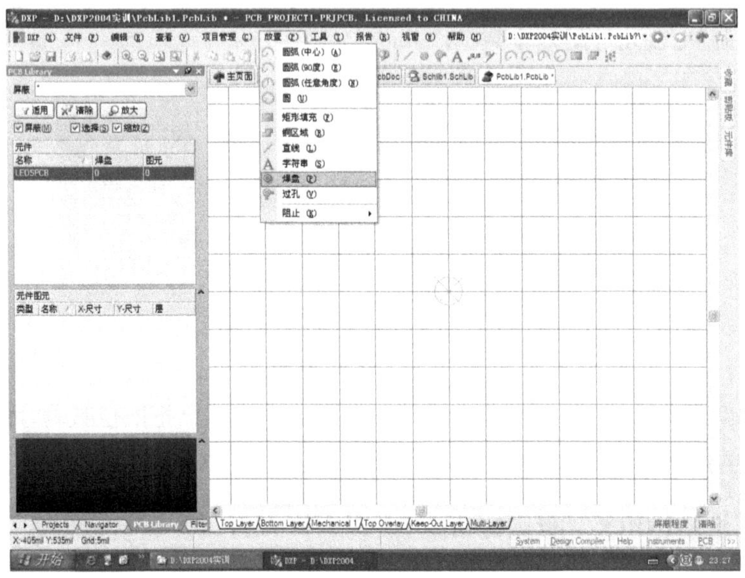

图 3-11 放置焊盘的菜单操作图示

在如图 3-11 所示的界面中单击“焊盘”菜单项后，鼠标光标上就吸附一个焊盘待放置，此时按 Tab 键，系统会弹出“焊盘”对话框，如图 3-12 所示。

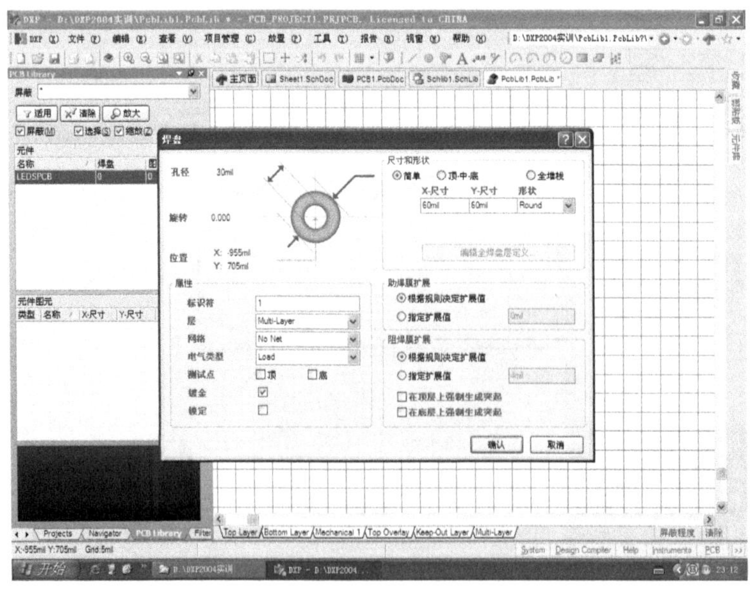

图 3-12 “焊盘”对话框

在如图 3-12 所示的“焊盘”对话框中，将孔径设为“30mil”。X 尺寸和 Y 尺寸都设为“60mil”。需要说明，设置每一个 PCB 元件的焊盘属性时标识符都要从 1 命名，连续放置时标识符依次自动增 1，正好满足 PCB 元件对焊盘的编号要求。单击图 3-12 中的“确认”按钮后，一个焊盘符号就出现在鼠标的十字光标上，表示系统处于焊盘放置状态。此时对照左下角状态栏的坐标提示，用十字光标依次在（0，250）、（0，150）、（0，50）、（0，-50）、（0，-150）、（0，-250）、（600，-250）、（600，-150）、（600，-50）、（600，50）、（600，150）和（600，250）坐标点上单击，就完成了 12 个焊盘的放置工作。再单击鼠标右键退出放置焊盘状态。从设计窗口中可看到，焊盘放置都是由系统自动定位于“MultiLayer”层上的，如图 3-13 所示。

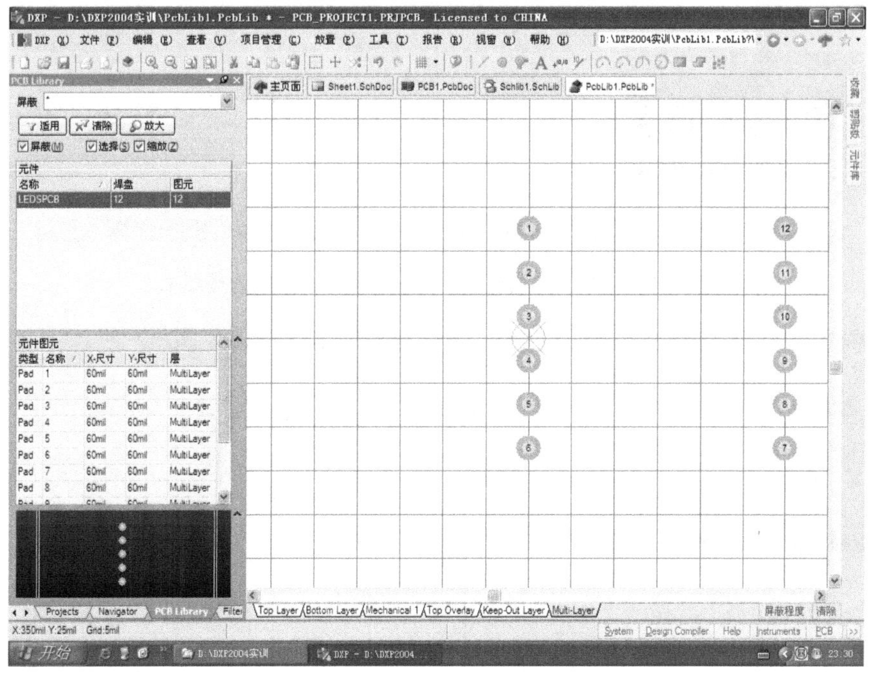

图 3-13　LEDSPCB 元件的焊盘放置位置和板层图示

2. 放置框线

LEDSPCB 元件的 12 个焊盘放置完成后，要在顶面丝印层（Top Overlay）上用放置直线操作来画一边框。这需要先确定板层，即单击工作区下边的“Top Overlay”板层标签，然后单击“放置”→“直线”菜单项，如图 3-14 所示。

在图 3-14 所示的界面中单击“直线”菜单项后，鼠标光标将变为放置直线的十字光标。用十字中心，依次单击点（-100，1020）→（700，1020）→（700，-1020）→（-100，-1020）→（-100，1020），就画出一个矩形，作为外框线，如图 3-15 所示。然后右击鼠标，以退出放置直线操作，这就完成了 PCB 元件 LEDSPCB 的绘制。

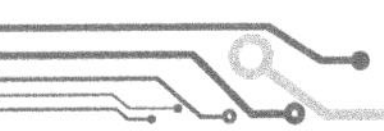
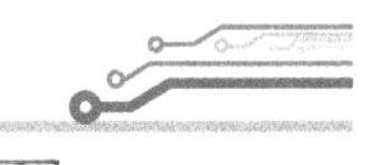

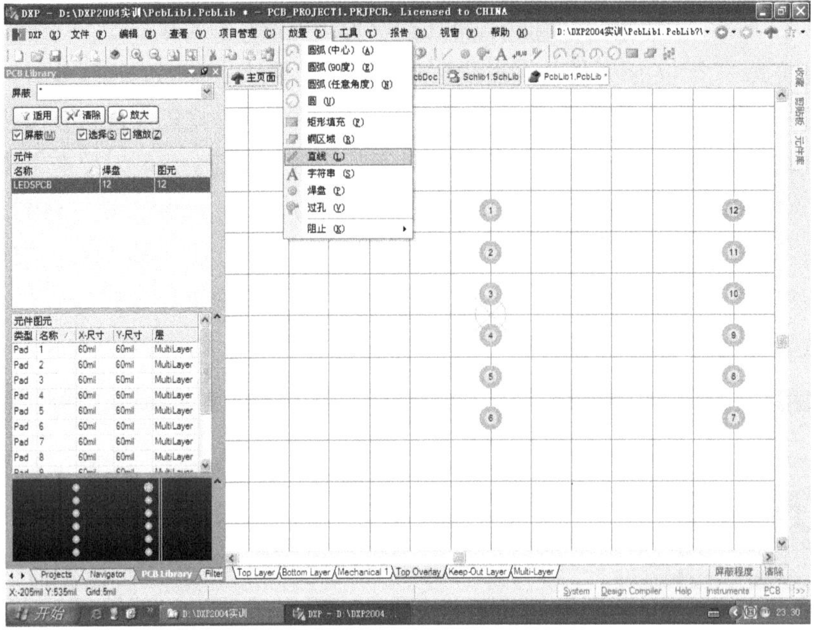

图 3-14　PCB 元件绘制边框的板层选择及菜单选择图示

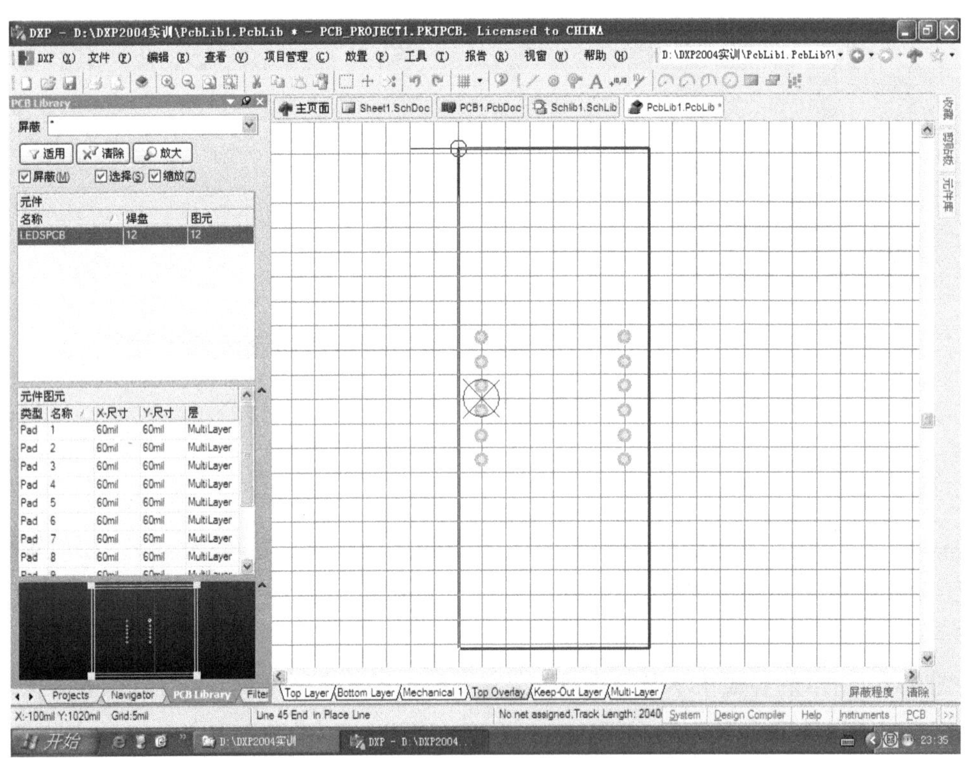

图 3-15　为 LEDSPCB 元件绘制外框操作图示

在图 3-15 所示的界面上单击“查看”→“全部对象”菜单项。就会让 LEDSPCB 元件呈最大显示状态，如图 3-16 所示。此外，若因某种原因让一个 PCB 元件未能得以在绘图区显示时，单击“查看”→“全部对象”菜单项后，它也会显示在工作区中心。

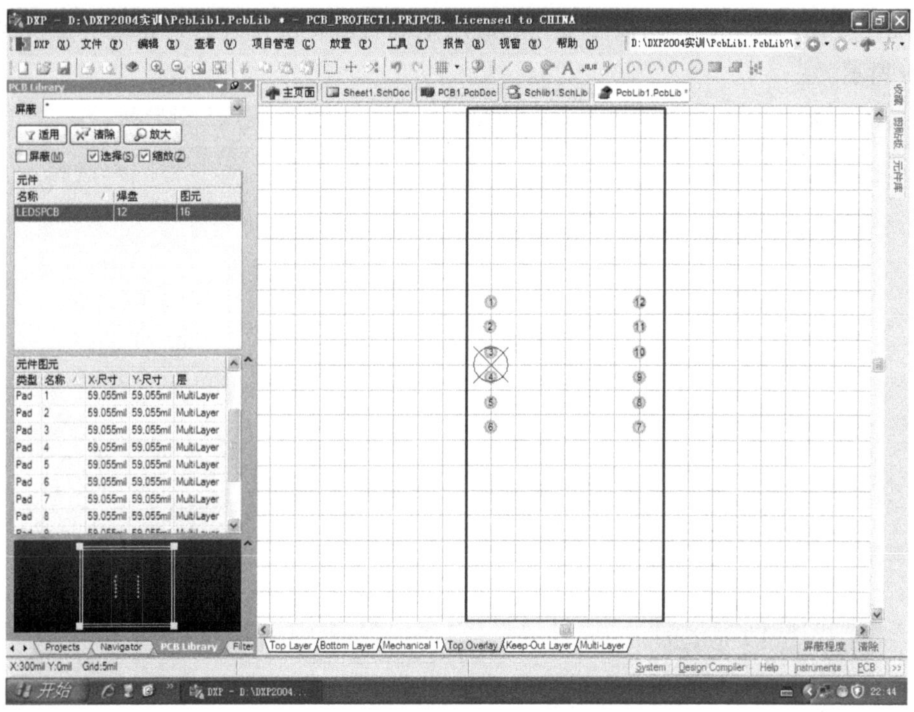

图 3-16　PCB 元件的最大完整显示

3.3　绘制继电器的 PCB 元件

3.3.1　继电器的相关资料

单片机学习板上具有两路继电器控制电路，可灵活实现各种需求的两路电器自动控制。图 3-17 是继电器的实物照片。由继电器实物底面，我们可以测出它的边框大小和 5 个焊盘的相应位置，由此可得到继电器 PCB 元件的绘制数据。

图 3-17　继电器的实物照片

3.3.2　用“PCB Library”面板添加 JDQPCB 元件

启动 DXP 2004 且将 4 个设计文件打开到工作区中，再单击“PcbLib1.PcbLib”文件选

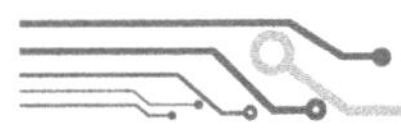
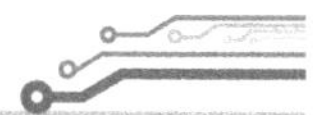

项卡并单击“PCB Library”面板标签，然后用鼠标右击元件排列栏，系统弹出快捷菜单，如图 3-18 所示。

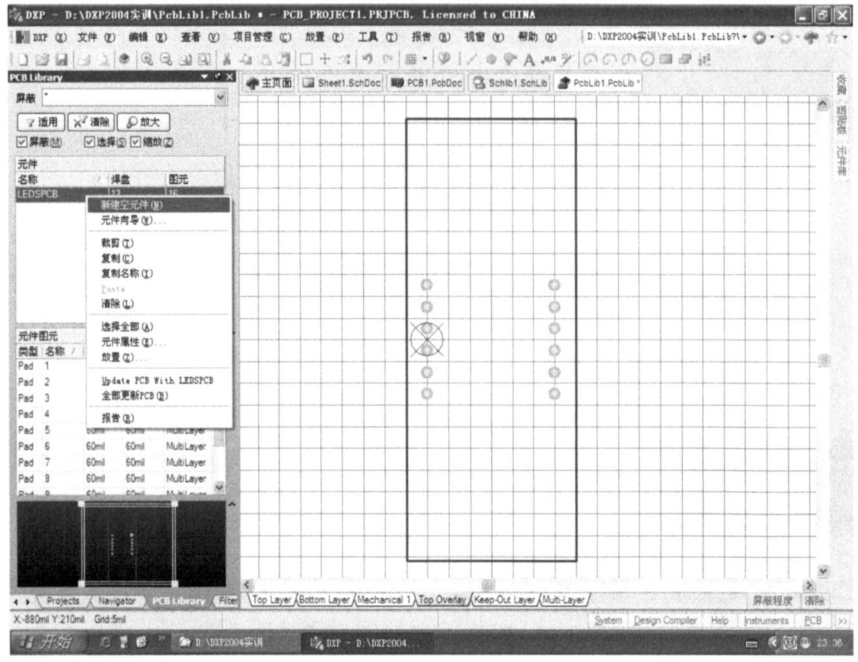

图 3-18　新建 PCB 元件操作图示

单击“新建空元件”菜单项，面板元件排列框中就会新增一个默认名为“PCBCOMPONENT_1”的元件，双击这个默认元件名，系统弹出“PCB 库元件”对话框，在该对话框中，将系统给出的默认名改为“JDQPCB”，如图 3-19 所示，再单击“确认”按钮。

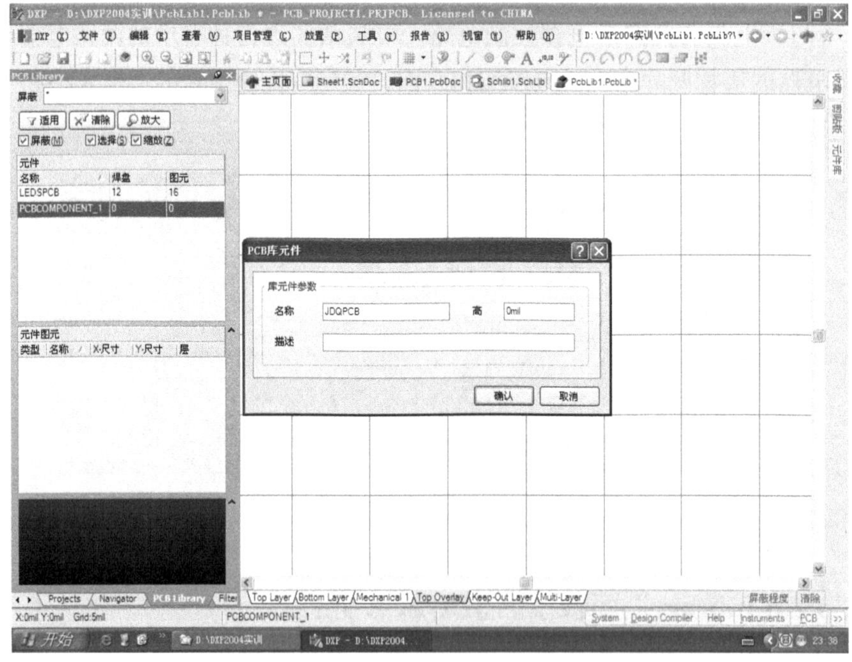

图 3-19　新 PCB 元件 JDQPCB 命名图示

3.3.3　在工作区中绘制 JDQPCB 元件

1. 放置焊盘

首先为 JDQPCB 元件放置焊盘。先单击“放置”→“焊盘”菜单项，接着按键盘上的 Tab 键，在弹出的“焊盘”对话框中，将“孔径”改为“40mil”，将 X 尺寸和 Y 尺寸都改为“70mil”，将标识符设为“1”，如图 3-20 所示。

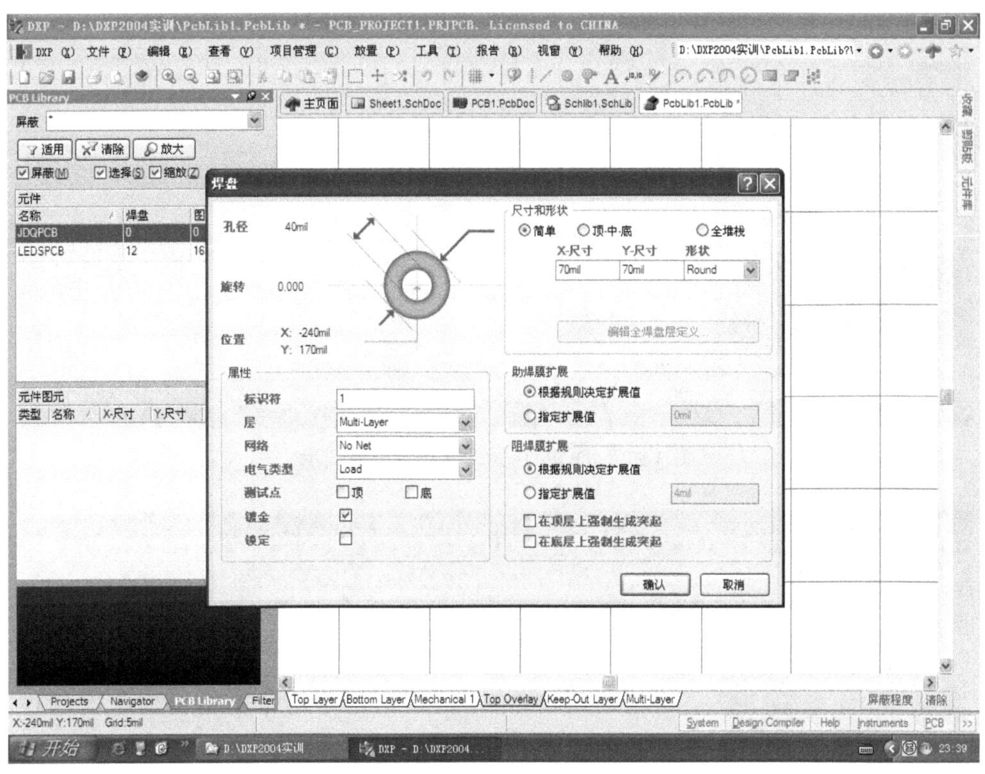

图 3-20　JDQPCB 元件的焊盘设置

在图 3-20 所示界面中，单击“确认”按钮。然后用鼠标的十字光标，依次单击坐标点(−230，240)、(230，240)、(0，320)、(−230，−240)和(230，−240)，从而依次放置 5 个焊盘。放置结果如图 3-21 所示。

2. 放置框线

焊盘放置完成后，单击设计窗口下面的“Top Overlay”板层标签，再单击“放置”→“直线”菜单项，当光标变为十字形状后，依次单击坐标点(−300，370)、(300，370)、(300，−370)、(−300，−370)和(−300，370)，画出 JDQPCB 元件的外框，如图 3-22 所示。这就完成了继电器 PCB 元件 JDQPCB 的绘制。

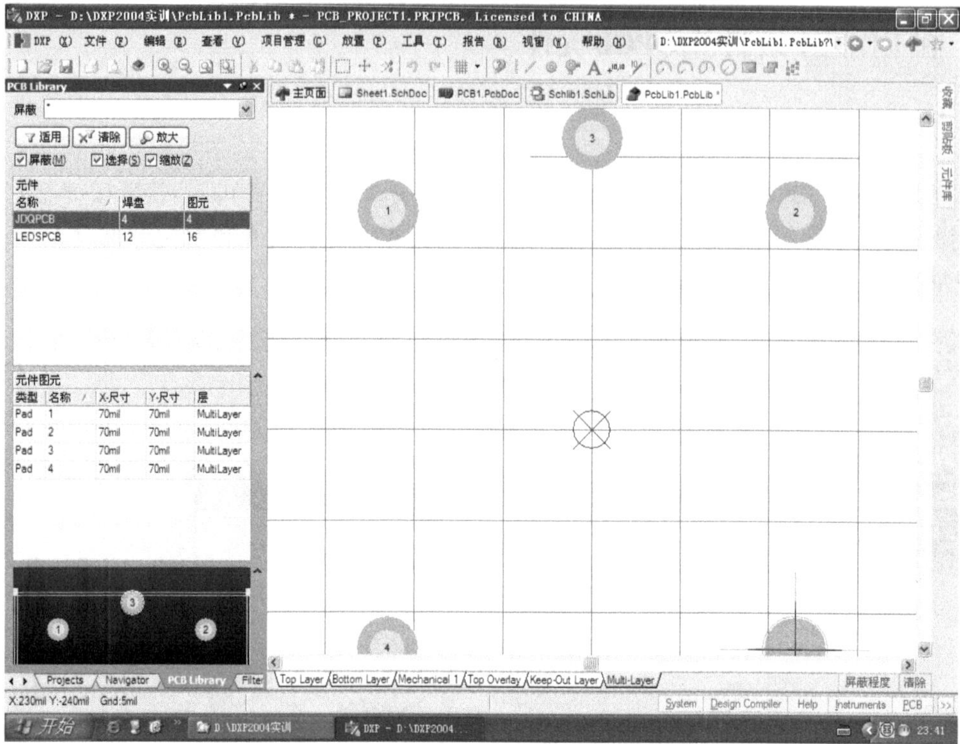

图 3-21　JDQPCB 元件的焊盘放置图示

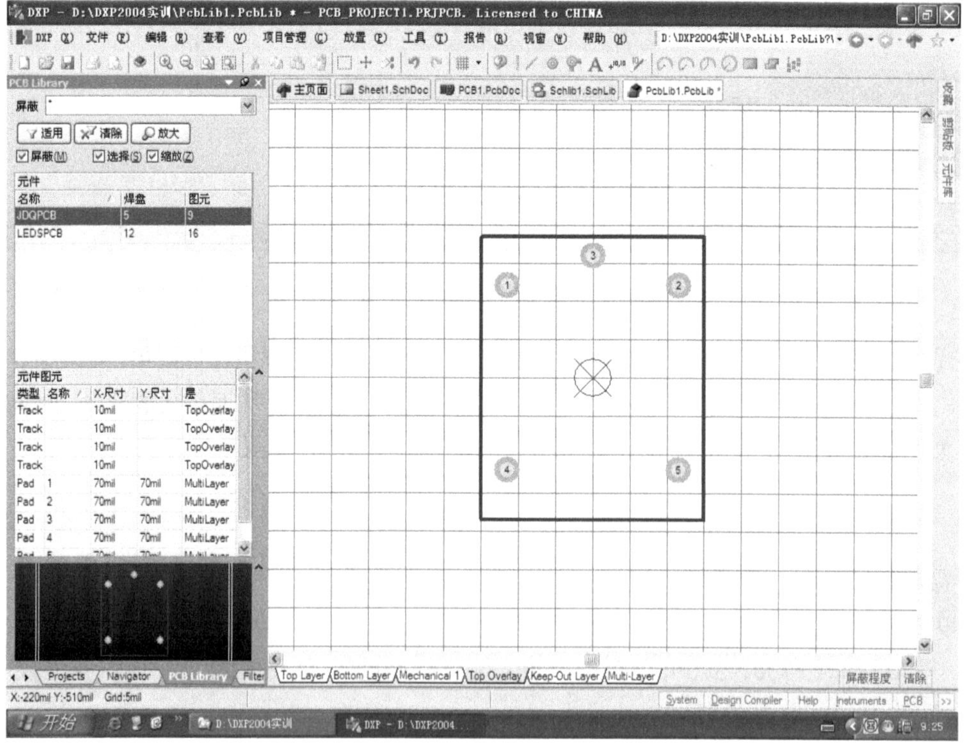

图 3-22　绘制完毕的 JDQPCB 元件

3.4　绘制电源开关的 PCB 元件

3.4.1　电源开关的相关资料

图 3-23 是单片机学习板上电源开关 K 的实物照片，通常称为 8mm×8mm 按键开关。可以从实物开关的底面仔细测量出其封装的矩形边框和 6 个引脚的长度、间距等数据，由此可得到电源开关 K 的 PCB 元件绘制数据，作为绘制电源开关的 PCB 元件的依据。

图 3-23　电源开关的实物照片

3.4.2　用“PCB Library”面板添加 SKPCB 元件

启动 DXP 2004 且将 4 个设计文件打开到工作区中，再单击“PcbLib1.PcbLib”文件选项卡并单击“PCB Library”面板标签，然后用鼠标右击元件排列栏，系统弹出快捷菜单，单击其“新建空元件”菜单项，面板元件排列框中就会新增一个默认名为“PCBCOMPONENT_1”的元件，双击这个默认元件名，系统弹出“PCB 库元件”对话框，在该对话框中，将系统给出的默认名改为“SKPCB”，如图 3-24 所示。

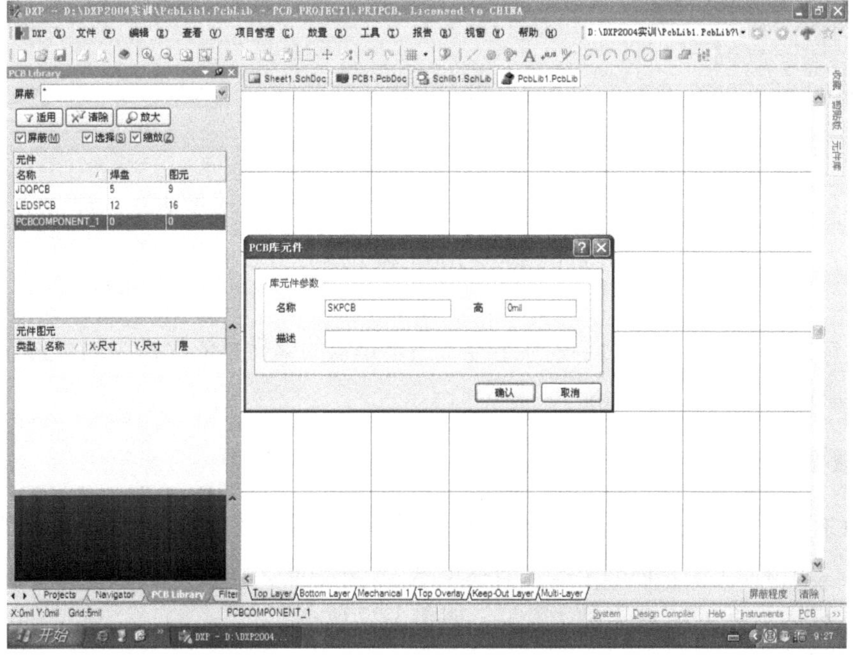

图 3-24　命名新元件 SKPCB 操作图示

在图 3-24 所示的操作界面中，单击“确认”按钮，SKPCB 元件命名完成，对话框关闭。

3.4.3 在工作区中绘制 SKPCB 元件

1. 放置焊盘

“PCB 库元件”对话框关闭后，单击“放置”→“焊盘”菜单项，再按 Tab 键，然后修改系统弹出的“焊盘”对话框。把孔径改为“30mil”，X 尺寸、Y 尺寸改为“60mil”，标识符改为“1”，如图 3-25 所示。

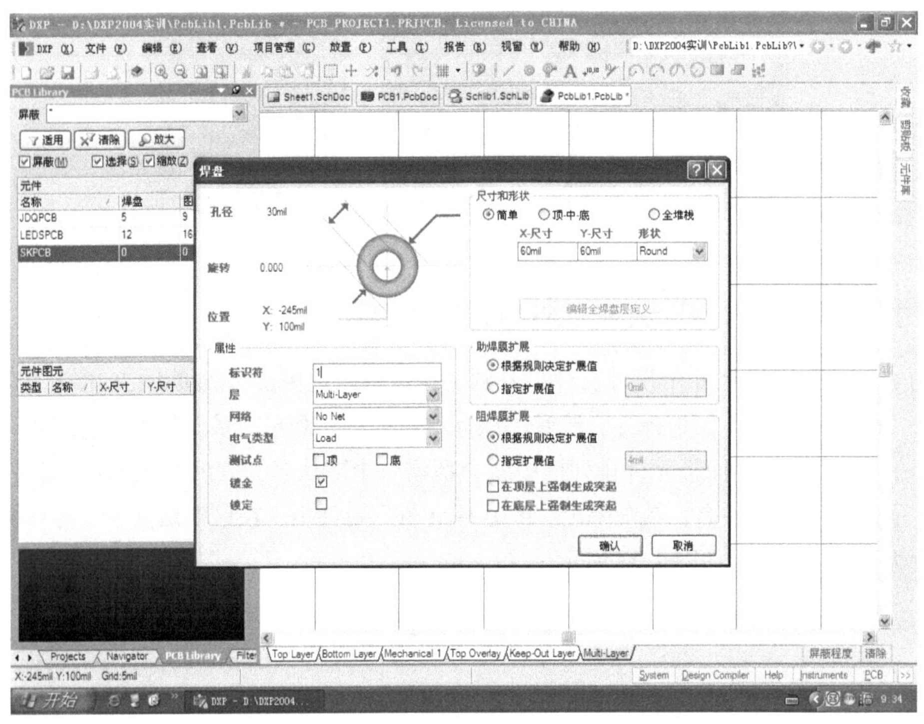

图 3-25　SKPCB 元件的焊盘属性设置

在焊盘属性设置完成并确认后，用鼠标的十字光标中心，依次单击坐标点（0，-100）、（0，-200）、（0，0）、（240，-200）、（240，-100）和（240，0），从而添加 6 个焊盘，如图 3-26 所示。

需要注意，图 3-26 中，左边一列从上往下三个焊盘的编号是依次是 3、1、2，不然开关的电极与它的原理图元件电极不相配。

2. 放置框线

单击 PCB 元件设计窗口板层选项栏中的“Top Overlay”选项卡，再单击“放置”→“直线”菜单项，用鼠标十字光标的中心，沿坐标点（-60，60）→（300，60）→（300，-260）→（-60，-260）→（-60，60）画出外框，如图 3-27 所示。

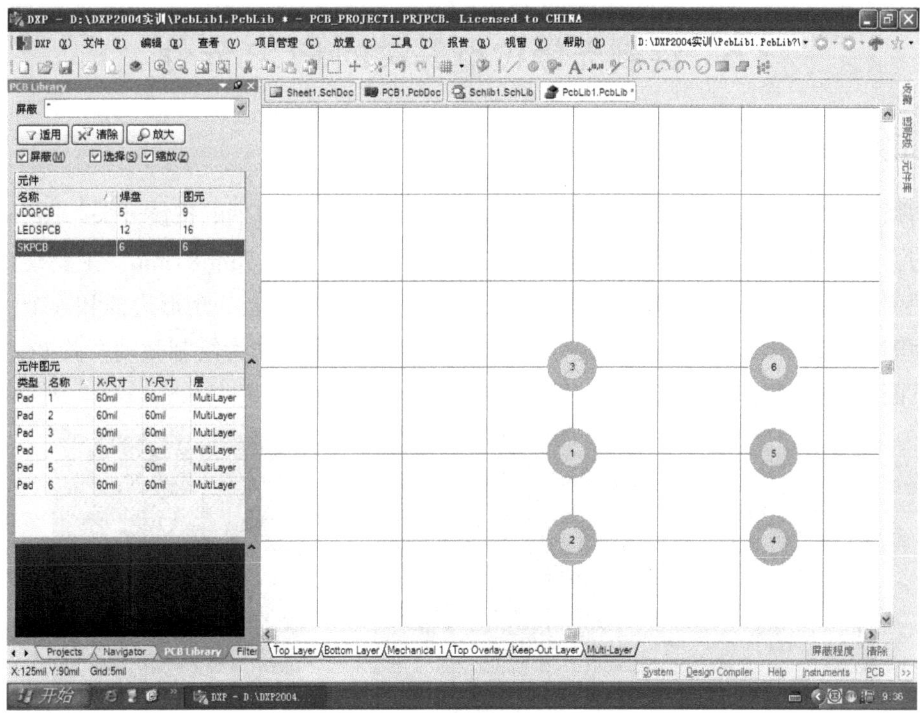

图 3-26　电源开关 SKPCB 元件的焊盘放置图示

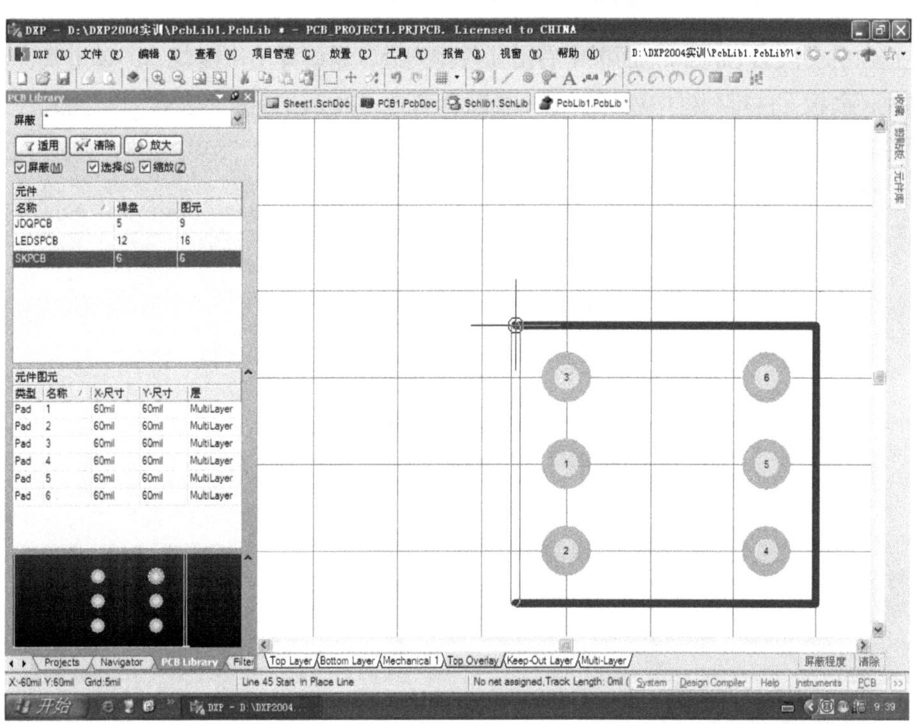

图 3-27　完成后的 SKPCB 元件示意图

到此，就完成了电源开关 PCB 元件 SKPCB 的绘制。

3.5 绘制无锁按键开关的 PCB 元件

3.5.1 无锁按键开关的相关资料

为增强这块单片机学习板的按键性能，我们用了 7 个无锁带柄的按键开关。图 3-28 为这种开关的实物照片，它与 3.4 节中的电源开关形状相似，尺寸为 7mm×7mm，主要是它的引脚及其间距要小些。同样，可从实物开关的底面，仔细测量出其封装的矩形边框和 6 个引脚的长度、间距等数据，以得到微动开关 SW 的 PCB 元件绘制数据，作为绘制微动开关 PCB 元件的依据。下面，就进行微动开关 PCB 元件的绘制。

图 3-28　微动开关的实物照片

3.5.2 用“PCB Library”面板添加 SWPCB 元件

在主窗口的“PCB Library”面板中右击元件排列处，系统弹出快捷菜单，单击其“新建空元件”菜单项，面板元件排列框中就会新增一个默认名为“PCBCOMPONENT_1”的元件，双击这个默认元件名，系统弹出“PCB 库元件”对话框，把其默认名改为“SWPCB”，如图 3-29 所示。

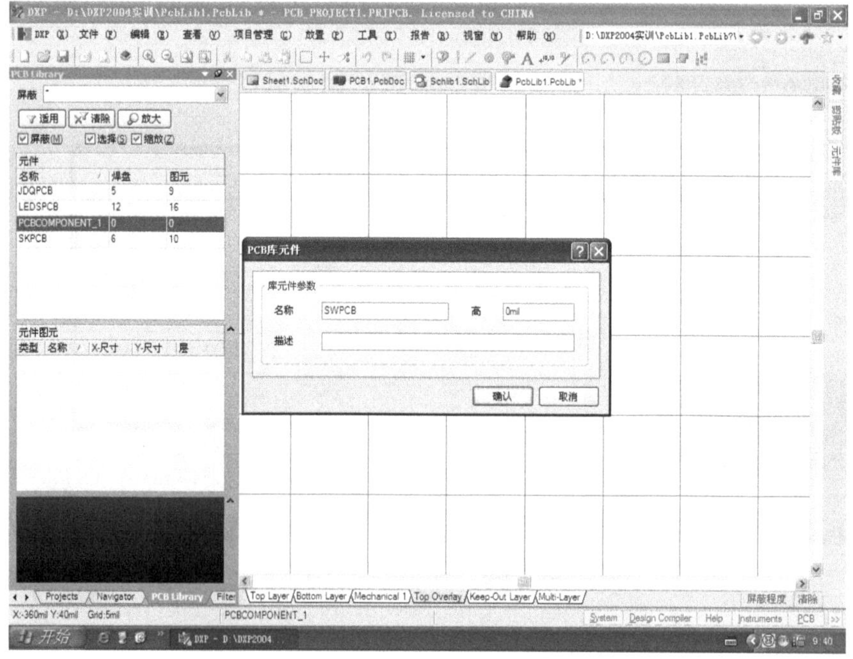

图 3-29　新元件 SWPCB 命名操作图示

在图 3-29 所示的操作界面中，单击“确认”按钮，完成命名并关闭对话框。

3.5.3　在工作区中绘制 SWPCB 元件

完成命名后，单击“放置”→“焊盘”菜单项，再按 Tab 键。然后修改系统弹出的“焊盘”对话框，将标识符改为“1”，其余不变。确认后用鼠标光标的十字中心，依次在点（0，0）、（0，-80），（0，-160），（200，-160）、（200，-80）和（200，0）上单击。完成这 6 个焊盘的添加后，就画外框线，也就是单击“Top Overlay”层标签，再单击“放置”→“直线”菜单项，此后用鼠标十字光标的中心，沿点（-40，40）→（240，40）→（240，-200）→（-40，-200）→（-40，40）画出外框线。完成后的 SWPCB 元件如图 3-30 所示。

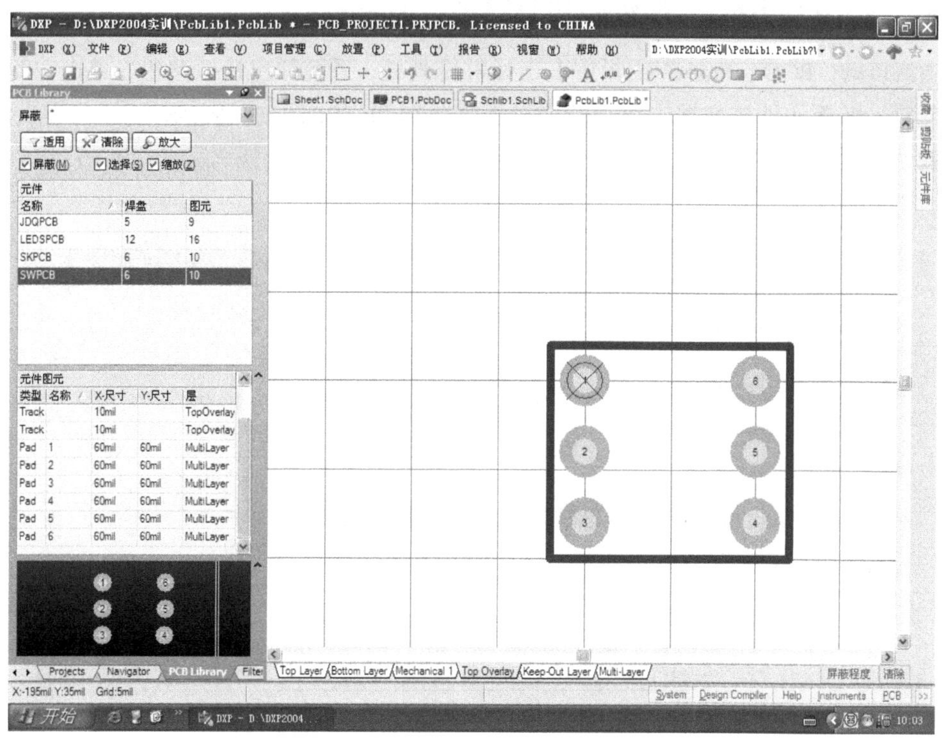

图 3-30　SWPCB 元件绘制完成图示

3.6　绘制电源插座的 PCB 元件

3.6.1　电源插座的相关资料

单片机实验板上本身不带电源，其 5V 电源可取自 PC 的 USB 接口，也可取自其他 5V 电源，如手机充电器等。图 3-31 就是单片机学习板上电源插座的实物照片，可以从电源插座实物的底面仔细测量出其封装的矩形边框和 3 个引脚的长度、间距等数据，由此可得到电源插座的 PCB 元件绘制数据，作为绘制 DYCZPCB 元件的依据。下面就进行电源插座的 PCB 元件的绘制。

图 3-31　电源插座的实物照片

3.6.2　用“PCB Library”面板添加 DYCZPCB 元件

在主窗口的“PCB Library”面板中右击元件排列处，系统弹出快捷菜单，单击“新建空元件”菜单项，面板元件排列框中就会新增一个默认名为“PCBCOMPONENT_1”的元件，双击这个默认元件名，系统弹出“PCB 库元件”对话框，把其默认名改为“DYCZPCB”，如图 3-32 所示。

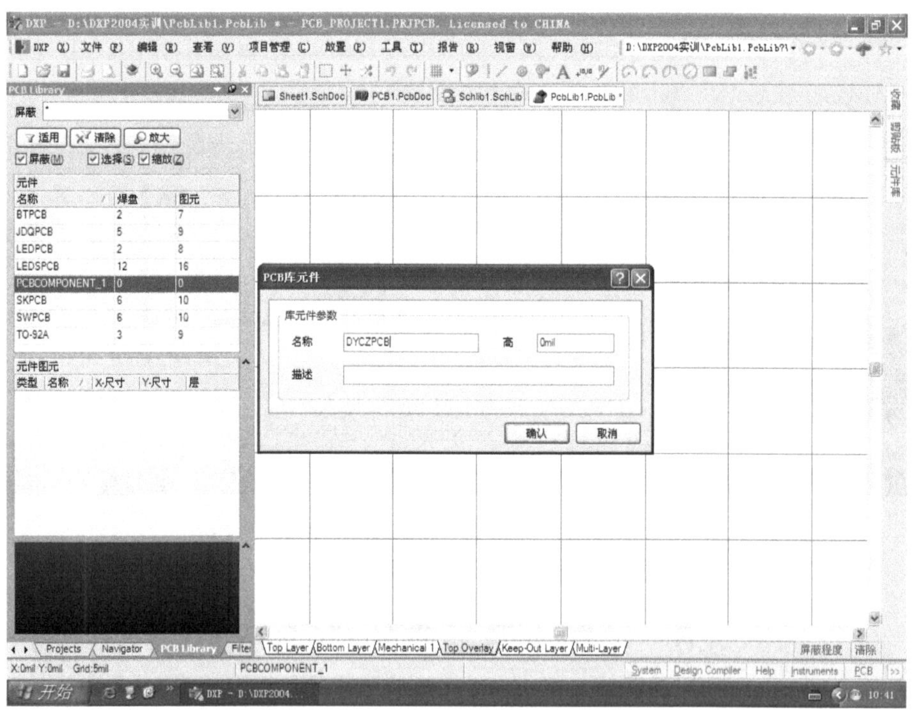

图 3-32　新元件 DYCZPCB 命名操作图示

3.6.3　在工作区中绘制 DYCZPCB 元件

完成命名后，单击“放置”→“焊盘”菜单项，再按 Tab 键。然后修改系统弹出的“焊盘”对话框，将孔径改为“100mil”，X 尺寸、Y 尺寸均改为“140mil”，标识符改为“1”，如图 3-33 所示。

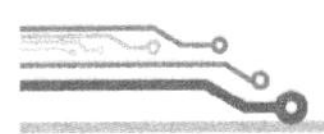

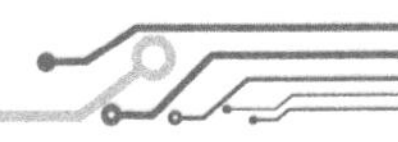

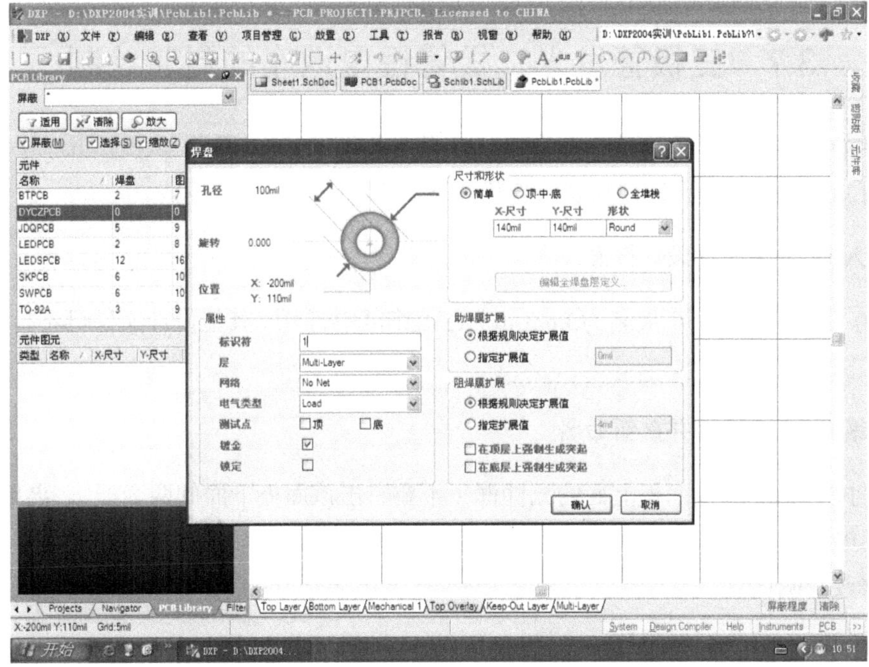

图 3-33　电源插座 DYCZPCB 的焊盘设置图示

在图 3-33 所示操作界面中单击“确认”按钮后，用鼠标光标的十字中心，依次在点（0，0）、（0，-235）和（0，-110）上单击，完成 3 个焊盘的放置。然后画外框线，同样是单击“Top Overlay”选项卡，再单击“放置”→“直线”菜单项，此后用鼠标十字光标的中心，沿点（-185，80）→（225，80）→（225，-480）→（-185，-480）→（-185，80）画出外框线。完成后的 DYCZPCB 元件如图 3-34 所示。

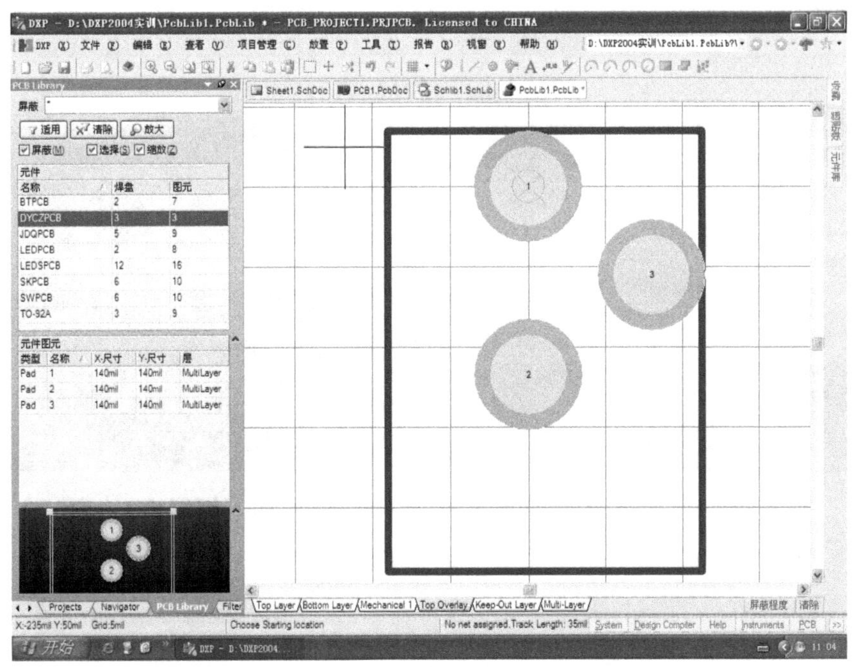

图 3-34　绘制完工的 DYCZPCB 元件示意图

3.7 三极管发光二极管锂电池座的封装绘制

元器件的 PCB 元件又称元器件的封装，这两种称谓的意思相同。从前面几个 PCB 元件的绘制过程可知，绘制一个元器件封装的步骤如下。

1. 进入 PCB 库元件设计界面

把 PCB 元件库文件（扩展名为.PcbLib）在工作区中打开（其他设计文件可不打开），再打开“PCB Library”面板。

2. 新增 PCB 空元件并重新命名

右击“PCB Library”面板上面的元件框（不要右击该面板下面的两个框），再单击“新建空元件”菜单项。然后，再双击这个空元件默认名称，从而在弹出的“PCB 库元件”对话框中将默认名修改并确认。

3. 在工作区中绘制元件封装

先在工作区中放置所需的全部焊盘（注意要修改焊盘属性），然后放置框线，必要时还可放置字符串。

下面简述三个封装的绘制方法。

3.7.1 三极管发光二极管锂电池座的相关资料

三极管发光二极管的引脚结构都很简单，其位置空间也不苛刻。3V 锂电池座主要是两电极的间距大小要准确，其外围尺寸能保证容得下实物即可。三个元件的照片如图 3-35 所示。

图 3-35 三极管发光二极管锂电池座的照片

3.7.2　绘制三极管的封装

1. 新增三极封装及命名

在 PCB 元件设计界面中，右击“PCB Library”面板上的元件框，弹出快捷菜单。再单击弹出菜单中的“新建空元件”菜单项，面板元件排列框中就新增一个默认名为“PCBCOMPONENT_1”的空 PCB 元件。然后，双击这个空元件默认名称，从而在弹出的“PCB 库元件”对话框中将默认名修改为“TO-92A”。

2. 在工作区中绘制三极管封装

单击“放置”→“焊盘”菜单项，然后按 Tab 键，在弹出的“焊盘”对话框中，将“孔径”改为“30mil”，将 X 尺寸、Y 尺寸改为“60mil”，标识符改为“1”，如图 3-36 所示。

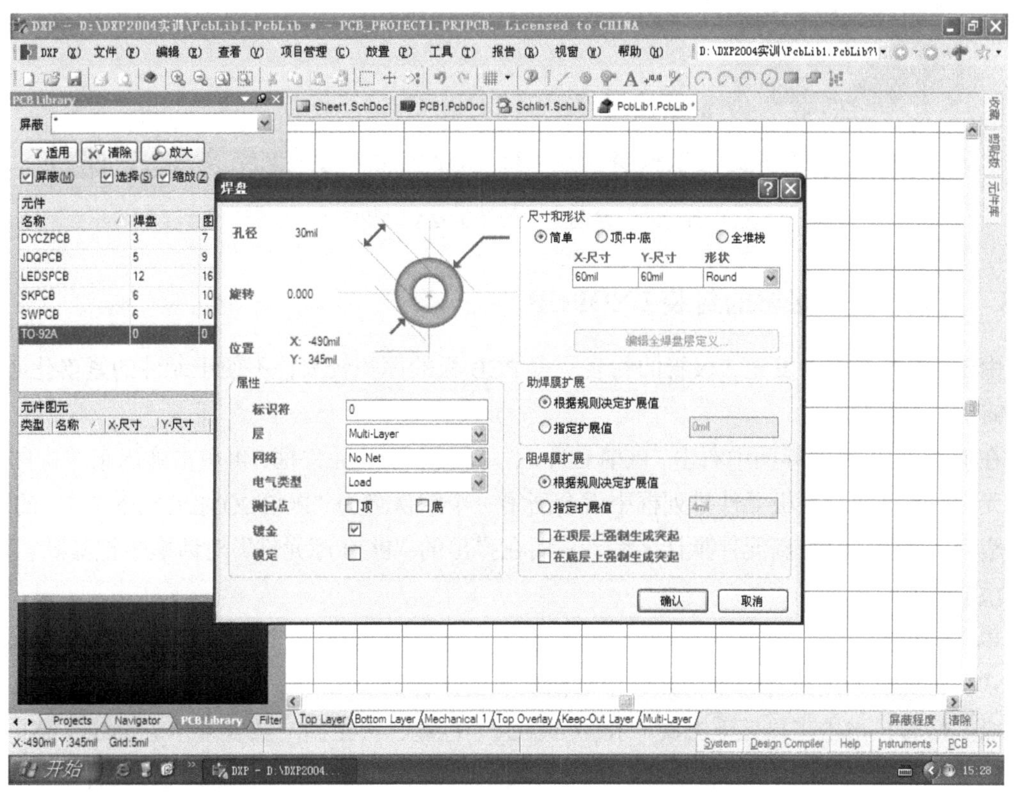

图 3-36　TO-92A 封装中的焊盘设置图示

在图 3-36 所示的对话框中，单击“确认”后用鼠标十字光标中心依次单击坐标点（-50，0）、（0，-50）、（50，0），完成 3 个焊盘的添加。然后画外框线，单击“Top Overlay”标签，再单击“放置”→“直线”菜单项，此后用鼠标十字光标的中心，沿点（-90，40）、（90，40）、（90，-20）、（20，-90）、（-20，-90）、（-90，-20）、（-90，40）画出外框线。完成后的 TO-92A 封装如图 3-37 所示。

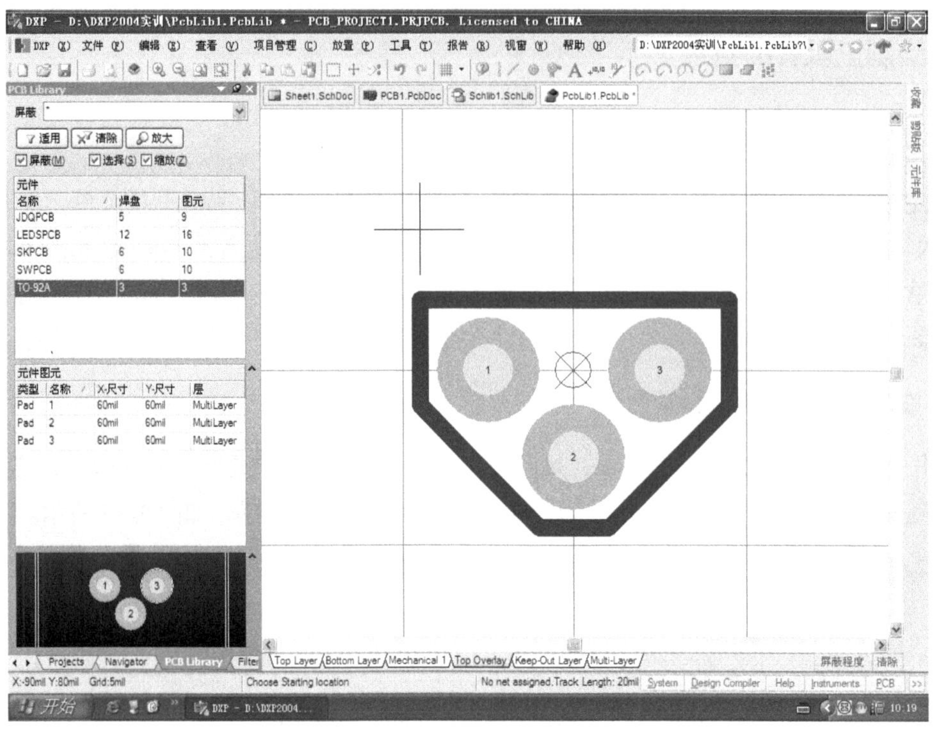

图 3-37　绘制完工的 TO-92A 封装图示

3.7.3　绘制发光二极管的封装 LEDPCB

由于 DXP 2004 中发光二极管的封装所占 PCB 板的面积较大，不便于元件的紧凑化布局，因此需要另行绘制。

在 PCB 元件绘制界面中右击“PCB Library”面板上面的元件框，再单击弹出菜单中的“新建空元件”菜单项，面板元件排列框中就会新增一个默认名为“PCBCOMPONENT_1”的新元件。然后，再双击这个新元件默认名称，从而在弹出的“PCB 库元件”对话框中把其默认名改为“LEDPCB”。

单击“放置”→“焊盘”菜单项，然后按 Tab 键，在弹出的“焊盘”对话框中，将标识符改为“1”，确认后用鼠标的十字光标中心依次单击坐标点（0，0）和（100，0），就放置了两个焊盘。接着，单击工作区下方的“Top Overlay”标签，再单击“放置”→“直线”菜单项，此后用鼠标十字光标的中心，在两焊盘间用直线来画一个二极管符号。LEDPCB 元件绘制完成，如图 3-38 所示。

3.7.4　绘制 3V 锂电池座的封装 BTPCB

单片机学习板上的实时钟走计时 IC，在市电停电时，必须有备用 3V 锂电池来支持走计时电路继续工作，以保证计时系统的实时性。从 3V 锂电池座实物的底面，可测量出绘制其封装的圆和两个引脚的直径、间距等数据，由此可得到 3V 锂电池座的 PCB 元件绘制数据，下面就进行 3V 锂电池座的 PCB 元件绘制。

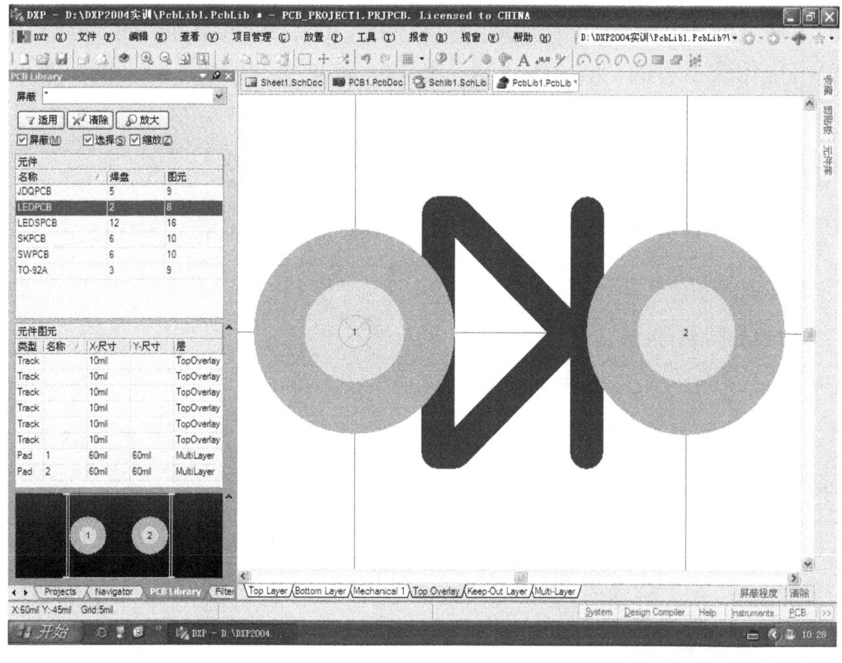

图 3-38　绘制完工后的 LEDPCB 元件图示

在 PCB 元件绘制界面中右击“PCB Library”面板上面的元件框，再单击“新建空元件”菜单项，其面板元件排列框中，就会新增一个默认名为“PCBCOMPONENT_1”的新空元件。然后，再双击这个空元件默认名称，从而在弹出的“PCB 库元件”对话框中将默认名修改为“BTPCB”，单击“确认”按钮后，再单击“放置”→“焊盘”菜单项，接着按 Tab 键，以把焊盘属性中的孔径改为“40mil”，X 尺寸、Y 尺寸改为“90mil”，标识符改为“1”，焊盘属性设置如图 3-39 所示。

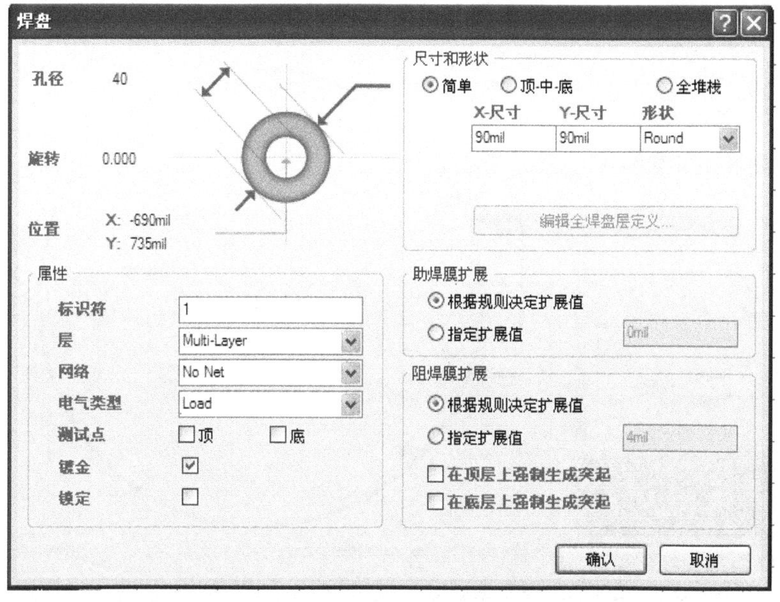

图 3-39　BTPCB 元件的焊盘设置

用鼠标的十字光标单击坐标点（-400，0）、（400，0），BTPCB 的两个焊盘放置就完成了，鼠标右击后单击工作区下方的“Top Overlay”标签，再单击“放置”→“圆”菜单项，此后用光标的十字中心在点（80，0）和点（80，440）之间画出一圆，如图 3-40 所示。

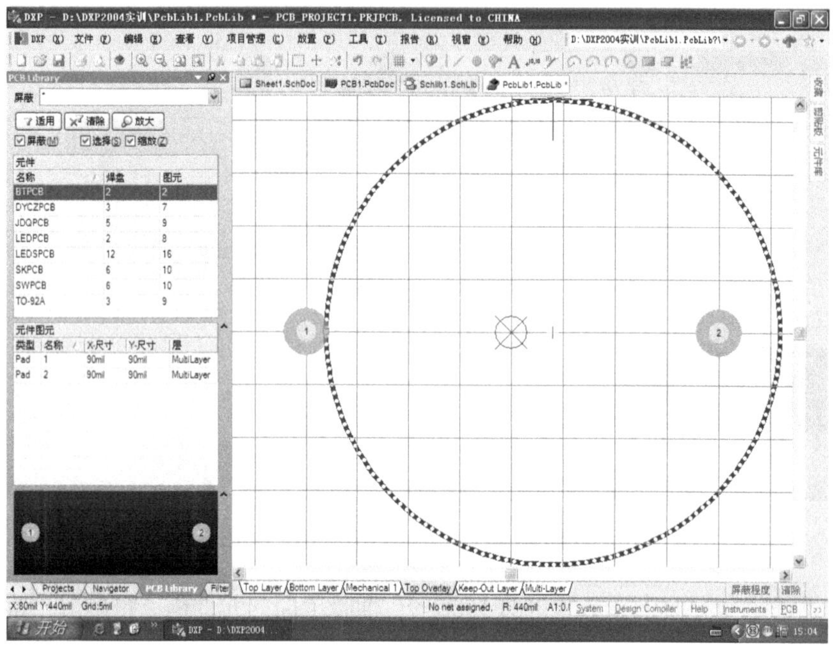

图 3-40　BT 封装的设计图示

BT 封装的圆画好后，单击“放置”→“直线”菜单项，以点（-440，150）为起点向下竖直画直线到点（-440，-150），再从这直线的两端分别画水平直线到圆上，如图 3-41 所示。这就完成了 BT 封装的绘制。

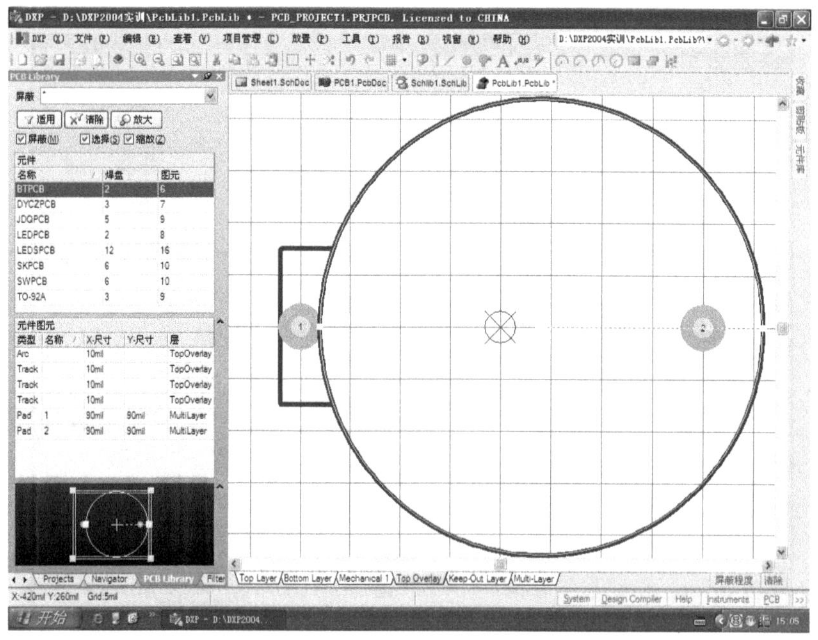

图 3-41　绘制完工后的 BTPCB 元件示意图

所需的 8 个元件封装绘制完成后，单击主窗口右上角的“×”按钮，在系统弹出提示保存的对话框中，单击“Yes”按钮，保存并退出 DXP 2004 系统。

小　结　3

本章以四位数码管、小型继电器、小 6 脚开关等 8 个元件的封装，展开 PCB 元件设计实训，能让读者牢固掌握基本的元件封装设计方法。本章的重点内容是：

① 掌握进入 PCB 元件绘制环境的操作方法。

② 掌握新增加 PCB 元件并为其命名的方法。

③ 掌握给 PCB 元件放置焊盘和外框的方法。

④ 掌握焊盘大小的改变方法。

习　题　3

一、填空题

1. 在 DXP 2004 主窗口中，打开扩展名为________________的 PCB 元件库文件，再打开_________________面板，可进入 PCB 元件设计界面。

2. 在___________________面板中右击元件排列框，系统弹出快捷菜单，单击快捷菜单中的___________菜单项，元件排列框中就新增一_____________，双击元件排列框中的新增项，系统会弹出_______________对话框。

3. 在 PCB 元件设计主窗口中，依次单击___________→__________菜单项，鼠标光标上就吸附一个焊盘符以待放置，若此时按 Tab 键，系统会弹出__________。

4. 在 PCB 元件设计主窗口中，依次单击________→___________菜单项，鼠标光标变为“十”字形状，此时可为 PCB 元件画直线外框。

二、问答题

PCB 元件的焊盘放置在 PCB 板的哪个层面上？PCB 元件的外框线放置在 PCB 板的哪个层面上？

第4章 绘制单片机学习板原理图

本章的实训任务，就是把图 4-1 所示的单片机学习板电路图，按其电气逻辑连接要求，绘制成如图 4-2 所示的 DXP 2004 中的工程项目原理图。

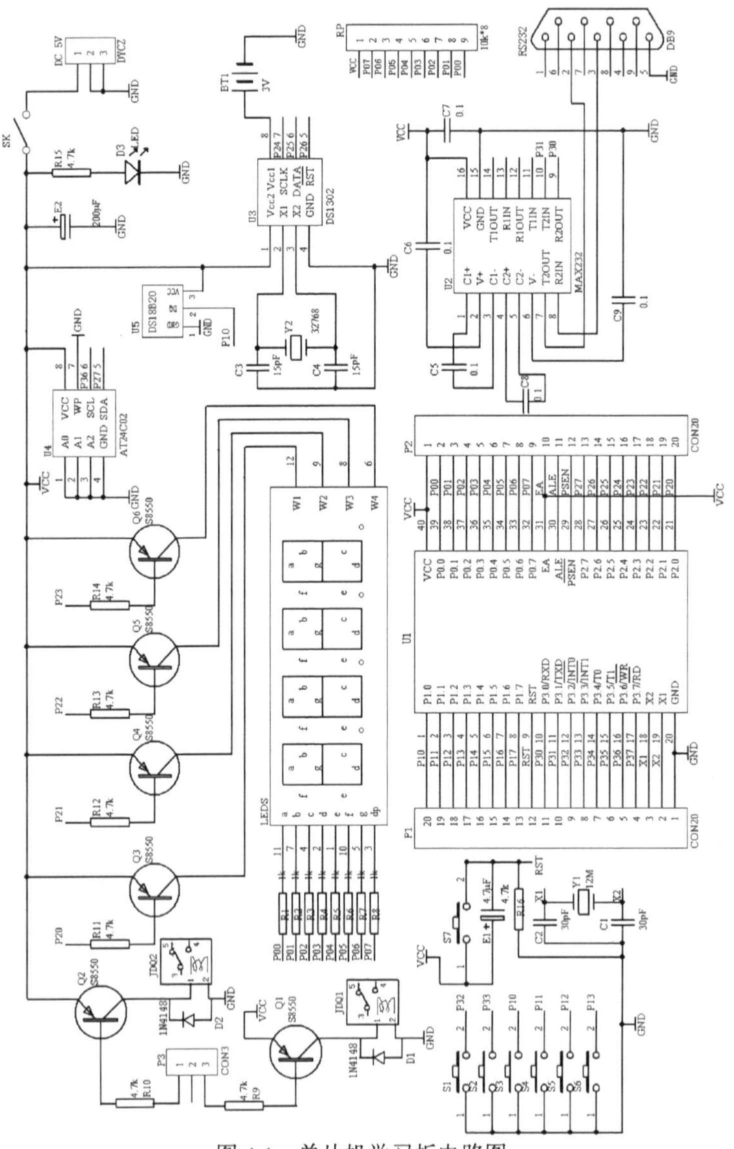

图 4-1 单片机学习板电路图

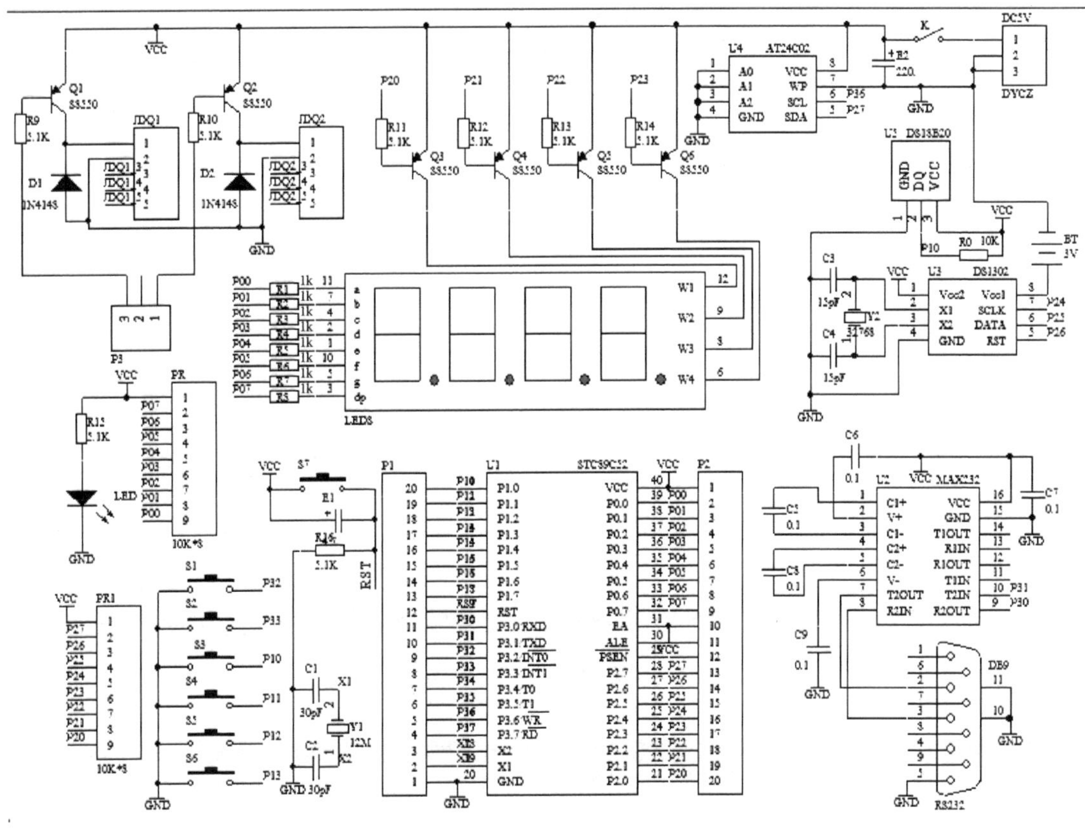

图 4-2　本章实训所要完成的单片机学习板原理图

4.1　浏览和安装元件库

4.1.1　浏览元件库

启动 DXP 2004，打开原理图设计文件，系统进入原理图绘制界面。如果主窗口右边没有“元件库”标签，须按图 4-3 所示，单击“设计”→“浏览元件库”菜单项。

系统会在原理图绘制窗口右边增加一个“元件库”标签。

单击主窗口右边的“元件库”标签，系统就会向左展开“元件库”面板，单击面板中的⋯按钮，面板上就弹出关于库文件显示选择的设置对话框，按如图 4-4 所示进行设置。

单击如图 4-4 所示的“Close”按钮，再单击库文件下拉列表框的展开按钮“▽”，库文件下拉框中列出全部库文件，如图 4-5 所示，共有 6 个库文件，上面两个文件正是我们在第 2、3 章实训中所完成的。

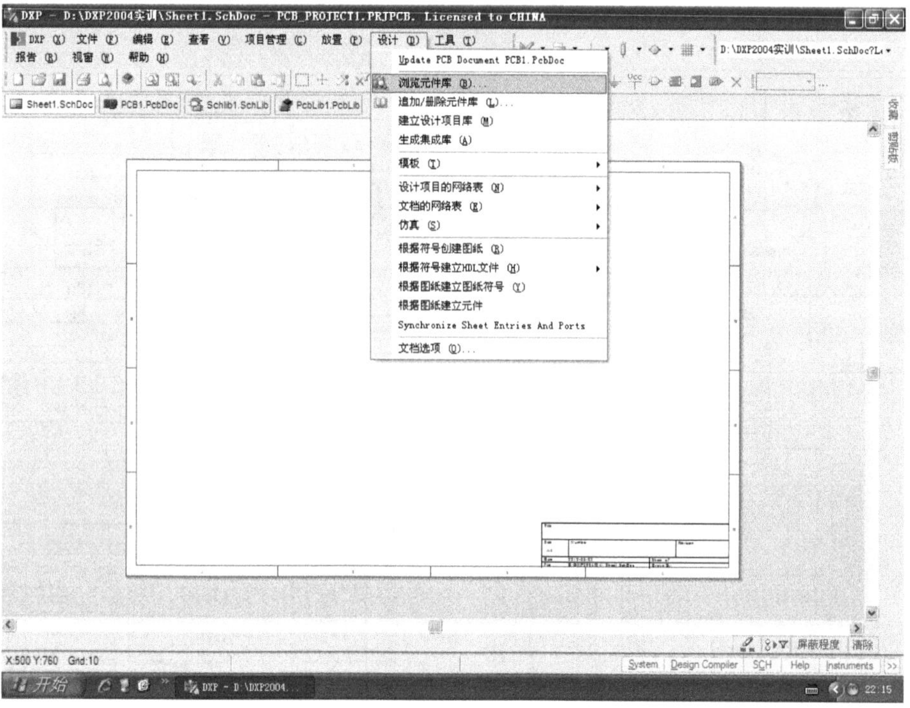

图 4-3 浏览元件库的菜单操作图示

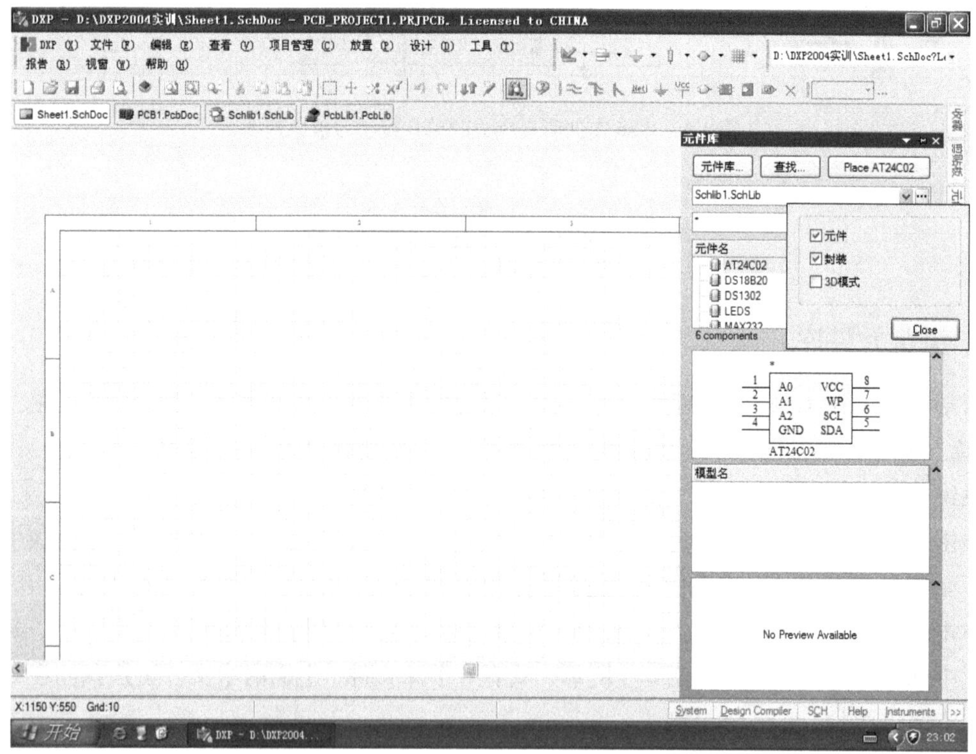

图 4-4 原理图绘制区右边的元件库面板显示设置

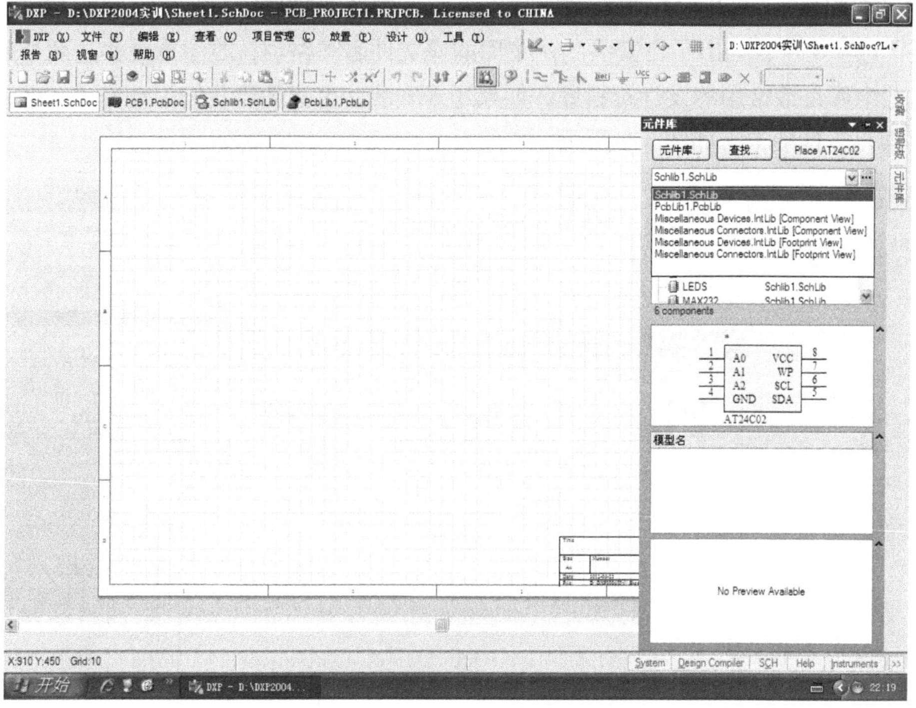

图 4-5　“元件库”面板中的库文件显示

单击“元件库”面板上的“元件库”按钮，系统弹出“可用元件库”对话框，如图 4-6 所示。

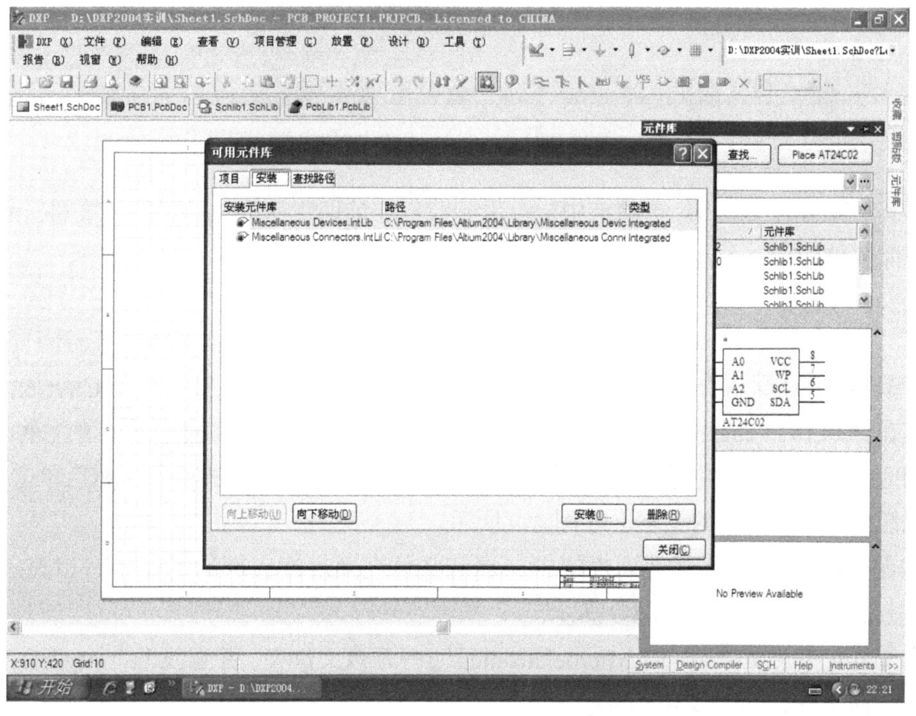

图 4-6　“可用元件库”对话框

由图 4-6 可知，“可用元件库”对话框上有三个标签：“项目”、“安装”和“查找路径”。在“安装”选项卡中，列出了已安装的两个库的库文件名和路径，要注意观察这两个库文件的图标。这两个库是最常用的设计资料库，如果还未安装，这就需要我们手动安装。在该对话框中单击“项目”选项卡，如图 4-7 所示。

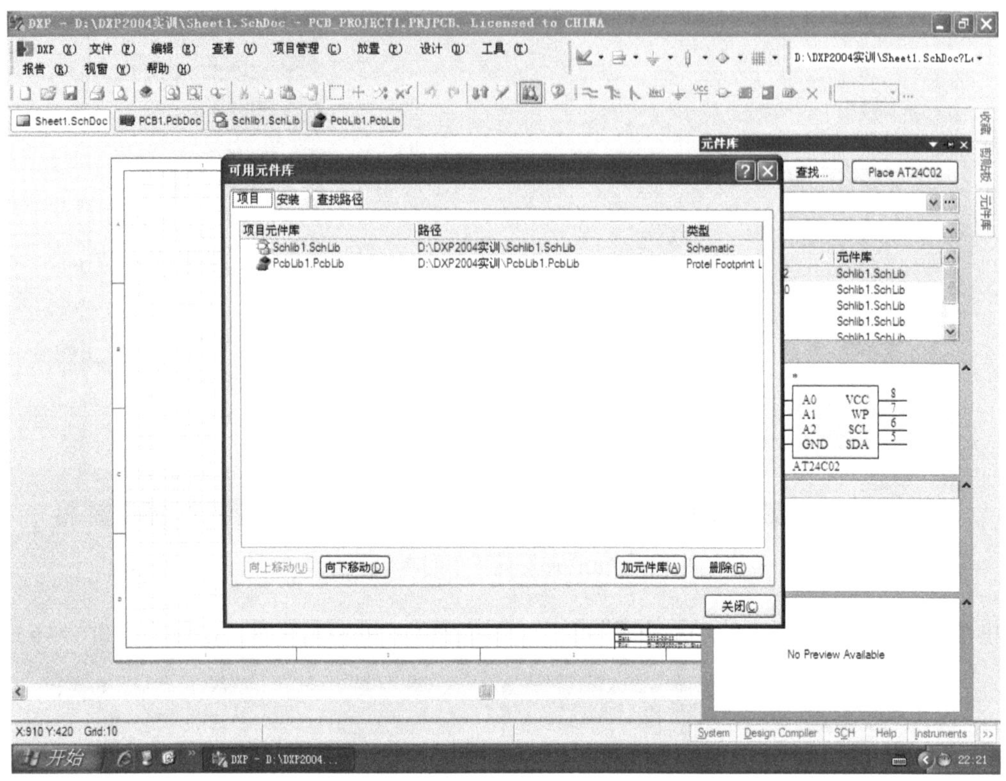

图 4-7 “可用元件库”对话框的“项目”选项卡

在图 4-7 所示的“项目”选项卡中，可看到我们在前两章所完成的两个库文件。这里也要观察两个库文件图标，并注意与图 4-6 中两库文件图标的区别。

4.1.2 安装元件库

由于 DXP 2004 默认安装的两个库文件中，没有我们绘制的原理图元件 STC89C52 的封装，并且我们在 PcbLib1.PcbLib 库文件中也没有绘制这个封装，这就需要我们先给 STC89C52 安装一个有相应封装的库文件。单击“可用元件库”对话框的“安装”选项卡，然后单击“安装”按钮，系统弹出“打开”对话框，如图 4-8 所示。

在如图 4-8 所示的文件夹列表框中，调节文件夹列表框底部的滑动条，以显示出“ST Microeletronics”文件夹，如图 4-9 所示。

双击图 4-9 中的文件夹“ST Microeletronics”，打开该文件夹，并查找“ST Memery EPROM 1-16 Mbit”库文件，如图 4-10 所示。

图 4-8　安装库文件 1

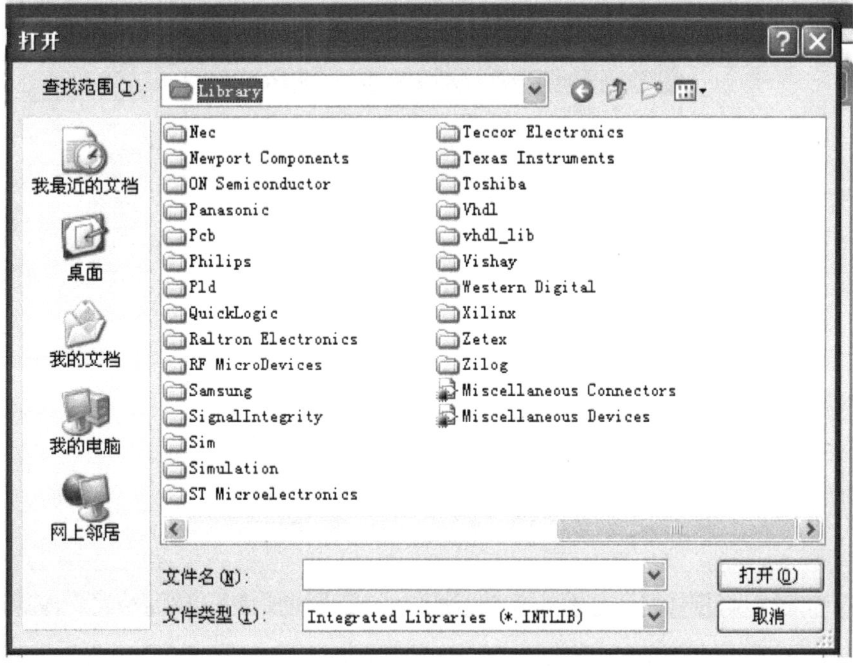

图 4-9　安装库文件 2

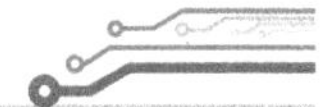

图 4-10　安装库文件 3

在如图 4-10 所示的“打开”对话框中，双击“ST Memery EPROM 1-16 Mbit”库文件，就完成了该库文件的安装。系统回到“可用元件库”对话框，如图 4-11 所示。

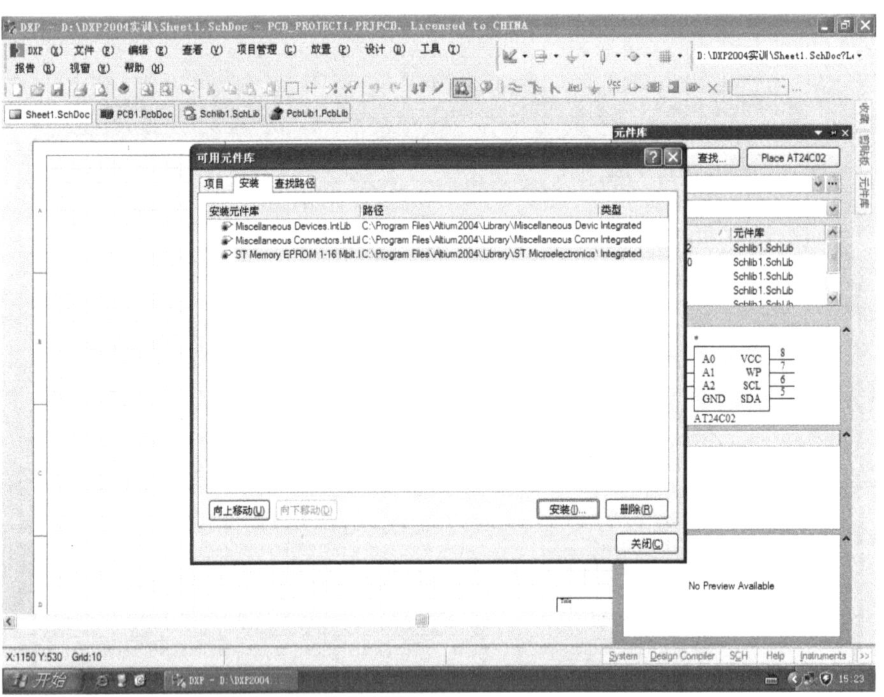

图 4-11　安装了“ST Memery EPROM 1-16 Mbit”库后的“安装”选项卡

在图 4-11 中，已出现了所安装的“ST Memery EPROM 1-16 Mbit”库文件。单击图 4-11 中的“关闭”按钮，系统回到“元件库”面板，如图 4-12 所示。

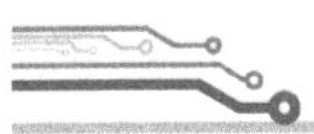

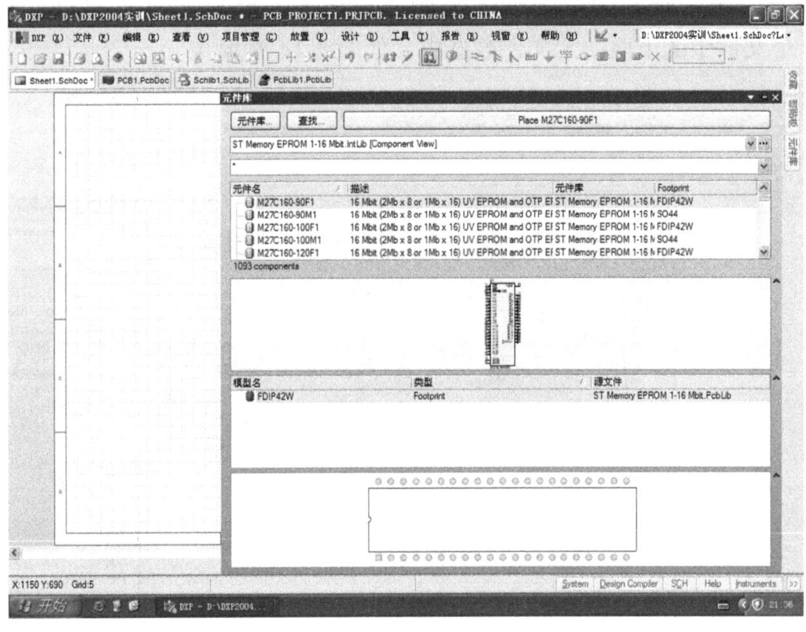

图 4-12　新安装了元件库后的“元件库”面板

另外，如果我们所需的两个库文件“MiscellaneousConnectors.IntLib”和“Miscellaneous Devices.IntLib”在系统中还没安装，则要在“可用元件库”对话框的“安装”选项卡中进行安装，这两个库文件存放在“Library”文件夹中。其安装过程同上。

为方便原理图元件的查找，不需要的库文件可以删去。例如，在图 4-13 中，库文件列表框下面的 7 个库文件，在本书中不会被用到。

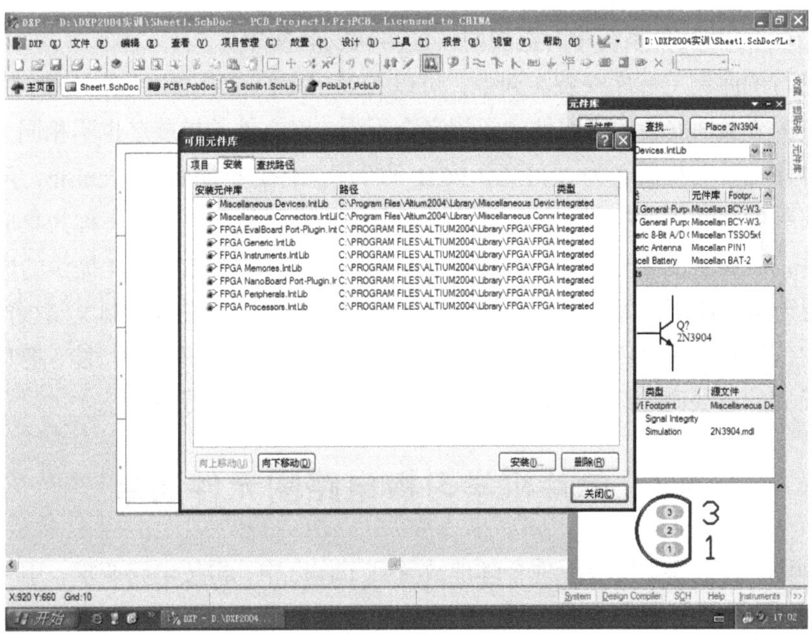

图 4-13　安装页面下有不在本书中使用的库文件

在图 4-13 中，单击第 3 个库文件，然后按下 Shift 键不放松的同时，再单击最下面的那个库文件，则 9 个文件中的下面 7 个文件被选中，如图 4-14 所示。

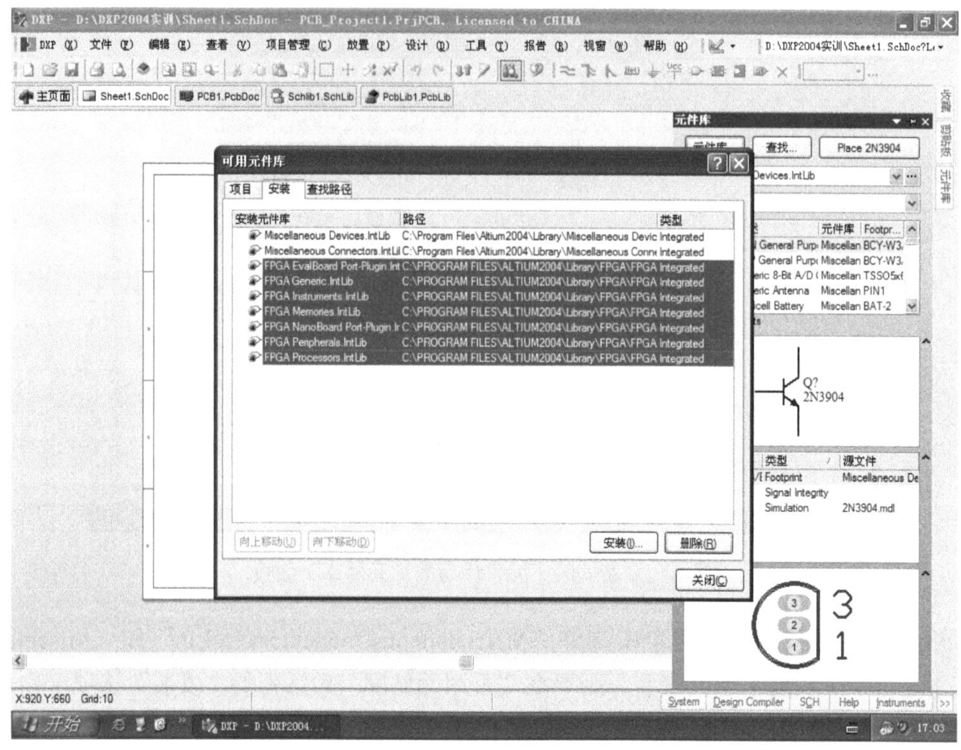

图 4-14　选择下面 7 个库文件图示

在选择了 7 个库文件的情形下，单击“删除”按钮，所选取的库文件就从可用元件库中被删除了，但仍在 DXP 文件系统中，需要时还能再次安装使用。

在上面进行的库浏览和库安装实训中，可以看到，我们在第 2、3 章实训中所设计的库文件的图标，与本节实训安装的库文件的图标完全不同，库文件的扩展名也不相同。我们所设计的原理图元件库文件的扩展名为.SchLib，PCB 元件库文件的扩展名为. PcbLib，两者都可称为分立库。所安装的库文件的扩展名为.IntLib。库文件扩展名为.IntLib 的库称为集成库。集成库中的每个元件，既有它的原理图模型，也有它的封装图模型。DXP 2004 提供的库默认为集成库，非常方便于用户使用。用户也可以设计自己所需的集成库来进行印制电路板产品开发，即先设计出分立的原理图元件库和 PCB 元件库，再利用 DXP 2004 提供的功能，把其整合为集成库，但这对我们的三块商品级电路板设计没有多大意义，因此不予介绍。

4.2　单片机学习板电路图元件清单

绘制原理图，首先要把所有元件合理地放置到工作区中，再按电路要求，用导线进行相应的电气连接。如果元件放置位置不合理，其连接导线就会很乱。为了让我们的第一张原理图一举成功，我们把图 4-2 所示电路中的所有元件排列成一个清单（表 4-1）。在清单中特别给出了每个元件的位置坐标。这里约定，每个元件都应按图 4-2 中该元件放置方向进行放置。每个元件的位置坐标，都是用这个元件引脚编号为 1 的端点（接线端）坐标来代表的，引脚无编号的元件，其引脚是左右方向排列时，取左边引脚端点的坐标，是上下方向排列时，取上端引脚端点的坐标。6 个三极管的坐标，则都是用它的基极端点坐标来代表的。先后放置的两个元件有引脚端点重合时，后放置的那个元件则以形成红色米字符时的位置为准，例如，因 Q1 先放置，放置 D1 时就应以 D1 负极与`Q1 发射极对接而形成红色米字符时定位。

表 4-1　单片机实验板原理图元件清单

标识符	原理图元件名/库名	PCB 元件名/库名	坐标：X，Y
U1	STC89C52/Schlib1.Schlib	PDIP40/ST Memory EPROM 1-16 Mbit.PcbLib	330，300
U2	MAX32/Schlib1.Schlib	DIP16/Miscellaneous Devices.IntLib[Footpnint View]	590，290
U3	DS1302/Schlib1.Schlib	DIP8/ Miscellaneous Devices.IntLib[Footpnint View]	625，425
U4	AT24C02/Schlib1.Schlib	DIP8/ Miscellaneous Devices.IntLib[Footpnint View]	490，570
U5	DS18B20/Schlib1.Schlib	HDR123/MiscellaneousConnectors.IntLib[Footpnint View]	630，465
LEDS	LEDS/Schlib1.Schlib	LEDSPCB/PcbLib1.PcbLib	235，390
P1	Header 20/ MiscellaneousConnectors.IntLib/　HDR1×20		330，110
P2	同 P1		470，300
DB9	D Connector 9/ Miscellaneous Connectors.IntLib/DSUB1.385-2H9		630，190
Q1	2N3906/Miscellaneous Devices.IntLib	TO-92A/PcbLib1.PcbLib	40，555
Q2	同 Q1	同 Q1	155，555
Q3	同 Q1	同 Q1	280，510
Q4	同 Q1	同 Q1	335，510
Q5	同 Q1	同 Q1	390，510
Q6	同 Q1	同 Q1	445，510
S1	SW-PB/ Miscellaneous Devices.IntLib	SWPCB/ PcbLib1.PcbLib	130，235
S2	同 S1	同 S1	130，210
S3	同 S1	同 S1	130，185
S4	同 S1	同 S1	130，160
S5	同 S1	同 S1	130，135
S6	同 S1	同 S1	130，110
S7	同 S1	同 S1	205，300
D1	Diode1N4148/Miscellaneous Devices.IntLib	DIO7.1-3.9*1.9	70，525
D2	同 D1	同 D1	185，525
JDQ1	Header5/Miscellaneous Connectors.IntLib	JDQPCB/ PcbLib1.PcbLib	95，525
JDQ2	同 JDQ1	同 JDQ1	205，525
P3	Header3/Miscellaneous Connectors.IntLib/HDR1×3		130，440
DC5V	Header3/Miscellaneous Connectors.IntLib	DYCZPCB/ PcbLib1.PcbLib	675，590

续表

标识符	原理图元件名/库名	PCB 元件名/库名	坐标：X，Y
PR	Header3/Miscellaneous Connectors.IntLib/ HDR1×9		120，360
PR2	Header3/Miscellaneous Connectors.IntLib/ HDR1×9		70，215
C1	Cap/ Miscellaneous Devices.IntLib	RAD-0.1/Miscellaneous Devices.IntLib[Footpnnt View]	220，170
C2	同 C1	同 C1	220，120
C3	同 C1	同 C1	565，435
C4	同 C1	同 C1	565，385
C5	同 C1	同 C1	540，300
C6	同 C1	同 C1	580，320
C7	同 C1	同 C1	715，310
C8	同 C1	同 C1	540，260
C9	同 C1	同 C1	570，210
E1	Cap Pol2/ Miscellaneous Devices.IntLib	CAPPR1.5-4×5/ Miscellaneous Devices.IntLib[Footpnnt View]	235，280
E2	Cap Pol2/ Miscellaneous Devices.IntLib	CAPPR2-5-4×6.8/ Miscellaneous Devices.IntLib[Footpnnt View]	615，590
Y1	XTAL/ Miscellaneous Devices.IntLib	BCY-W2/D3.1/ Miscellaneous Devices.IntLib[Footpnnt View]	250，170
Y2	同 Y1	同 Y1	595，435
K	SW-SPST/ Miscellaneous Devices.IntLib	SKPCB/ PcbLib1.PcbLib	615，590
R1	Res2/ Miscellaneous Devices.IntLib	AXIAL-0.4/ Miscellaneous Devices.IntLib[Footpnnt View]	195，430
R2	同 R1	同 R1	195，420
R3	同 R1	同 R1	195，410
R4	同 R1	同 R1	195，400
R5	同 R1	同 R1	195，390
R6	同 R1	同 R1	195，380
R7	同 R1	同 R1	195，370
R8	同 R1	同 R1	195，360
R9	同 R1	同 R1	40，555
R10	同 R1	同 R1	155，555
R11	同 R1	同 R1	280，550
R12	同 R1	同 R1	335，550
R13	同 R1	同 R1	390，550
R14	同 R1	同 R1	445，550
R15	同 R1	同 R1	80，360
R16	同 R1	同 R1	225，260
R0	同 R1	同 R1	655，450
LED	LED0/ Miscellaneous Devices.IntLib	LEDPCB/ PcbLib1.PcbLib	80，320
BT	Battery Miscellaneous Devices.IntLib /	BTPCB/ PcbLib1.PcbLib	725，485

4.3　在原理图中放置原理图元件

4.3.1　放置原理图元件的一般步骤

在原理图绘制过程中，放置原理图元件是一个非常烦琐的工作。为了让我们在放置每个元件时能做到胸中有数，先说明放置一个元件的基本步骤。

放置原理图元件的一般步骤如下。

① 单击原理图绘制窗口右边的“元件库”标签，以展开“元件库”面板。

② 在“元件库”面板中选中所需的库文件。单击库文件下拉列表框的展开按钮，就可列出系统中的全部库文件，如图 4-15 所示。在绘制原理图时，只需要选择扩展名为.SchLib 或.IntLib 的库文件。图 4-15 中所选的是三极管所在库文件。

③ 在元件名列表框中选取所需的库元件，如图 4-16 所示，选取的是 PNP 三极管。

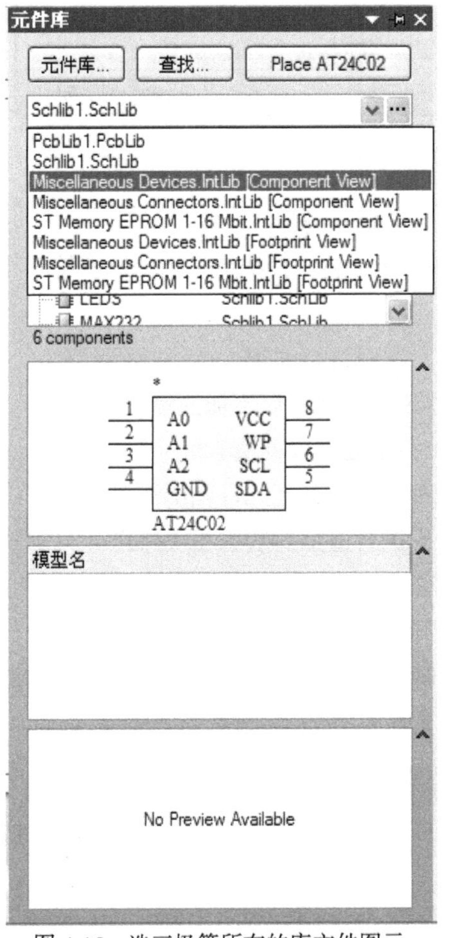

图 4-15　选三极管所在的库文件图示

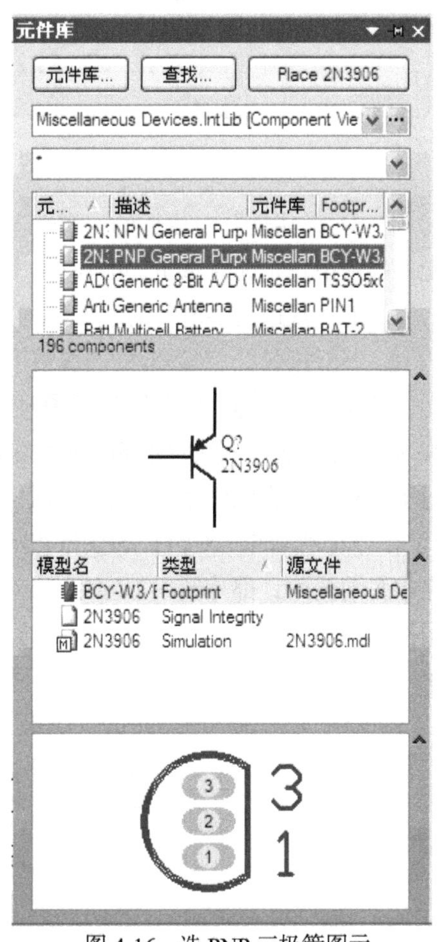

图 4-16　选 PNP 三极管图示

④ 单击“元件库”面板中的“Place”按钮，以准备放置所选取的库元件。

⑤ 在放置前按 Tab 键，弹出“元件属性”对话框，如图 4-17 所示。

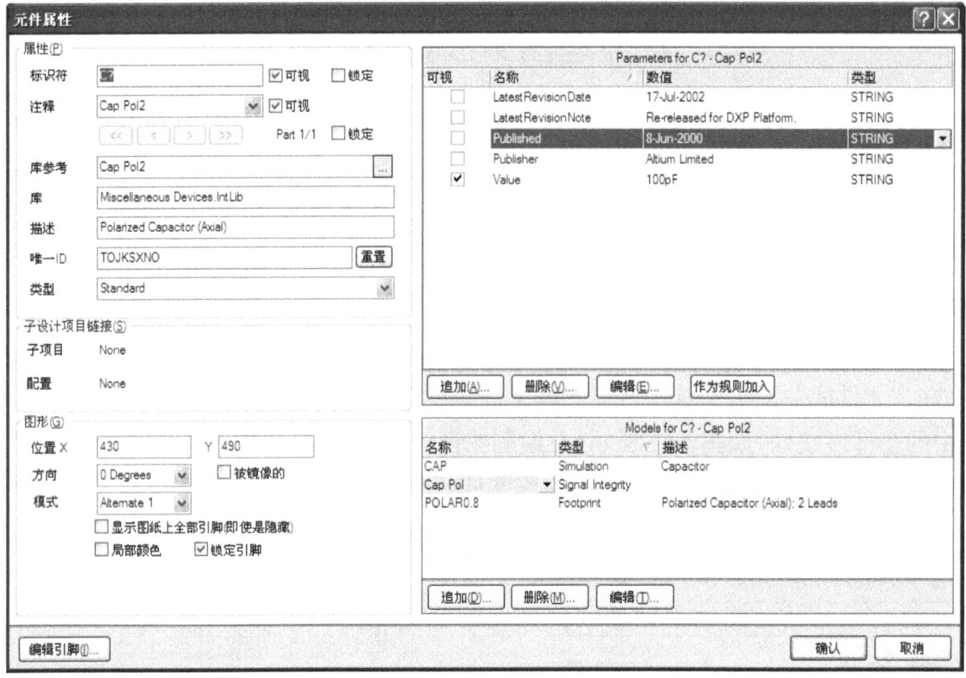

图 4-17 “元件属性”对话框

⑥ 在“元件属性”对话框的“属性”选项组中命名标识符。

元件的标识符是元件最重要的属性，原理图中的每个元件，系统就是用其标识符来相互区别的，为了更直观地反映电路的组成结构，一般应让其可视。

⑦ 在“元件属性”对话框的“属性”选项组中对注释进行注记。

元件的注释主要是为了在原理图中对元件做一些说明，也可以不加注释。

⑧ 在“元件属性”对话框的参数（Parameters）栏中处理标称值。

对于电阻和电容元件才有 Value（值）的具体处理要求，其他元件则不需要。

⑨ 在“元件属性”对话框的模型（Models）栏中进行追加封装的相关操作。

在很多情况下，都是使用 DXP 2004 系统中自带的原理图元件，都有相应的封装，不需要追加操作。由于我们的实训使用了较多的新元件，因此就需要追加。追加操作如下。

- 在“元件属性”对话框中，单击下面的“追加”按钮，弹出“加新的模型”对话框，本书中，都选择“Footprint”类型，如图 4-18 所示。

图 4-18 模型类型确认图示

● 确认模型类型后，系统弹出“PCB 模型”对话框，如图 4-19 所示。

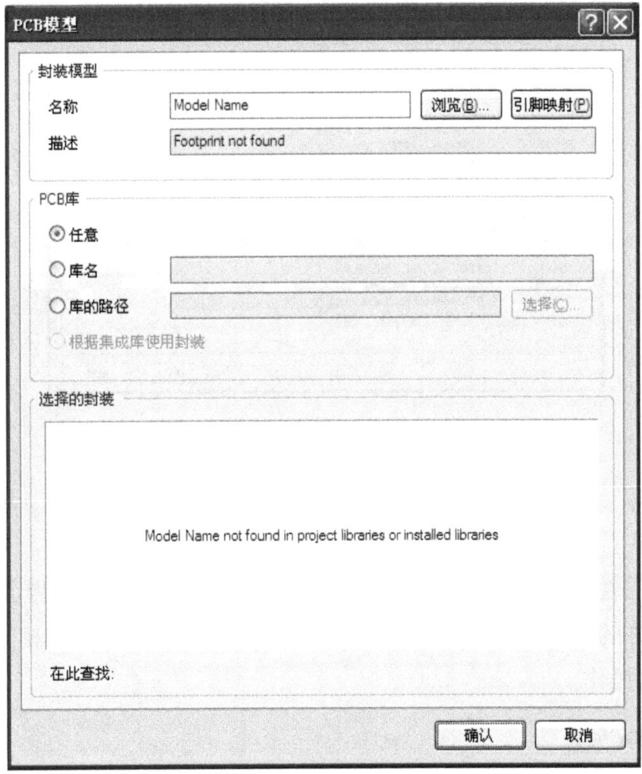

图 4-19　“PCB 模型”对话框

● 单击“PCB 模型”对话框中的“浏览”按钮，系统弹出“库浏览”对话框，再单击“库浏览”对话框中的“库”下拉列表框，以选择所需的库文件，如图 4-20 所示。

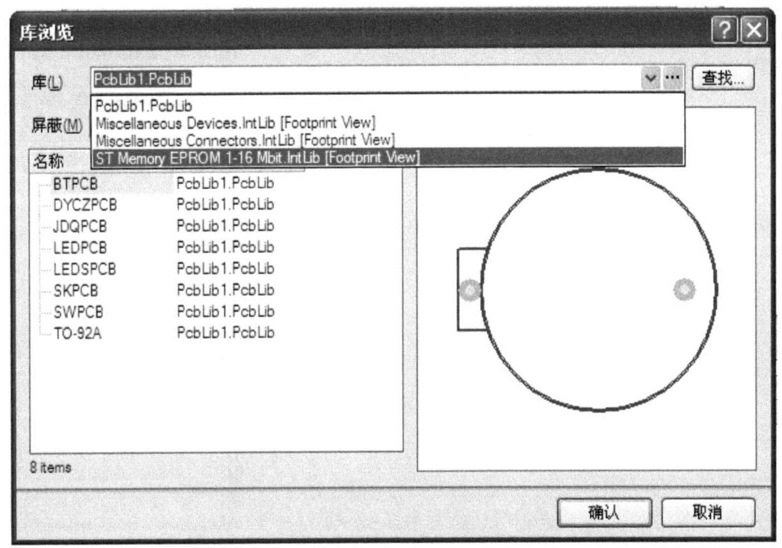

图 4-20　浏览库时的库文件选择图示

- 在已选定的库文件中再选择所需的库元件，如图 4-21 所示。

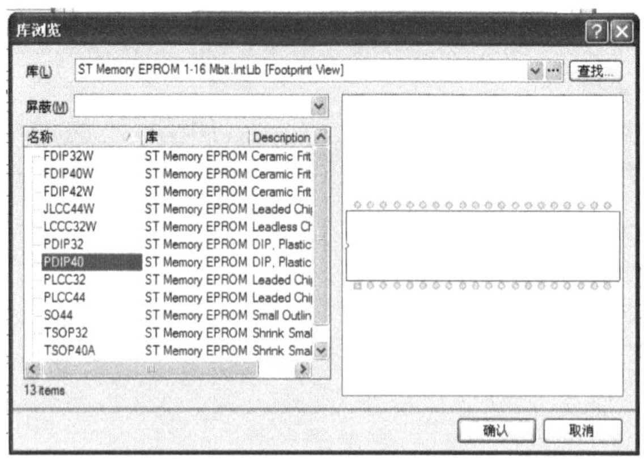

图 4-21　在所选库文件中选择库元件

- 单击“库浏览”对话框中的“确认”按钮，再单击“PCB 模型”对话框中的“确认”按钮，就完成了元件封装的追加。

⑩ 单击“元件属性”对话框中的“确认”按钮，返回绘制原理图界面放置元件。

⑪ 用吸附着元件的鼠标光标在原理图上单击 *N* 次，就放置了 *N* 个相同元件，单击鼠标右键退出此元件的放置操作。

4.3.2　放置 STC89C52

在图 4-22 所示的操作界面中，单击库文件下拉列表框的展开按钮“▼”，从库文件列表中，选出第 2 章实训完成的 Schlib1.SchLib 库文件。

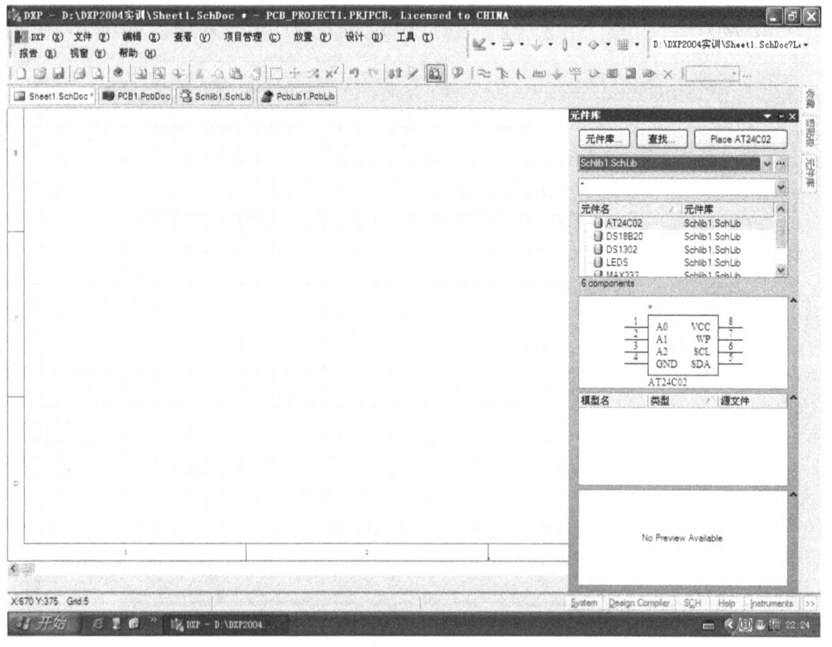

图 4-22　从库文件下拉列表框中选出 Schlib1.SchLib 库文件

再从元件名称列表框中，选择元件“STC89C52”，如图 4-23 所示。

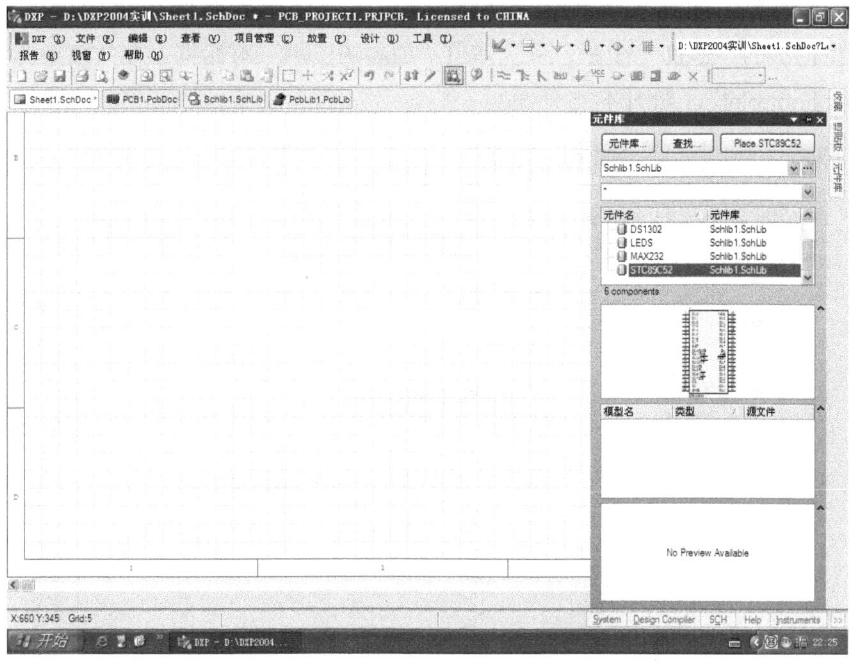

图 4-23　在“元件库”面板中选择欲放置的元件

在图 4-23 所示的操作界面中，单击“Place STC89C52”按钮，一个 STC89C52 元件符号就跟随鼠标光标以待放置，此时按 Tab 键，系统弹出“元件属性”对话框，设置有关元件属性，如图 4-24 所示。

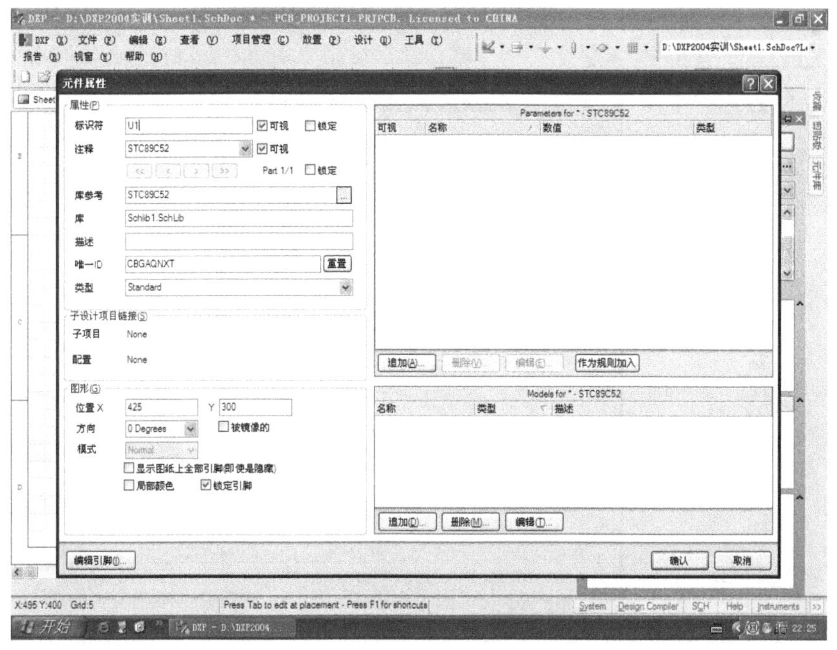

图 4-24　所放置元件的“元件属性”对话框

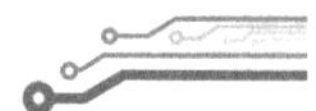

在图 4-24 所示界面中，把“标识符”改为“U1”，把“注释”记为“STC89C52”，并选中两个“可视”复选框，如图 4-24 所示。在此，需要给原理图元件 STC89C52 指定一个封装元件。单击模型栏中的“追加”按钮，系统弹出“加新的模型”对话框，在“模型类型”下拉列表框中选择“Footprint”，如图 4-25 所示。

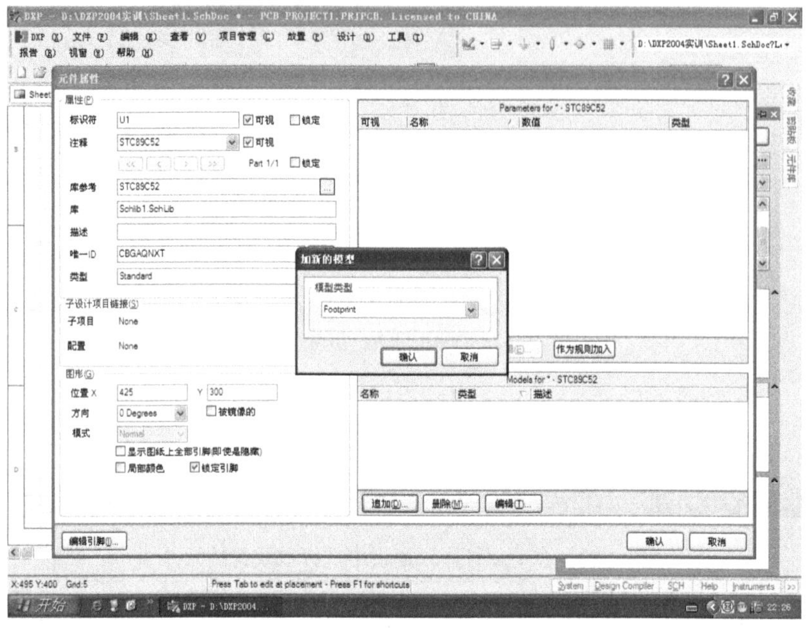

图 4-25　选择新模型的类型

选择类型后，系统弹出“PCB 模型”对话框，如图 4-26 所示。

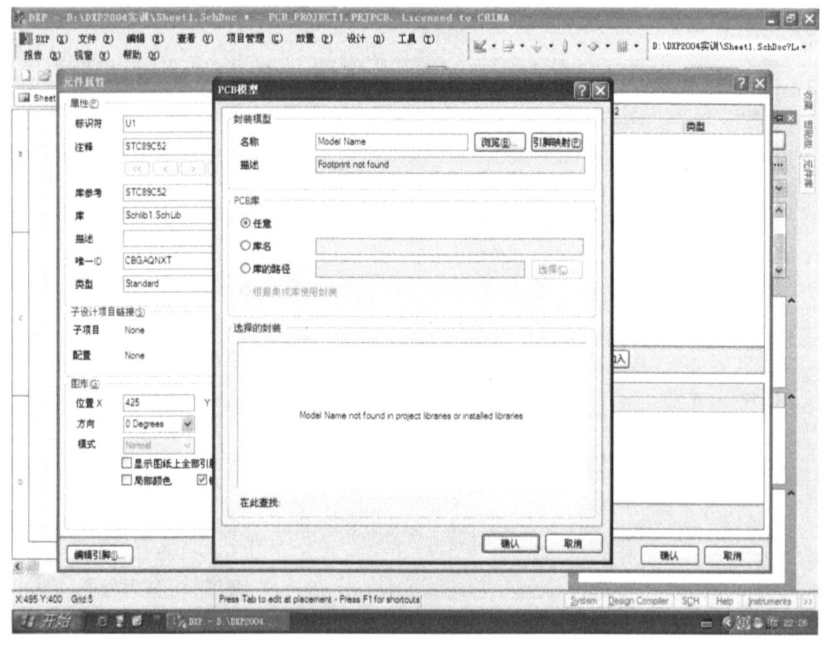

图 4-26　“PCB 模型”对话框

在图 4-26 中单击“浏览”按钮，系统弹出“库浏览”对话框，单击“库”下拉列表框，并选择“ST Memery EPROM 1-16 Mbit ”库文件，如图 4-27 所示。

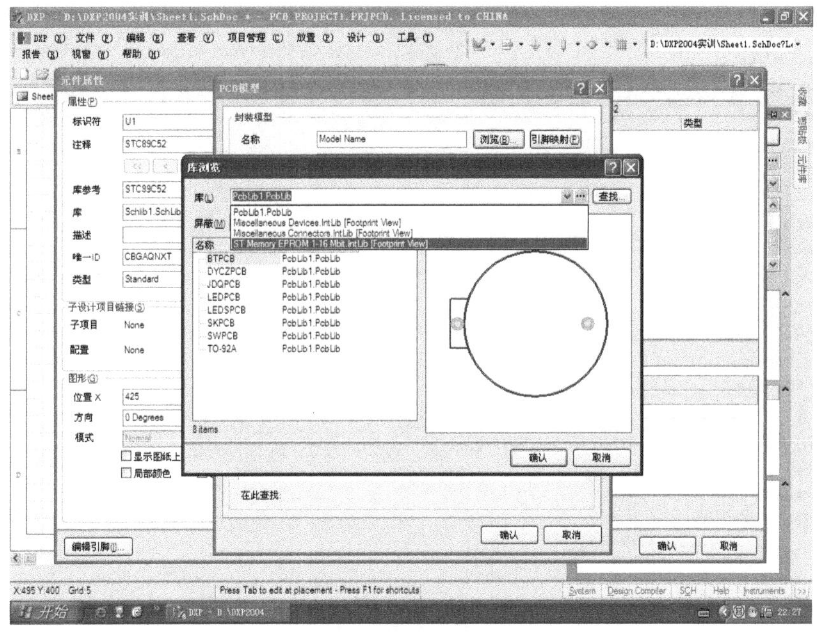

图 4-27　选择库文件图示

单击“ST Memery EPROM 1-16 Mbit.IntLib[Footprint View]”，然后在“名称”列表框中单击“PDIP40”，如图 4-28 所示。

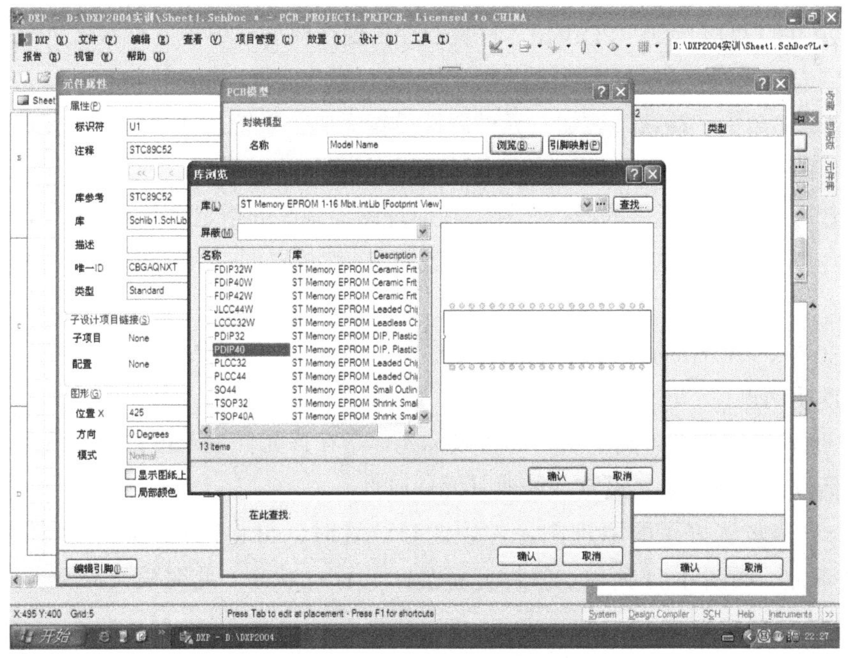

图 4-28　选择库名称示意图

在图 4-28 所示的操作界面中，从上到下单击两层对话框中的“确认”按钮，系统返回“元件属性”对话框，如图 4-29 所示。

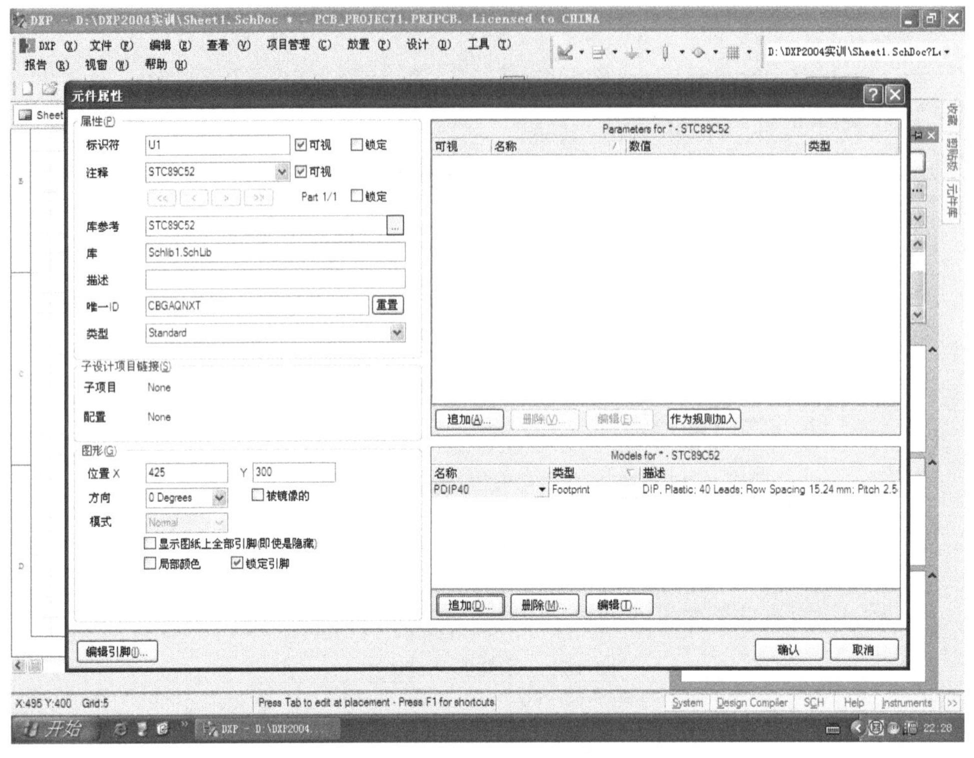

图 4-29　完成了元件追加封装操作后的元件属性

在图 4-29 中，可以看到“PDIP40”封装已经出现在模型栏中了，给 STC89C52 元件追加封装的操作完成。

在图 4-29 中单击“确认”按钮，元件属性设置完成，系统返回原理图中元件 STC89C52 的放置状态，即一个 STC89C52 的元件吸附在鼠标光标上以待放置。

用吸附着 STC89C52 元件的鼠标光标，在原理图绘制区的指定（表 4-1）位置上单击，一个 STC89C52 元件就在单击点被放置，且系统处于继续放置同一元件的操作状态，如图 4-30 所示。

在图 4-30 中，单击鼠标右键退出，完成了 STC89C52 元件的放置操作。

在此，说明两点：

① 一个原理图元件放置确定后，如将鼠标光标指在该元件上双击鼠标左键，就能打开其元件属性对话框，从而可重新设定或修改其元件属性。

② 一个已经放置好了的原理图元件须调整位置时，可将鼠标光标移到该元件上，按下鼠标左键不放，如图 4-31 所示，鼠标光标显示为移动状态，此时就可移动元件到另一个位置。

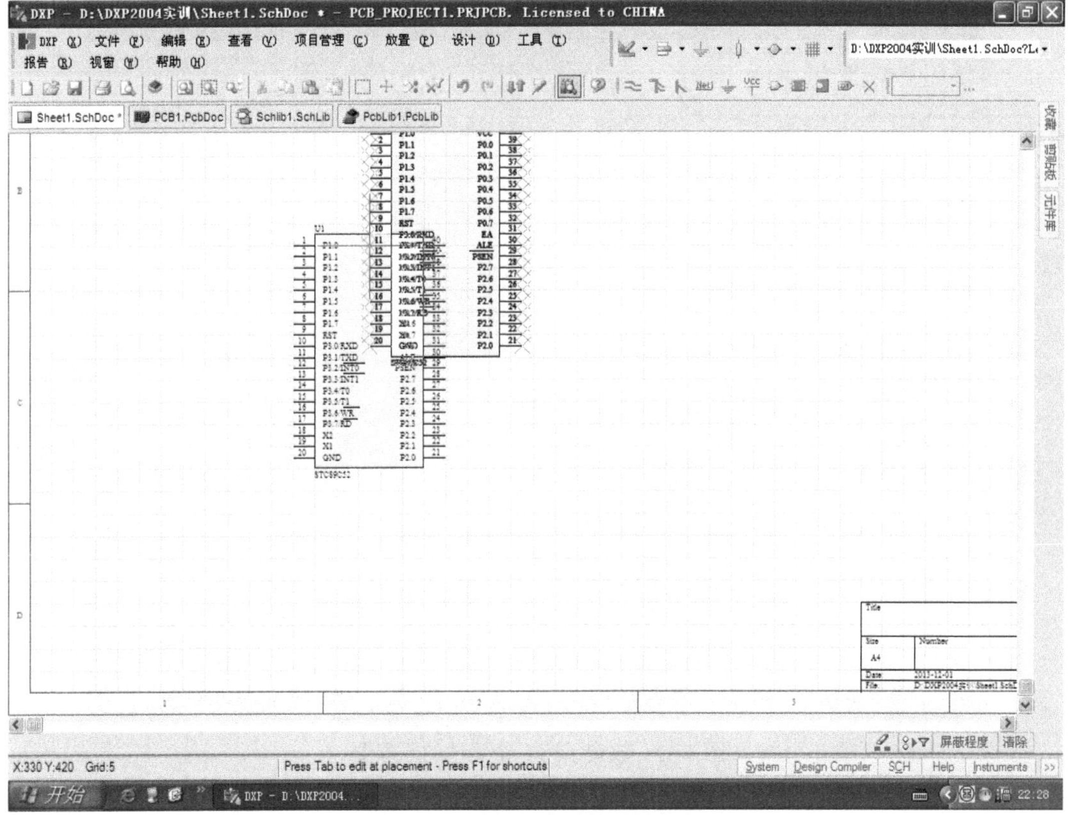

图 4-30　放置一个元件后的状态

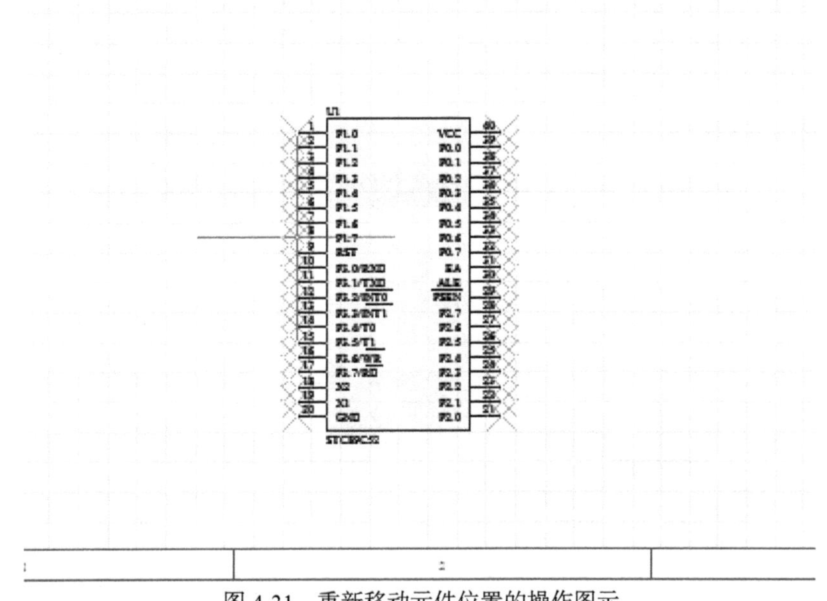

图 4-31　重新移动元件位置的操作图示

图 4-32 是按表 4-1 所给坐标放置了 STC89C52 后的原理图绘制界面。

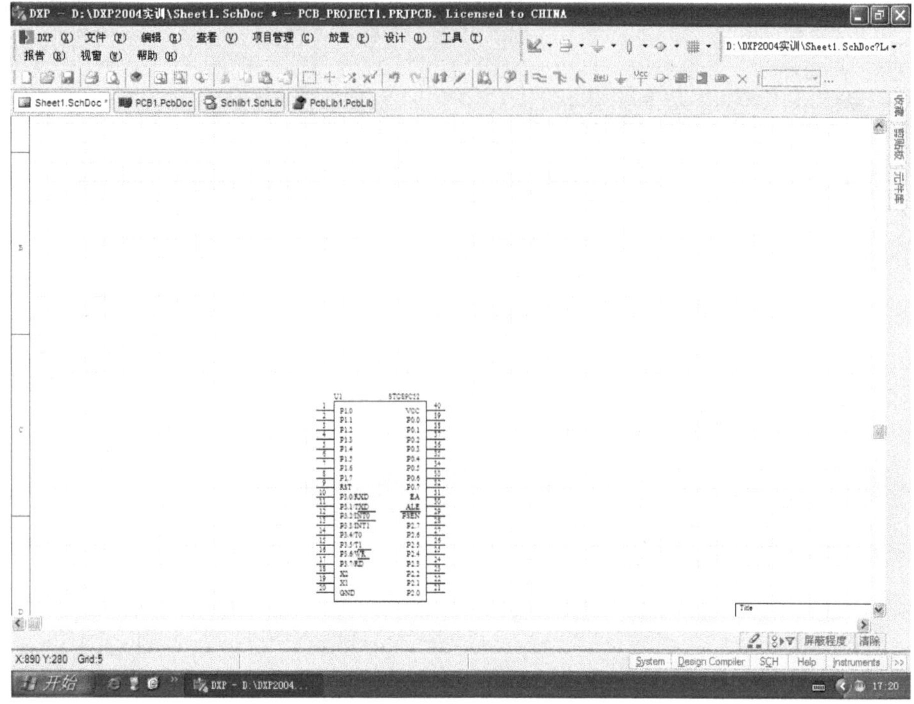

图 4-32　放置了第一个元件的原理图

4.3.3　放置 MAX232

单击原理图绘制窗口右边的“元件库”标签，展开“元件库”面板。MAX232 元件所在的库文件同前，因此单击“MAX232”元件名，选中“MAX232”元件，再单击面板上的“Place MAX232”按钮，按 Tab 键，进入“元件属性”对话框，将“标识符”改为“U2”，注释改为“MAX232”，追加封装的库文件为 Miscellaneous Devices.IntLib[Footprint View]，库元件为“DIP-16”，如图 4-33 所示。

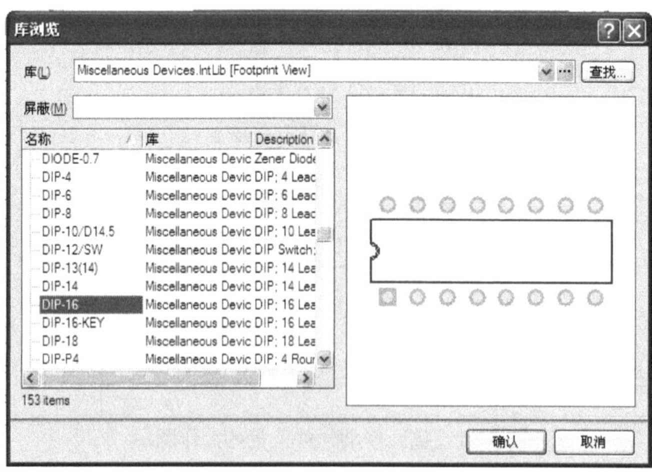

图 4-33　MAX232 封装所需的库文件与库元件图示

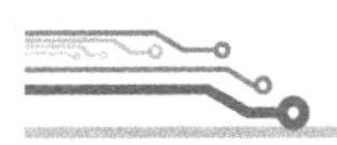

依次单击三层对话框上的“确认”按钮，出现吸附着 MAX232 元件的鼠标光标，按表 4-1 中的坐标数据，单击原理图上的相应坐标点，就完成了 MAX232 的放置，如图 4-34 所示。

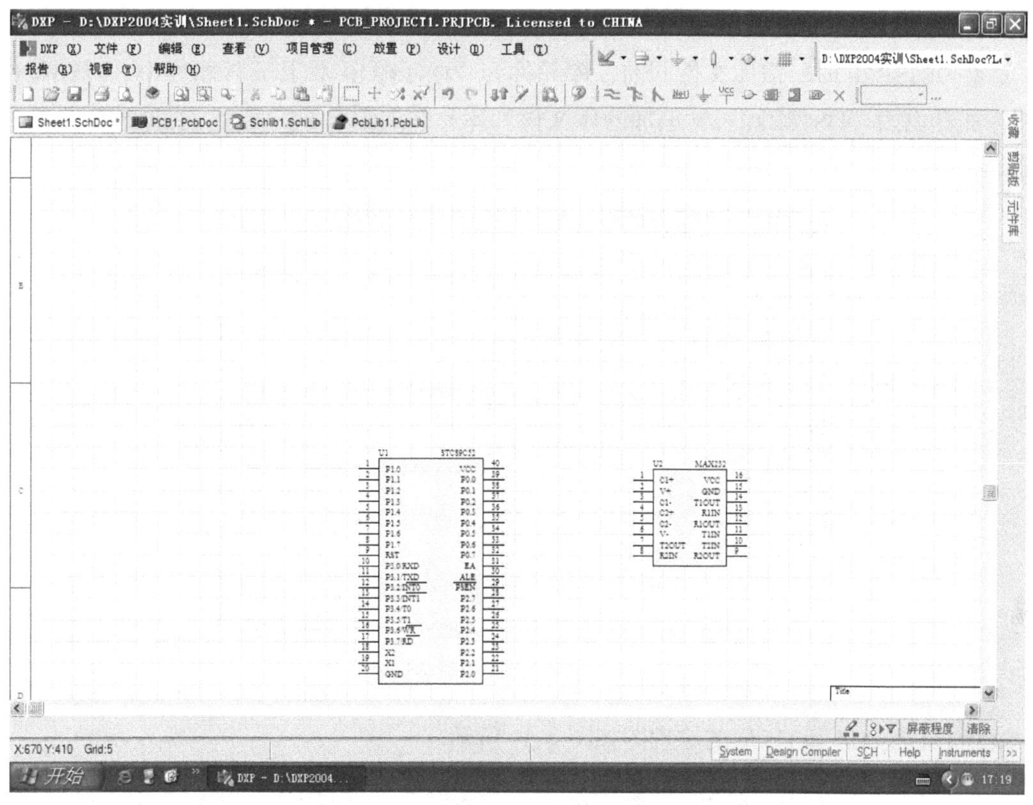

图 4-34　放置了两个元件后的原理图绘制区

4.3.4　放置 DS1302、AT24C02 及 DS18B20

放置 DS1302 时需要的库文件同前，库元件为“DS1302”，其元件属性中的标识符设为“U3”，注释设为“DS1302”，追加的库文件和库元件如图 4-35 所示。在原理图中的放置位置见表 4-1。

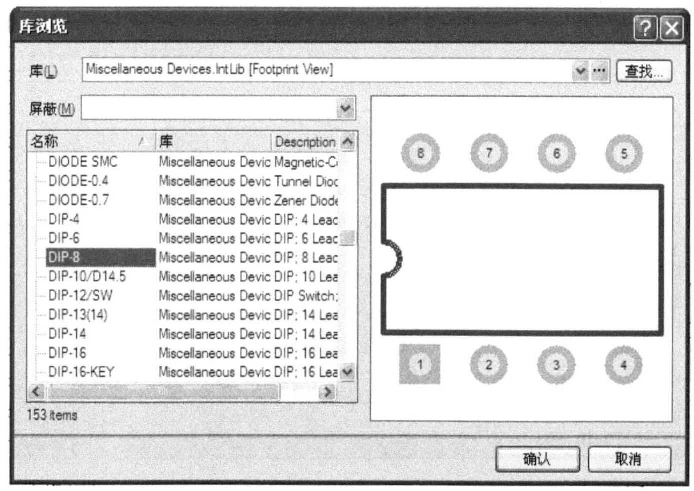

图 4-35　DS1302 的封装设置

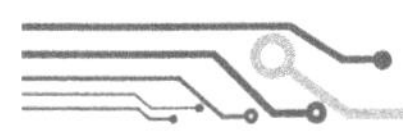
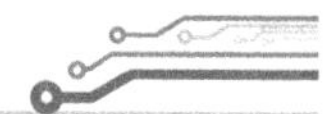

放置AT24C02时所需库文件同前面的三个元件，库元件为“AT24C02”，标识符设为“U4”，注释设为“AT24C02”。要追加的封装同U3完全一样，如图4-35所示。其在原理图中的放置位置见表4-1。

放置DS18B20时所需库文件同前，库元件为“DS18B20”，其元件属性中，标识符设为“U5”，注释设为“DS18B20”，追加的库文件和库元件如图4-36所示。在原理图中的放置位置见表4-1。

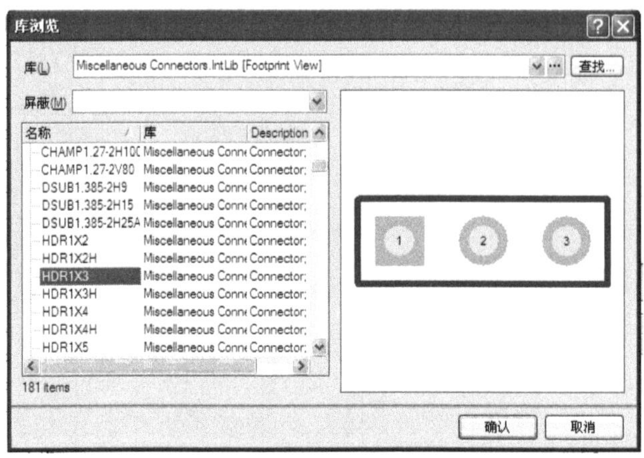

图4-36　DS18B20的封装设置

放置了U3、U4和U5后的原理图如图4-37所示。

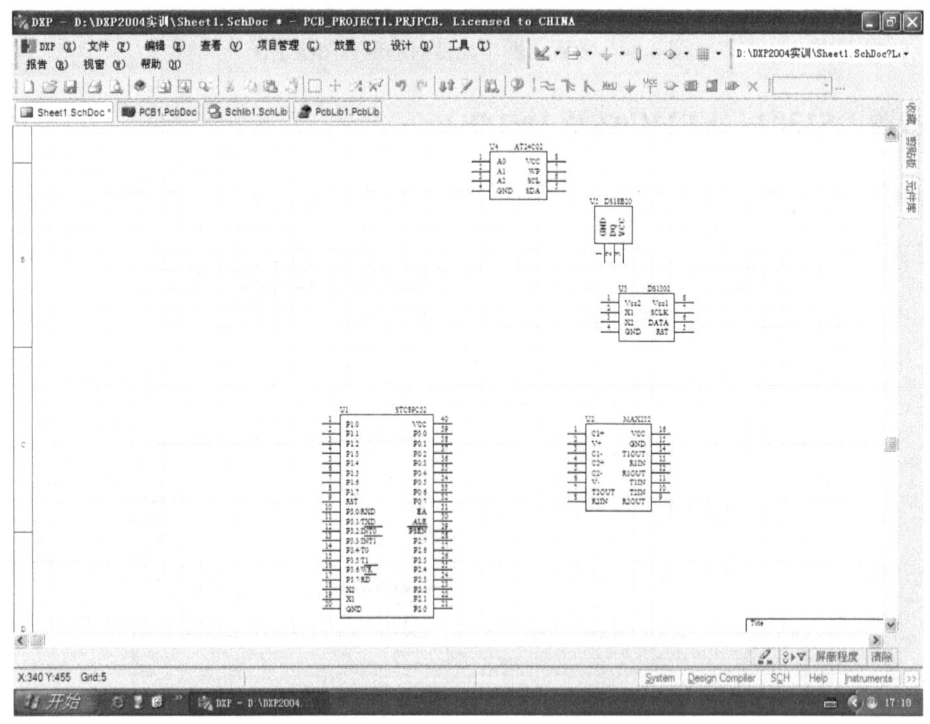

图4-37　放置了U1～U5后的原理图

4.3.5　放置四位数码管 LEDS

放置 LEDS 时，LEDS 在“元件库”面板中的库文件和库元件选择如图 4-38 所示。

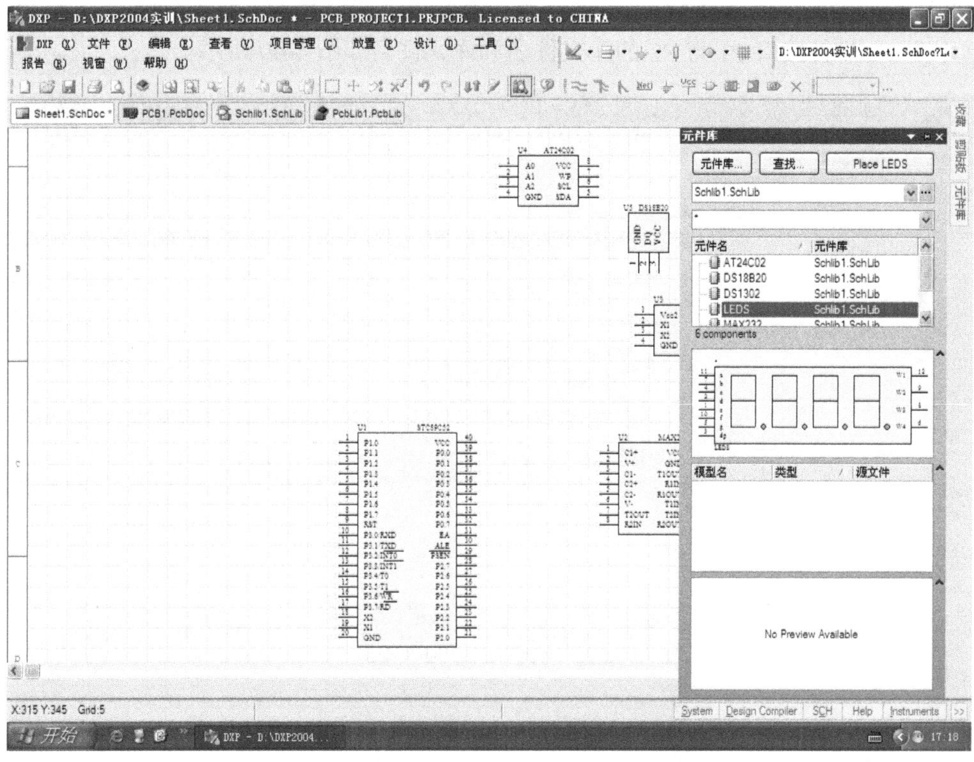

图 4-38　在“元件库”面板中选择 LEDS

设置 LEDS 的元件属性时，标识符设为“LEDS”，注释为空，其追加封装的库文件和库元件如图 4-39 所示。LEDS 在原理图中的放置位置按表 4-1 中给出的坐标确定。

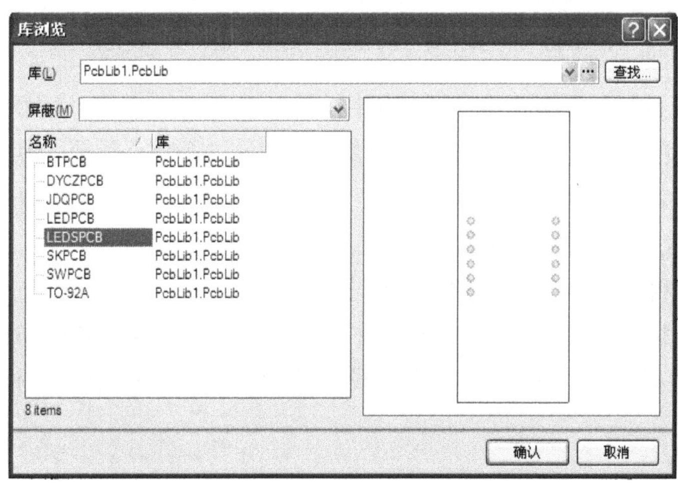

图 4-39　LEDS 追加封装时的库文件和库元件

放置了 LEDS 元件后的原理图如图 4-41 所示。

4.3.6 放置 20 针 I/O 接口 P1 与 P2

单片机 I/O 排针接口 P1 与 P2 的库文件名和库元件名如图 4-40 所示。

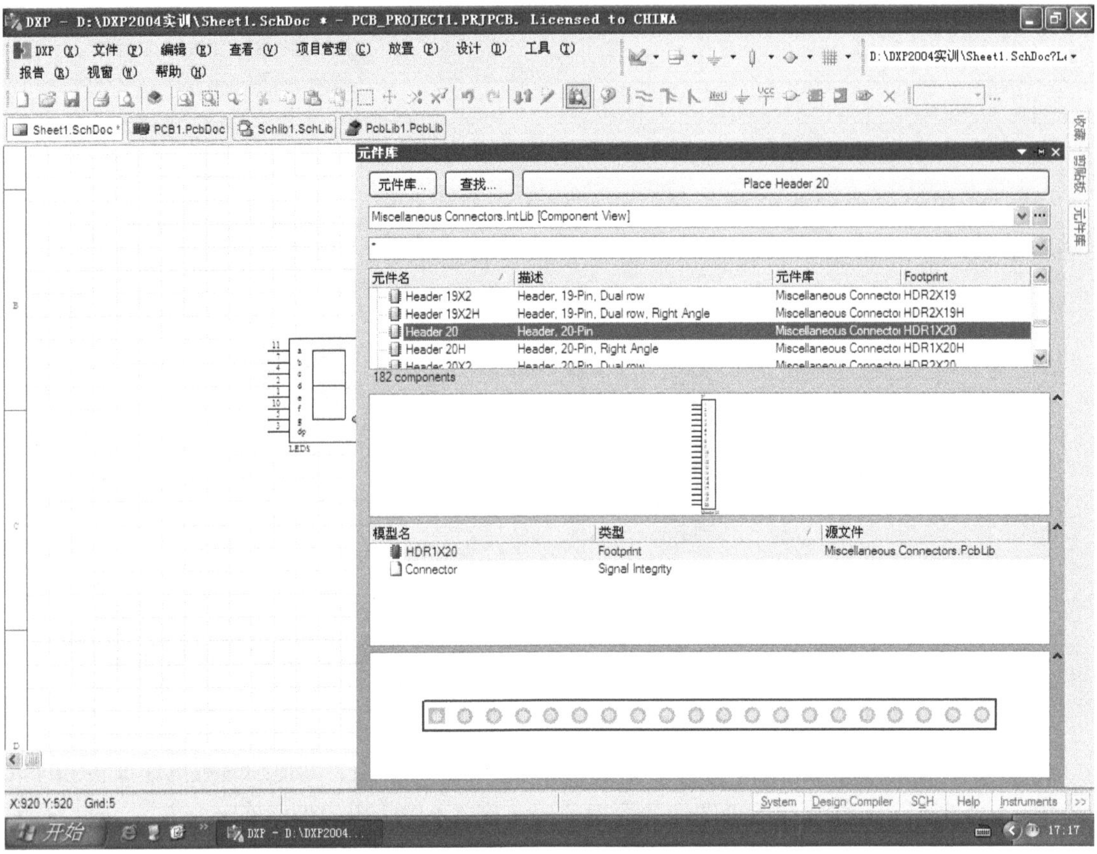

图 4-40 20 脚排针 P1、P2 的原理图元件与封装元件

在 20 脚排针元件的“元件属性”对话框中，其标符识设为“P1”，注释为空，由于这个元件是 DXP 2004 集成库中的原理图元件，有其集成的封装，因此，不要为其追加封装。在原理图上放置这两个元件时，其放置位置要按照表 4-1 给出的坐标数据定位，并要特别注意放置时要与 U1（STC89C52）在引脚上形成电气连接（出现 20 个红色“米”字）时，再单击鼠标左键。要先放置 P1，再连续放置 P2，如图 4-41 所示。

为了扩充单片机学习板的实验开发功能，单片机学习板就这样把 51 单片机所有 I/O 电极连到两排扩展排针上，从而可用杜邦线连接到所需实验电路板进行更多的电路实验探索。

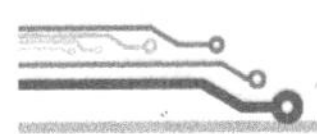

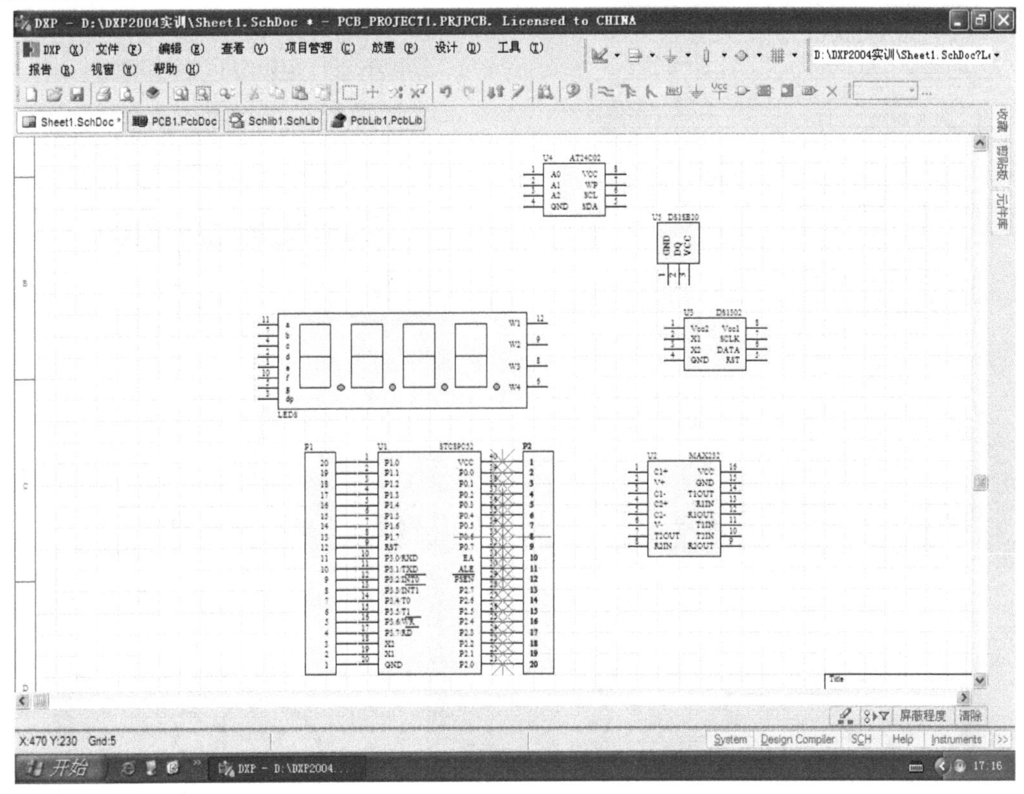

图 4-41　放置 P1、P2 时的引脚与 STC89C52 引脚间电气连接图示

4.3.7　放置 RS232 串行通信接口 DB9

单片机学习板上 MCU 所运行的每个单片机程序，都是从 PC 上下载而来的，这在技术上称为单片机与 PC 间的通信。学习板上为实现这一通信功能使用了 MAX232 芯片和九孔插座 DB9。原理图元件 DB9 所需的库文件和库元件如图 4-42 所示。在 DB9 的元件属性框中，标识符设为“DB9”，注释设为“RS232”，由于这个元件是 DXP 2004 的元件库提供的，且集成的封装也正是我们所需的，因此不进行追加封装的操作。

按照表 4-1 中给出的坐标数据，把 DB9 元件放置在原理图相应坐标点上，就完成了 DB9 的放置操作，如图 4-45 所示。

4.3.8　放置 PNP 三极管 Q1～Q6

原理图元件 Q1（包括 Q2～Q6）所需的库文件和库元件如图 4-43 所示。在其元件属性中，标识符设为“Q1”，注释设为“S8550”。由于 DXP 2004 所配置的封装元件不大适合我们的需要，需要为 Q1 追加封装。追加封装所需的库文件和库元件如图 4-44 所示。

放置这 6 个 PNP 三极管时，可在原理图上连续 6 次单击鼠标，即先把 6 个三极管放置到原理图上，然后，再按照表 4-1 中所给的这 6 个三极管的坐标数据，把 6 个三极管依次调整到位，完成 Q1～Q6 的放置操作，如图 4-45 所示。

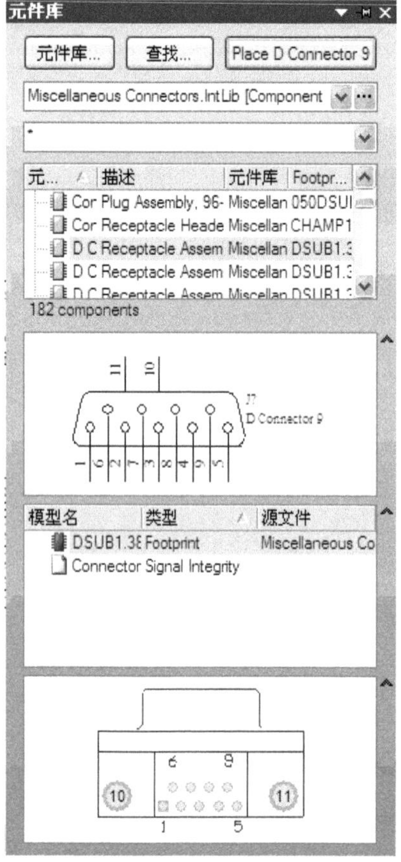

图 4-42 在“元件库”面板中选择的 DB9

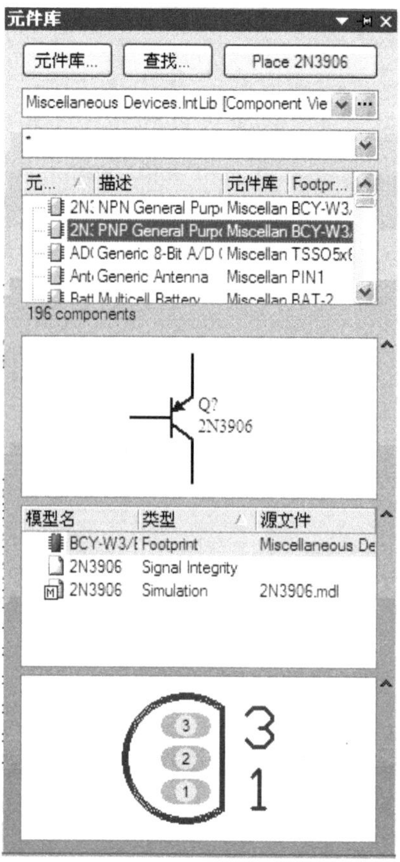

图 4-43 在“元件库”面板中选择的 Q1

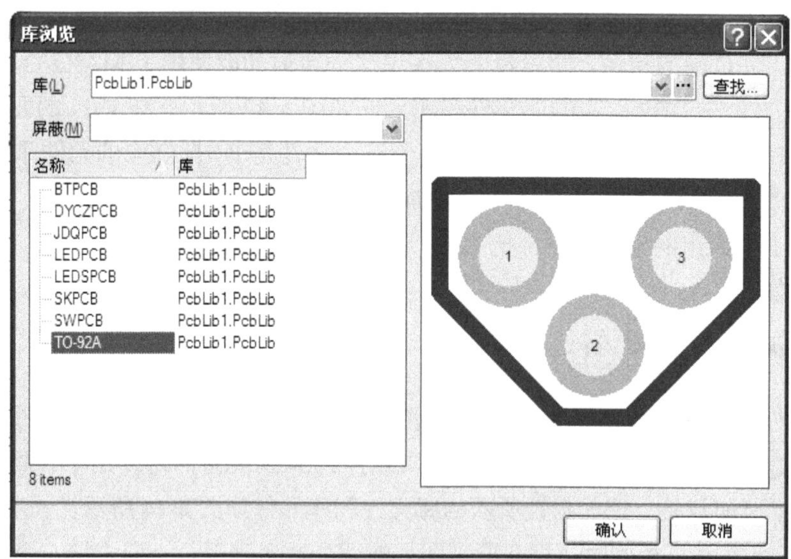

图 4-44 Q1～Q6 追加封装所需的库文件和库元件

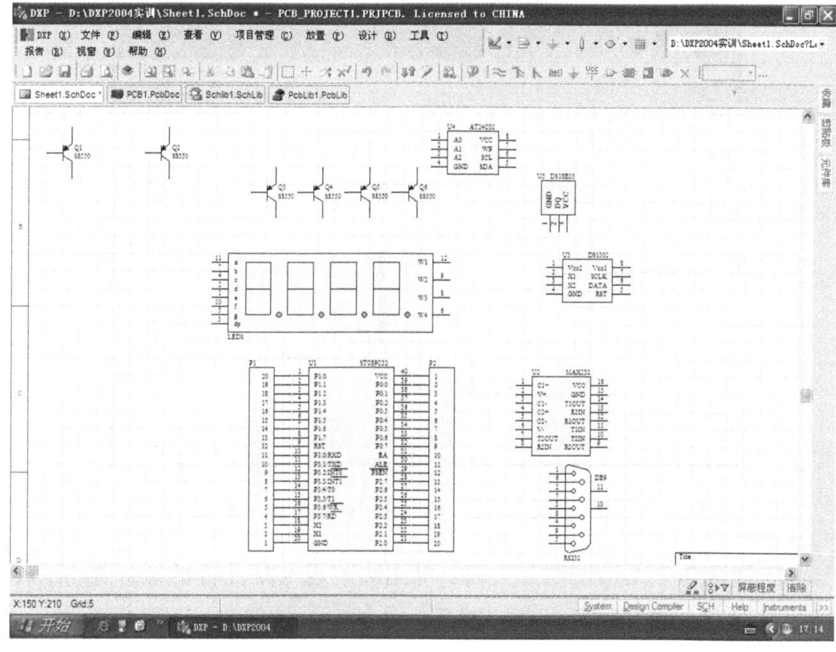

图 4-45　按坐标位置放置了 DB9 和 Q1～Q6 后的原理图

4.3.9　放置无锁按键开关 S1～S7

原理图元件 S1 等在“元件库”面板上应选择的库文件和库元件如图 4-46 所示。

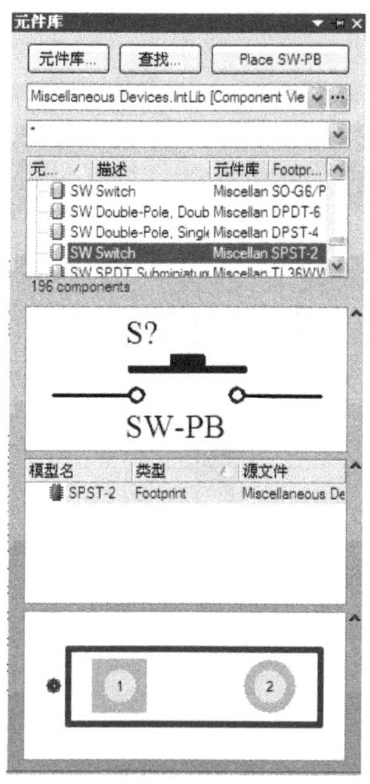

图 4-46　S1 等原理图元件选取图示

在 S1 的元件属性中，标识符设为“S1”，注释为空，并要追加封装元件，封装追加需要的库文件和库元件如图 4-47 所示。

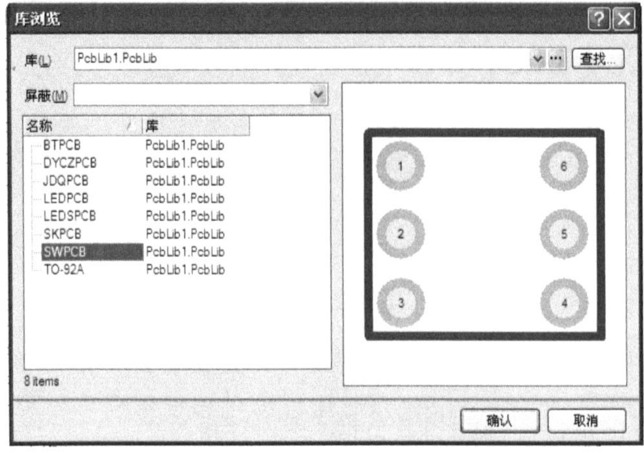

图 4-47　无锁按键开关 S1～S7 追加封装的库文件和库元件

在原理图上放置这 7 个无锁按键开关时，可用吸附着 SW 元件的鼠标光标，在原理图上连续 7 次单击鼠标左键，也就放置了 7 个按键开关。然后，按照表 4-1 给出的 S1～S7 的坐标，把 S1～S7 依次调整到位。完成了 7 个按键开关的放置操作。

4.3.10　放置续流二极管 D1 和 D2

原理图元件 D1 和 D2 在元件库面板中所需的库文件和库元件如图 4-48 所示。在元件属性中，标识符设为“D1”，注释设为“1N4148”，D1 的封装用的就是 DXP 2004 给这个元件集成的封装元件，因此没有追加操作。

图 4-48　D1 等原理图元件选取图示

D1 和 D2 放置时都为竖直方向，放置时 D1 与 D2 的负极应分别和 Q1、Q2 的集电极进行电气连接，如图 4-49 所示。

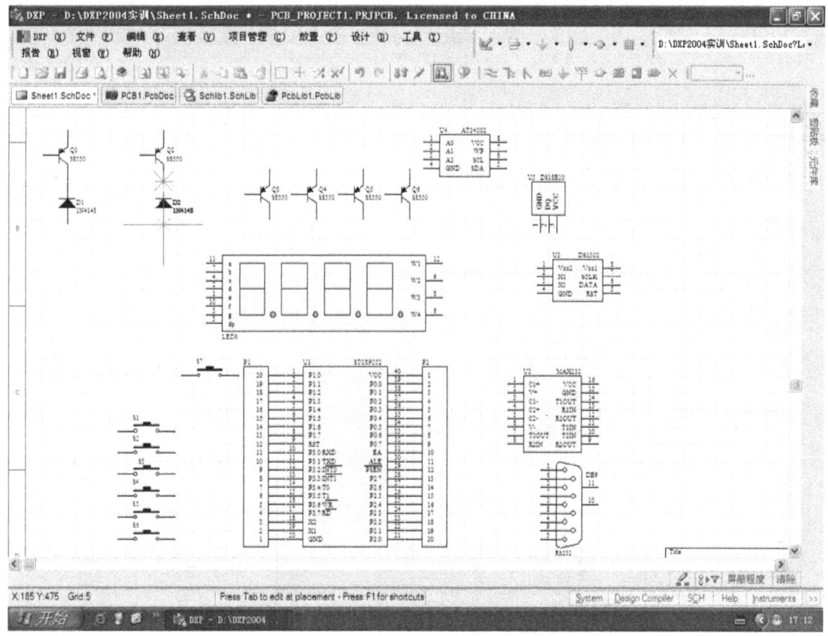

图 4-49　D1、D2 放置时的电气连接操作图示

4.3.11　放置继电器 JDQ1 和 JDQ2

DXP 2004 系统所提供的继电器元件符号都不大理想，我们就简单地用 5 引脚元件来表示（图 4-50）。

在继电器元件的元件属性中，把标识符设为“JDQ1”，注释为空，还必须为继电器元件追加封装，继电器追加封装元件的库文件和库元件如图 4-51 所示。

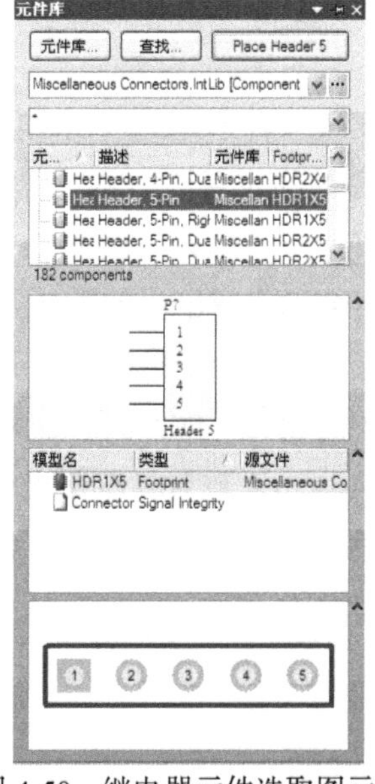

图 4-50　继电器元件选取图示

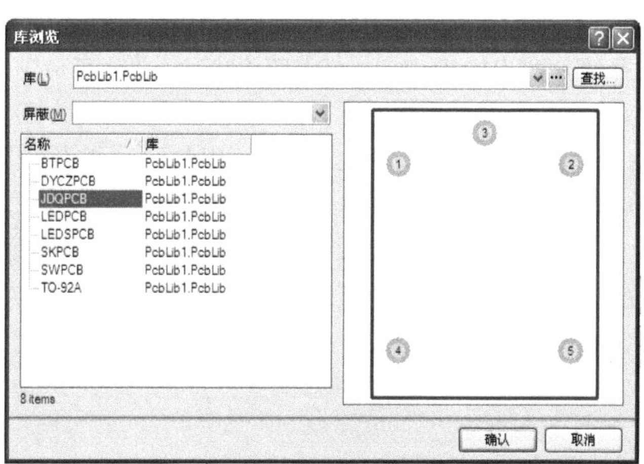

图 4-51　继电器封装选取图示

按照表 4-1 中给出的坐标，在原理图上单击鼠标左键，放置表示继电器的两个 5 引脚元件，单击鼠标右键退出放置操作后再调整到位，如图 4-52 所示。

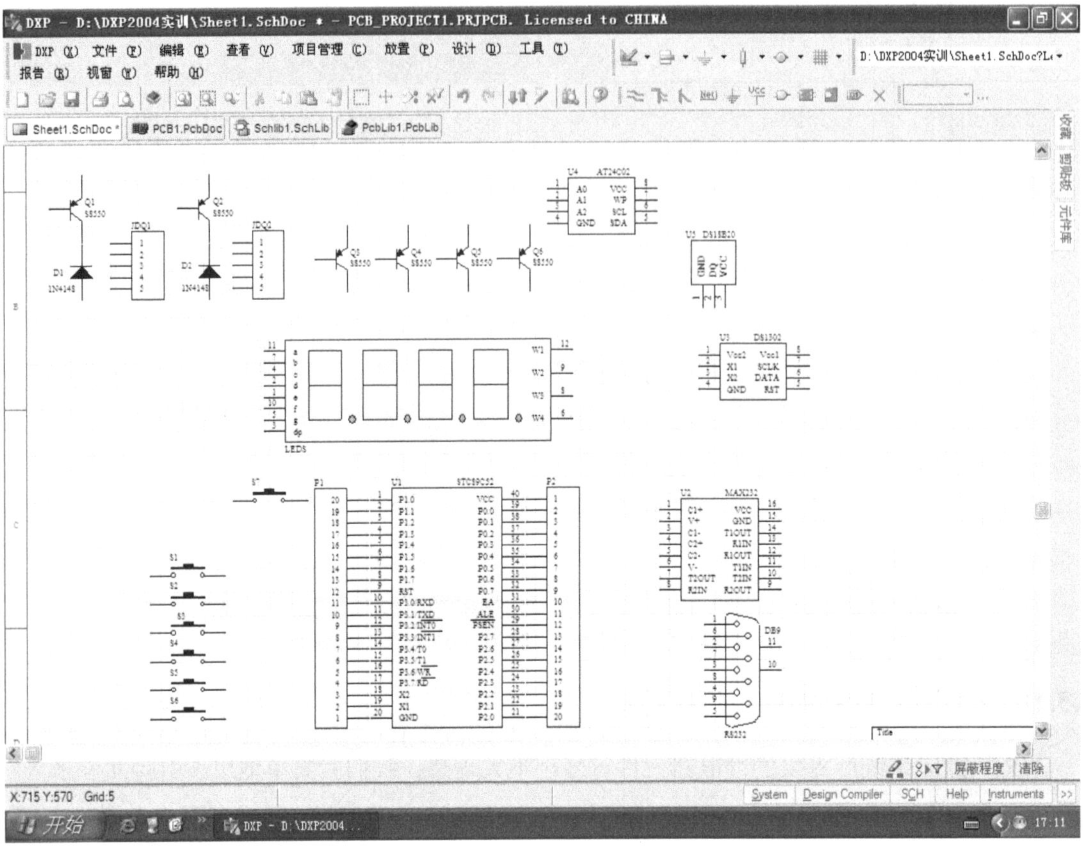

图 4-52　放置了两个 5 脚元件后的原理图

4.3.12　放置 3 极针座和电源插座

3 极针座是用杜邦线来灵活设置两路继电器的驱动信号，以实现多种形式的控制功能。它的原理图元件如图 4-53 所示，原理图中的 5V 电源插座也用这个原理图元件来表示。

注意，这个“Header 3”元件要放置两次。第一次是作为 3 极针座，即第一次按 Tab 键弹出的“元件属性”对话框中，标识符设为“P3”，注释为空，其封装用系统给出的默认封装。放置时按照表 4-1 中给出的 P3 坐标值，用鼠标光标在原理图的相应坐标点上单击，即先放置 P3。然后第二次按 Tab 键，在弹出的“元件属性”对话框中，标识符设为“DC5V”，注释设为“DYCZ”，封装要进行追加，封装追加的库文件和库元件如图 4-54 所示。放置时按照表 4-1 中 DYCZ 的坐标，在原理图相应坐标点单击，放置元件 DC5V。此后，还要将 P3 和 DC5V 调整到位，如图 4-55 所示。

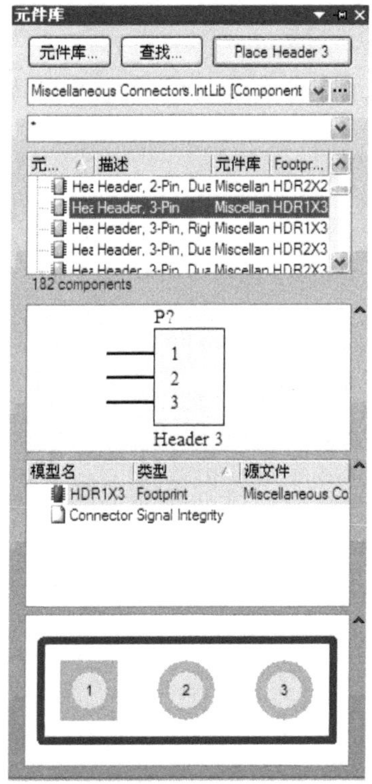

图 4-53　3 引脚元件的库文件和库元件

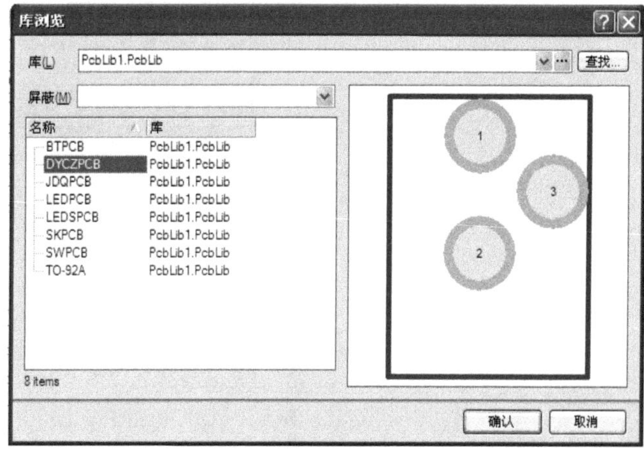

图 4-54　电源插座追加封装的库文件和库元件

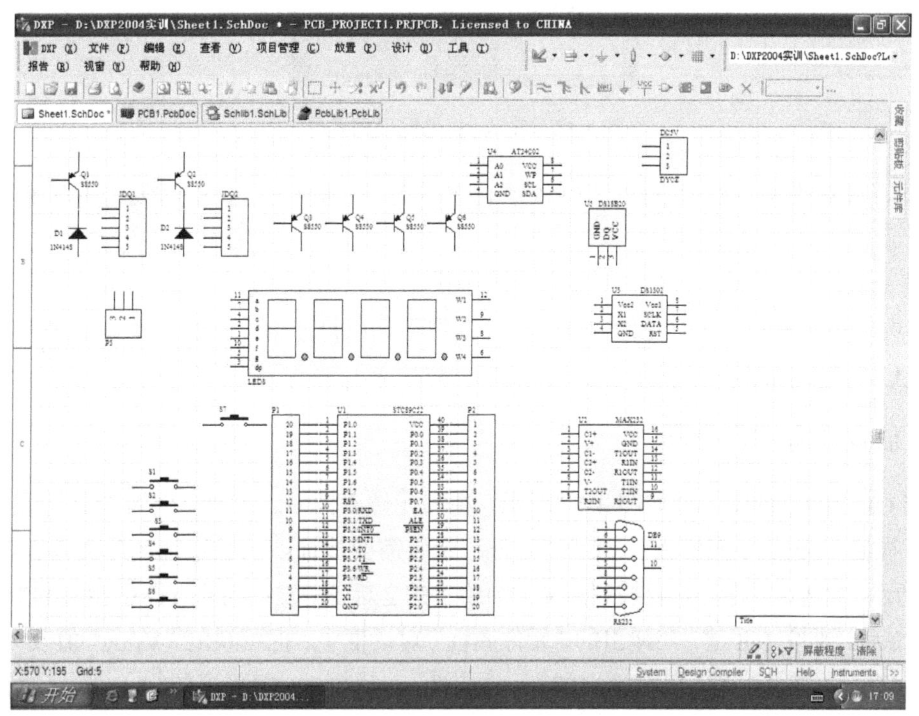

图 4-55　放置了 P3 和 DYCZ 两个元件后的原理图

4.3.13 放置 10k×8 排阻 PR、PR2

排阻 PR、PR2 都用一个 9 引脚元件来表示。这个原理图元件在“元件库”面板中的库文件和库元件如图 4-56 所示。

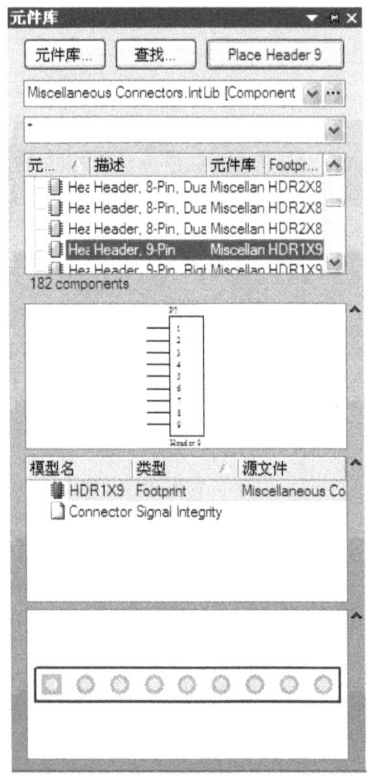

图 4-56 表示 PR 的原理图元件

PR 的元件属性中，标识符设为“PR”，注释设为“10k*8”，PR 的封装选用系统所集成的封装。

按照表 4-1 中给出的坐标值，用鼠标光标在原理图相应的坐标点上单击，就完成了排阻 PR 的放置，然后按 Tab 键，在“元件属性”对话框中将标识符改为“PR2”，确认后按表 4-1 中的坐标值定位放置，如图 4-59 所示。

4.3.14 放置电容 C1～C9

电容 C1 等的原理图元件如图 4-57 所示。在其元件属性中，标识符设为“C1”，注释为空，但要把可视的“Value”值标为“30P”。另外，封装需要追加。封装追加的库文件和库元件如图 4-58 所示。放置时，各电容要按照表 4-1 中给出的坐标值，放置到原理图中相应的坐标点上。放置了 C2 后，要按 Tab 键，在弹出的“元件属性”对话框中，把可视的“Value”值改为“15P”，放置了 C4 后，再按 Tab 键，以在弹出的“元件属性”对话框中，把可视的“Value”值改为“0.1”。放置了 C1～C9 后的原理图如图 4-59 所示。

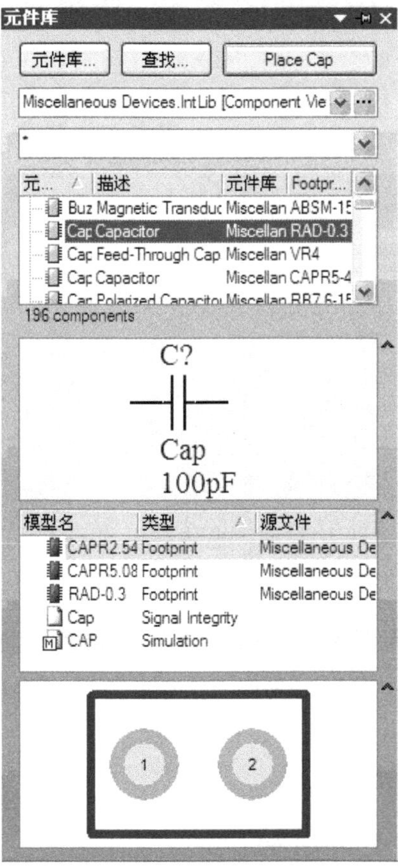

图 4-57　C1～C9 的原理图元件

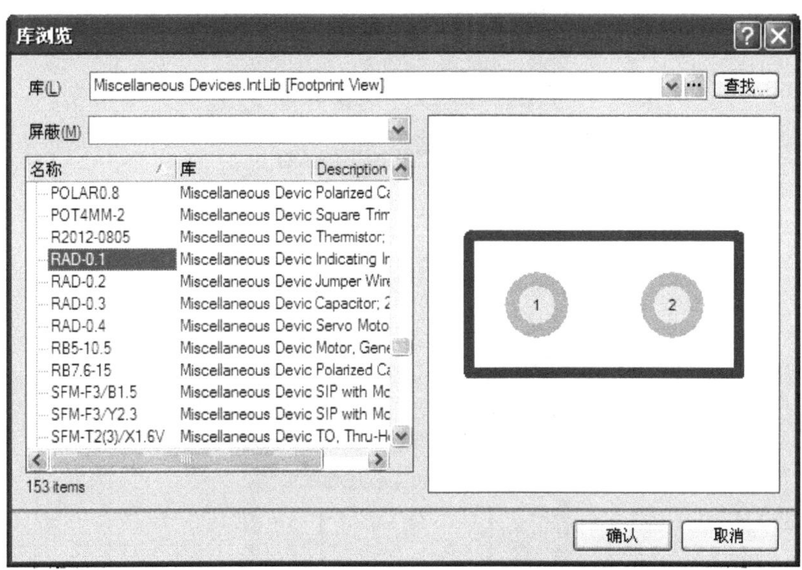

图 4-58　C1～C9 追加封装的库文件和库元件

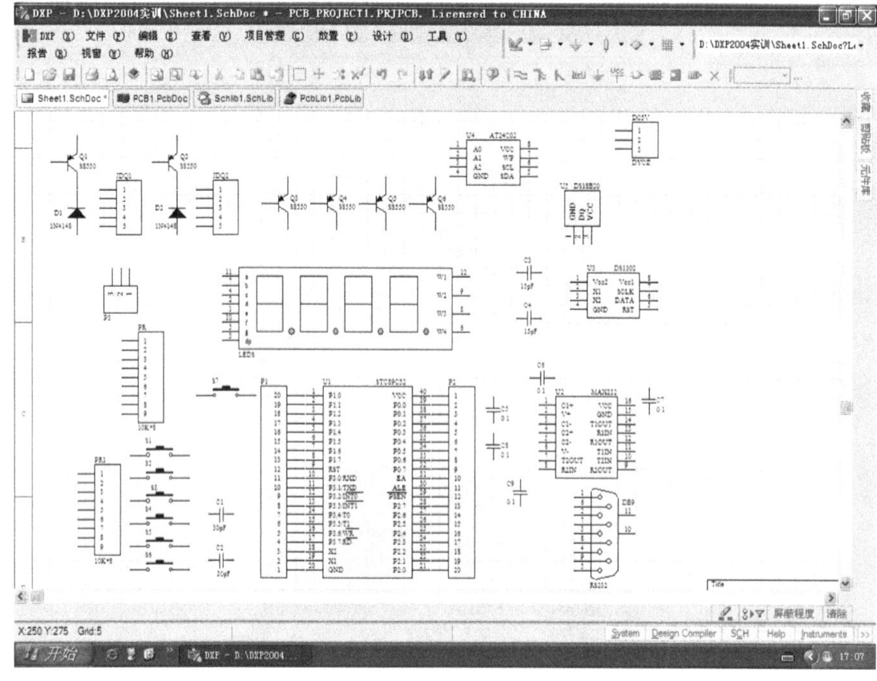

图 4-59　放置了 PR、PR2 和 C1～C9 后的原理图

4.3.15　放置电解电容 E1 和 E2

电容 E1 和 E2 的原理图元件如图 4-60 所示。

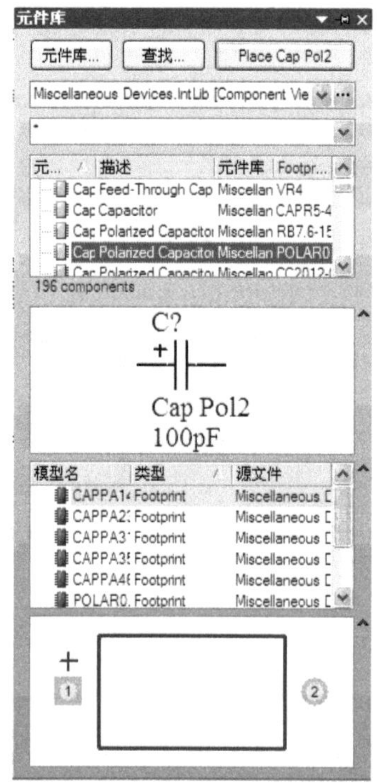

图 4-60　E1、E2 的原理图元件

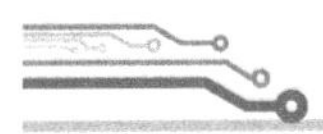

放置 E1 时，在其元件属性设中，标识符设为“E1”，注释为空，可视的“Value”值标为“4.7”，追加封装的库文件和库元件如图 4-61 所示。按照表 4-1 中给出的 E1 的坐标数据，用鼠标光标在原理图相应坐标点单击，这就完成了 E1 的放置，然后按 Tab 键，在元件属性中，将标识符设为“E2”， 可视的“Value”值标为“220.”，追加封装的库文件和库元件如图 4-62 所示。按照表 4-1 中给出的 E2 的坐标数据，用鼠标光标在原理图相应坐标点单击，这就完成了 E2 的放置。放置了 E1、E2 后的原理图见图 4-65 所示。

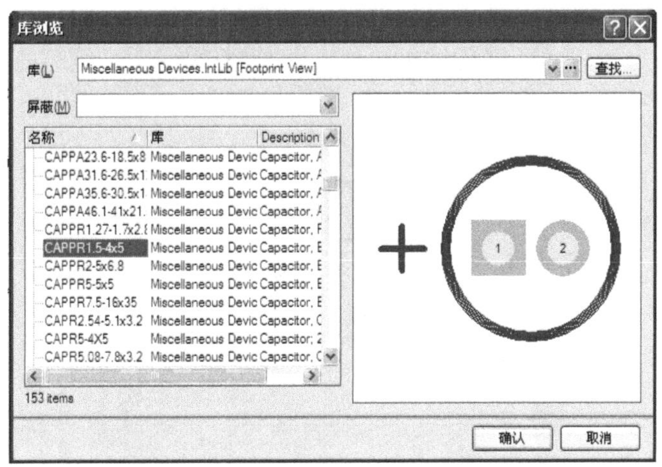

图 4-61　给 E1 追加封装的库文件和库元件

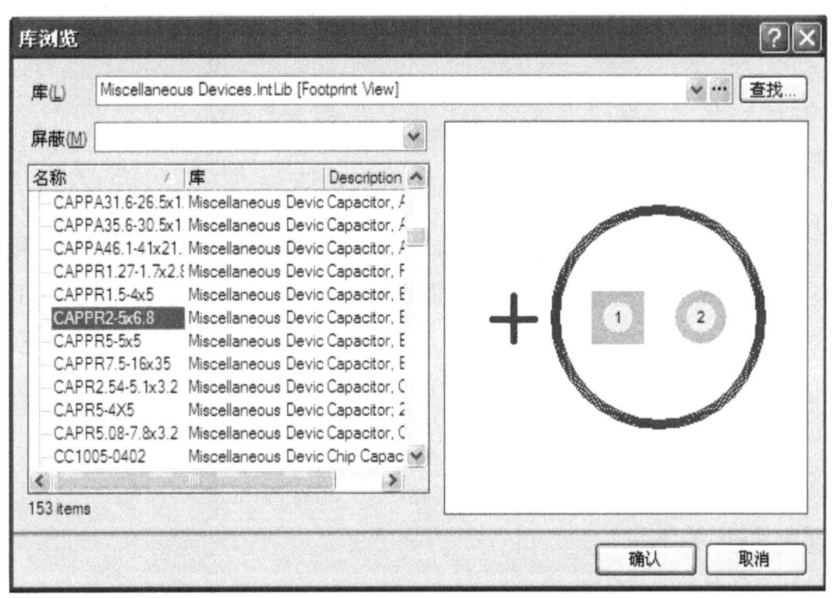

图 4-62　给 E2 追加封装的库文件和库元件

4.3.16　放置晶振 Y1 和 Y2

晶振 Y1 和 Y2 的原理图元件如图 4-63 所示。

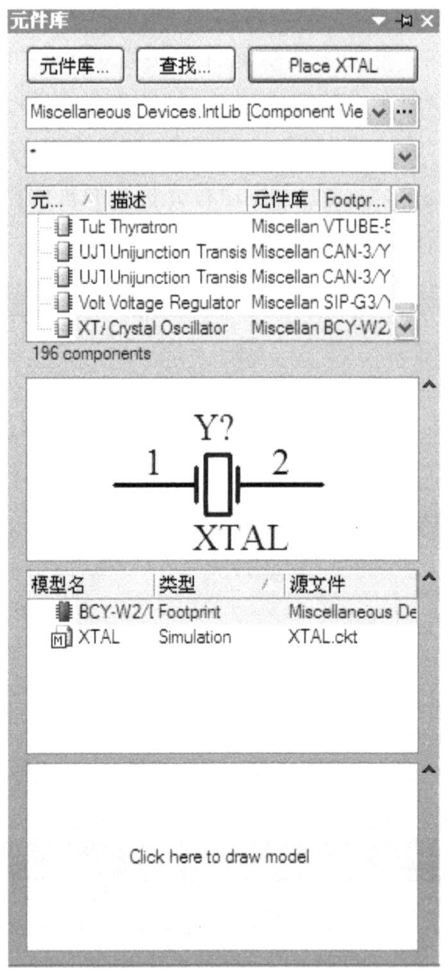

图 4-63　Y1、Y2 的原理图元件

放置时，在其元件属性中，将标识符设为“Y1”，注释设为“12M”，封装就用系统默认的封装。按照表 4-1 给出的 Y1 的坐标数据，在原理图上放置 Y1 时，要让 Y1 与 C1、C2 形成电气连接（Y1 两端出现红色的“米”字形光标），如图 4-65 所示。Y1 放置后，应按 Tab 键，在元件属性中，标识符自动变为“Y2”，将注释设为“32768”，封装仍用系统默认的封装。然后按照表 4-1 给出的 Y2 的坐标数据放置元件，在原理图上放置 Y2 时，仍应与 C3、C4 形成电气连接（Y2 两端出现红色的“米”字形光标）。

4.3.17　放置电源开关 K

电源开关 K 的原理图元件如图 4-64 所示。放置时，要在其元件属性中，将标识符设为“K”，注释为空，追加封装的库文件和库元件如图 4-66 所示。按照表 4-1 给出的 K 的坐标数据，在原理图相应的坐标点上单击鼠标左键，这就完成了电源开关 K 的放置操作。放置了电源开关 K 后的原理图如图 4-67 所示。

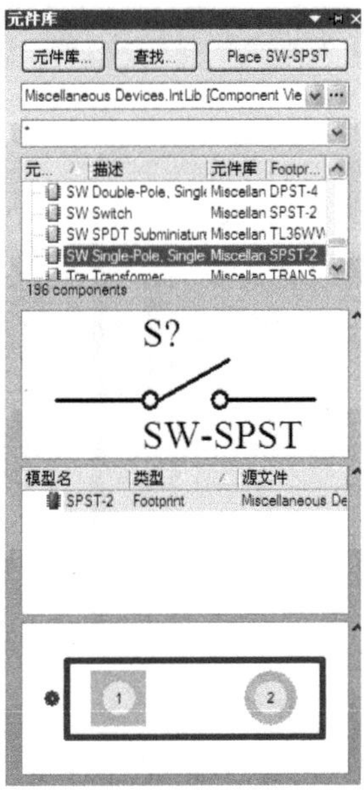

图 4-64　电源开关 K 的原理图元件

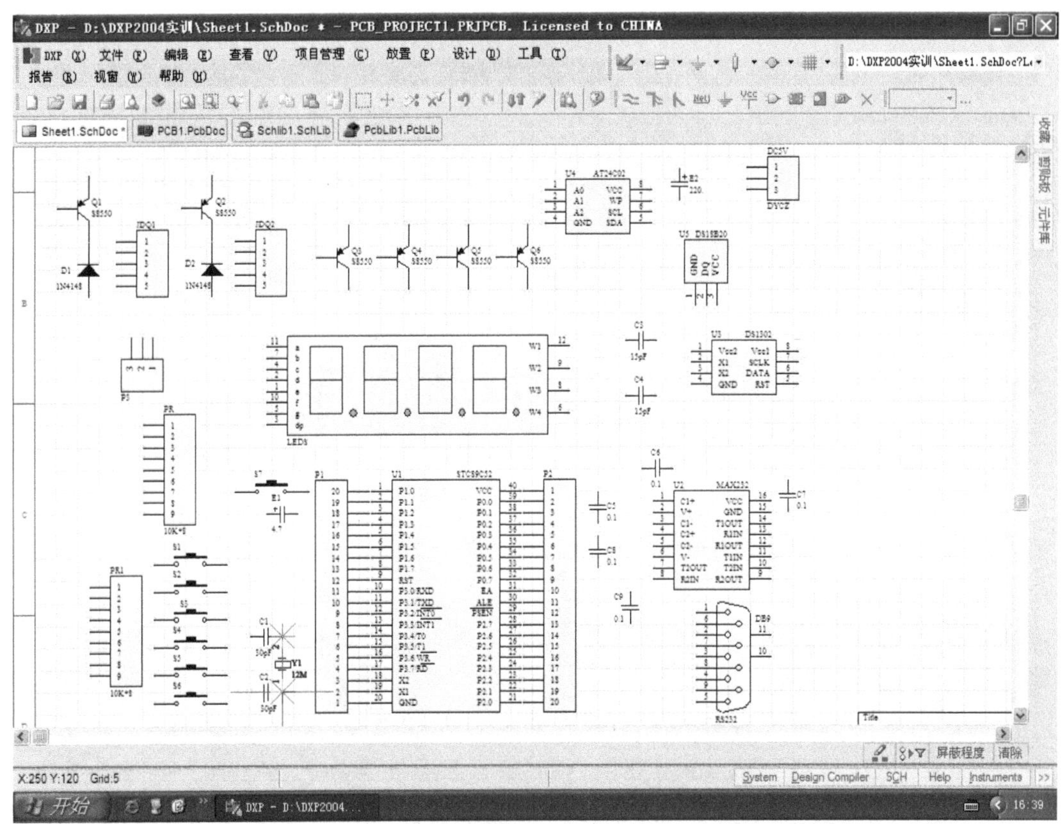

图 4-65　放置 Y1 时与 C1、C2 的电气连接图示

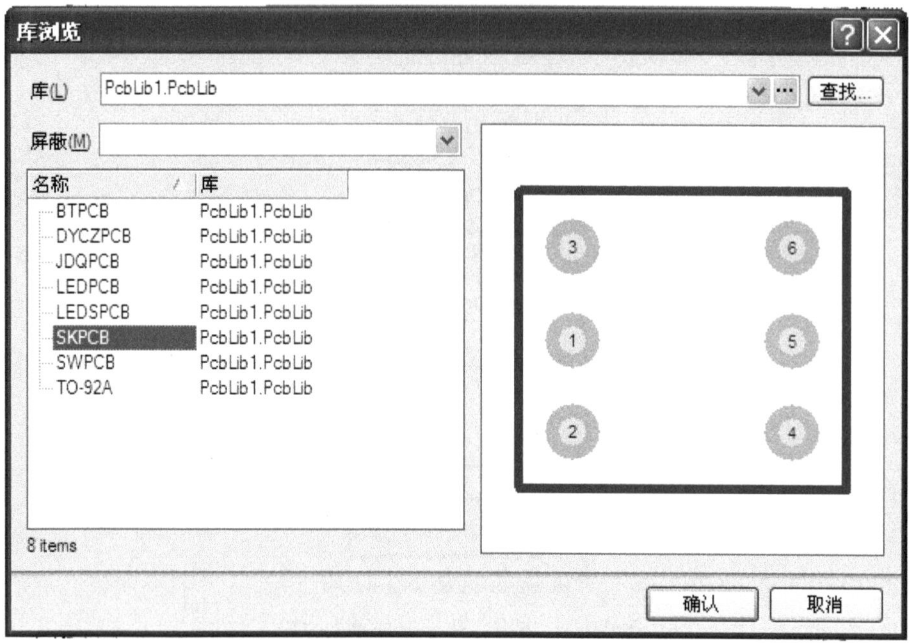

图 4-66　电源开关 K 的封装库文件和库元件

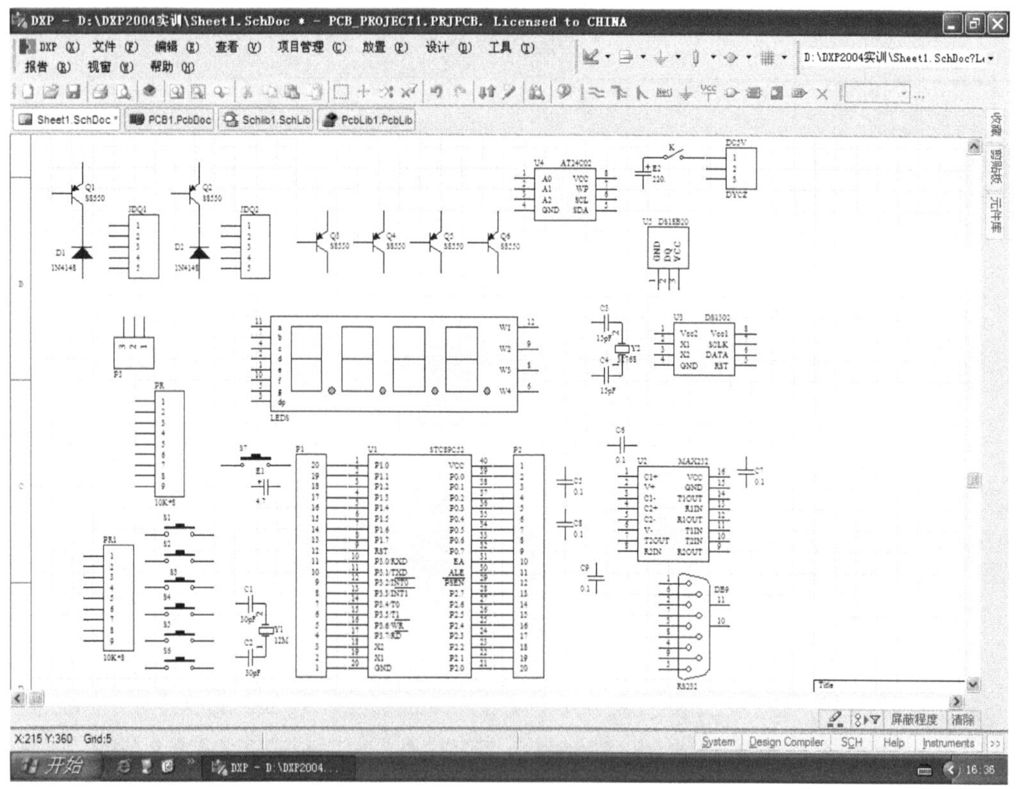

图 4-67　放置了电源开关 K 后的原理图

4.3.18 放置电阻 R1～R16

电阻 R1 等的原理图元件如图 4-68 所示。

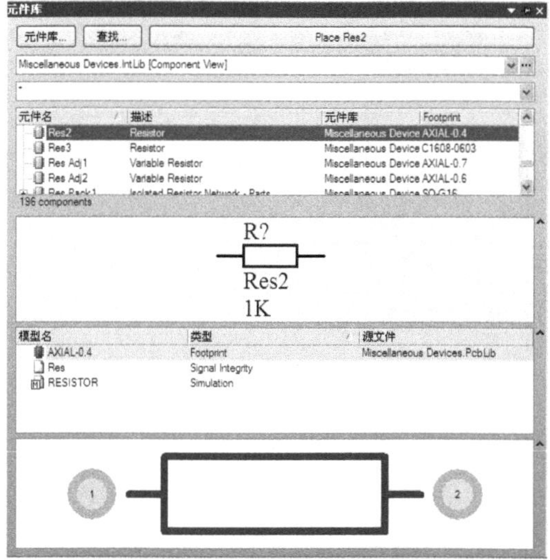

图 4-68 R1～R16 的原理图元件

放置电阻前，要在其元件属性中，把标识符设为“R1”，注释为空，参数栏的“Value”值标为“1k”，封装就用其系统集成的默认封装。先应连续放置 R1～R8，从电阻 R1 开始放置时就要让各电阻依次与 LEDS 的相应引脚形成电气连接，如图 4-69 所示。

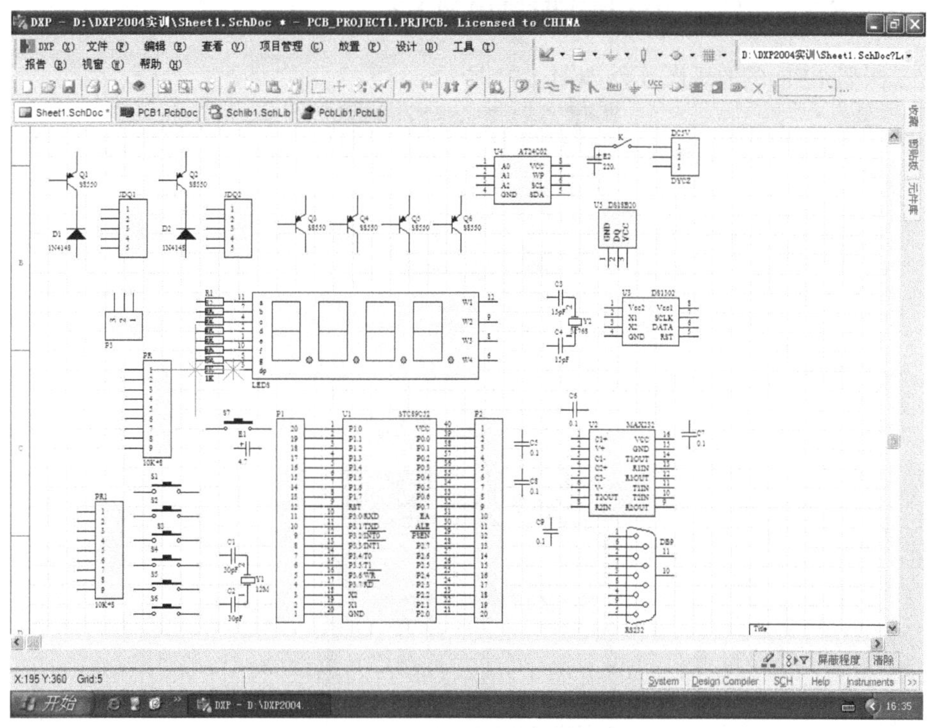

图 4-69 R1～R8 与 LEDS 电气连接图示

放置了 R8 后，按 Tab 键，将元件参数栏中的“Value”值改为“5k”，接着连续放置 R9～R16、R0，放置时应保证 R9～R14 与 Q1～Q6 基极形成电气连接，如图 4-70 所示。

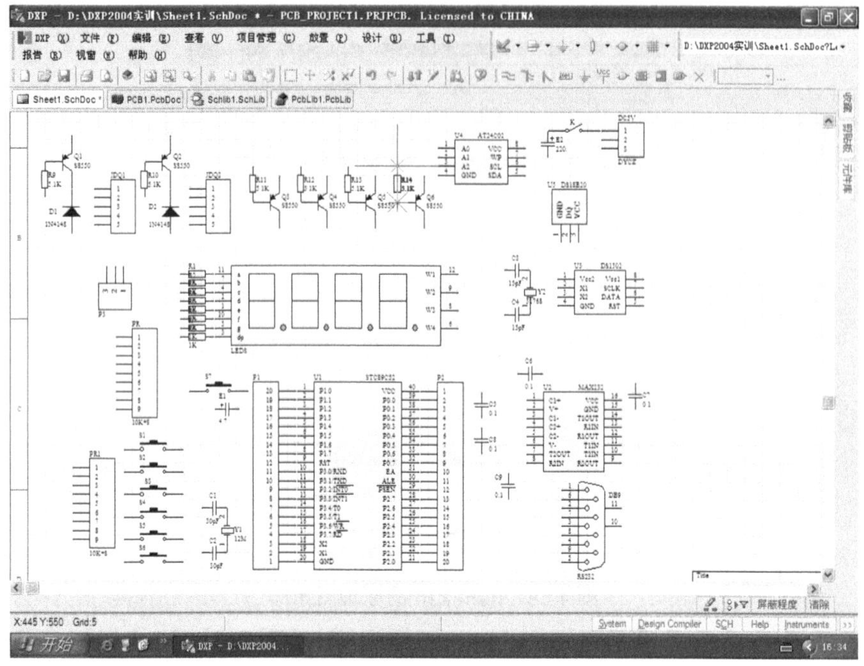

图 4-70　R14 与 Q6 基极形成电气连接图示

4.3.19　放置发光二极管 LED 和实时钟电池 BT

发光二极管 LED 的原理图元件如图 4-71 所示。

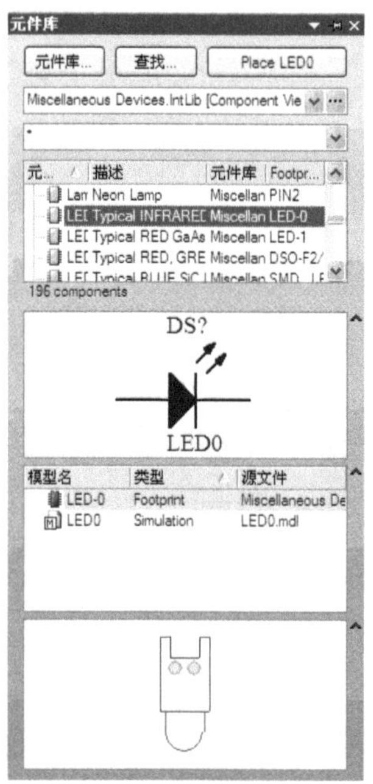

图 4-71　LED 的原理图元件

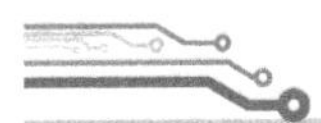

放置发光二极管 LED 时，要在其元件属性中，将标识符设为“LED”，注释为空，封装追加的库文件和库元件如图 4-72 所示。按照表 4-1 中给出的 LED 坐标数据，在原理图中放置时，要注意与 R16 下端形成电气连接。

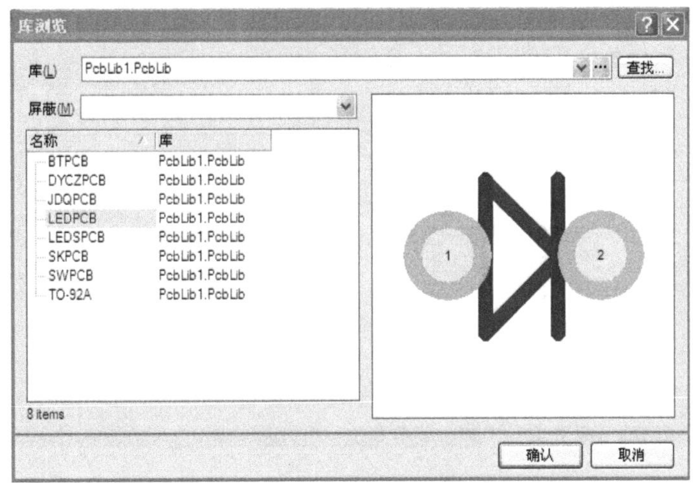

图 4-72　LED 封装追加的库文件和库元件

单片机学习板电源断电时，须用 3V 锂电池来支持 DS1302 实时钟的连续计时。这一电池的原理图元件如图 4-73 所示。

放置电池元件时，要在其元件属性中，将标识符设为“BT”，注释设为“3V”，其封装追加的库文件和库元件如图 4-74 所示。设置元件属性后，系统返回原理图绘制界面，用吸附着放置元件的鼠标，按表 4-1 中给出的 BT 的坐标数据，在原理图相应的坐标点上单击鼠标左键，就完成了 BT 的放置操作（图 4-75）。

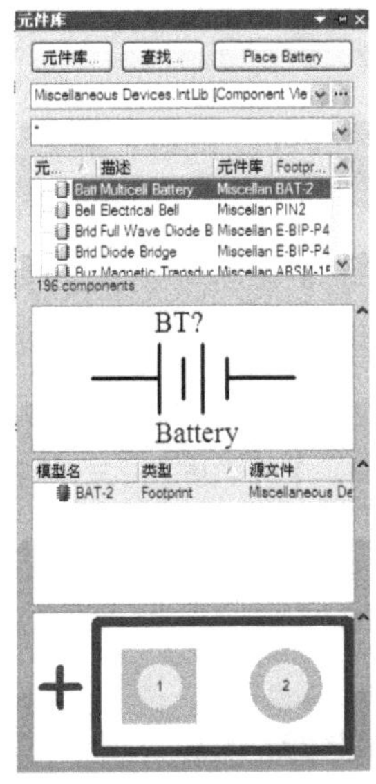

图 4-73　电池的原理图元件

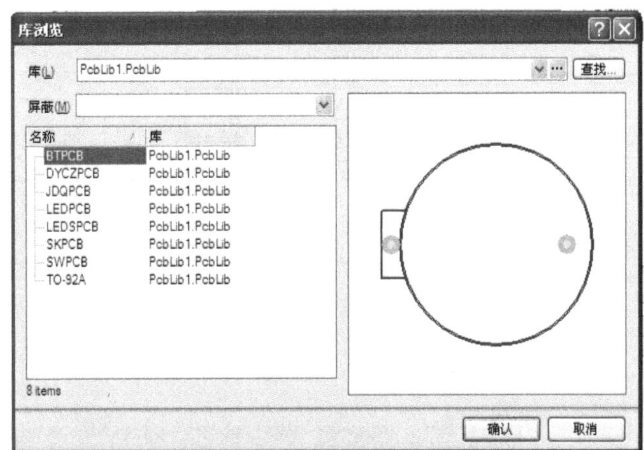

图 4-74　电池封装追加的库文件和库元件

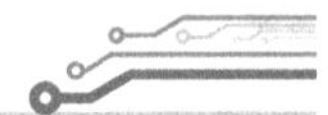

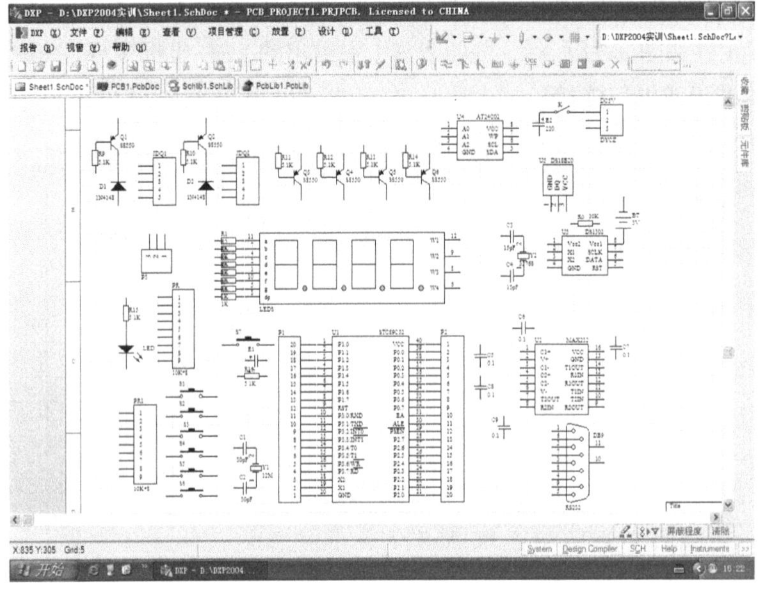

图 4-75　全部元件放置完成后的原理图

所有元件都按表 4-1 中给出的坐标数据放置定位，最主要的是为了保证元件间的电路连线正确和美观。每个元件的标识符、注释和标称值的所在位置虽然不会阻碍元件间的导线连接，但会影响原理图的美观，因此，可将相互重叠的、方向交错的标识符或注释等进行调整，以让这些字符文本显示清晰、有序。例如，R1～R8 由于放置位置紧凑，其标识符标称值相互重叠不便查看，可按图 4-76、图 4-77 所示，先把标称值调整到位，再把标识符调整到位。总之，要让原理图中各元件的文本字符，不重叠，方向正，并尽可能贴近元件。

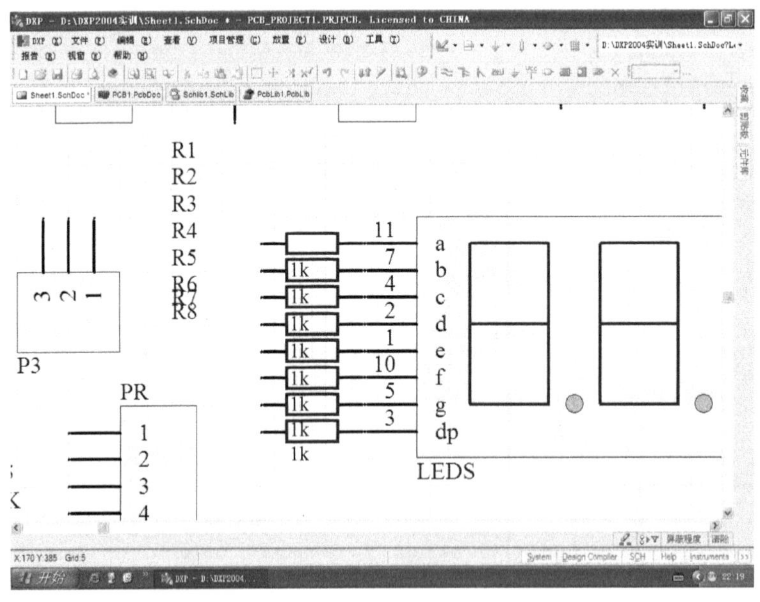

图 4-76　R1～R8 有关文本字符的调整 1

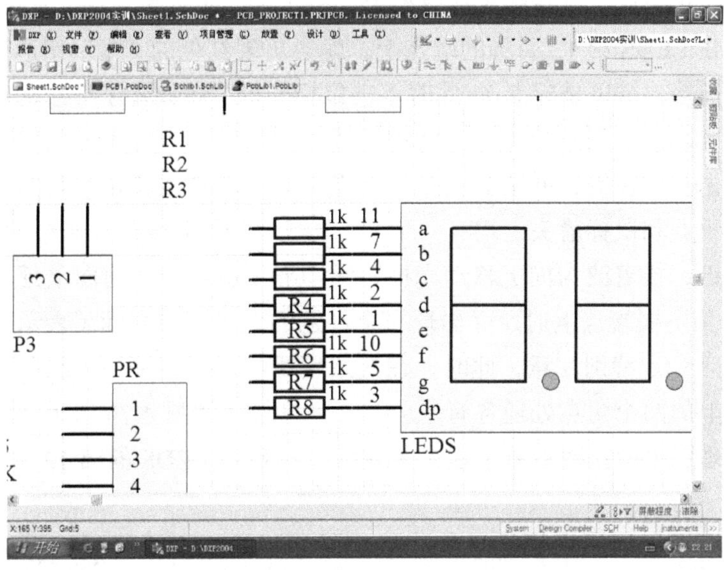

图 4-77　R1～R8 有关文本字符的调整 2

4.4　在原理图中放置导线

把电路图中的所有元件，用原理图元件的样式放置到原理图绘制区后，再用表示电气连通的导线，将各元件按电路图所示的连接要求连接起来，就可得到生成 PCB 板图的原理图。

首先，按照下面的步骤，为原理图画出第一条导线。

用鼠标单击“放置”→“导线”，如图 4-78 所示，系统进入放置导线的操作状态。

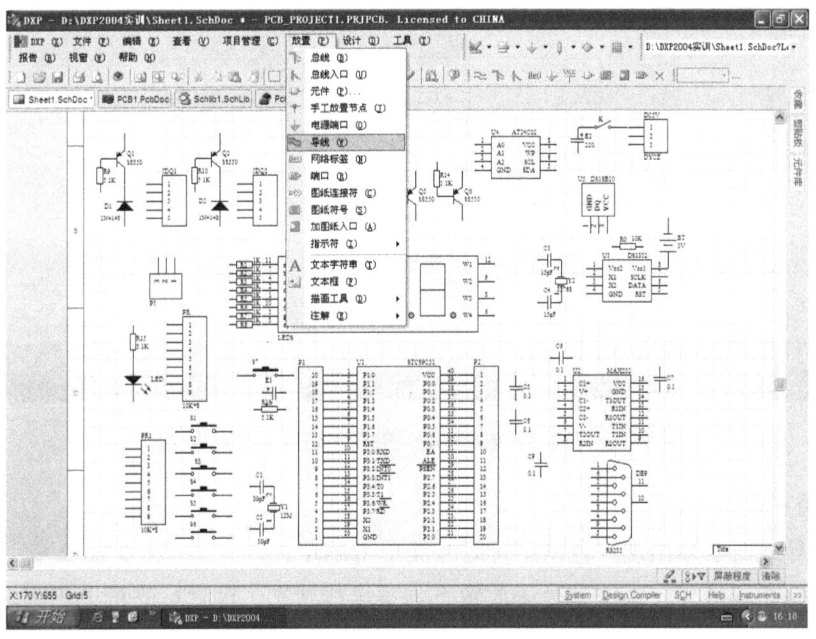

图 4-78　放置导线的菜单操作

进入放置导线状态后，鼠标的光标就附上了一个大“十”字光标。如图 4-79 所示，用十字光标中心放在 LEDS 第 12 引脚的端点上，就会出现红色的“米”字形状光标（这表示导线与引脚电气连接，这里是起点），此时单击鼠标左键，就放置了导线的起点。然后向上移动光标，光标与起点之间就出现一条活动导线，把活动导线的光标端移到准备改变方向的第一角点上单击鼠标左键，并改为向左移动光标，活动导线就转直角向左延伸。此时，活动导线的第一角点和鼠标箭头上均有一个“×”符号，向左移到对准 Q3 集电极的第二角点时单击鼠标左键，接着改为向上移动光标，活动导线就再转直角向上延伸。活动导线的光标端移到 Q3 集电极端点上时，又出现一个红色的“米”字光标（表示导线与引脚电气连接，这里是终点 ）。特别注意，此时，在这条导线的两头各是一个红色“米”字光标，并且在这条导线上的两个角点处还各有一个“×”符号，如图 4-79 所示。在这种情况下单击鼠标左键，原理图上就正确放置了这一条导线，实现了 LEDS 的第 12 引脚与 Q3 集电极引脚的电气连接。

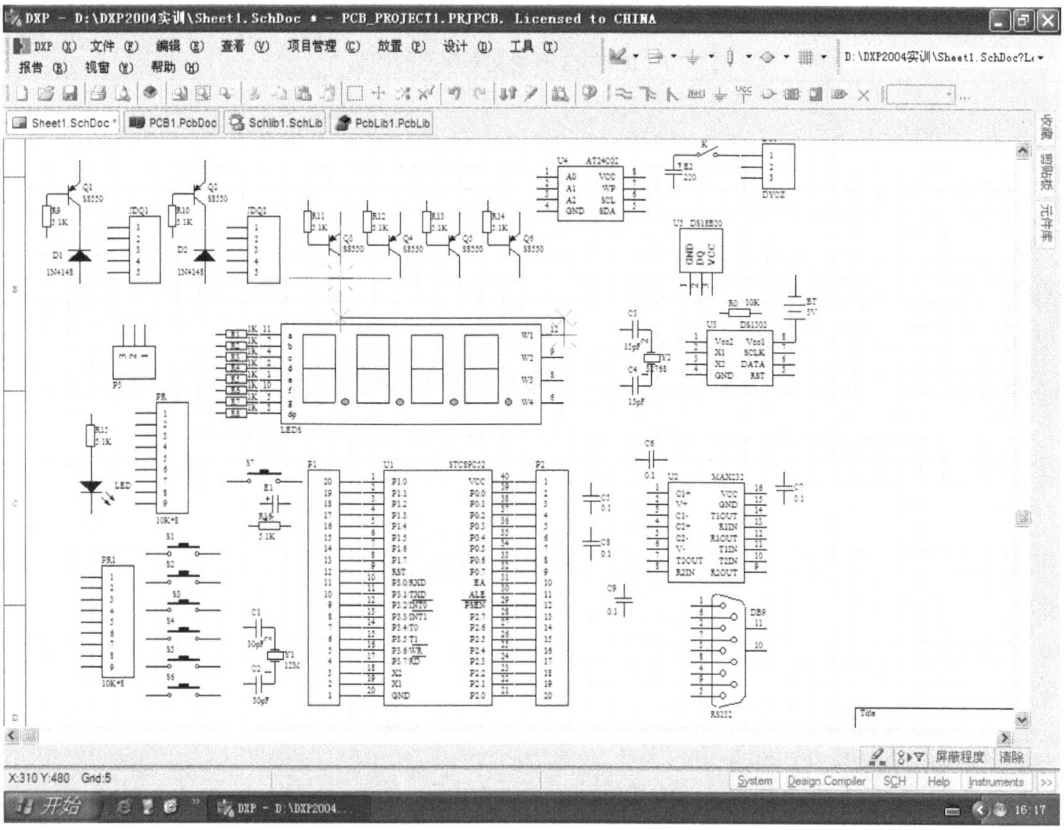

图 4-79　放置导线时起点、角点和终点上的光标显示

这里说明三点：

① 放置导线时必须出现红色米字符时才能单击确定；

② 放置一条导线后，系统就处于放置下一条导线状态，即鼠标光标上仍附着一个大十字光标；

③ 在放置导线状态下如果单击鼠标右键，系统就会退出放置导线状态，即鼠标光标上不再附有大十字光标。

使用放置第一条导线的方法，按照图 4-2 所示的连线要求，继续放置从 LEDS 第 9 脚到 Q4 集电极，从 LEDS 第 8 脚到 Q5 集电极，从 LEDS 第 6 脚到 Q6 集电极，从 E2 正极到 Q1 发射极的连接导线，放置的这 4 条导线都是从一个引脚画到另一个引脚，如图 4-80 所示。

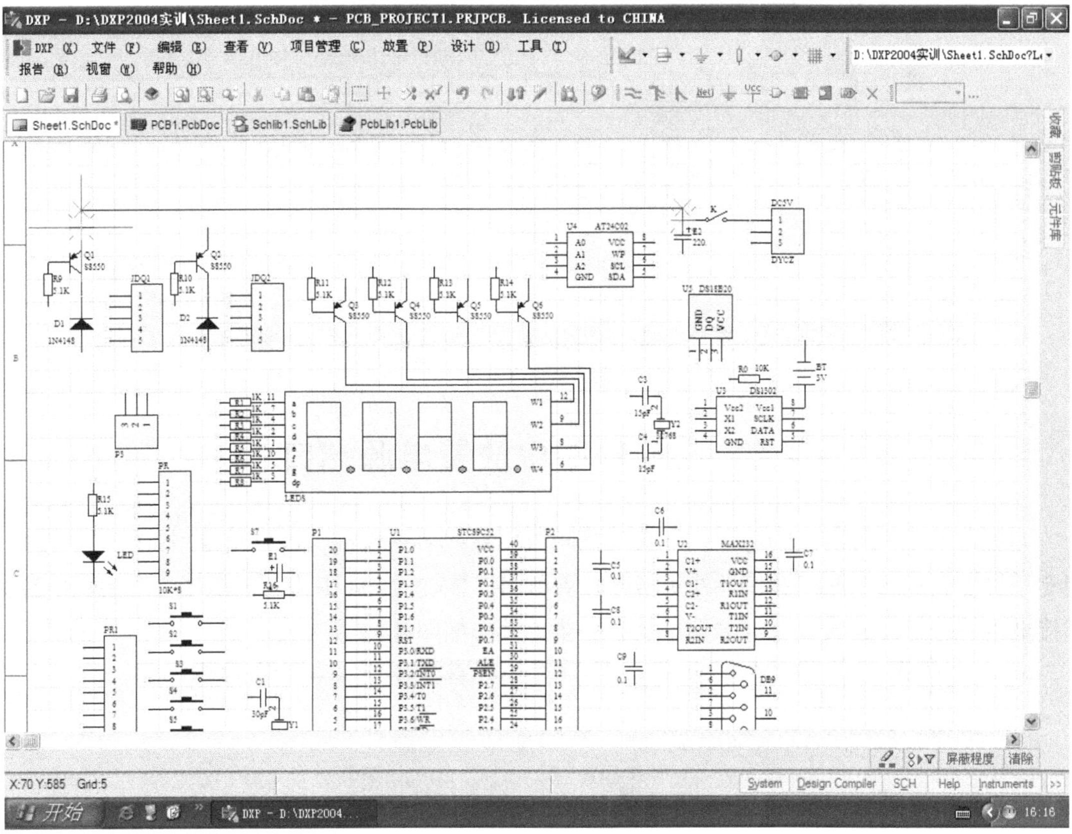

图 4-80　有转角的导线放置示意图

说明：如果所画导线有误，可删除后重画。先右击鼠标，以退出画导线状态，然后单击“编辑”→“删除”菜单项，光标变成“十”字形状。用十字光标中心单击要删除的那条导线，该导线就被删除。此后，系统仍处于删除状态，右击鼠标退出删除操作。再重新进入导线放置状态后，继续完成原理图的整个导线连接工作。

按照图 4-2 所示的连接要求，一条条地放置其他连线。另外，为方便在 R11～R14 上端、R1～R8 左端放置网络标签，可放置导线将其引脚线加长，如图 4-81 所示。

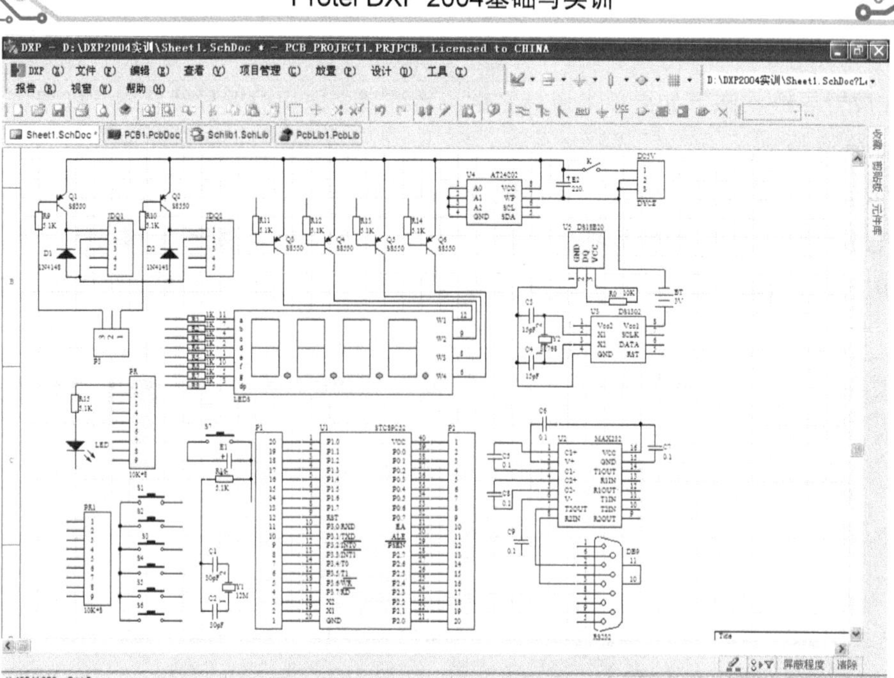

图 4-81　所有连接导线放置完成后的原理图

4.5　在原理图中放置电源端口

原理图电路中各节点的电源线和接地线既可用导线表示连接，也可用专用符号表示连接，用专用符号表示的电源线和接地线更清晰、更醒目。DXP 2004 中用“电源端口”表示电源端和接地端的符号。进入放置电源端口状态的菜单操作如图 4-82 所示。

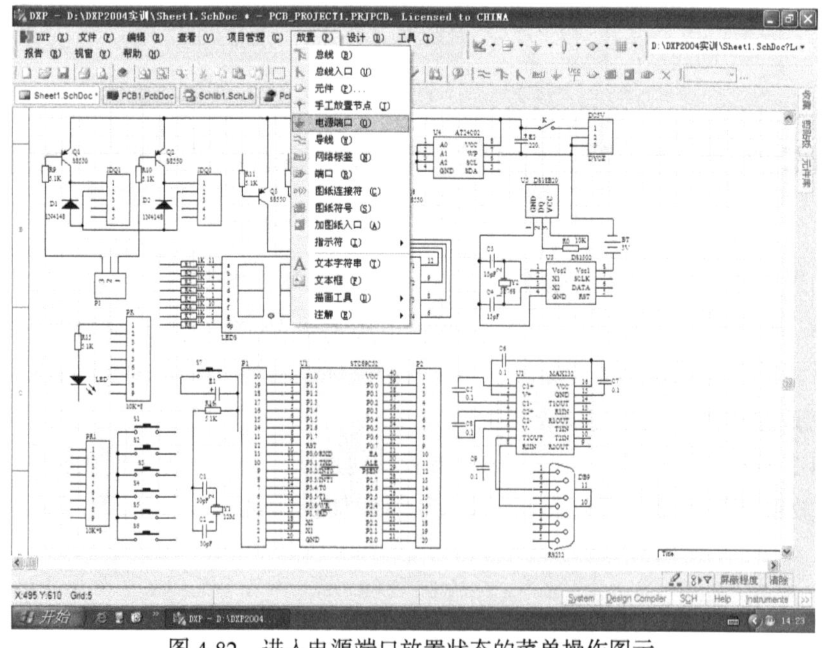

图 4-82　进入电源端口放置状态的菜单操作图示

如图 4-82 所示，用鼠标单击“放置”→“电源端口”菜单项后，鼠标光标上就吸附上一个电源端口符号，按 Tab 键，系统弹出“电源端口”对话框，在其“网络”文本框中，输入“GND”，如图 4-83 所示。此后单击“确认”按钮，鼠标光标上吸附的电源端口“⊥”就被确定为“GND”网络标号。

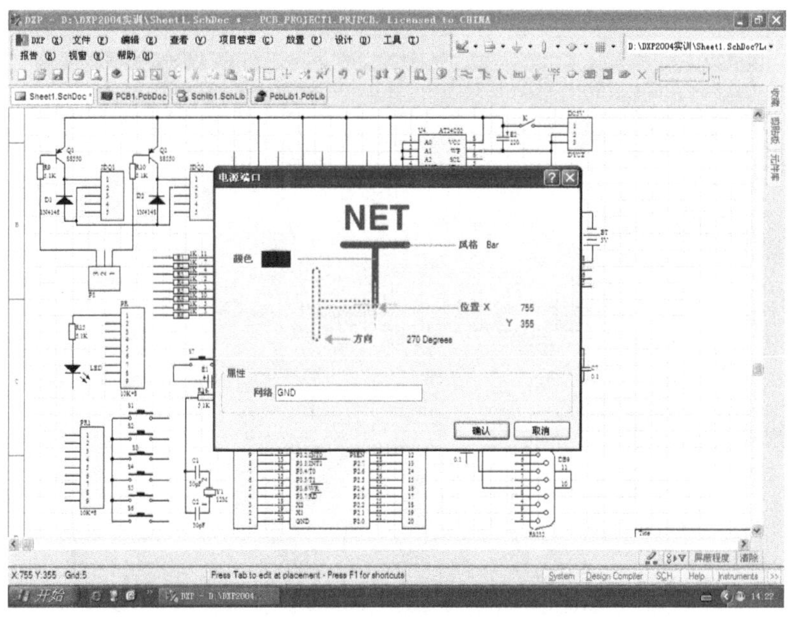

图 4-83　将电源端口的网络名称设置为“GND”

注意，电源端口符号“⊥”的竖线上端为接线端，按空格键可以调整其接线方向。首先移动光标，让 GND 符号的接线端与发光二极管 LED 的下端电气连接，如图 4-84 所示。

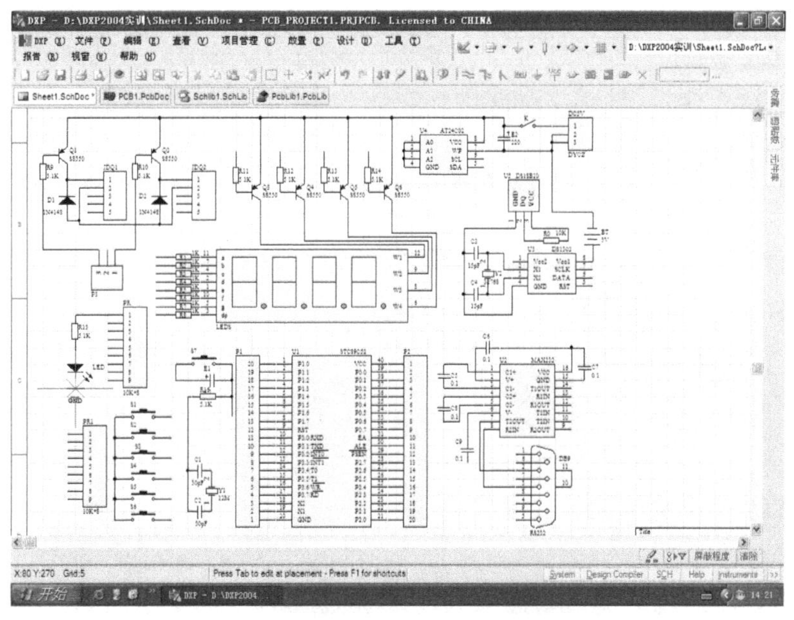

图 4-84　放置电源端口时的电气连接要领图示

按图 4-84 所示，当端口线与连接点形成电气连接时，单击鼠标左键，就放置了一个“GND”电源端口，实现了 LED 负端的接地连接。放置了一个“GND”电源端口后，系统仍处于放置“GND”电源端口状态，可连续放置“GND”电源端口，但单击时必须出现红色米字符。

按照图 4-2 所示的各个“GND”电源端口所在的位置，完成 12 个“GND”端口的放置（图 4-85）。

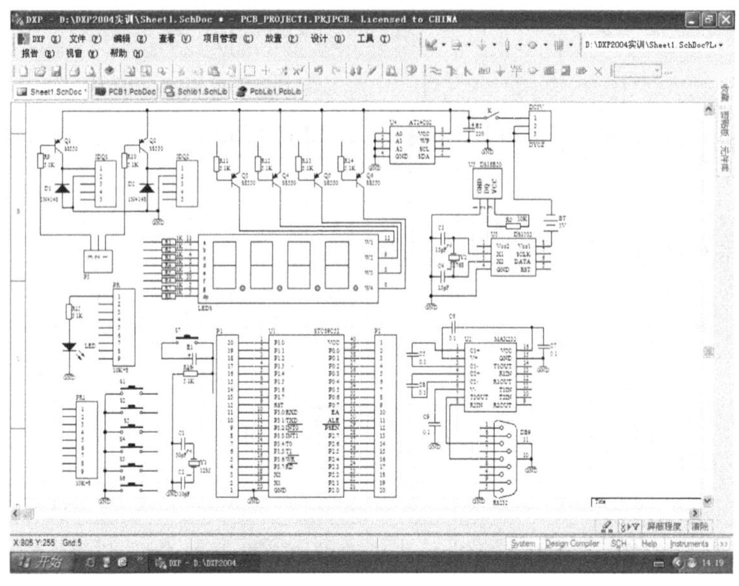

图 4-85　完成了 12 个“GND”端口的放置后的原理图

完成了 12 个“GND”端口的放置后，按 Tab 键，系统弹出“电源端口”对话框，在“网络”文本框内，把“GND”改为“VCC”，如图 4-86 所示。

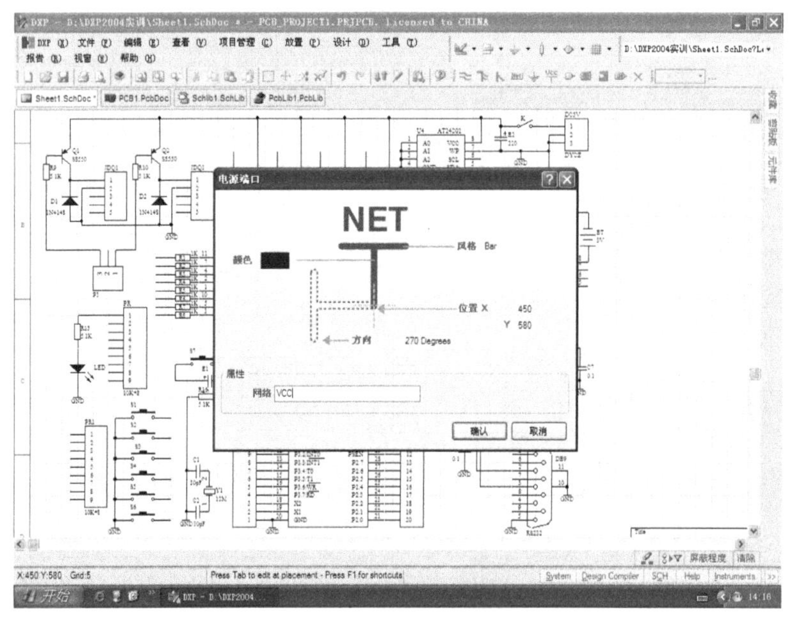

图 4-86　把电源端口的网络标识改为“VCC”

设置并确认电源端口为“VCC”后，鼠标光标上吸附的电源端口就转换为“VCC”。按图 4-2 所示的 9 个“VCC”电源端口的放置位置，将鼠标光标移在原理图相应坐标点上，当出现红色米字符时单击鼠标左键，就完成了原理图中一个“VCC”电源端口的放置（每个都必须在出现红色米字符时单击）。完成了电源端口放置操作后的原理图如图 4-87 所示。

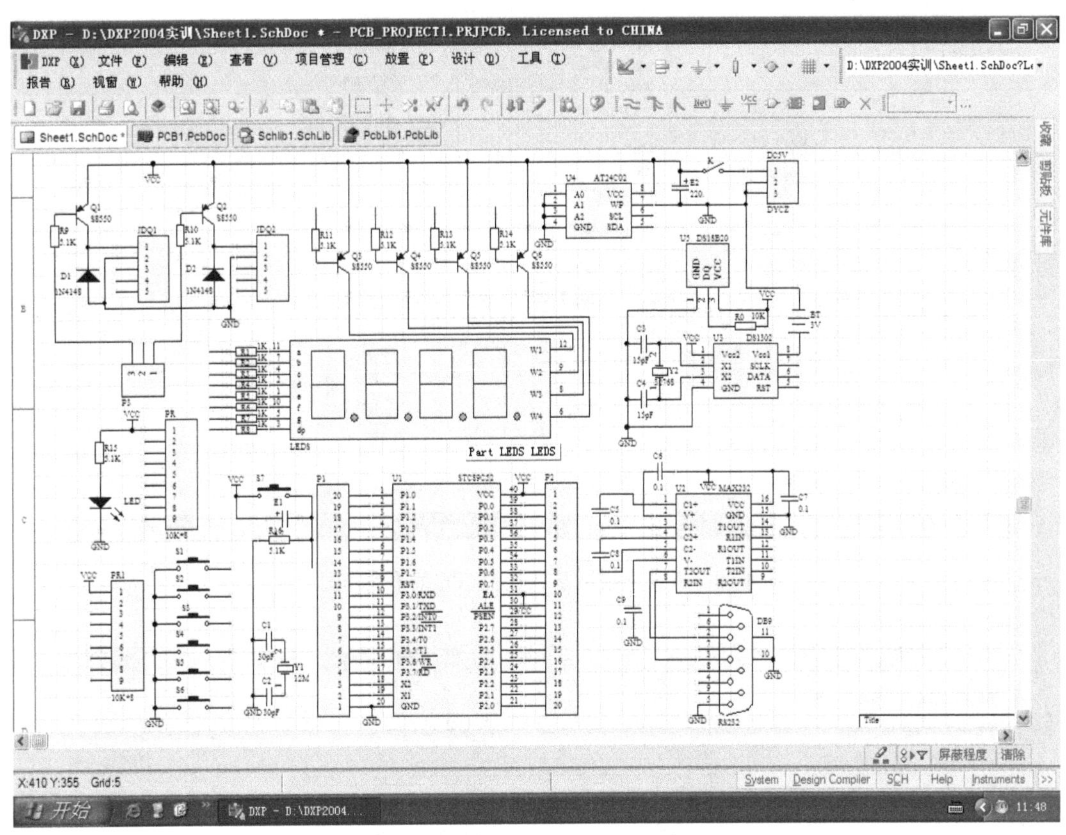

图 4-87　电源端口放置完成后的原理图

4.6　在原理图中放置网络标签

在原理图中几个不同位置的电路节点上放置相同的网络标签，就实现了原理图上这几个节点的电气连接。在需要电气连接的两电路节点放置导线不方便时，可用网络标签来实现。

按照图 4-88 所示的操作提示，即用鼠标单击“放置”→“网络标签”菜单项，一个网络标识符就吸附于鼠标光标上，系统进入网络标签放置状态。按 Tab 键，系统弹出“网络标签”对话框。为了给 R1～R8 左端依次放置“P00”～“P07”网络标签，须把“网络”设为“P00”，如图 4-89 所示。

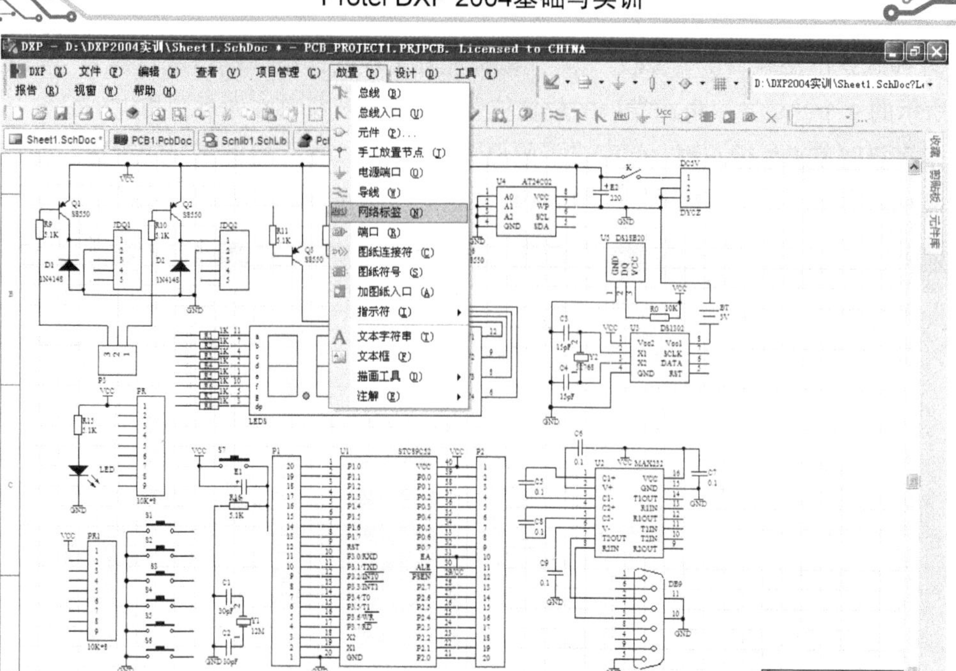

图 4-88　进入网络标签放置状态的菜单操作图示

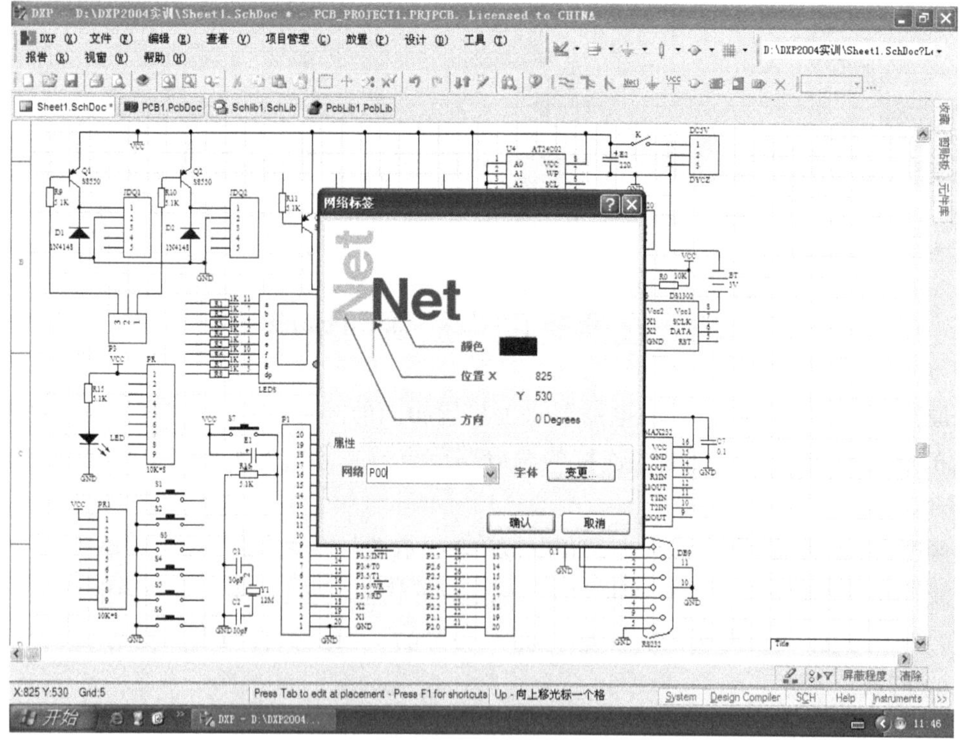

图 4-89　设置“网络”名称图示

设置好网络标签后，“P00”标识就吸附于鼠标光标上，将鼠标光标移到R1左端，当鼠标光标上出现红色“米”字光标时，立即单击鼠标左键，“P00”网络标签就正确置放于R1左端；吸附于鼠标光标上的网络标签就自动增序为“P01”，然后将鼠标箭头移到R2左端，当鼠标光标出现红色“米”字符时，立即单击鼠标左键，“P01”网络标签就正确放于R2左端；吸附于鼠标光标上的网络标签就自动增序为“P02”，……这样，把网络标签“P07”放置于R8左端，如图4-90所示。

需要注意的就是放置网络标签时，一定要在所放位置上出现红色“米”字符时，才单击鼠标左键予以定位放置。参照图4-92中网络标签的位置和个数，就能把所需的网络标签在原理图上一一放置。另外，继电器JDQ1和JDQ2的开关触点，在电路图中本来没有安排具体连接，但为了方便继电器开关触点的引出使用，我们也要为开关触点标注网络标签。也就是需要在JDQ1的第3、4、5引脚上依次放置“JDQ1_3”、“JDQ1_4”和“JDQ1_5”网络标签，在JDQ2的第3、4、5引脚上依次放置“JDQ2_3”、“JDQ2_4”和“JDQ2_5”网络标签。继电器开关触点的网络标签设置如图4-91所示。

完成了所需的全部网络标签放置后的原理图如图4-92所示。网络标签放置完毕，原理图绘制就完成了。

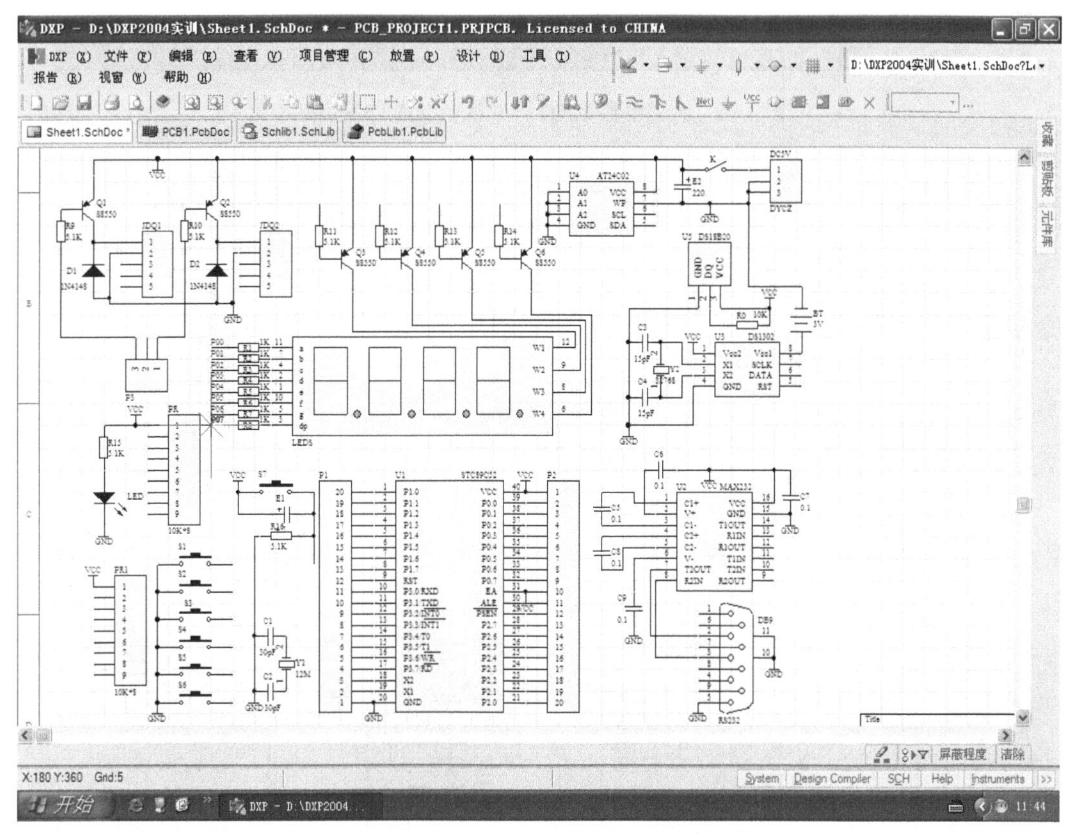

图4-90　正确放置网络标签“P07”时的红色“米”字显示

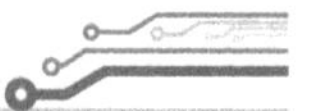

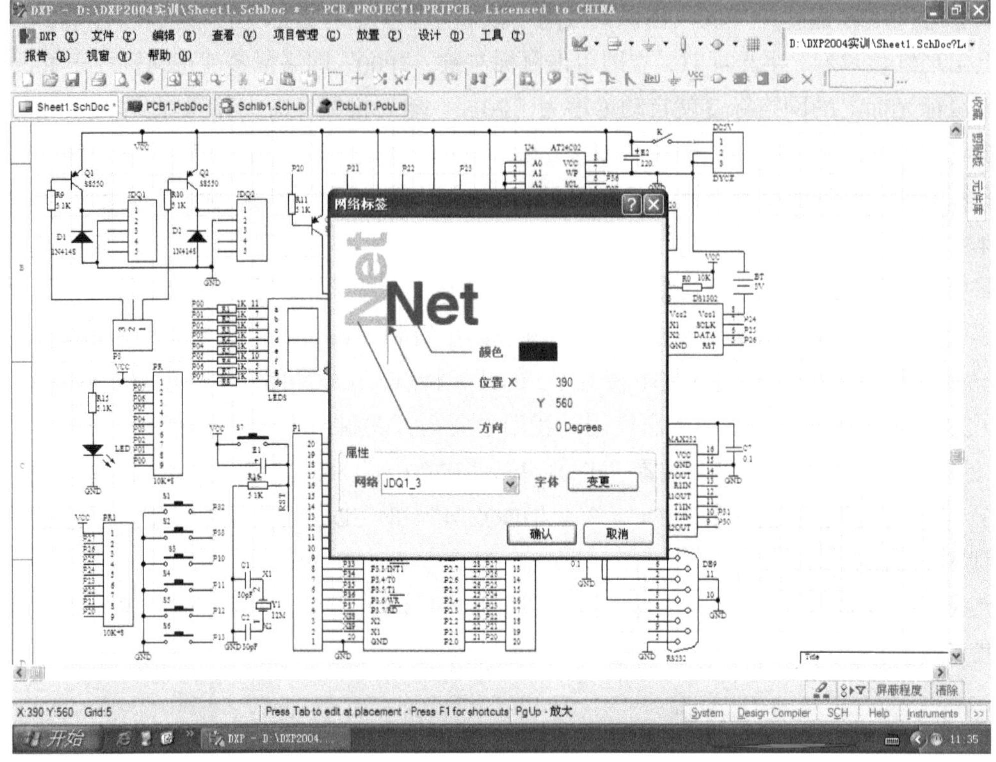

图 4-91　为继电器 JDQ1 开关触点设置网络标签

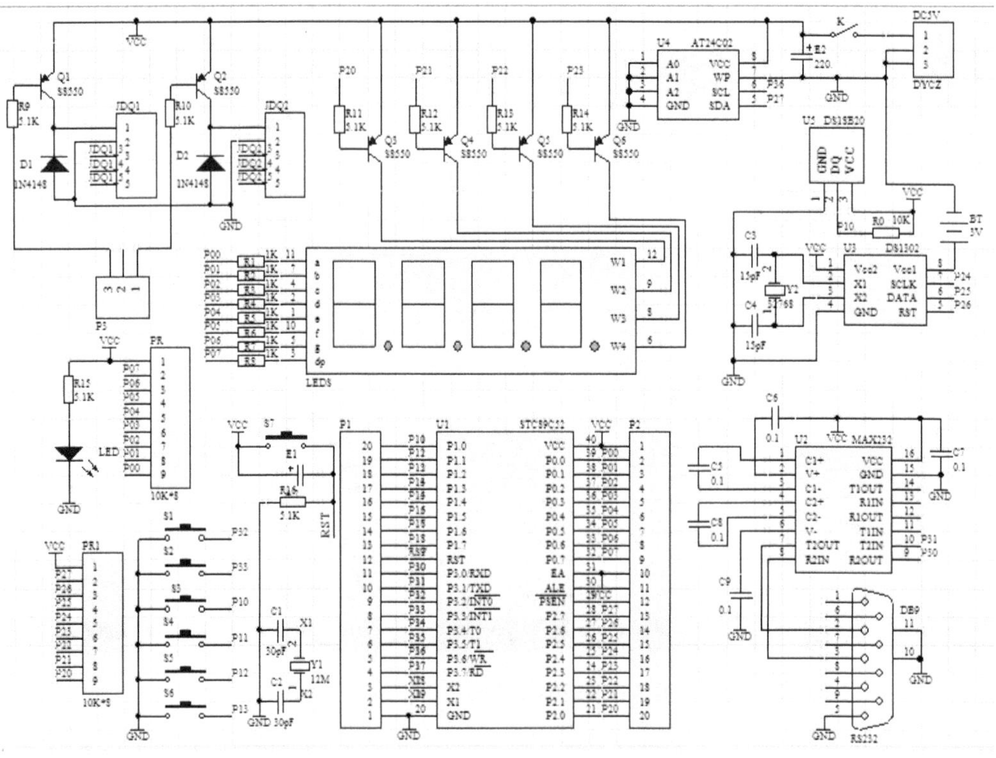

图 4-92　完成了全部网络标签放置后的原理图

4.7　用原理图生成网络报表

原理图的作用，就是用来生成 PCB 板所需的全部封装和网络连接。利用已绘制完工的原理图，可以生成原理图文件的网络表。根据原理图文件的网络表，可以检查原理图有无遗漏。生成网络表的操作非常简单，可用菜单完成。为了观看过程，可打开工程项目面板。在原理图绘制界面下打开工程项目面板，单击菜单“设计”→“文档的网络表”后，将鼠标指向“Protel”，如图 4-93 所示。

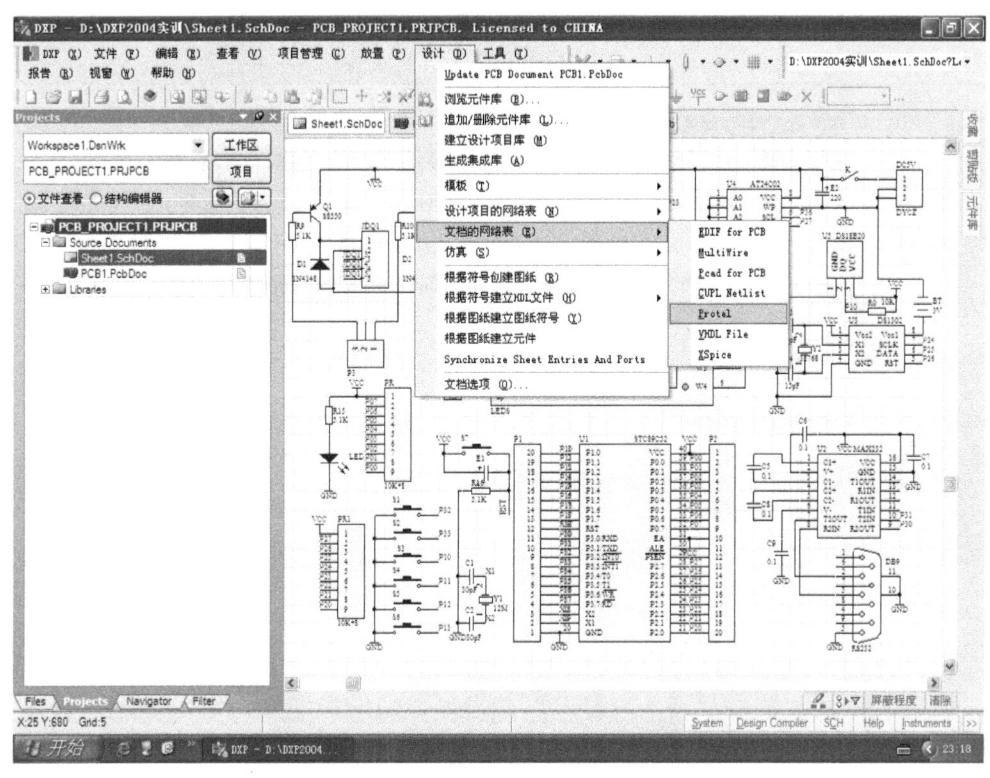

图 4-93　生成网络表的菜单操作图示

在图 4-93 所示的界面中单击“Protel”菜单项，系统就会生成原理图文档的网络表。生成后我们会看见，在工程项目面板中，增加了一个文件夹，如图 4-94 所示。

双击鼠标，先打开“Generated”文件夹，再打开“Netlist Files”文件夹，最后打开生成的 Sheet1.NET 网络表文件，就可以看见如图 4-95 所示的网络表的具体内容。可以看出，网络表由两部分组成。第一部分是原理图的所有元件，每个原理图元件用一对中括号界定，中括号内依次是元件的标识符、元件的封装名和元件的注释。第二部分是原理图中的所有网络标识。每一个网络标识由一对小括号界定，小括号中首先是网络标识名，其后是这一网络标识名所在的电路节点（元件的引脚序号）。因此，根据原理图文档的网络表，可以分析原理图是否完整无误。

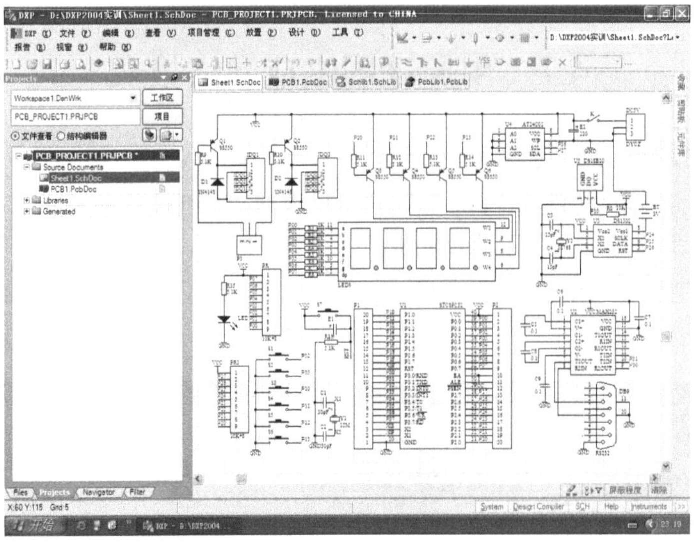

图 4-94　生成文档的网络表时工程面板中相应增加的文件夹图示

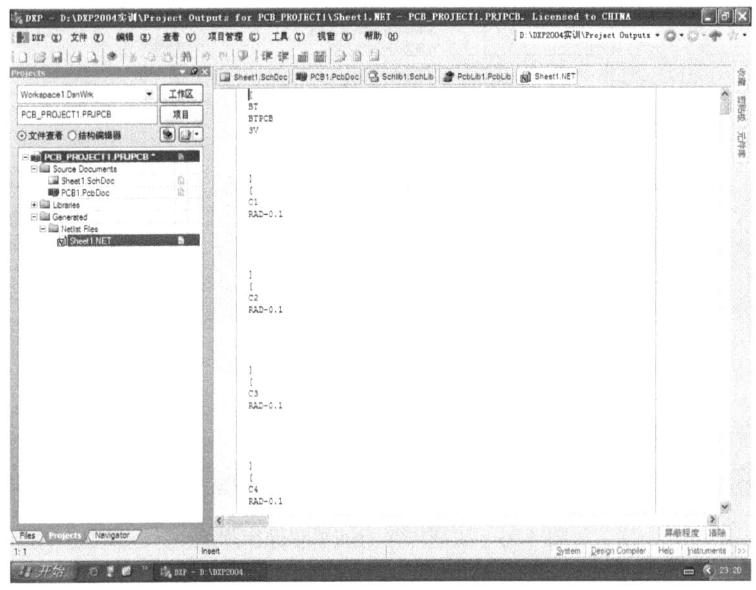

图 4-95　由原理图生成的网络表组成图示

小　结　4

本章按在原理图中放置原理图元件及封装确定，放置导线，放置电源端口和网络标签的顺序，进行合理有效的原理图设计实训。本章的重点内容如下。

1. 进入原理图设计环境的操作要点

打开代表原理图的原理图文件。

2. DXP 2004 中元件库的安装步骤

通过“元件库”面板打开“可用元件库”对话框，选择安装界面进行“安装”，在“打开”对话框中选择所要安装的库文件，完成安装。

3. 放置原理图元件的操作要点

在“元件库”面板中打开元件所在的库文件，在库文件中选择该元件，在“元件属性”对话框中命名标识符和指定封装。

4. 放置导线的操作要点

放置导线的起点和终点都必须有与引脚电气连接的标志。

5. 放置电源端口的操作要点

电源端口放置时与电路节点必须有电气连接标志。

6. 放置网络标签的操作要点

网络标签放置时与电路节点必须有电气连接标志。

7. 生成网络表的操作

在原理图设计界面下，依次单击“设计”→“文档的网络表”→“Protel”菜单项。

8. 两个重要的操作界面及其基本操作

（1）“元件库”面板（图 4-96）

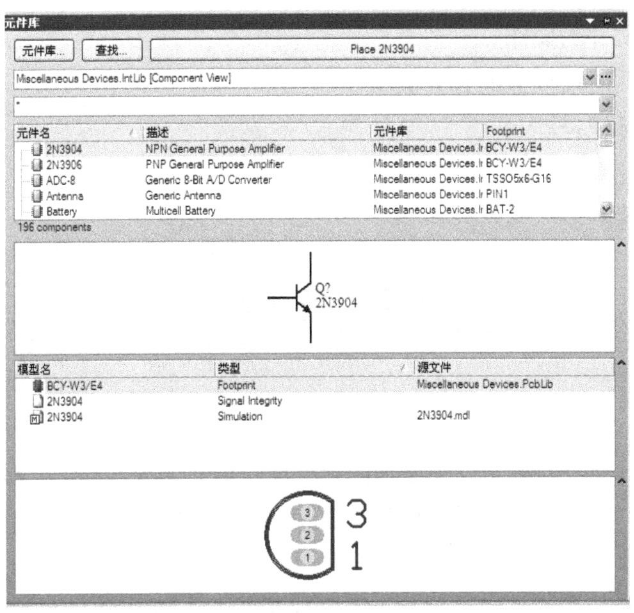

图 4-96　“元件库”面板

（2）“元件属性”对话框（图 4-97）

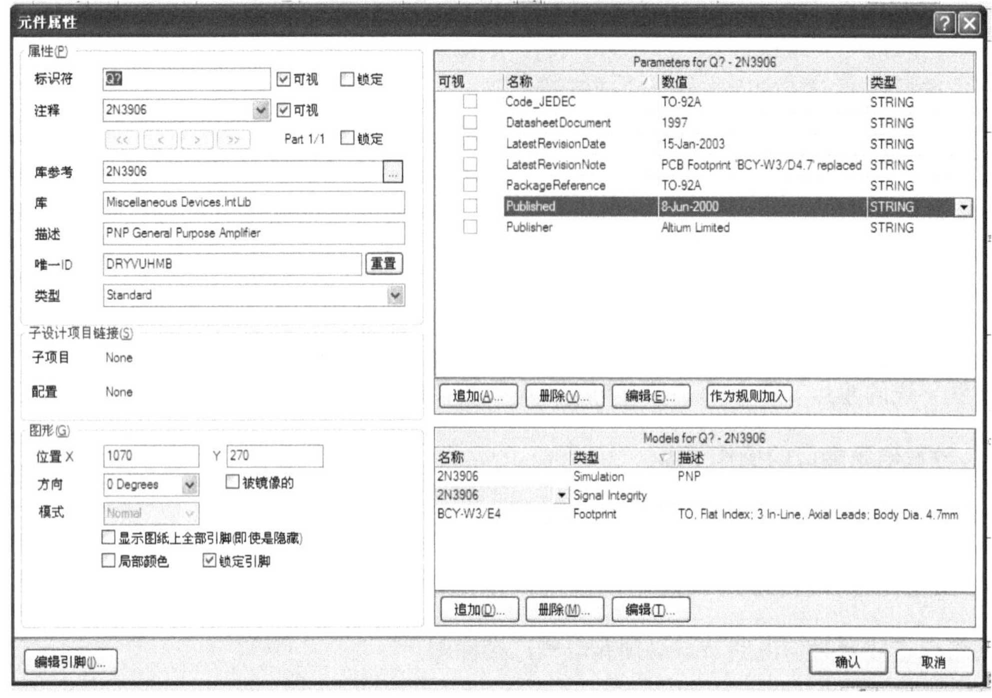

图 4-97 “元件属性”对话框

（3）“元件库”面板上的必会操作

① 在“元件库”面板上展开库文件下拉列表框的操作。

② 在库文件中选择所需元件的操作。

③ 放置所选择元件的操作。

④ 进入安装库文件的操作。

（4）“元件属性”对话框上的必会操作

① 为元件命名标识符。

② 为元件设置注释。

③ 为元件追加封装。

习 题 4

一、填空题

1. 扩展名为________的库文件为原理图元件库，扩展名为________的库文件为 PCB 元件库，扩展名为________的库文件为集成库。集成库中的每个元件，既有它的________，也有它的________。

2. 为原理图放置元件的关键步骤是：（1）在原理图绘制界面上单击工作区右边沿上的

________标签；（2）在展开的“元件库”面板中选择所需的________；（3）在________列表框中选择所需的库元件；（4）单击“元件库”面板的________按钮；（5）按 Tab 键，在弹出的________对话框中设置标识符和处理封装。

3. 用“元件库”面板安装系统元件库的关键步骤是：（1）在原理图绘制界面上单击工作区右边沿上的________标签 ；（2）在展开的“元件库”面板中单击________按钮；（3）在弹出的“可用元件库”对话框中选择________界面；（4）在________界面上单击“安装”按钮；（5）在弹出的“打开”对话框的“范围”栏中选择________文件夹；（6）在展开的子文件夹列表框中选择________子文件夹；（7）选择所要安装的________后再单击________按钮。

4. 在“元件属性”对话框中为元件追加封装的步骤是：（1）单击对话框的________栏中的“追加”按钮；（2）在弹出的“加新的模型”对话框中选择________并确认；（3）在弹出的“PCB 模型”对话框中选择追加封装所在的库文件；（4）在库文件中选取所需的__________；（5）确认操作。

5. 在当前的原理图设计界面中，依次单击________→________→________菜单项，系统会生成当前原理图文件的网络表。

6. 网络表由两部分组成。第一部分是________列表，由若干对中括号组成，每对中括号中有________和________及________。第二部分是________列表，由若干对小括号组成，每对小括号中有________以及________和________。

二、上机作业

网络表的上机实训。

1. 启动 DXP 2004，在项目面板中依次打开“Generated”→“Netlist Files”→Sheet1.NET 网络表文件。

2. 抄写网络表中前三对中括号的所有内容。

第5章

绘制单面型单片机实验板PCB图

本章的实训任务，就是完成单面型单片机实验板的 PCB 图设计。在电路板的加工生产中，有时从成本上考虑须用单面板做产品。而对于比较复杂的电路来讲，用单面板来设计要比用双面板来设计更困难。为全面培养、提高读者的 PCB 图设计能力，为读者能在从业岗位上应对各种 PCB 板的生产设计，我们需要进行单面 PCB 板设计实训。为了加大实训的力度，单面型 PCB 板的元件布局和元件布线，全部采用手工操作方式。

本章的设计实训分 4 步完成。第 1 步，载入第 4 章所绘制的单片机学习板原理图的所有元件和网络，完成单片机学习板电路的封装布局；第 2 步，完成单片机学习板原理图到单片机实验板原理图的升级；第 3 步，完成单片机实验板扩充电路的封装布局；第 4 步，完成单片机实验板的手工布线和补泪滴及覆铜。

5.1 载入和布局单片机学习板原理图的元件封装

PCB 图的绘制就是在 PCB 板上布局元件和连接导线。一般来说，这是从已准备好的原理图加载而来的。下面，先把本项目原理图 Sheet1.SchDoc 文件（第 4 章完成的绘制）中的所有封装（元件）及网络（连接导线）加载到 PCB 图绘制工作区，然后，进行手工布局。

5.1.1 载入 Sheet1.SchDoc 文件中的元件封装和网络

1. 处理工程变化订单

按照前面讲述的方法启动 DXP 2004，然后单击工作区上面的“PCB1.PcbDoc”选项卡，工作区切换为 PCB 图绘制界面，即主窗口显示出绘图所用的 PCB 板，如图 5-1 所示。

在图 5-1 所示界面上，工作区下面的状态栏上显示了鼠标光标位置的坐标，长度单位为 Mil（100Mil=2.54mm）。用鼠标光标指在 PCB 板的四角顶点上，在状态栏上就显示出相应顶点的坐标。把鼠标光标放在 PCB 板的左下角顶点上，状态栏上坐标显示为（1000，1000）。再把鼠标光标放在右上角顶点上，坐标显示为（7000，5000）。据此，就可计算出 PCB 板默认的长度和宽度。

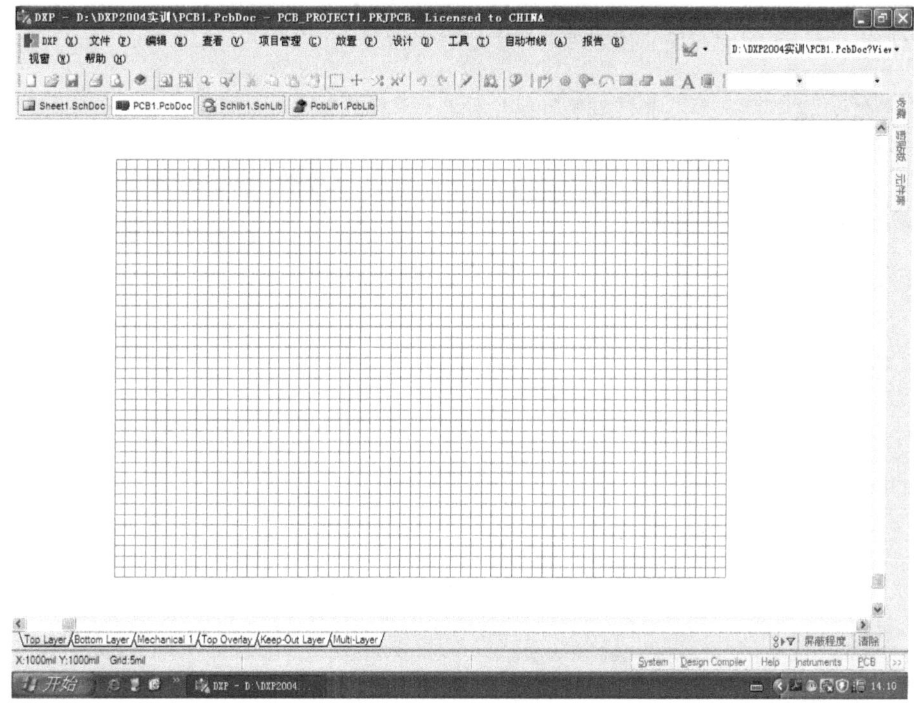

图 5-1 工作区 PCB 板的默认尺寸图示

在如图 5-1 所示的界面上单击“设计”→“Import Changes From PCB_PROJECT1.PRJPCB”菜单项，如图 5-2 所示。

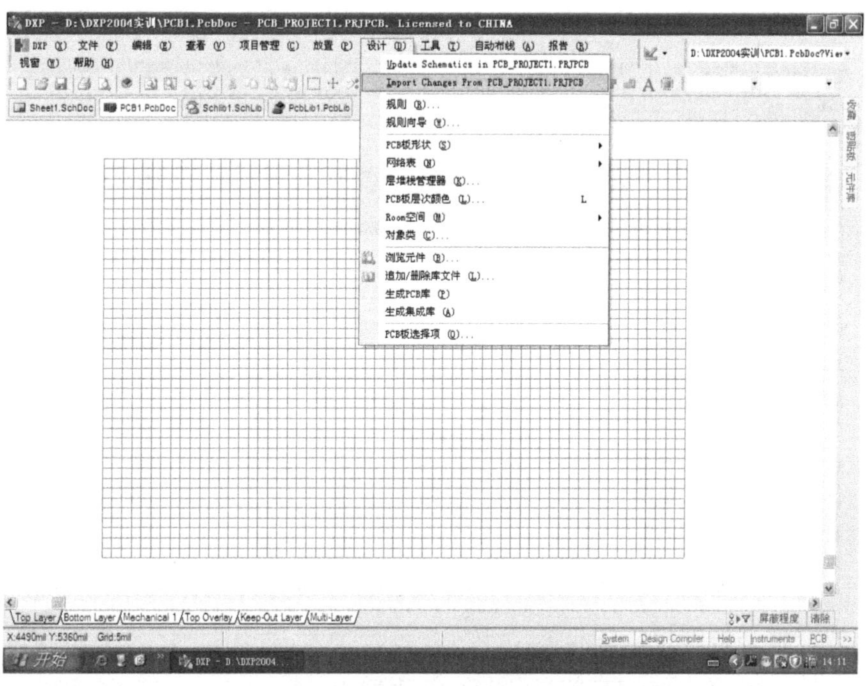

图 5-2 从原理图加载封装和网络的菜单操作图示

系统弹出“工程变化订单”对话框，如图 5-3 所示。

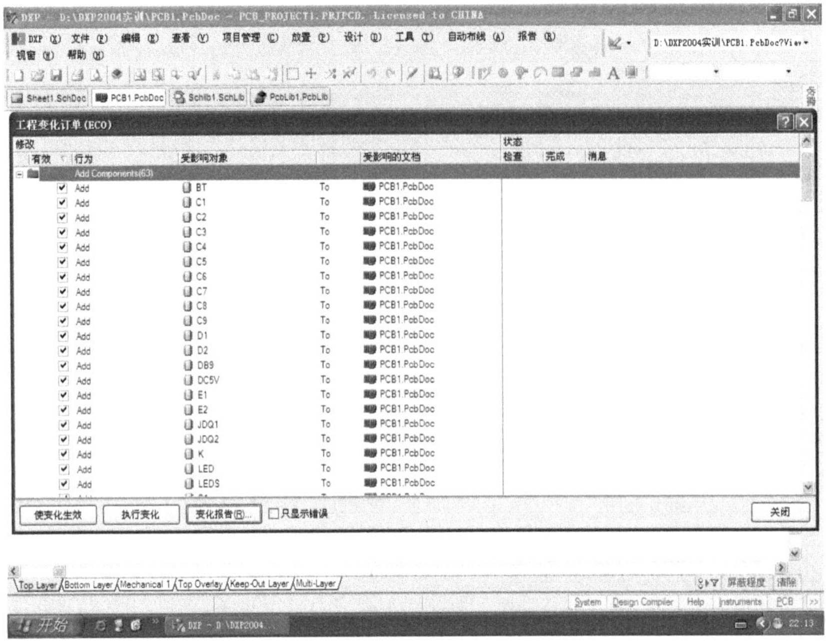

图 5-3 “工程变化订单”对话框

从图 5-3 可以看到，工程变化订单中的所有对象，都与原理图上的元件一一对应。单击图 5-3 所示界面上的“使变化生效”按钮，系统给出“使变化生效”的相应检查结果，如图 5-4 所示。

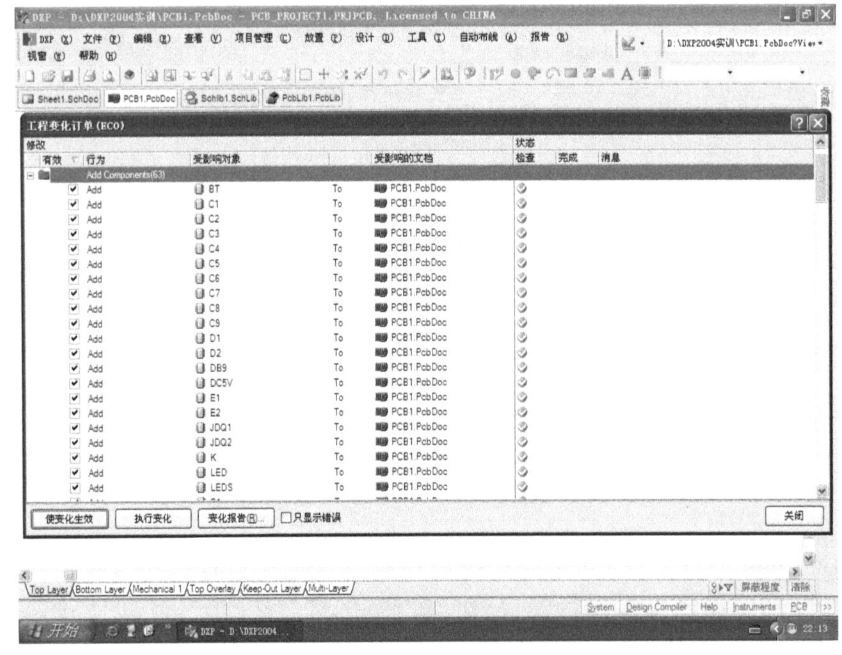

图 5-4 使变化生效后的检查结果图示

在图 5-4 所示界面上，上下移动“工程变化订单”右边的显示滚动条，可以发现检查结果没有任何错误。此后，单击图 5-4 中的“执行变化”按钮，系统给出执行变化后的完成结果，如图 5-5 所示。

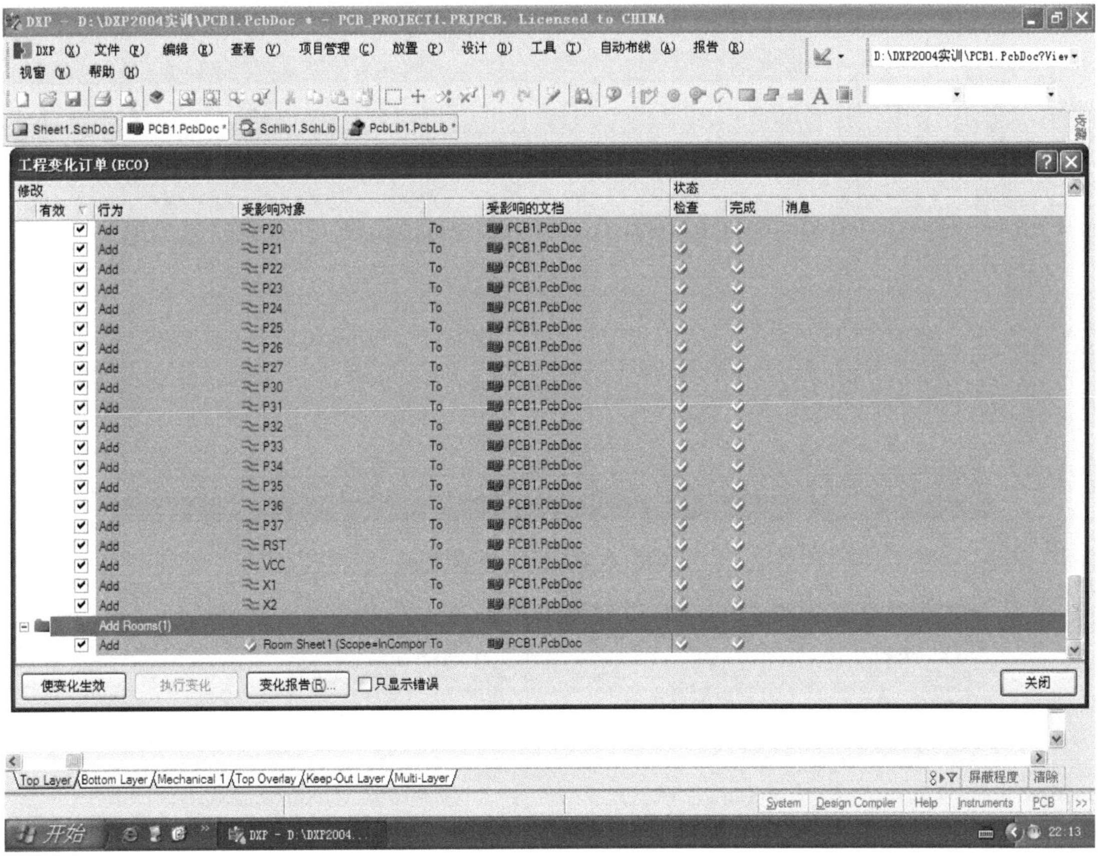

图 5-5　执行变化后的完成结果图示

在图 5-5 所示界面上，可用鼠标上下移动“工程变化订单”右边的滚动条，从而可查看完成结果有无错误。

2. 处理 Room 空间

单击图 5-5 所示界面上的“关闭”按钮，工作区中显示出 PCB 板和一红色的矩形元件盒，如图 5-6 所示（说明：如图 5-6 所示的工作区显示效果，可调节工作区的显示位置和显示比例实现。按 Page Up 键，显示对象变大，按 Page Down 键，显示对象变小）。

如图 5-7 所示，矩形元件盒处于 PCB 板外部。系统为 PCB 图加载封装和网络时，把项目内的每一原理图的全部元件都排列在一个矩形盒内，以便于绘制 PCB 图时，可按原理图来分开处理。这个元件盒，又称 Room 空间。

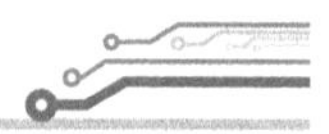

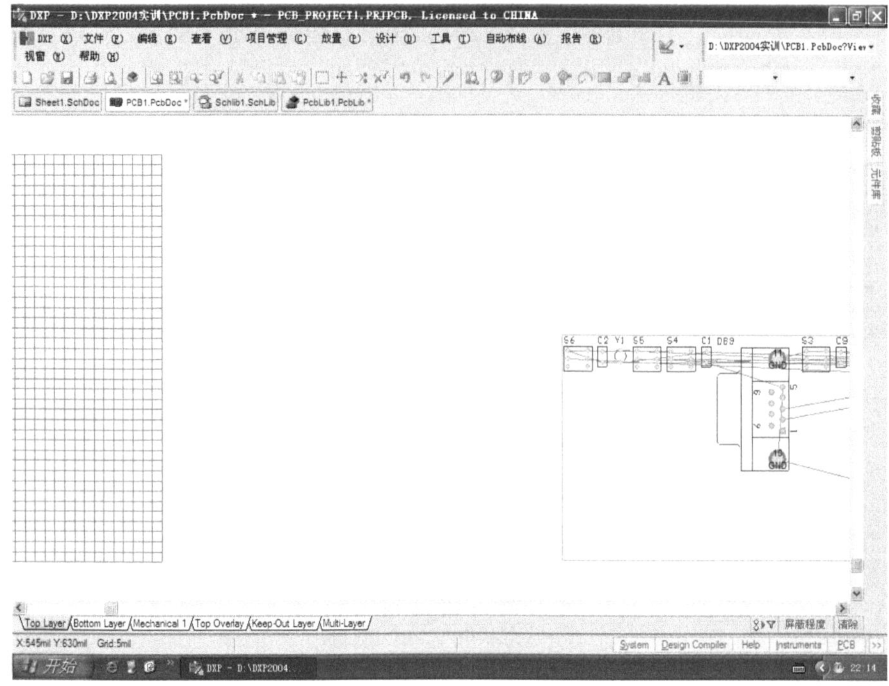

图 5-6　PCB 板和元件盒图示

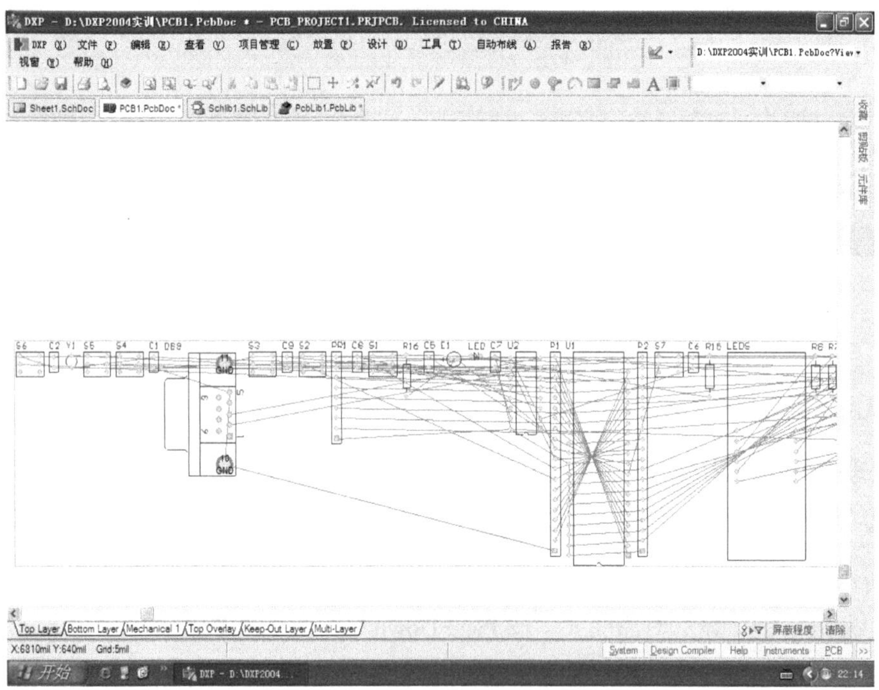

图 5-7　Room 空间（元件盒）左半部图示

接下来，先把 Room 空间（元件盒）拖曳到 PCB 板上方，以便于元件布局。拖曳方法是，将鼠标光标移到 Room 空间的空白处上按下鼠标左键，光标变为“十”字形状，把鼠标向 PCB 板上方拖动，当 Room 空间被移到如图 5-8 所示位置时松开左键。

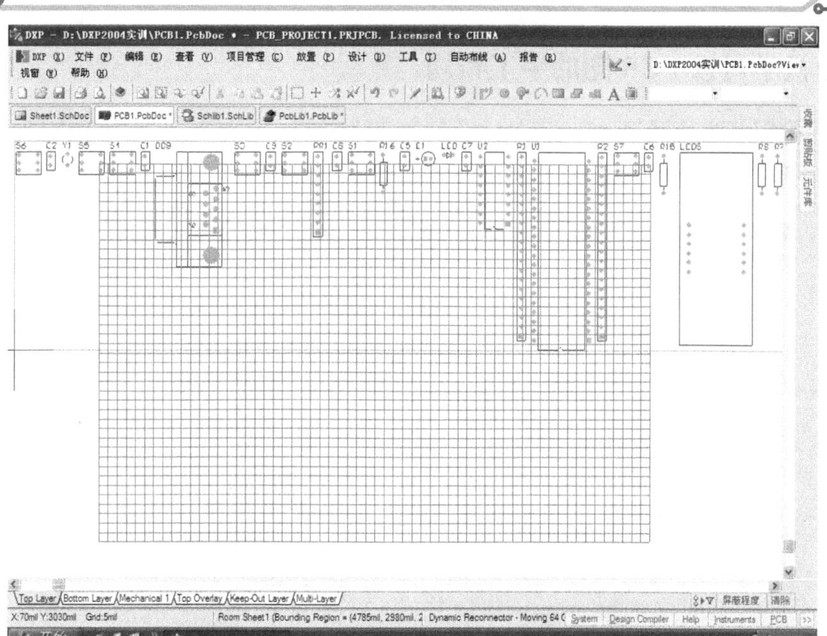

图 5-8　把元件盒拖曳到 PCB 板上方操作图示

然后，单击主界面上的“编辑”→“删除”菜单项，光标变为“十”字状，用十字光标单击元件盒内的空白处，如图 5-9 所示。

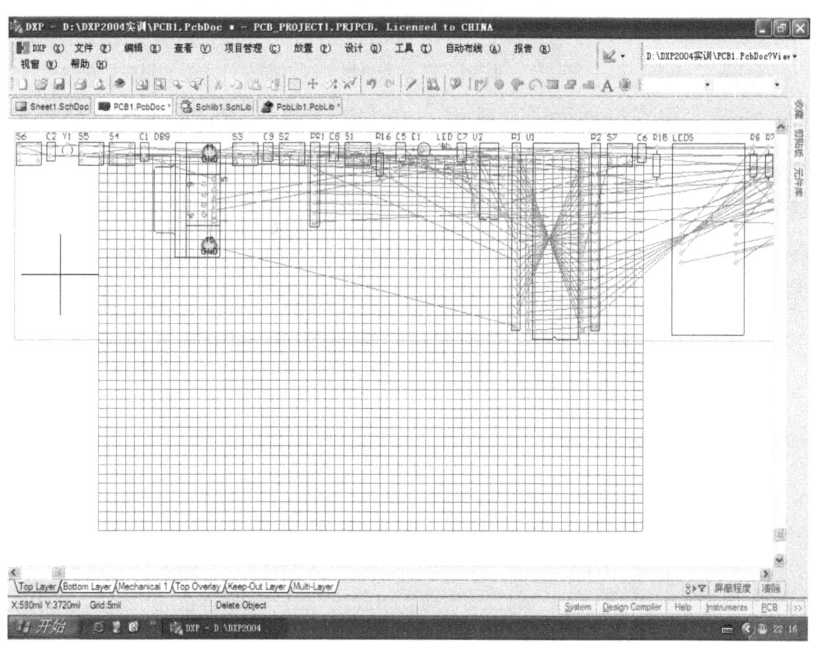

图 5-9　删除 Room 空间操作图示

鼠标单击后，红色矩形消失，元件盒（Room 空间）被删除，单击鼠标右键，以退出删除操作。

5.1.2 单片机学习板 PCB 图的手工布局

接下来，将鼠标光标移到 U1 封装上按下左键并拖动，拖动时按两次空格键让 U1 朝上，且按如图 5-10 所示的位置放置。然后单击“编辑”→“原点”→“设置”菜单项。

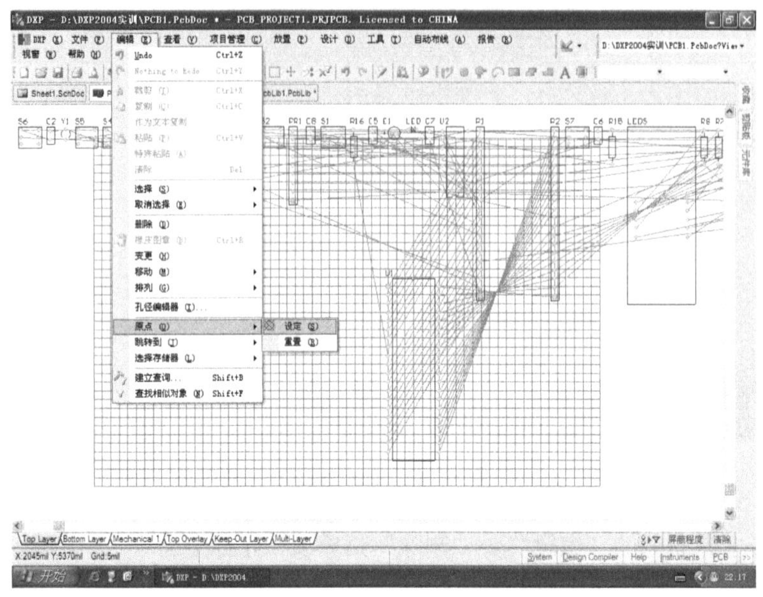

图 5-10 原点法测量点的坐标操作图示

菜单操作生效后，光标呈十字状，将十字光标中心移到 U1 第 1 脚焊盘上，注意不要单击左键，如图 5-11 所示，当光标变成八边形时，状态栏上显示的就是该焊盘的精准坐标值。

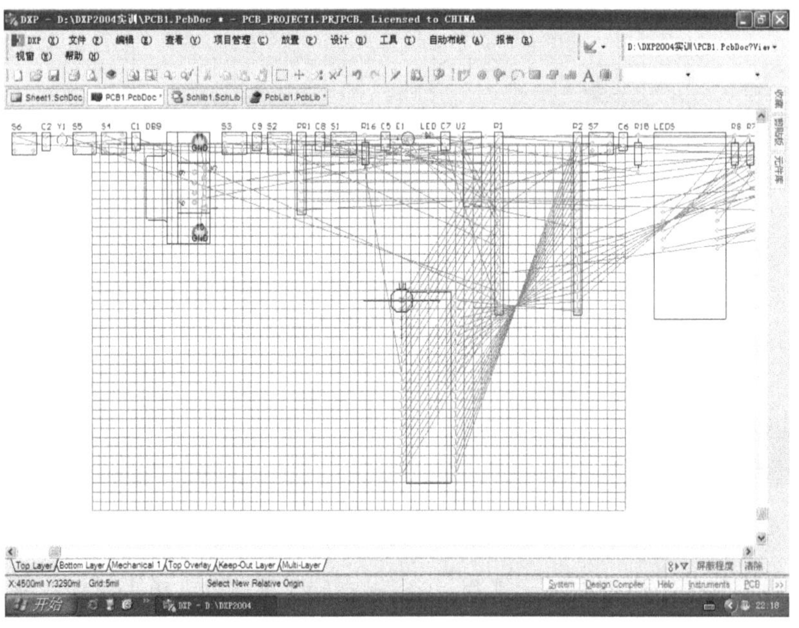

图 5-11 U1 第 1 脚焊盘位置坐标的精准测量图示

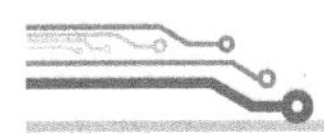

接着，右击鼠标退出原点设置状态。如果不注意而单击了左键，该点就被设置成了原点，应进行菜单“原点”→“重置”操作，以恢复成默认的原点位置。然后双击 U1 封装，系统弹出“元件 U1”对话框，如图 5-12 所示。在该对话框中，选中“锁定”复选框并单击“确认”按钮。U1 放置后，P1、P2 就分别放置在 U1 两边且与 U1 焊盘中心距都为 200Mil。

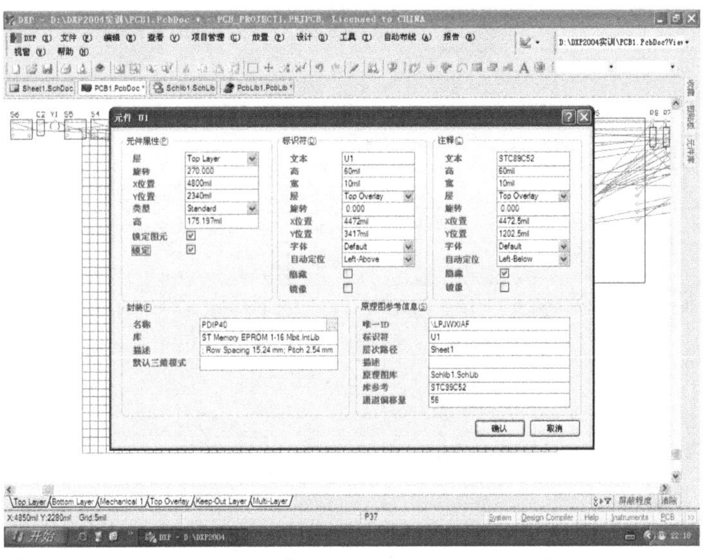

图 5-12 “元件 U1”对话框

接下来，按 DB9 第 1 脚位于（6370，2878）点，U2 第 1 脚位于（6130，2510）点，LEDS 第 1 脚位于（5350，4280）点，S3 第 1 脚位于（3980，3280）点进行放置。此后，将 S4 对齐且贴近 S3，S5 对齐且贴近 S4，S6 对齐且贴近 S5，S1 对齐且贴近 S6，S2 对齐且贴近 S1，PR2 贴近且下对齐 P2，S7 贴近 PR2 进行放置，如图 5-13 所示。

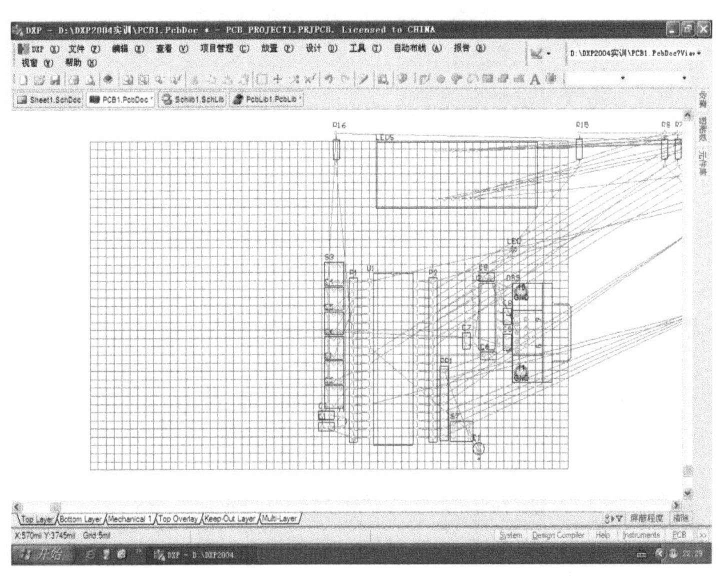

图 5-13 S3、S4、S5、S6、S1、S2、PR2 和 S7 放置图示

在进行电阻元件的布局时看到其封装过大，应统一更换。封装统一更换工作可在原理图上进行。单击工作区上方的“Sheet1.SchDoc”选项卡，工作区切换为原理图绘制界面。右击电阻R15，系统弹出快捷菜单，如图5-14所示。

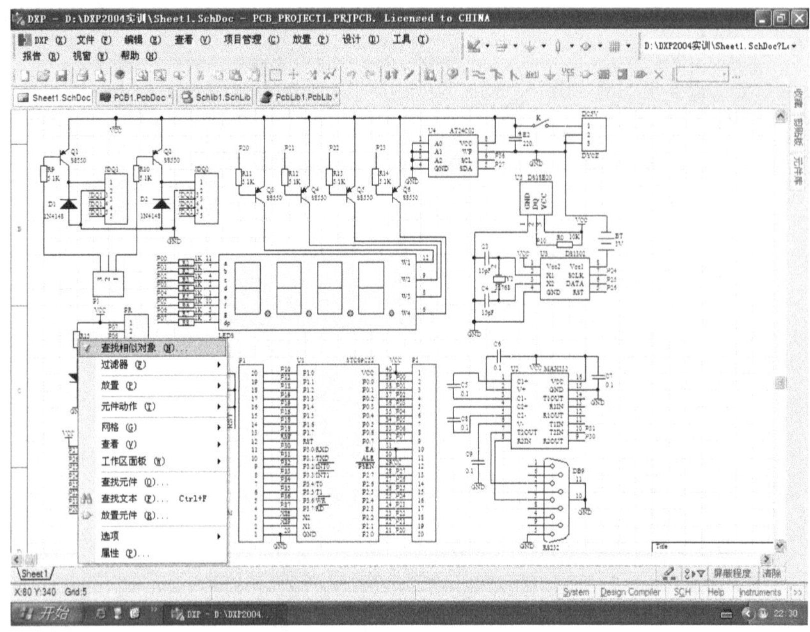

图5-14　统一更换电阻封装的菜单操作图示

单击快捷菜单中的“查找相似对象”菜单项后，系统弹出“查找相以对象”对话框，如图5-15所示。

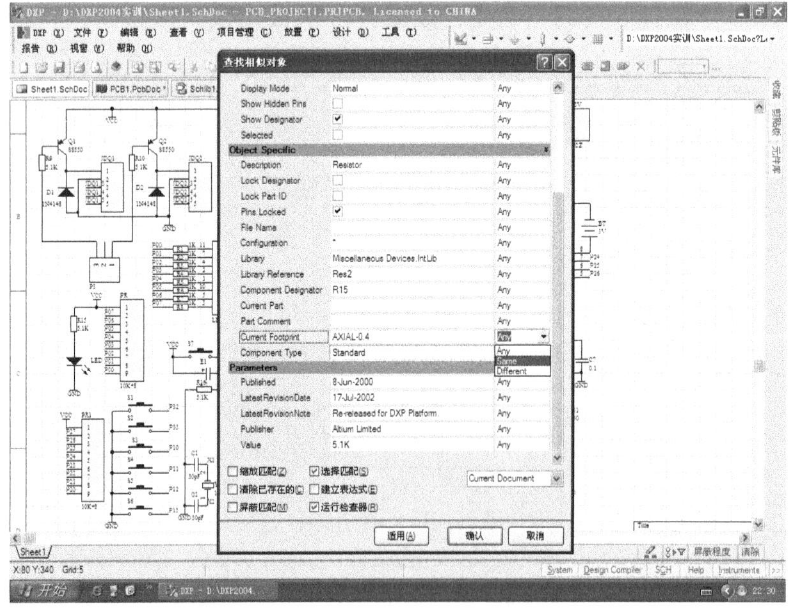

图5-15　“查找相似对象”对话框

在图 5-15 所示界面上，找到“Current Footprint”选项，在该选项的第二个参数“Any”上单击，在弹出的下拉列表框中，选择“Same”，然后选中“选择匹配”和“运行检查器”复选框，如图 5-15 所示。

在图 5-15 所示界面上单击“确认”按钮后，所有相似元件（电阻）元件呈现出被找到的一种选中标记显示形式，系统弹出“Inspector”对话框，如图 5-16 所示。

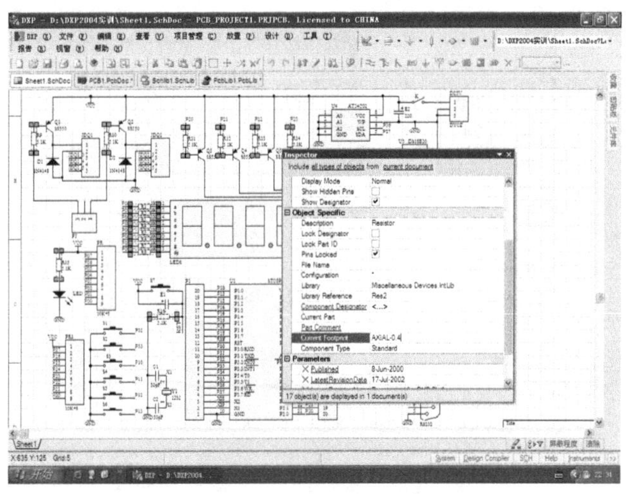

图 5-16　统一更改电阻封装的操作图示

在图 5-16 所示的对话框中，找到“Current Footprint”选项，把“AXIAL-0.4”封装改为“AXIAL-0.3”封装后回车，再单击该对话右上角的“×”按钮，关闭该对话框。对话框关闭后，所有电阻元件仍呈选中状态，在原理图空白处单击鼠标，原理图恢复正常显示。

接着，在原理图界面上单击“设计”→“Update PCB Document PCB1.PcbDoc”菜单项，如图 5-18 所示。

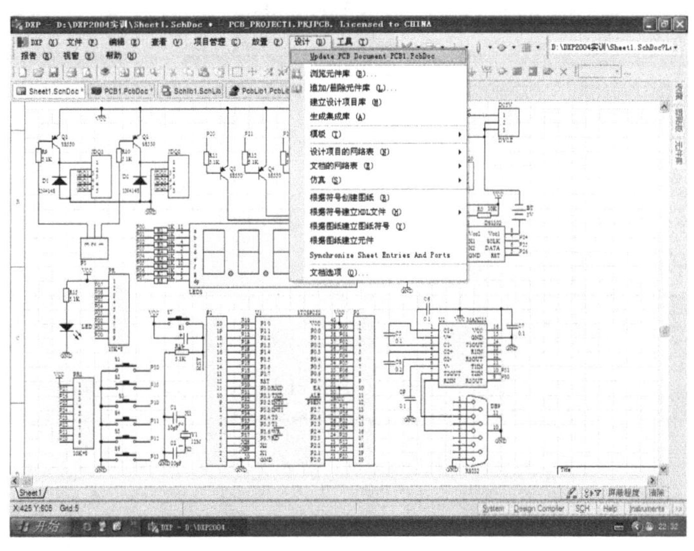

图 5-17　原理图修改后相应的 PCB 图更新操作图示

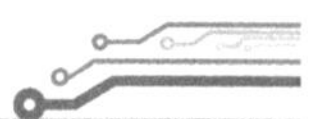

图 5-17 中的菜单操作执行后，系统弹出“工程变化订单”对话框，如图 5-18 所示。

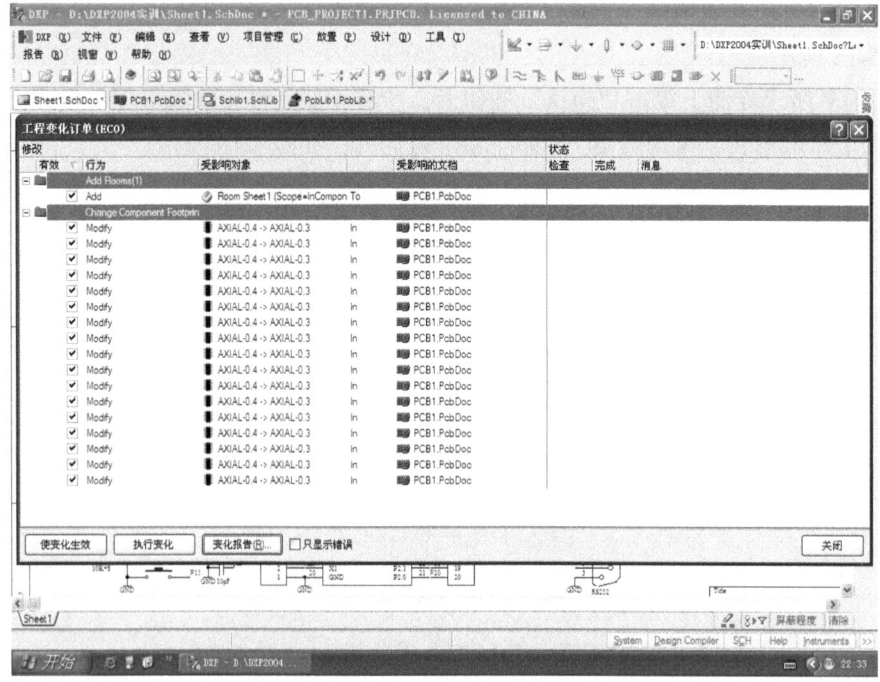

图 5-18 更新 PCB 图产生的工程变化订单

按照前面已操作过的“工程变化订单”处理过程，单击“使变化生效”按钮，使变化生效检查结果如图 5-19 所示。

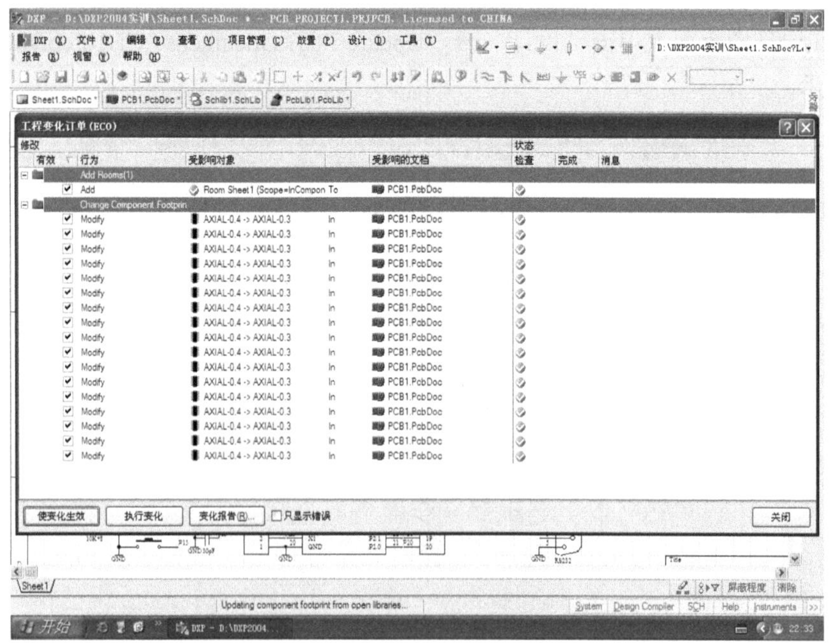

图 5-19 使变化生效检查结果

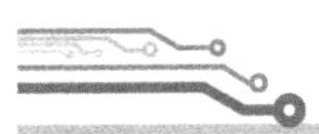

然后单击“执行变化”按钮，执行变化完成结果如图 5-20 所示。

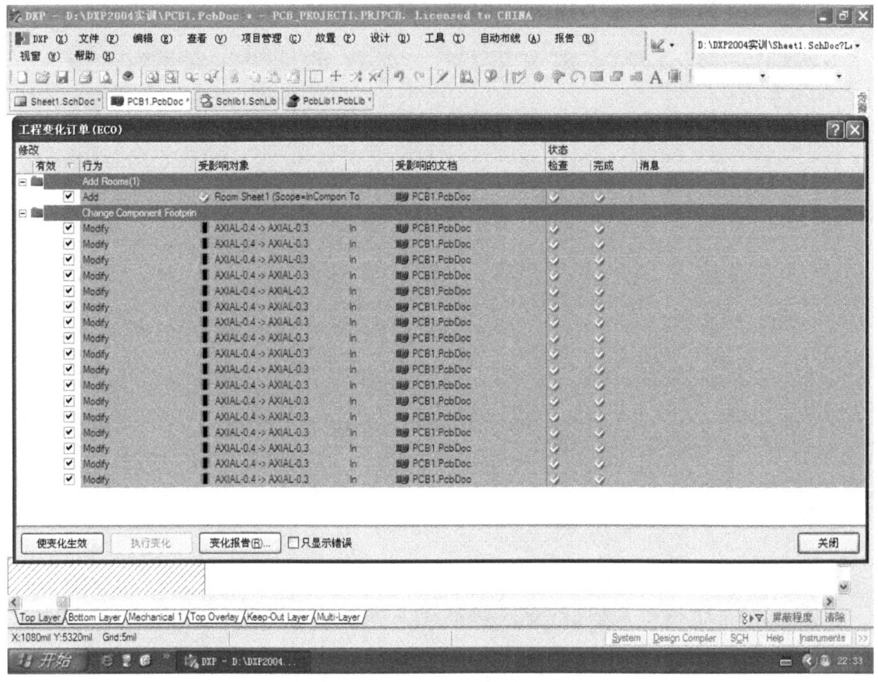

图 5-20 执行变化完成结果

在图 5-20 所示界面上单击“关闭”按钮。“工程变化订单”关闭后，PCB 板上的封装被蒙上了一遮盖层，如图 5-21 所示。

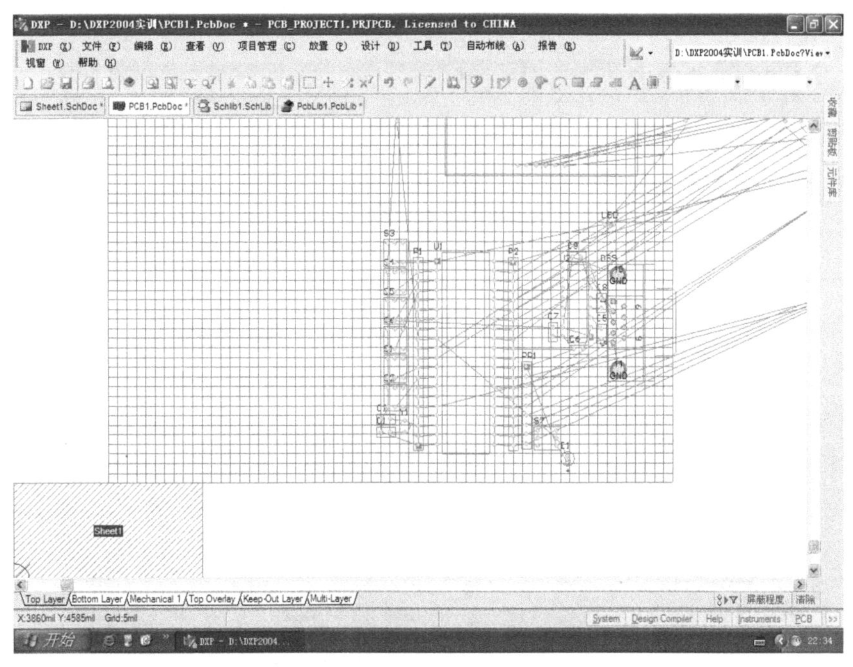

图 5-21 更新 PCB 图后的遮盖层

要删除遮盖层，PCB 板才能正常显示。单击“编辑”→“删除”菜单项，鼠标光标变为“十”字状，用十字光标单击 PCB 板左下角的矩形遮盖层，如图 5-22 所示。

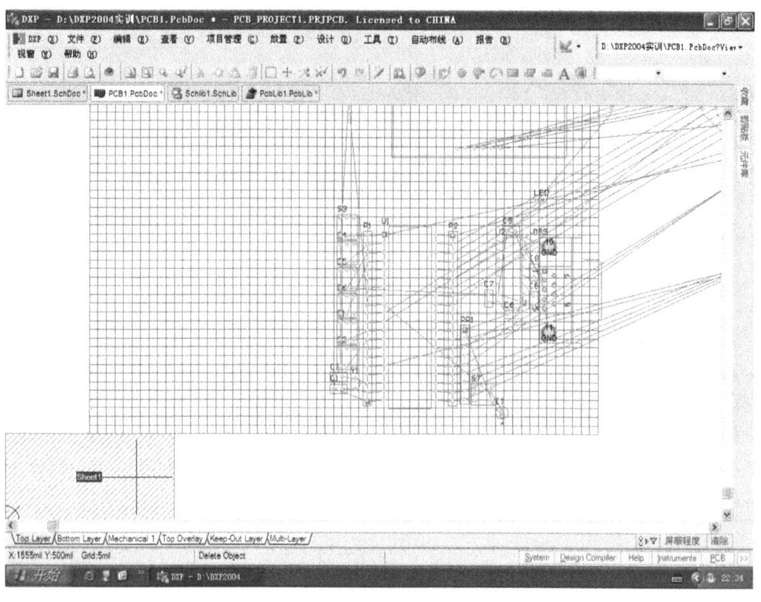

图 5-22　工程变化订单处理后的 PCB 板

删除操作执行后，矩形遮盖层消失，PCB 板恢复正常显示，再右击鼠标退出删除操作状态。现在看到，电阻元件封装已经变小，但其标识符高度大于电阻符号的宽度，须统一将高度减小，以将各电阻的标识符都放在其封装符号内。右击“R16”标识符，系统弹出快捷菜单，如图 5-23 所示。

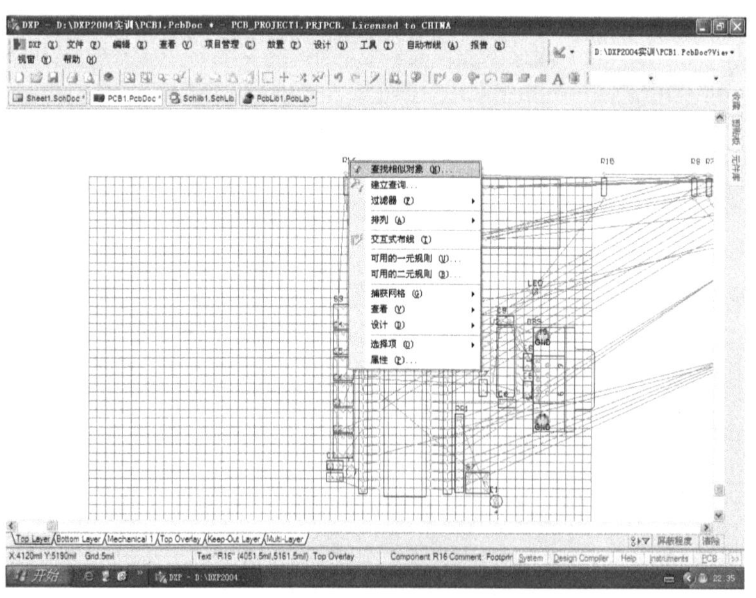

图 5-23　右击标识符弹出的快捷菜单

再单击弹出快捷菜单中的“查找相似对象”菜单项，系统弹出“查找相似对象”对话框，再单击对话框中“Text Height”选项的第二个参数“Any”，然后，在弹出的下拉列表框中选择“Same”，选中“选择匹配”和“运行检查器”复选框，如图 5-24 所示。

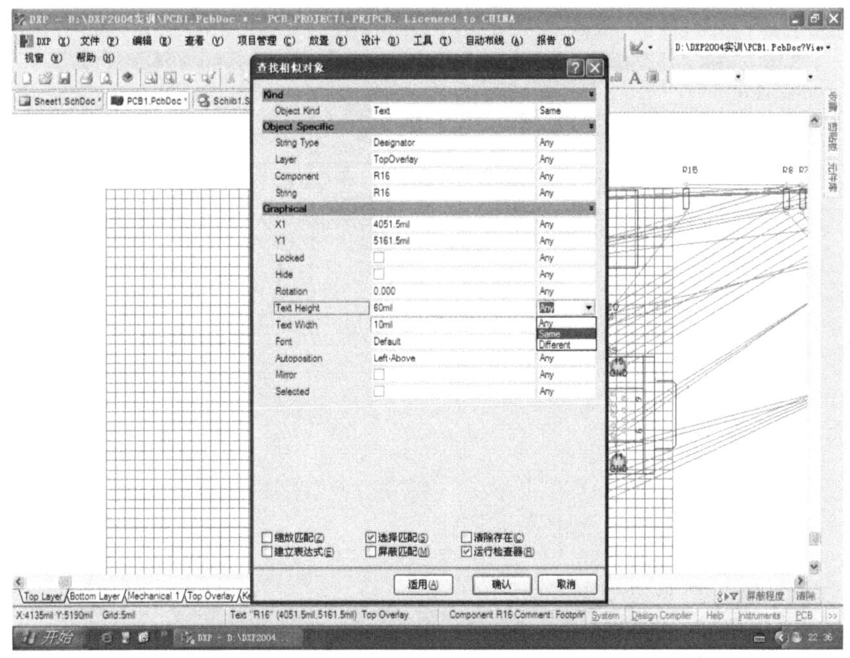

图 5-24　电阻标识符集体减小高度的操作图示

单击图 5-24 所示界面上的“确认”按钮，系统弹出“检查器”对话框，如图 5-25 所示。

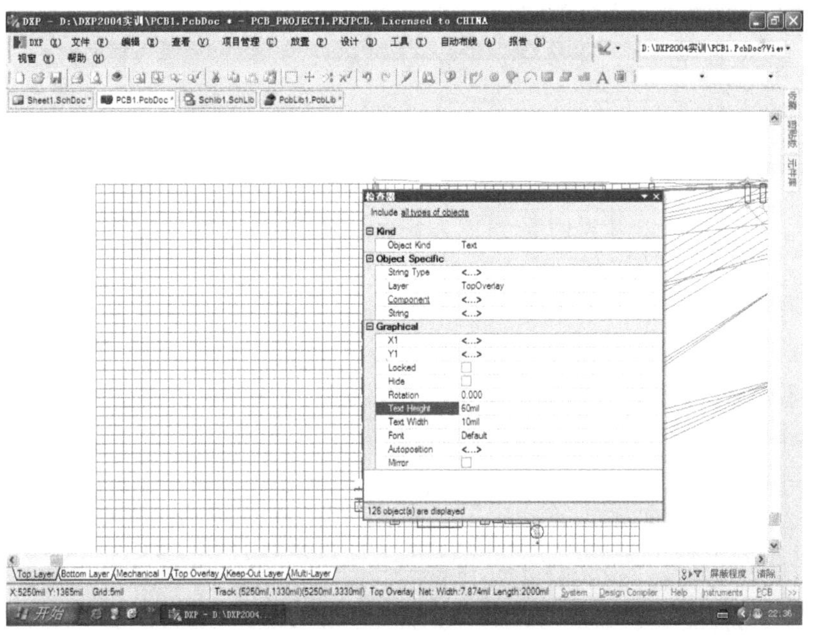

图 5-25　“检查器”对话框

在“检查器”对话框的“Text Height”选项中，把“60mil”改为“40mil”后回车，再单击“检查器”对话框右上角的“×”按钮，然后在PCB图空白处单击鼠标，PCB图显示恢复正常。

接下来，由于剩下还未放置的元件离PCB板距离较远，为方便放置，可选中某部分元件，如图5-26所示。

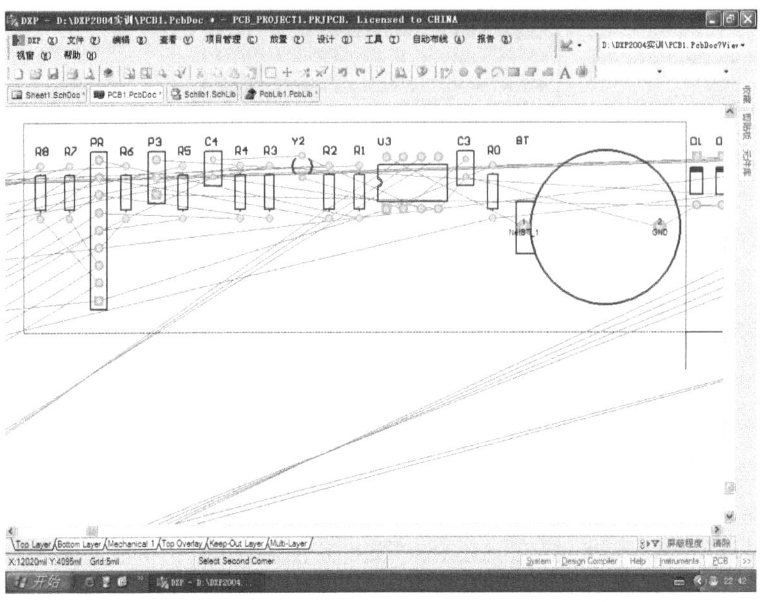

图5-26 选择部分元件的鼠标操作图示

然后再将鼠标移动到所选择对象上，当光标变为四向箭头时按下左键不放，将所选部分拖曳到PCB板上方合适位置后放开左键并单击，如图5-27所示。

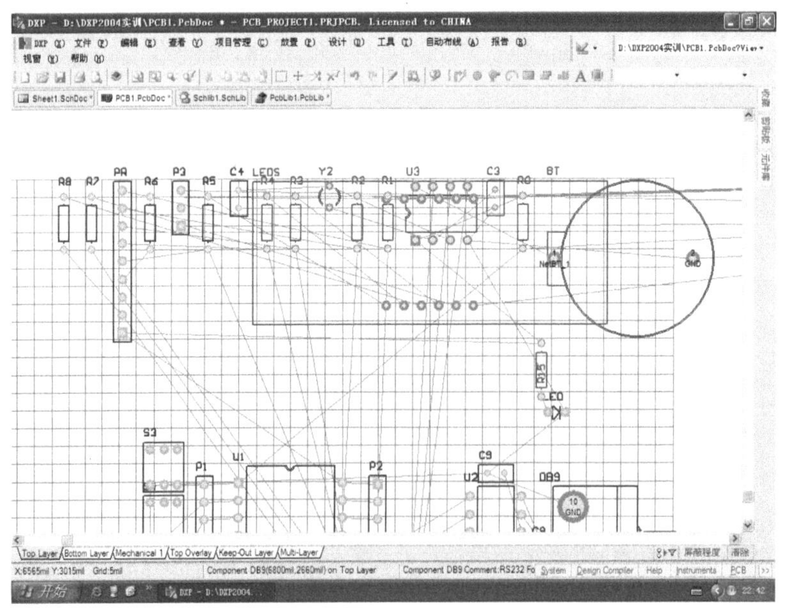

图5-27 元件被拖曳到已放置定位的LEDS上叠放图示

由于 LEDS 已被锁定，在移动这些叠放元件时就不会挪动 LEDS。可先把各电阻元件一个一个移动定位，如图 5-28 所示。

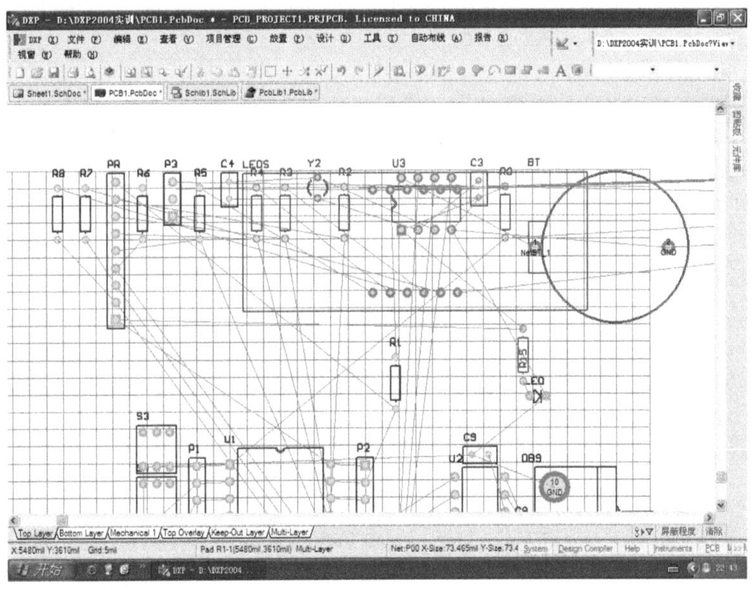

图 5-28　先定位放置电阻元件 R1 图示

每移动一个电阻元件，就把其标识符旋转 90° 后，放在其电阻封装符号内。例如，把鼠标光标移到“R1”字符串上按下左键不放开，光标呈“十”状，然后，按空格键旋转 90° 后，将吸附着字样“R1”的光标移到相应的电阻封装符号内放开左键，就完成了把 R1 元件的标识符放在其电阻封装符号内的操作，完成后如图 5-29 所示。

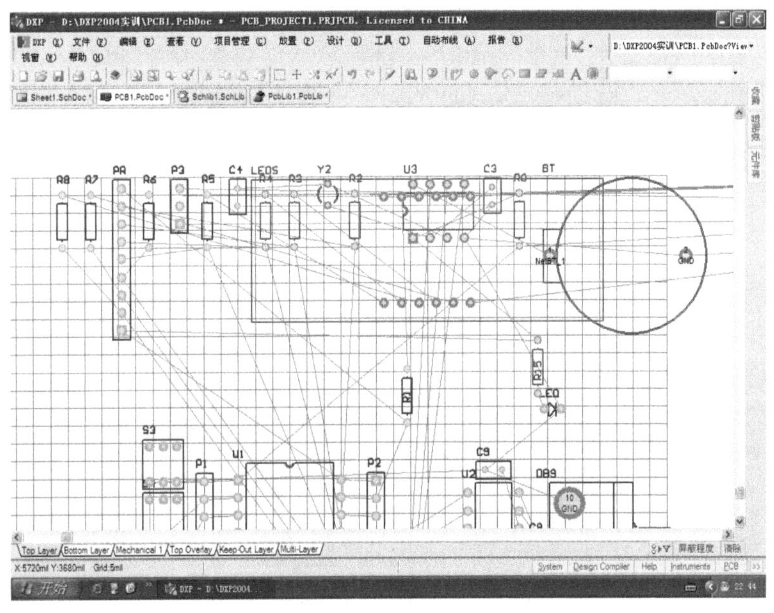

图 5-29　电阻元件标识符的放置图示

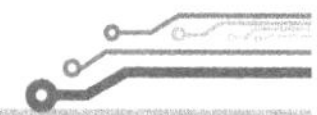

R1 定位放置后，在 R1 右边，再把 R2 贴近 R1 放置、R3 贴近 R2 放置、……、R8 贴近 R7 放置。然后再把临时堆放在 PCB 板上方的其他封装参照图 5-31 放置到位。

接下来，继续把 PCB 板右边未放置的部分元件，先拖到 PCB 板上方便于操作的临时位置，如图 5-30 所示。

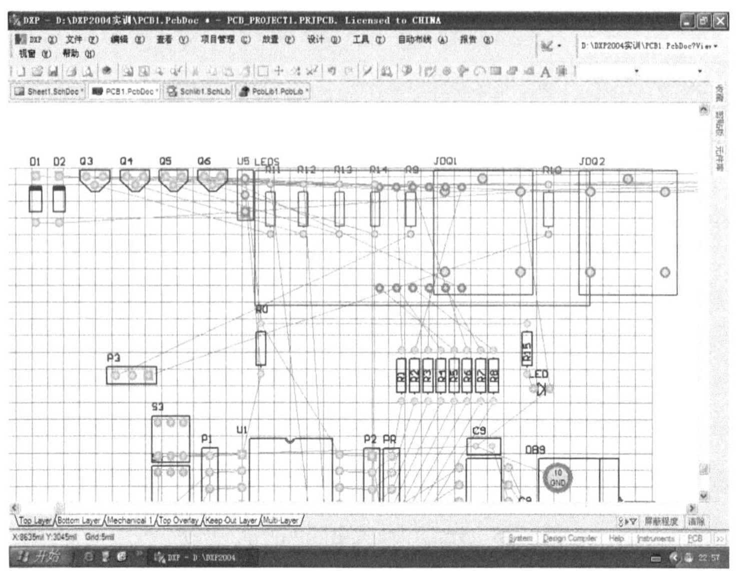

图 5-30　分批次把封装元件拖曳至 PCB 板上方

接下来，参照图 5-31，把 PCB 板上方临时叠放的封装元件一个个放置到位。

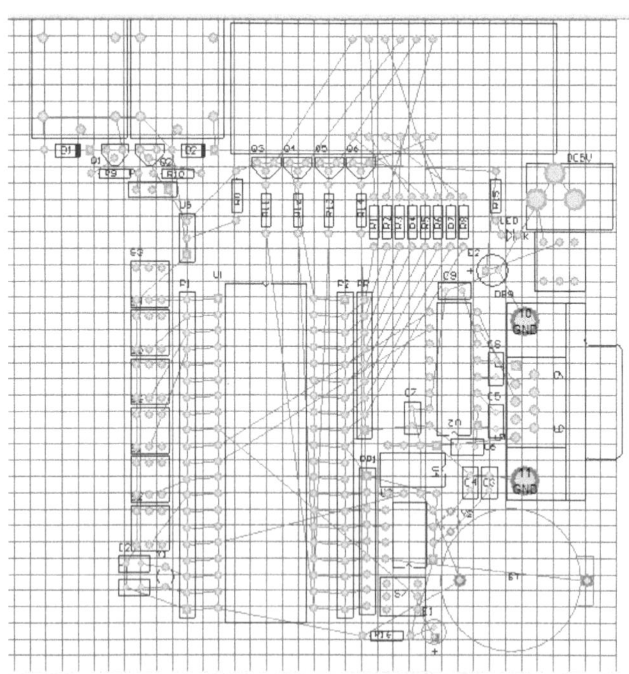

图 5-31　单片机学习板封装元件布局参考图

所有元件封装在布局放置时都必须注意，每个封装的每个焊盘上都必须有连接飞线，否则就说明其在原理图上的连接导线或网络标签有误，那就必须返回原理图去检查其连接导线或网络标签，修改正确后再重新更新 PCB 图。

到此，单片机学习板所有元件的布局完成。接下来，为 PCB 板画电气边界。在当前的界面上单击“查看”→“整个 PCB 板”菜单项，如图 5-32 所示。

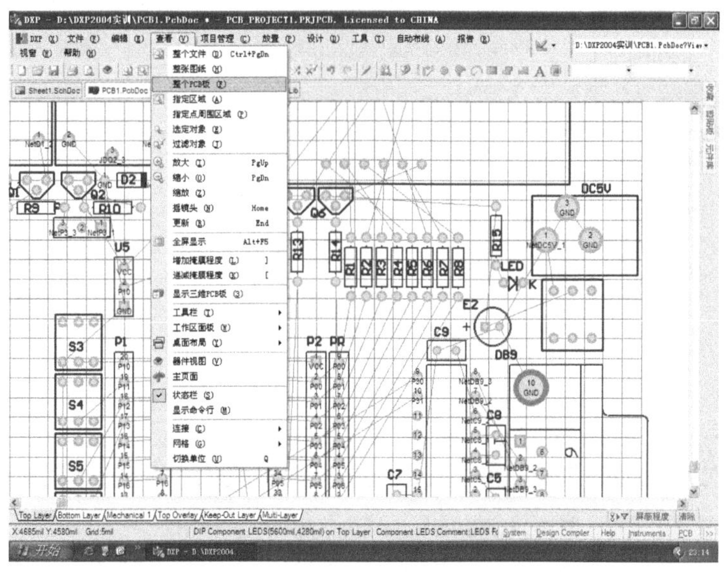

图 5-32　能全面显示整个 PCB 板布局的菜单操作图示

让 PCB 板整体完整显示，方便为其画电气边界线。先单击工作区下方的“Keep Out Layer”（禁止布线层）标签，然后，再单击“放置”→“直线”菜单项，如图 5-33 所示。

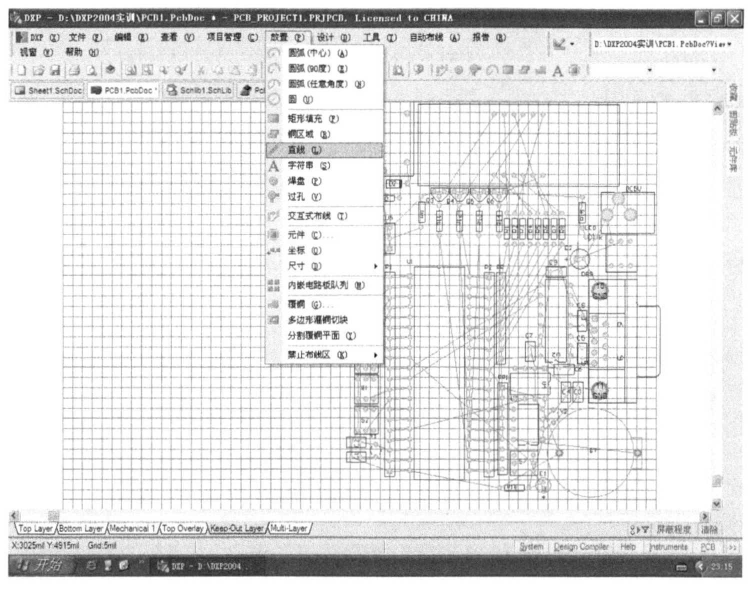

图 5-33　进入放置 PCB 板电气边界线的菜单操作

菜单操作后，鼠标光标变成“十”字状，将十字光标中心沿（3000，5000）、（6900，5000）、（6900，1100）、（3000，1100）画一矩形，就为PCB板画出了电气边界线，如图5-34所示。

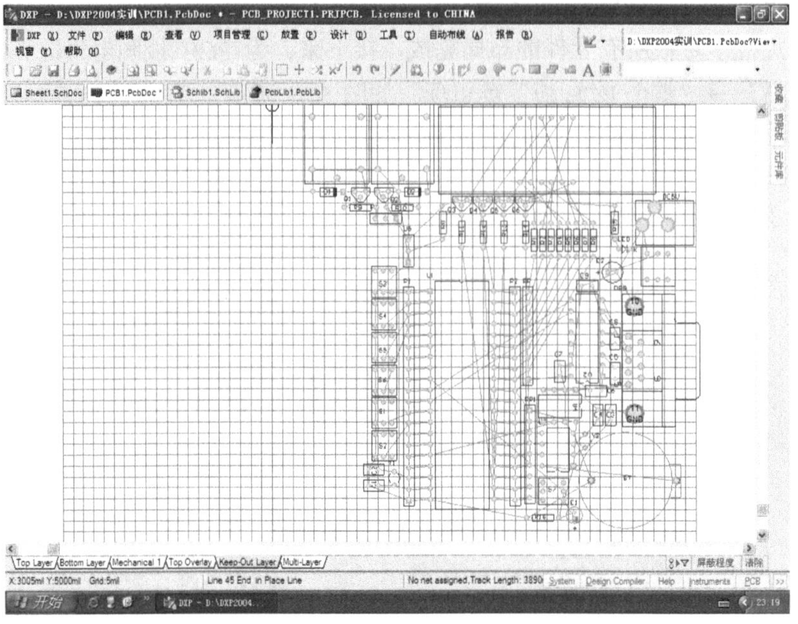

图5-34　为PCB板画电气边界线操作图示

接下来，在PCB板四个角内各放置一个焊盘，作为PCB板的安装孔。单击“放置”→“焊盘”菜单项，如图5-35所示。

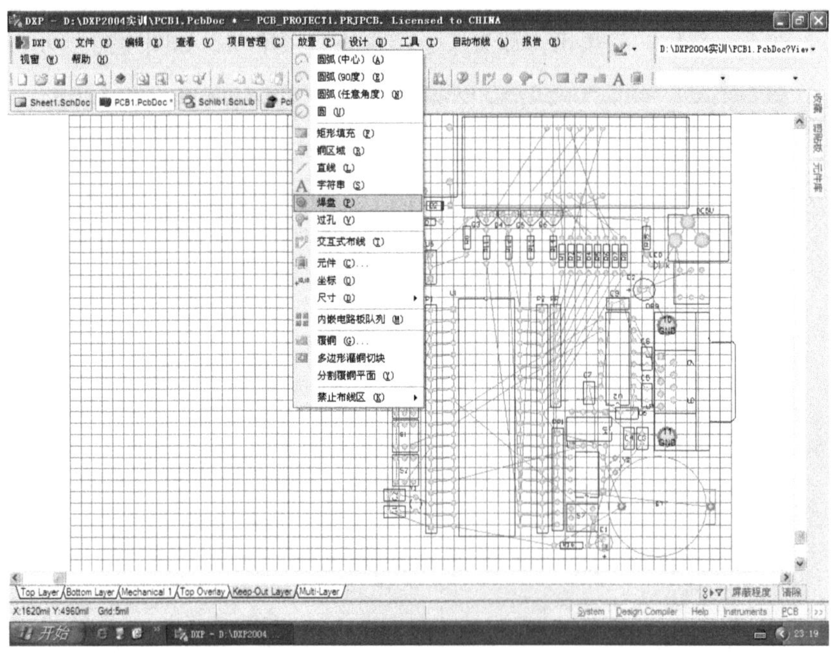

图5-35　放置焊盘的菜单操作图示

系统弹出带有焊盘元件的十字光标以待放置，按 Tab 键，系统弹出“焊盘”对话框，在该对话框中，将孔径设为“125mil”，X 尺寸 Y 尺寸都设为“200mil”，如图 5-36 所示。

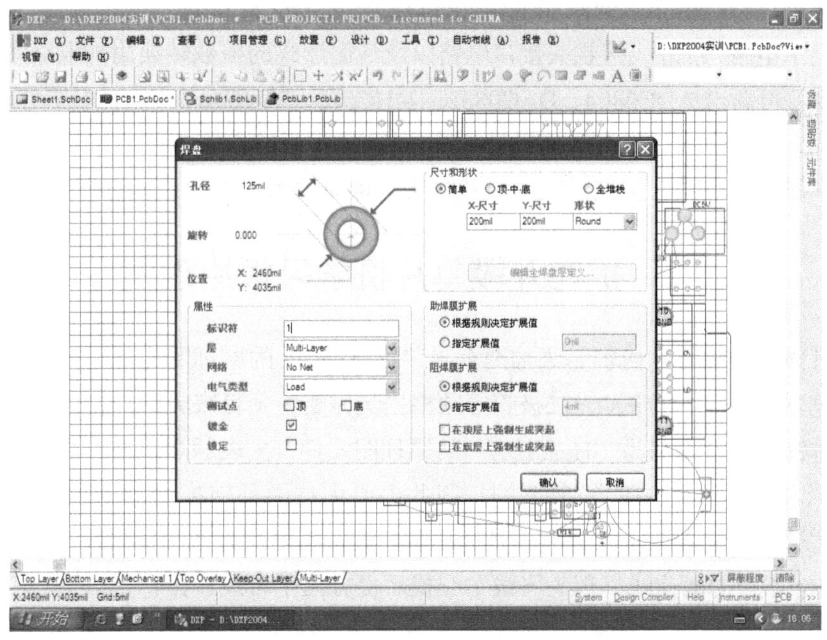

图 5-36　用焊盘作为 PCB 板安装孔的设置

在图 5-36 所示界面上单击“确认”按钮，鼠标光标上就吸附了一个安装孔焊盘以待放置。在 PCB 板的四个角内单击鼠标，如图 5-37 所示，就完成了四个安装孔的放置工作。

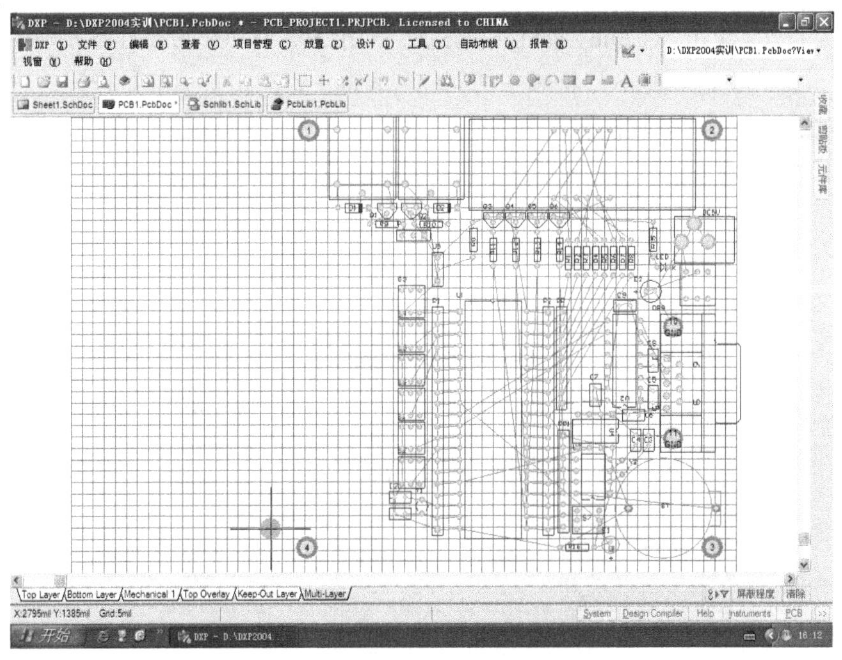

图 5-37　给 PCB 板放置安装孔的操作图示

到此，单片机学习板所有元件的布局全部完成。一方面，可就此布线和补泪滴，并加工制板，安装焊接后，就能用来学习 51 单片机编程技术；另一方面，充分利用如图 5-37 所示 PCB 板上的空位再进行电路扩充，即添加带排针接口的两个 DIP20 插座，带排针接口的 8 路 LED 发光二极管显示电路，红外线接收头接口电路以及最简形式的模数转换附加电路和数模转换附加电路。这样就可新增 ADC0804，DAC0832，74HC573，74HC164，74HC165，红外线解码等诸多电路实验，从而更大地提高我们设计的第一块 PCB 板的使用价值。这就要将第 4 章所绘制的单片机学习板原理图，扩充升级为单片机实验板原理图。下面，就进行原理图的升级。

5.2 扩充升级单片机学习板原理图

原理图升级中最重要的内容是添加两个封装为 DIP20 的原理图元件，同时两个原理图元件、两个继电器的触点、8 路发光二极管等须根据具体实验项目来灵活连接电路，添加大量的排针接口，排针接口就是名为“Header X”的原理图元件，X 表示焊盘数。由于模数转换、数模转换是单片机技术学习中的经典案例，因此也要为这两种转换增添附加电路。另外，从图 5-37 中可以看到：晶振 Y1 的封装不是通用型封装，应更换为通用型封装；电源开关与电源插座和电容 E2 正极的两连线（现为飞线）交换后更方便于布线；排针接口 P1 第 18、19、20 引脚的引出使用不大必要，去掉后更有利于元件布局。这些都是在电路升级中需要处理的。

为了在升级的原理图中彰显两个 20 引脚元件的万用性，这两个原理图元件就应当只有引脚的序号而没有引脚的功能。引脚无功能定义的 20 引脚原理图元件应在原理图升级前预先绘制。

5.2.1 绘制引脚无定义的原理图元件 IC1

在工作区上方，单击“Schlib1.SchLib”标签，工作区窗口切换为原理图元件绘制界面，如图 5-38 所示，在“SCH Library”面板中的元件列表框中，单击“追加”按钮，然后在弹出的新元件名字对话框中，将其默认名改为“IC1”。

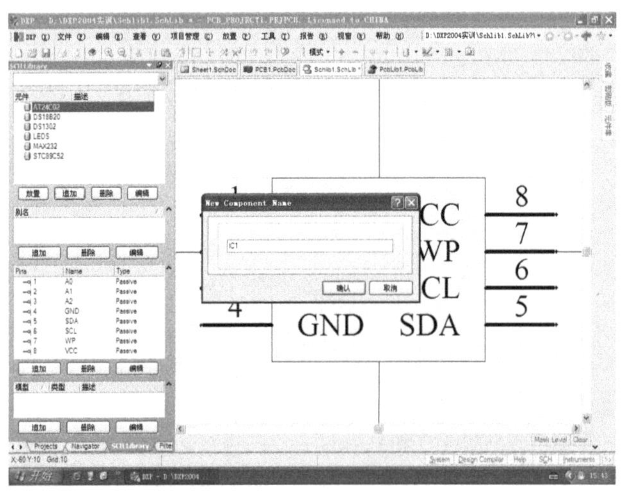

图 5-38　追加新原理图元件操作图示

在图 5-38 所示界面中，单击“确认”按钮，然后，绘制出如图 5-39 所示的原理图元件。

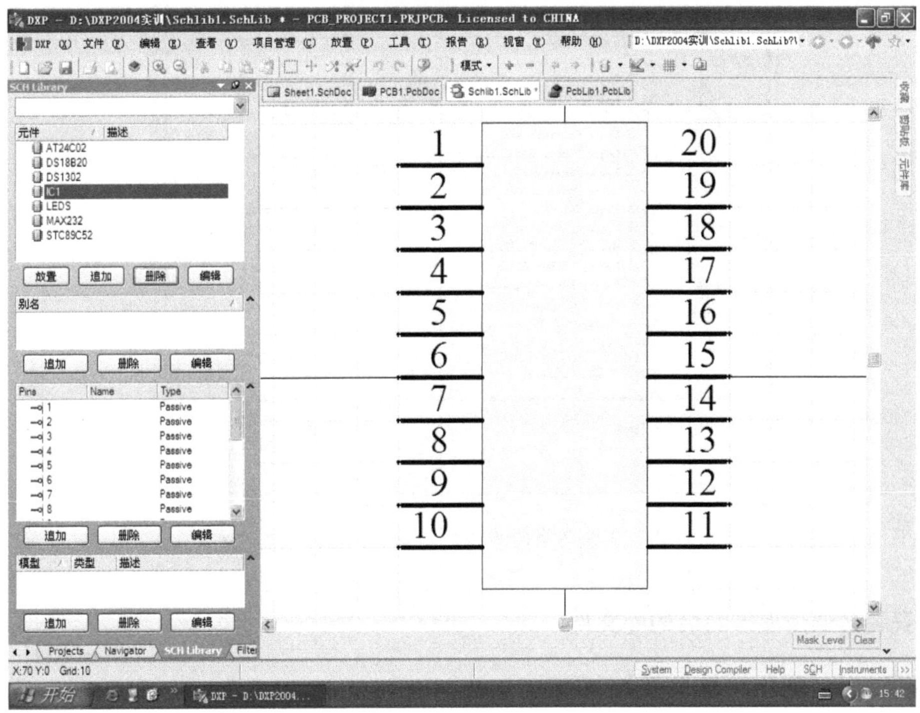

图 5-39　绘制引脚无定义的 IC1 元件

5.2.2　安装原理图升级所需的库文件

1. 安装含 DIP20 封装的库文件

由于前面的库文件中没有 IC1 所需的 DIP20 封装，下面就为其安装所需库文件。在“元件库”面板中进行库文件的安装过程可参考第 4 章的有关叙述，这里只做简单提示。在原理图绘制界面上，展开“元件库”面板，单击面板中的“元件库”按钮，再在弹出的“可用元件库”对话框中单击“安装”标签，再单击“安装”界面上的“安装”按钮，系统弹出“打开”对话框。在该对话框中，将“查找范围”选择为“Library”文件夹，一般来说，所需库文件都位于“Library”文件夹内的某一个子文件夹内。再找出并打开库文件所在子文件夹，让这个子文件夹出现在“查找范围”下拉列表框中，注意选择安装库文件类型，然后单击所需安装的库文件，再单击“打开”按钮，就完成了安装，再单击“关闭”按钮退出。

所需的 DIP20 封装在“ST Microelectronics”子文件夹的“ST Logic Counter”文件中，如图 5-40 所示。

在如图 5-40 所示的界面中，先单击“ST Logic Counter”库文件，再单击“打开”按钮，就安装了所需的“ST Logic Counter”库文件。当然，直接双击 “ST Logic Counter”库文件，也可完成“ST Logic Counter”库文件的安装。

图 5-40　文件夹路径的展开和安装文件的选择图示

2. 安装含通用晶振封装的库文件

有晶振 Y1 的通用封装的库文件是“Crystal Oscillator.PCBLIB”，这个库文件在“Pcb”文件夹中。用前面安装库文件的方法，即在“可用元件库”的“安装”界面下，单击“安装”按钮，系统弹出“打开”对话框。一般来说，“查找范围”中列出的是上一次安装库文件时所用的文件夹，如图 5-40 所示，单击文件夹列表框右边的第二个图标（向上的箭头图标），“查找范围”下拉列表框显示为“Library”文件夹，从“Library”文件夹的子文件夹列表框中，选择并打开“Pcb”文件夹，如图 5-41 所示。

图 5-41　在“Pcb”文件夹中选择“Crystal Oscillator”库文件

在如图 5-41 所示的界面上双击“Crystal Oscillator”库文件，就完成了“Crystal Oscillator”库文件的安装，然后，单击“关闭”退出。

5.2.3　将单片机学习板原理图升级为单片机实验板原理图

1. 更换 Y1 和 P1 的封装

在原理图中双击晶振 Y1 的元件符号，系统弹出“元件属性”对话框，如图 5-42 所示。

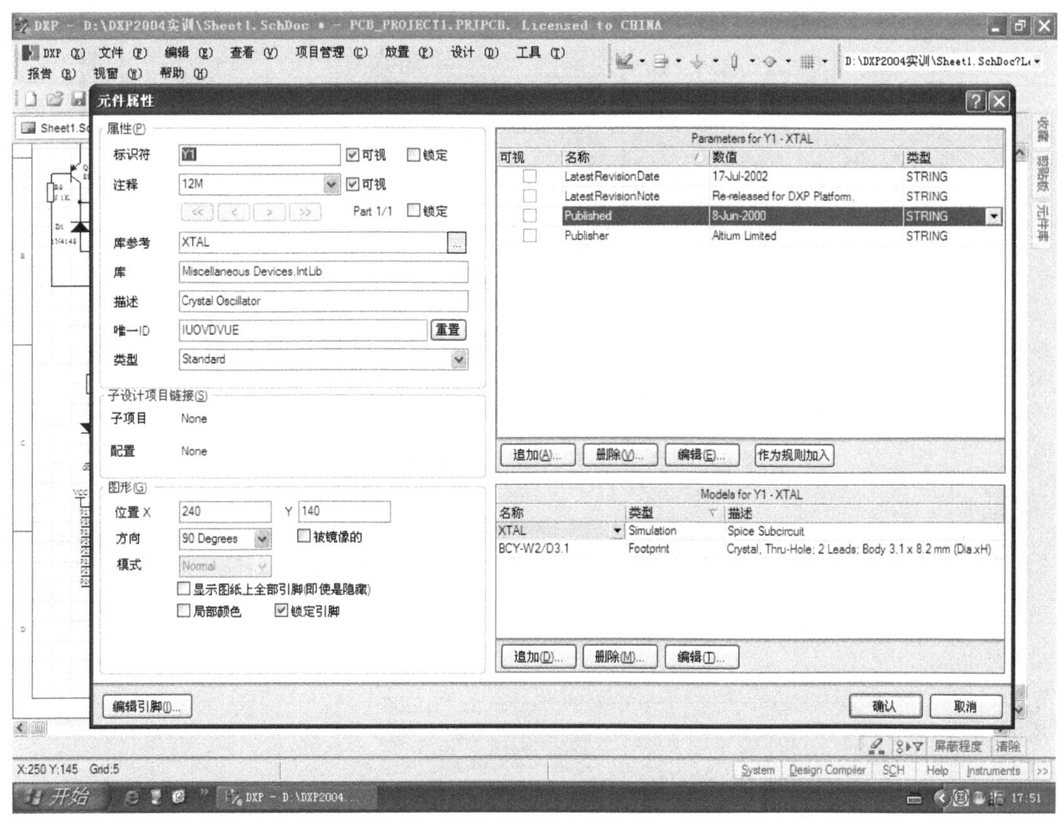

图 5-42　在原理图上双击 Y1 的元件符号以更换封装

在如图 5-42 所示的“元件属性”对话框的模型栏中，单击“追加”按钮，然后在弹出的“加新的模型”对话框中单击“确认”按钮，在弹出的“PCB 模型”对话框中单击“浏览”按钮，在弹出的“库浏览”对话框中单击“库”下拉列表框，选择“Crystal Oscillator.PcbLib”库文件，再从中选择“BCY-W2/E4.7”封装，如图 5-43 所示。

在图 5-43 所示界面上依次单击三个“确认”按钮，Y1 的封装更换完成。然后，单击 P1 的元件符号并按 Delete 键。将 P1 删除后的原理图如图 5-44 所示。

接着单击“元件库”标签，从展开的“元件库”面板中选取“Header 17”元件，如图 5-45 所示。放置前按 Tab 键，在弹出的“元件属性”对话框中，将标识符设为“P1”，注释为空，确认后与 U1 的第 1～17 引脚一一对接并形成电气连接，如图 5-46 所示。

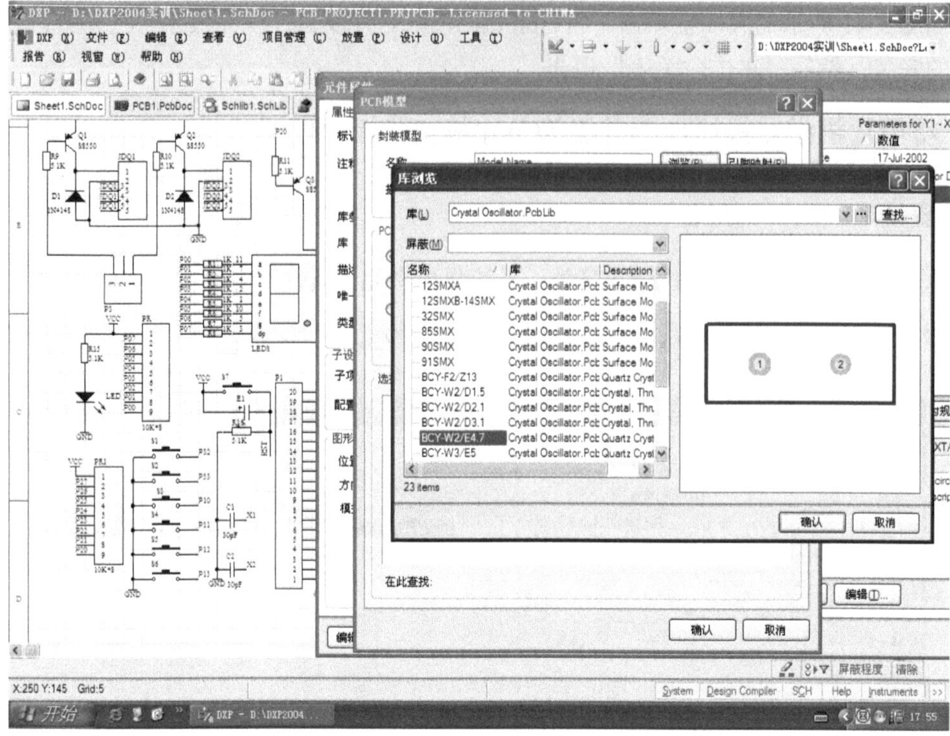

图 5-43 更换 Y1 的封装为通用型封装操作图示

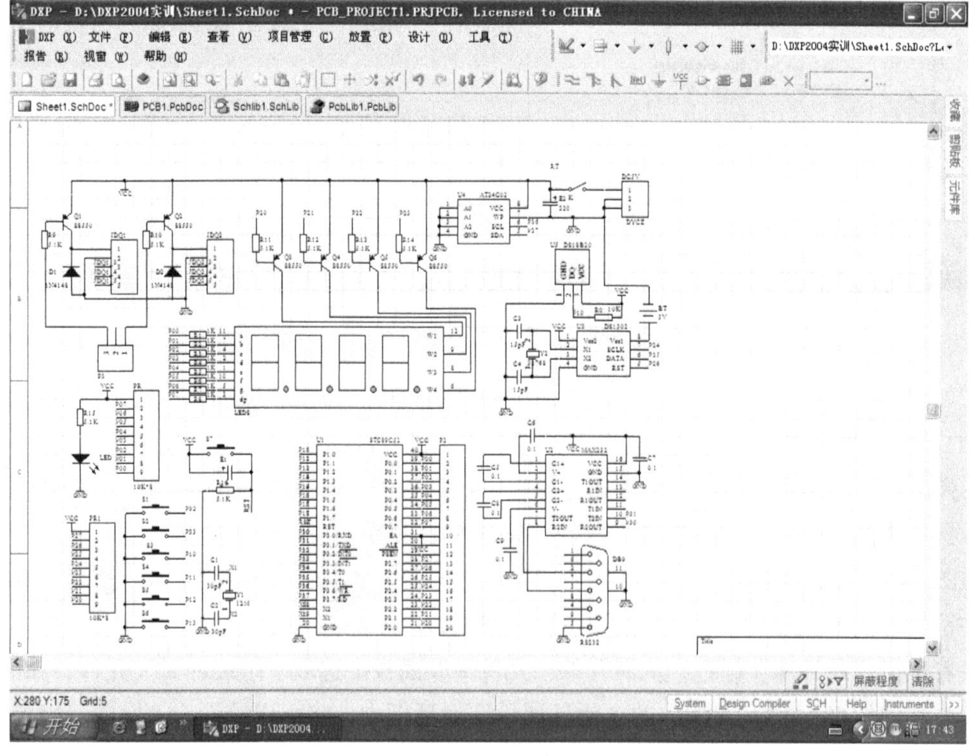

图 5-44 元件 P1 删除后的原理图

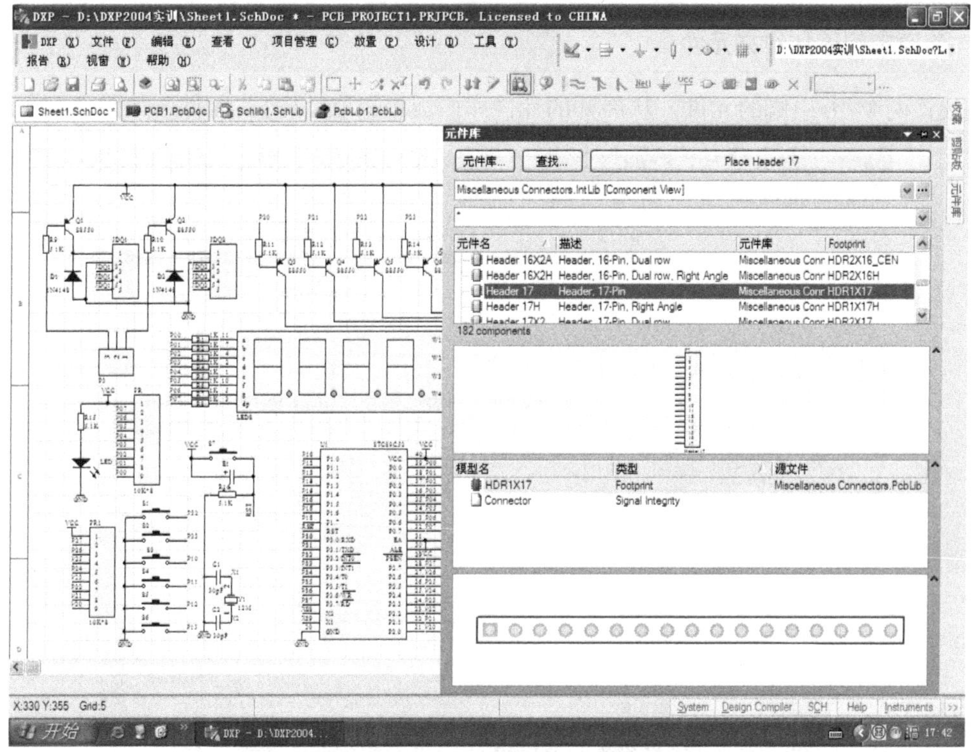

图 5-45　P1 重新放置的选取图示

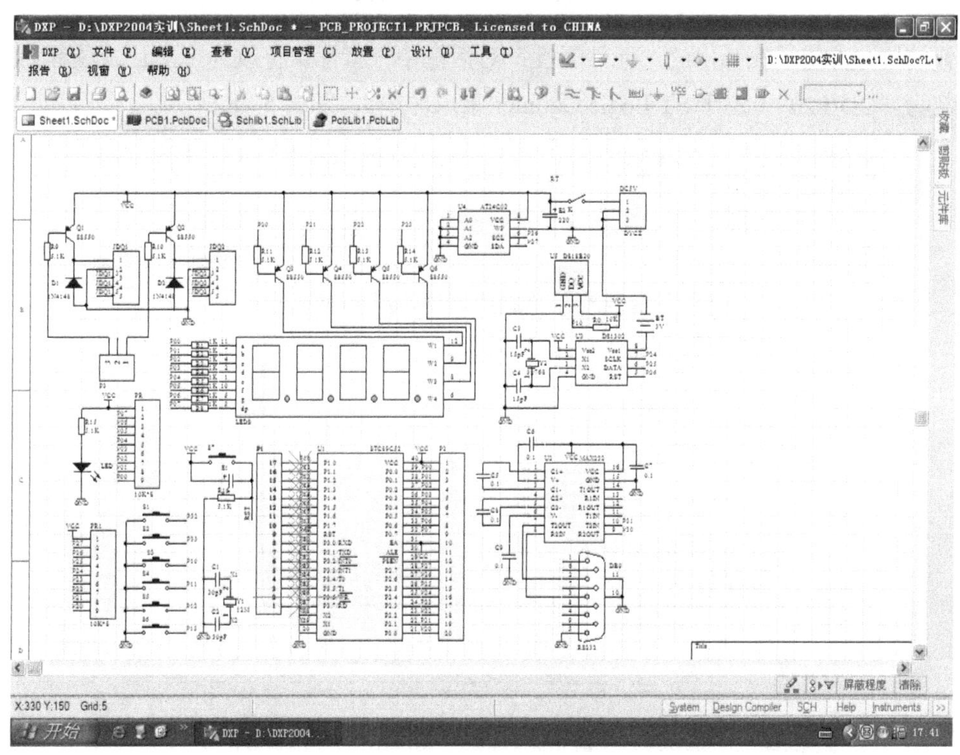

图 5-46　重新放置 P1 时与 U1 的自然对接图示

2. 为原理图添加扩充元件

先放置两个 20 引脚的元件。从展开的元件库面板中选取“IC1”元件，如图 5-47 所示。

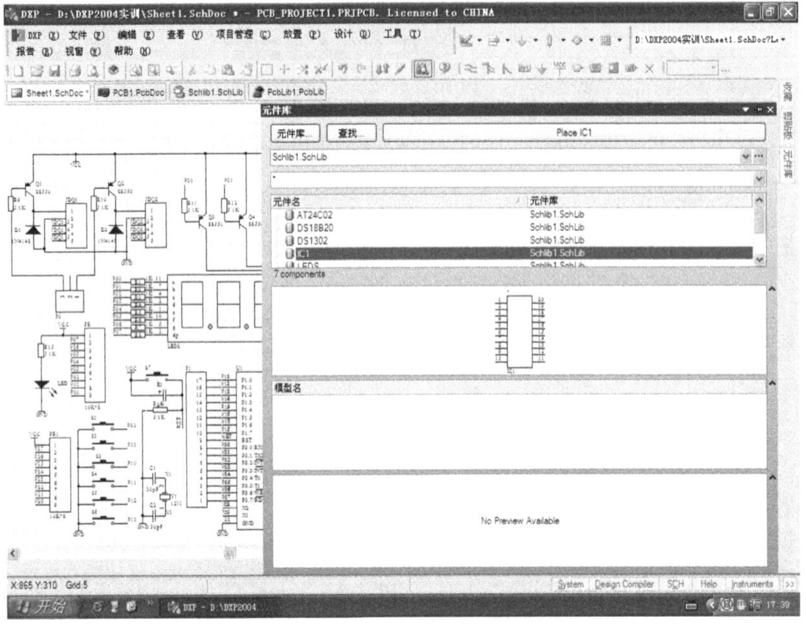

图 5-47　放置 20 引脚元件的选取图示

放置前按 Tab 键，在弹出的“元件属性”对话框中，将标识符改为“IC1”，注释为空，追加的封装为“CDIP20”（位于 ST Logic Counter 集成库中），如图 5-48 所示。

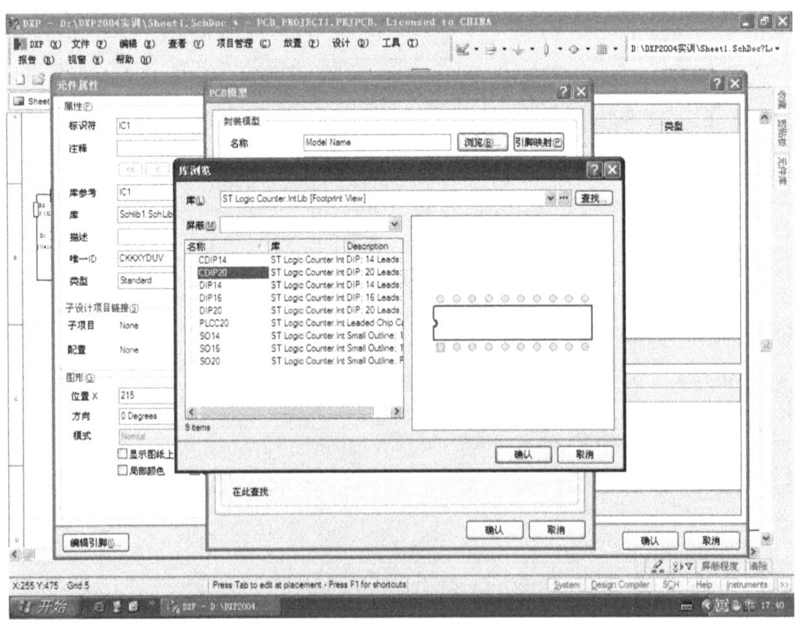

图 5-48　IC1 的标识符和封装设置操作图示

依次单击图 5-48 上的三个“确认”按钮，在放置状态下两次单击鼠标，再右击鼠标退出 IC1 的放置状态，然后按图 5-49 所示位置调整位置。

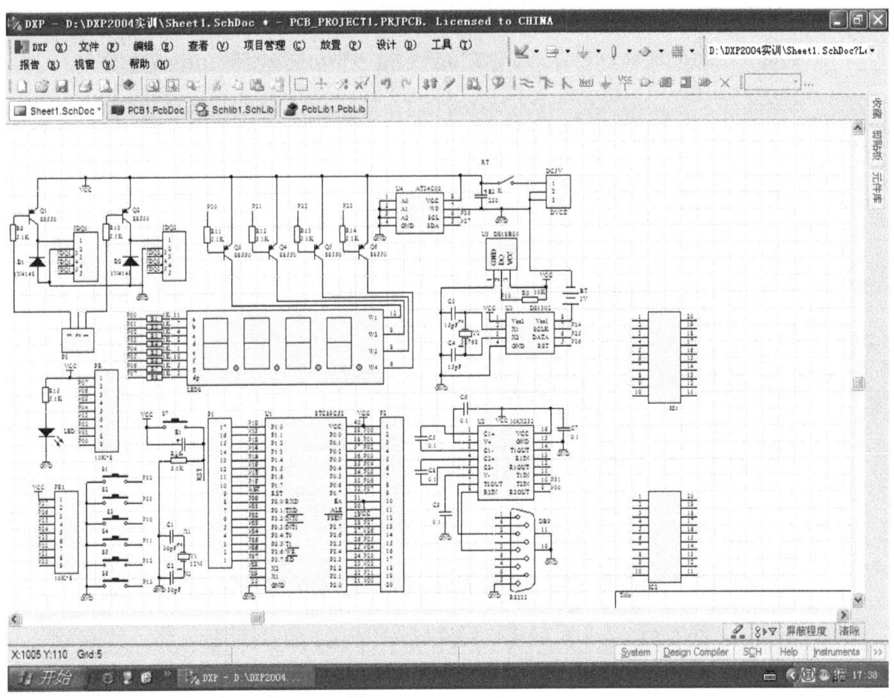

图 5-49 IC1、IC2 的放置位置

接下来，展开“元件库”面板，选取“Header 10”元件，如图 5-50 所示。

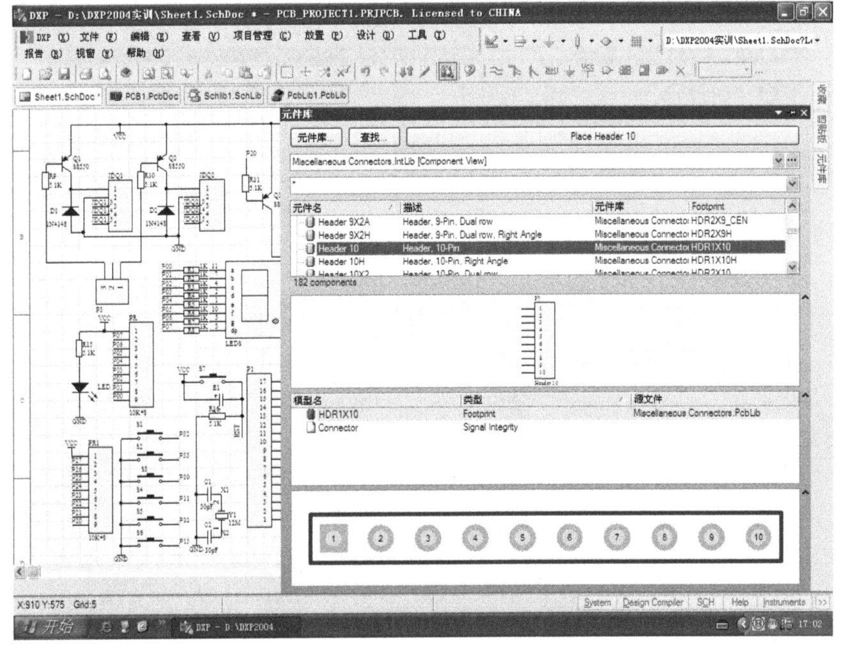

图 5-50 扩展接口件的选取操作图示

放置前按 Tab 键，在弹出的“元件属性”对话框中，将标识符设为“P4”，注释为空，确认后在原理图上单击 4 次鼠标，然后将 P4、P5 与 IC1 左、右两边对接，P6、P7 与 IC2 左、右两边对接，所有对接都是指电气连接，如图 5-51 所示。

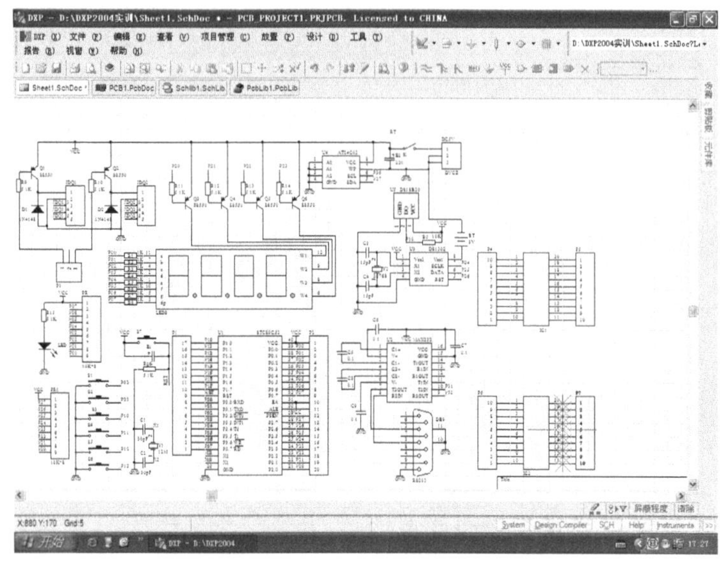

图 5-51　4 个扩展接口元件与 IC1、IC2 的对接图示

接下来，用类似方法，按图 5-52 所示位置，在原理图上放置 5 个“Header 2”插件，标识符依次为 DL1 ~ DL4 和 P9；3 个“Header 3”插件，标识符依次为 JD1、JD2、HS；两个“Header 6”插件，标识符分别为 VCC、GND；1 个“Header 8”插件，标识符为 P8；1 个“Header 9”插件，标识符为 PR2。

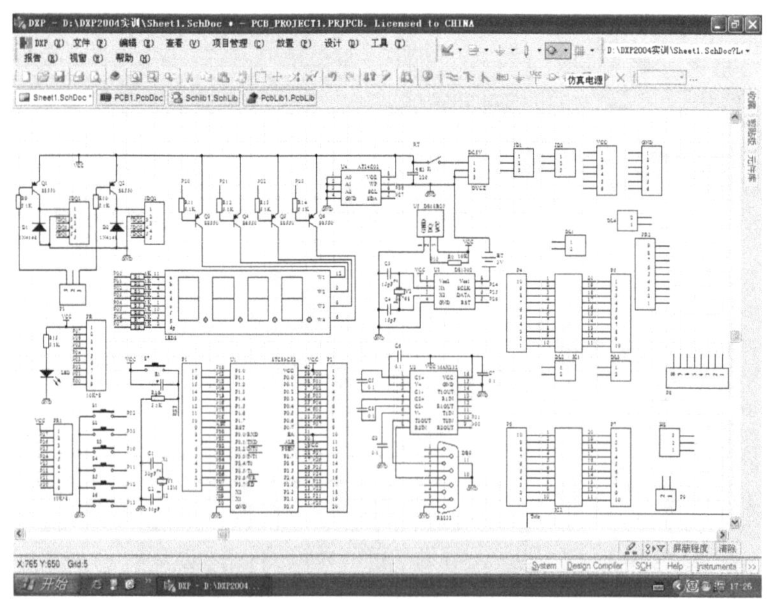

图 5-52　再添加 12 个“Header X”元件图示

接下来，展开“元件库”面板，选取“2N3904”元件，放置前按 Tab 键，标识符改为“NPN”，注释为空，封装追加为“TO-92A”，如图 5-53 所示。参照图 5-60 放置。

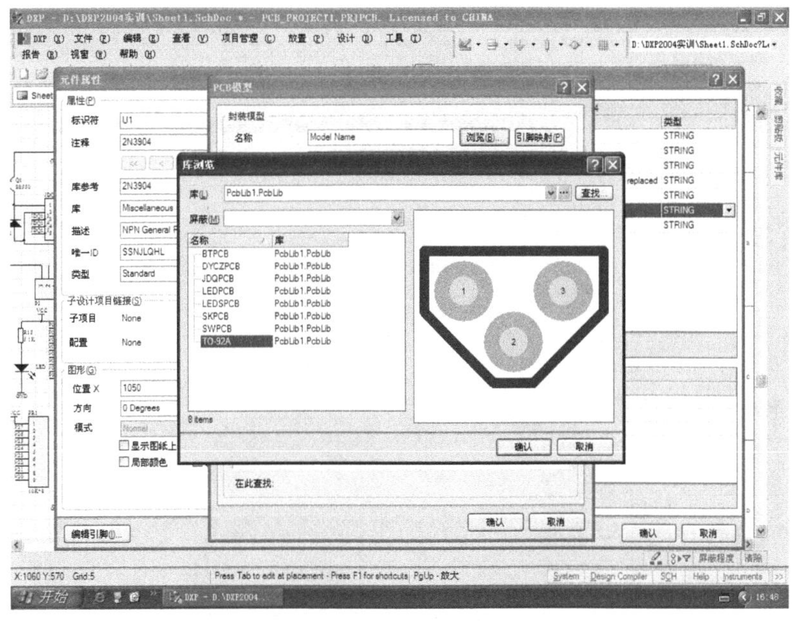

图 5-53　放置的 NPN 三极管属性设置

接下来，展开“元件库”面板，如图 5-54 所示，选取“LED0”元件，在“元件属性”对话框中，标识符改为“DS1”，注释为空，依次单击 8 次鼠标后，再将标识符“DS9”设为“DS”，放置一次。这 9 个发光二极管的放置位置参见图 5-60。

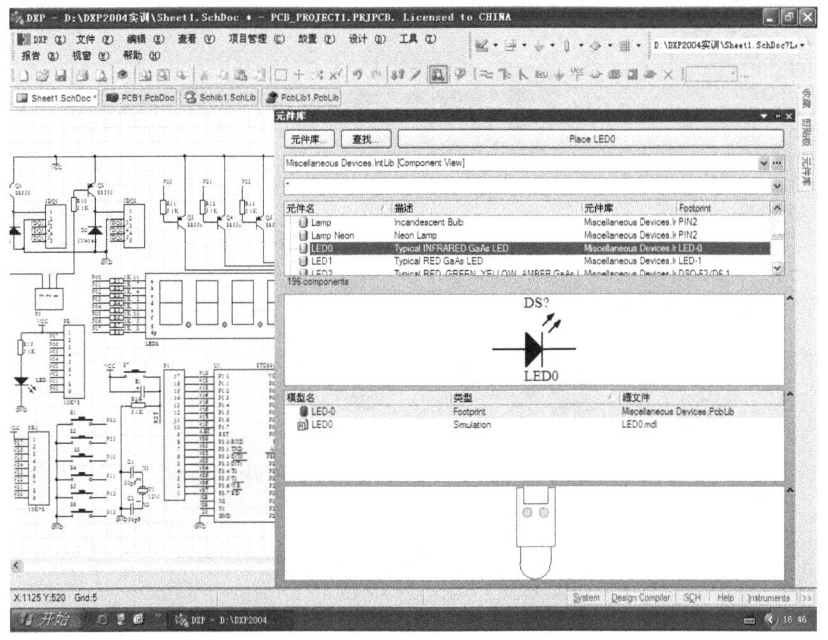

图 5-54　发光二极管的选取操作图示

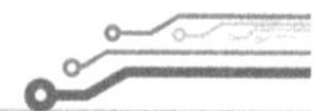

接下来，如图 5-55 所示，选取电位器元件 RPot，在其“元件属性”对话框中，将标识符设为“RW”，值设为 10k，确认后参照图 5-60 放置。

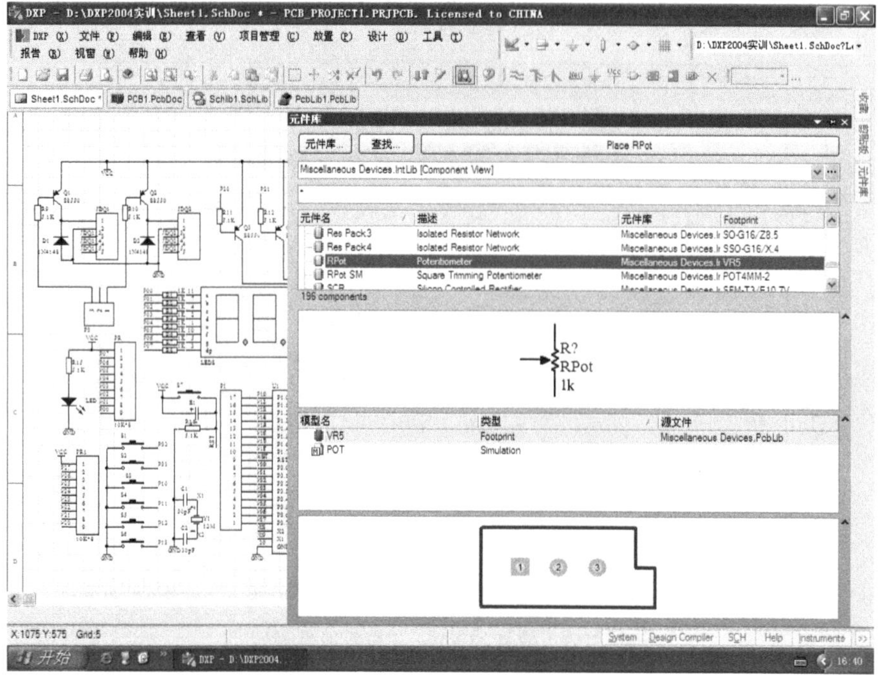

图 5-55 电位器元件选取图示

接下来，参照图 5-56，选取电阻元件 Res2。

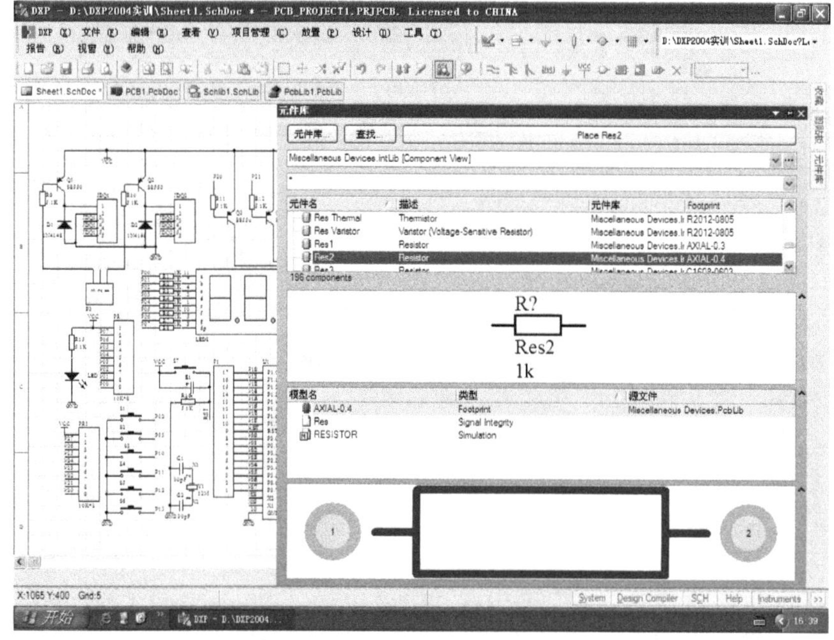

图 5-56 电阻元件 Res2 的选取图示

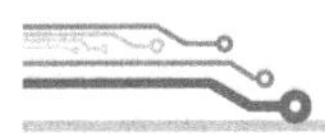
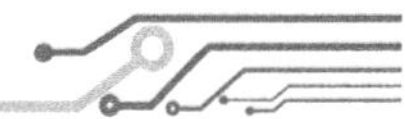

然后，在其“元件属性”对话框中，标识符设为“R01”，封装追加为“AXIAL-0.3”，确认后参照图 5-60 所示位置进行放置。

接下来，参照图 5-57，选取一按键开关 SW-PB 元件，在其“元件属性”对话框中，将标识符设为“S8”，参照图 5-58，把封装追加为“SWPCB”封装。参照图 5-60 放置。

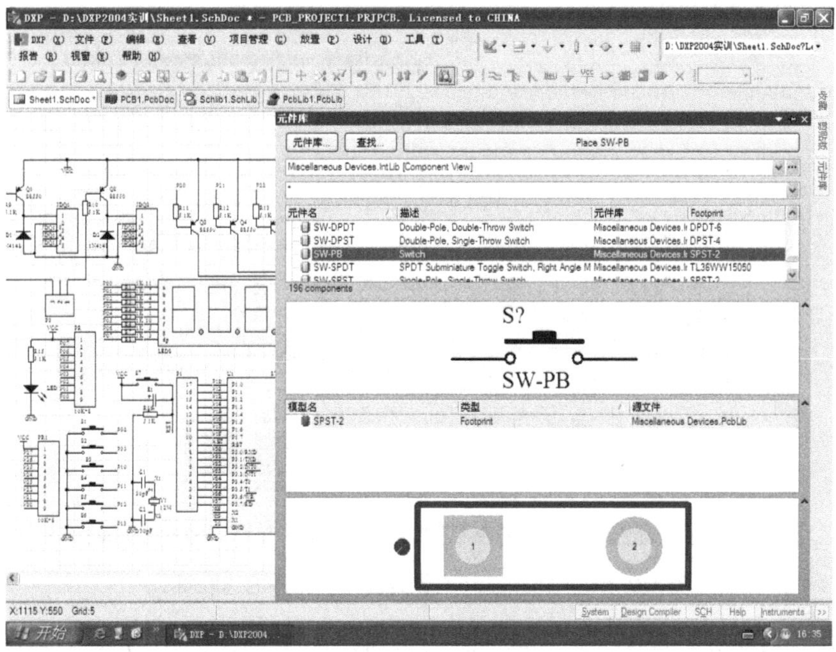

图 5-57　按键开关 S8 的选取操作图示

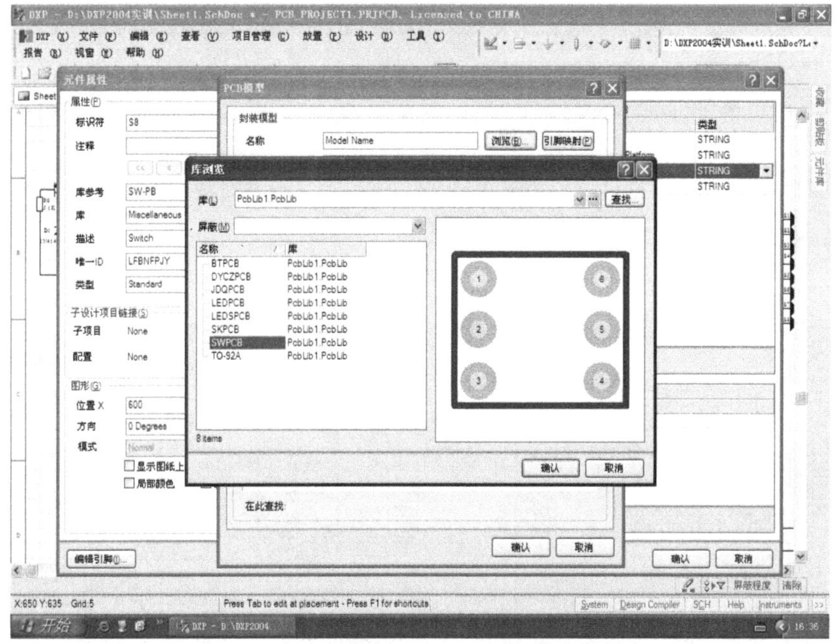

图 5-58　按键开关 S8 元件的封装追加图示

接下来，为单片机实验板添加一自恢复保险。如图 5-59 所示，展开元件库面板，从中选取“Res Thermal”元件，在其“元件属性”对话框中，将标识符改为“RT”，确认后参照图 5-60 放置。

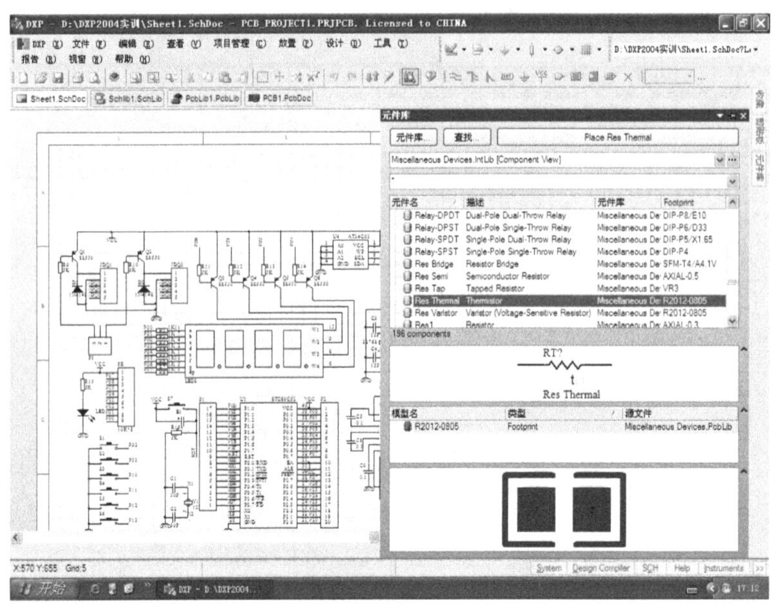

图 5-59　Res Thermal（自恢复保险）元件的选取图示

另外，为了电源开关封装的连线更合理，可在原理图中，将它的两电极交换后放置。

添加完扩充元件后的原理图如图 5-60 所示。

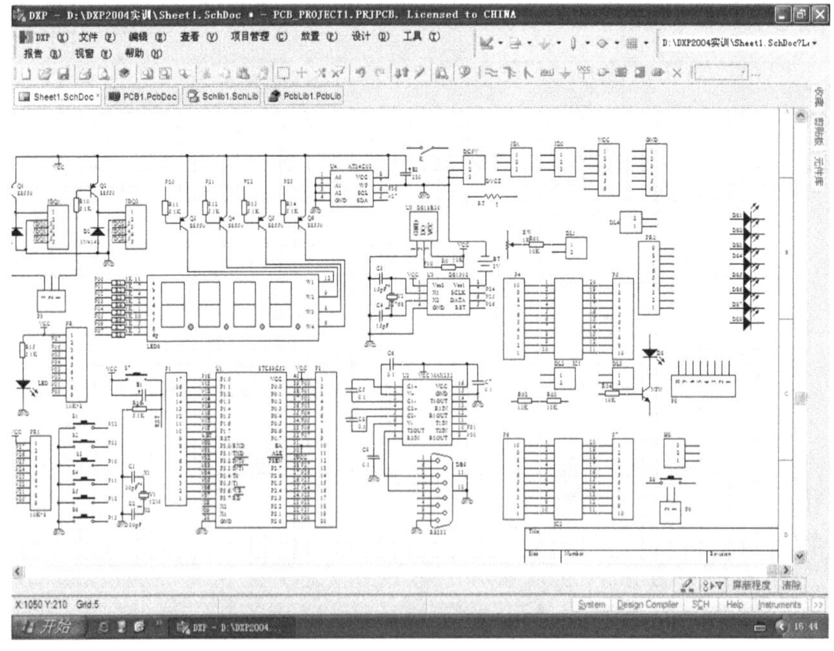

图 5-60　扩充电路元件放置图示

扩充电路的元件放置完成后，接下来按图 5-61 所示，用导线将相关电极连通。

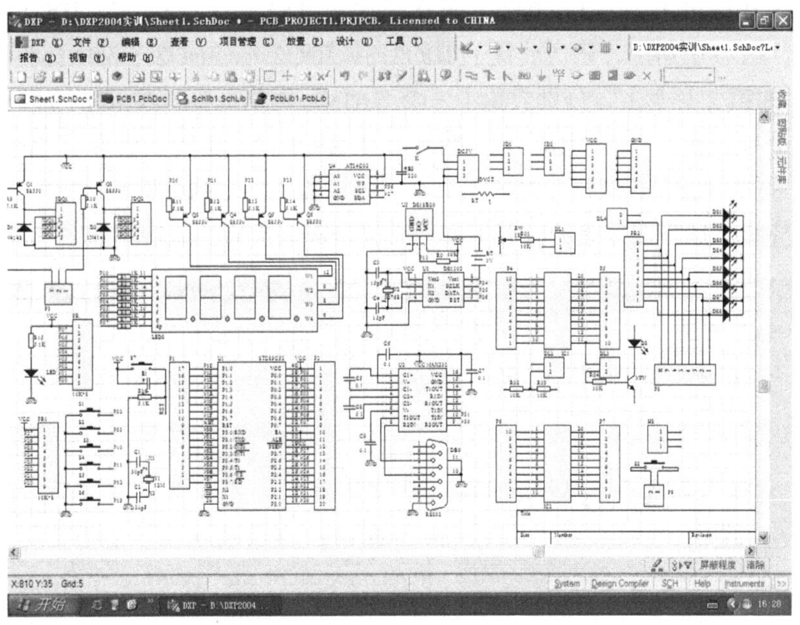

图 5-61 扩充电路元件导线连接图示

导线连接完成后，接下来，按图 5-62 所示，为扩充元件放置电源端口和网络标签。

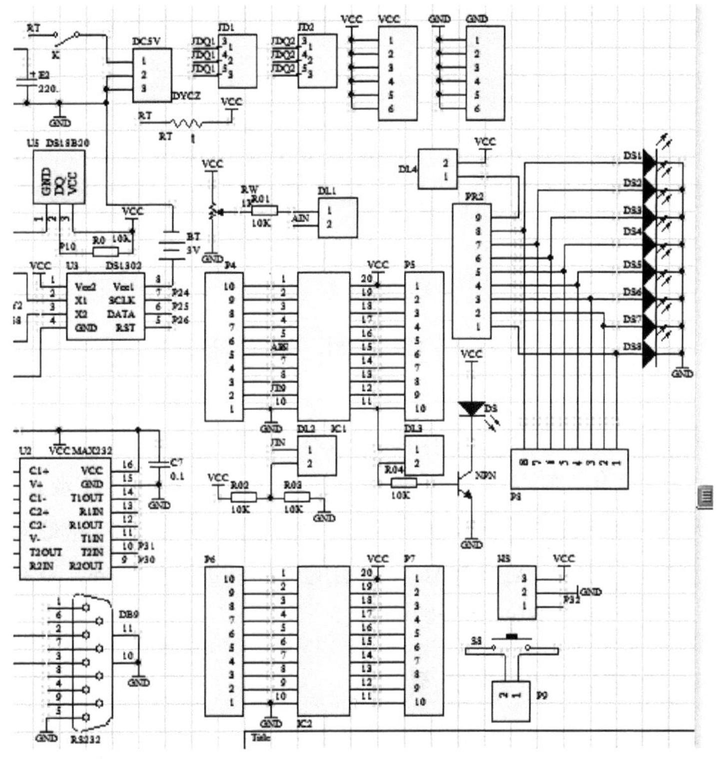

图 5-62 扩充电路的网络标签放置图示

在如图 5-62 所示的扩充电路中，共计放置了“VCC”电源端口 9 个，“GND”电源端口 7 个。另外，在 JD1 的第 1、2、3 引脚上，依次放置了 JDQ1_3、JDQ1_4、JDQ1_5 网络标签；在 JD2 的第 1、2、3 引脚上，依次放置了 JDQ2_3、JDQ2_4、JDQ2_5 网络标签；在 IC1 的第 6 引脚和 DL1 的第 2 焊盘上，分别放置了一个“AIN”网络标签；在 IC1 的第 9 引脚和 DL2 的第 2 引脚上分别放置了一个“JIN”网络标签；在 HS 的第一引脚上放置了“P32”网络标签。在电源开关 K 的左电极和自恢复保险的左电极上各放置了一个网络标签“RT”。

到此，就完成了原理图升级的全部工作。升级全部完成后的原理图如图 5-63 所示。

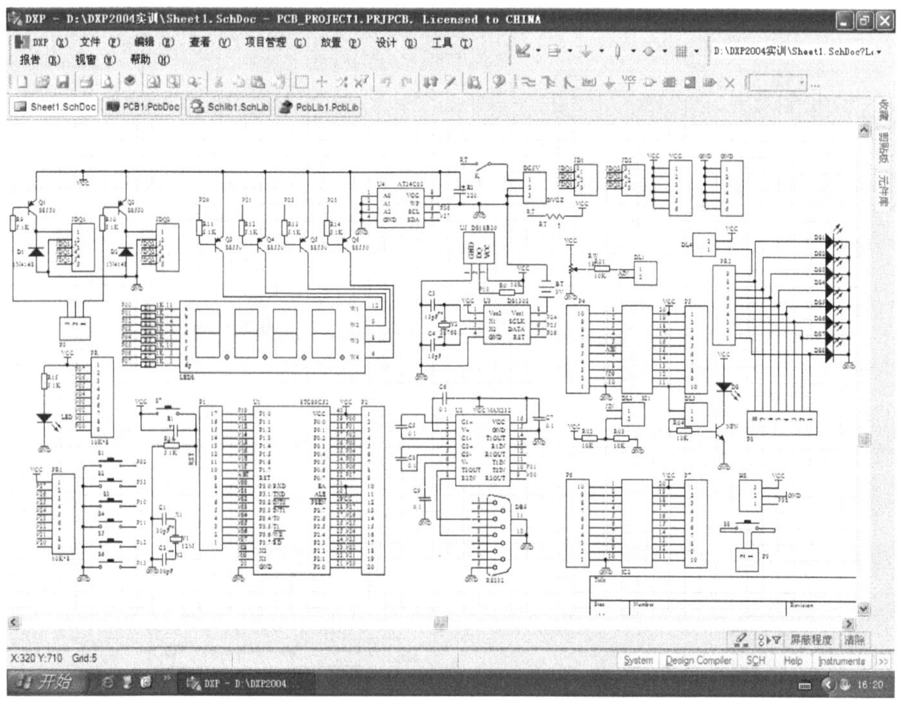

图 5-63　升级全部完成后的原理图

5.3　更新升级单片机学习板 PCB 图

升级单片机学习板原理图的最终目的，就是要升级单片机学习板 PCB 图。原理图更新后，对应的 PCB 图还无任何变化，须进行指定的菜单操作，对应的 PCB 图才被其原理图更新。PCB 图被更新后，在原理图中没被更新元件的封装布局及网络无任何变化，被修改元件的封装随着变化，新增元件的封装就布放在靠近 PCB 板边沿的外面。本节的任务，就是先用升级后的原理图更新 PCB 图，再完成 PCB 图新增封装的布局。

5.3.1　用升级后的原理图更新 PCB 图

如图 5-64 所示，在原理图绘制界面上单击“设计”→“Update PCB Document PCB1.PcbDoc”菜单项。

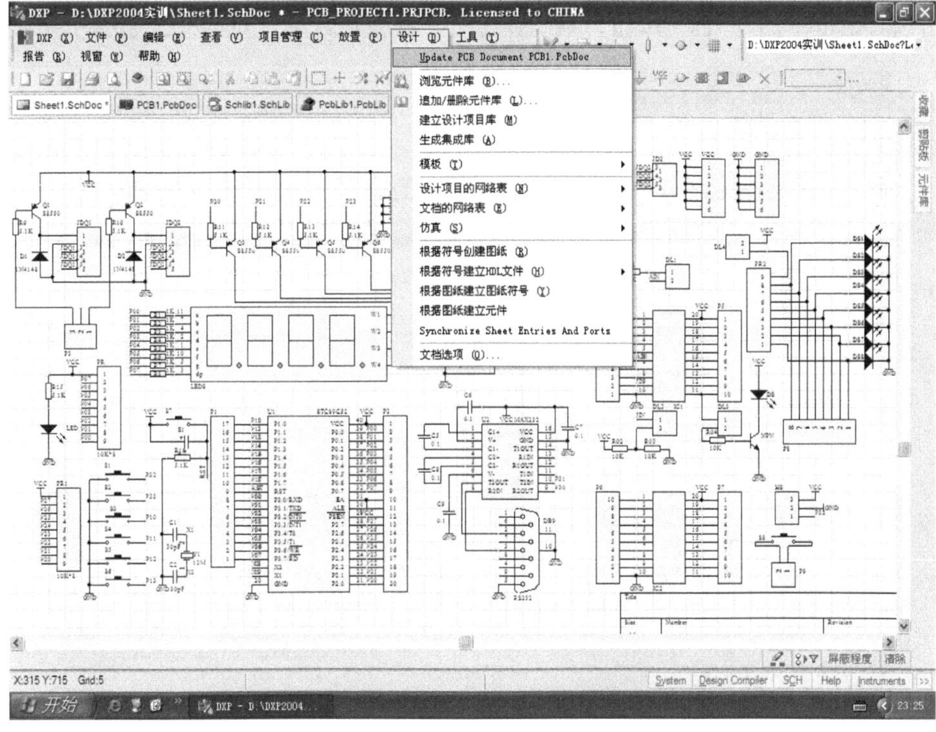

图 5-64 在原理图界面更新 PCB 图的菜单操作图示

如图 5-64 所示的菜单操作响应后，系统弹出尝试组件匹配对话框，如图 5-65 所示。

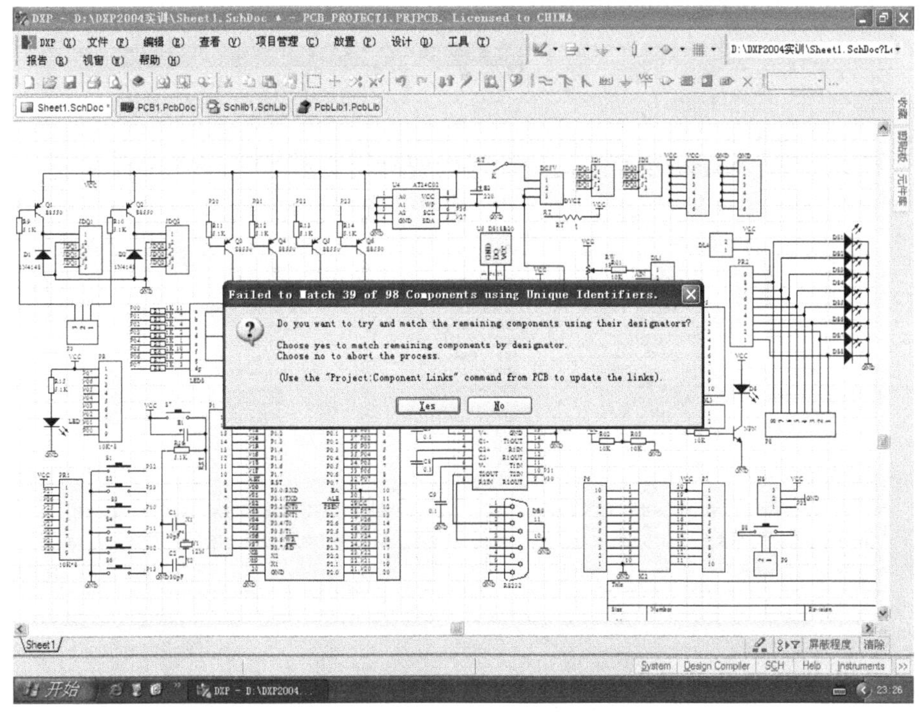

图 5-65 尝试组件匹配对话框

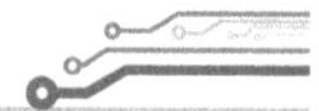

单击该对话框中的“Yes”按钮，系统弹出“工程变化订单”对话框，如图 5-66 所示。

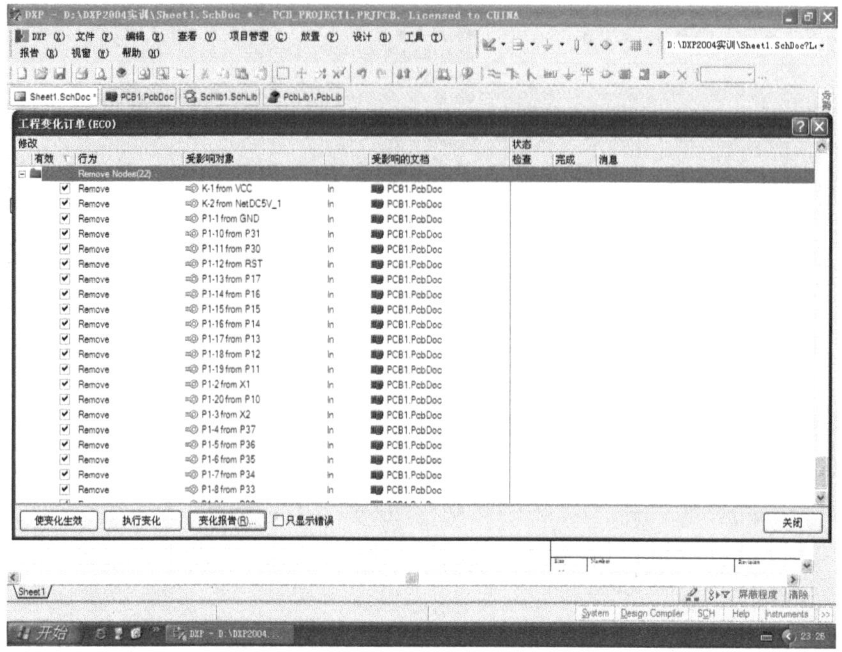

图 5-66　更新 PCB 图产生的“工程变化订单”图示

在图 5-66 所示的界面上，单击“使变化生效”按钮，系统在工程变化订单中给出相应的检查结果，如图 5-67 所示。

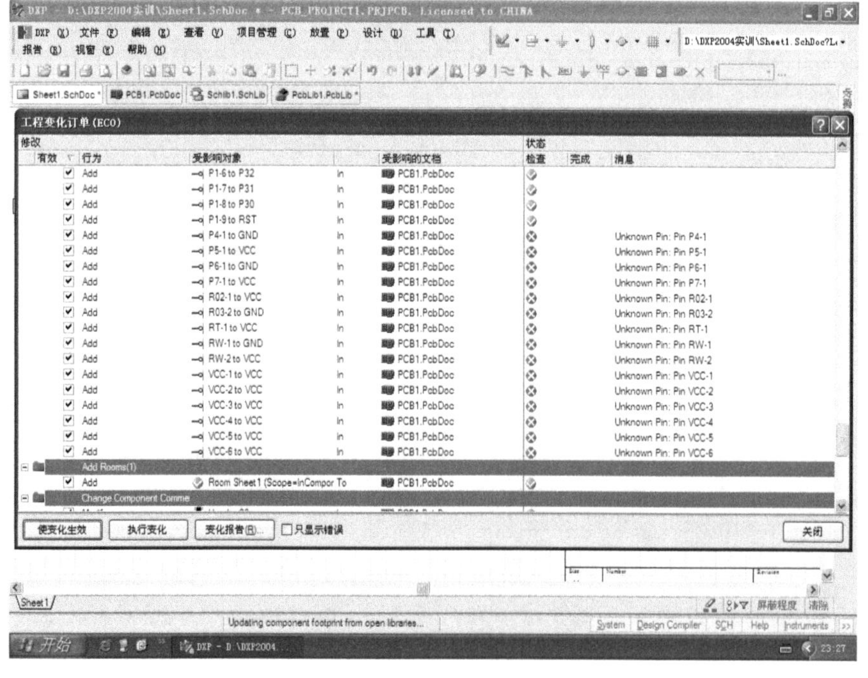

图 5-67　“使变化生效”后的检查结果图示

暂不理会检查结果中的出错标记，在图 5-67 所示界面上单击“执行变化”按钮，系统给出执行变化的完成结果，如图 5-68 所示。

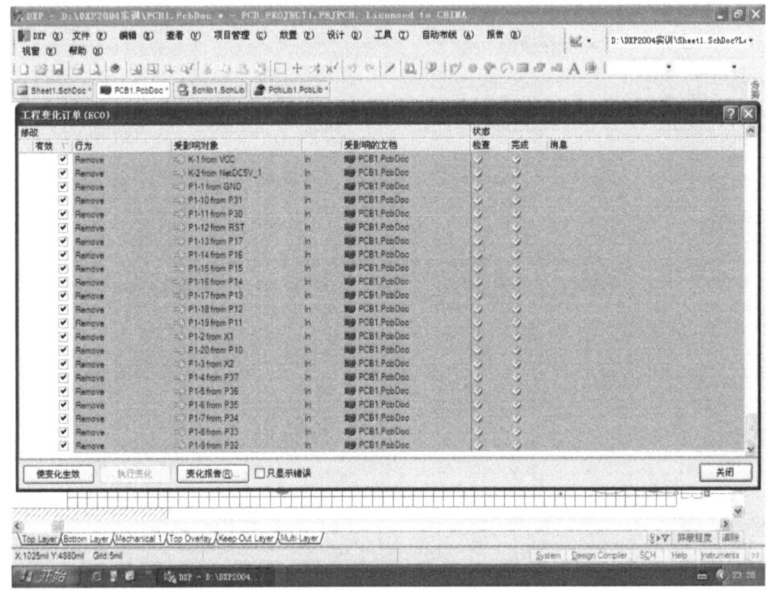

图 5-68　工程变化订单执行变化后的完成结果图示

在图 5-68 所示界面上，用鼠标上下移动工程变化订单右边的滚动条，检查所有对象的完成结果，全部检查可知，没有任何一个出错标记。单击“关闭”按钮，关闭“工程变化订单”对话框。

关闭“工程变化订单”对话框后，PCB 图呈遮蒙显示，单击“编辑”→“删除”菜单项，光标变为“十”字状，用十字光标单击矩形遮蒙层符号，如图 5-69 所示。

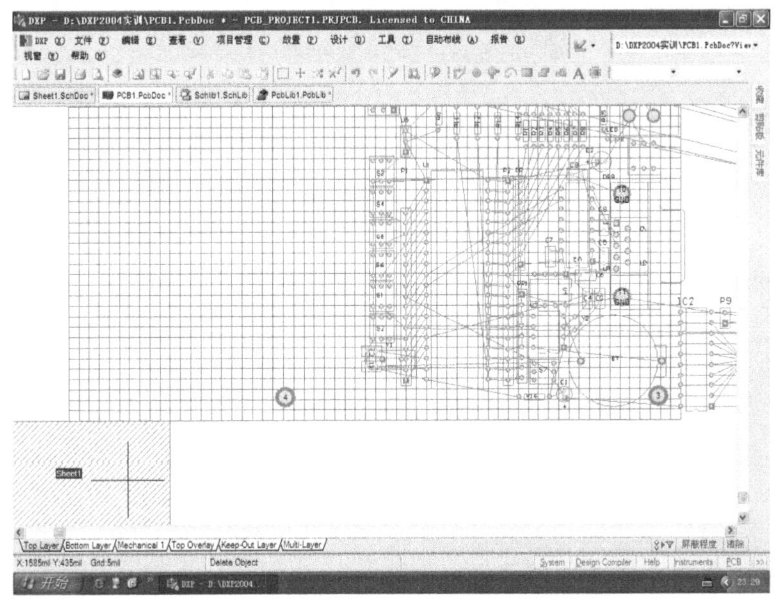

图 5-69　删除 PCB 图上的遮蒙层操作图示

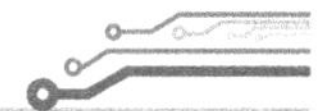

删除 PCB 图上的遮蒙层后，PCB 图正常显示，如图 5-70 所示。

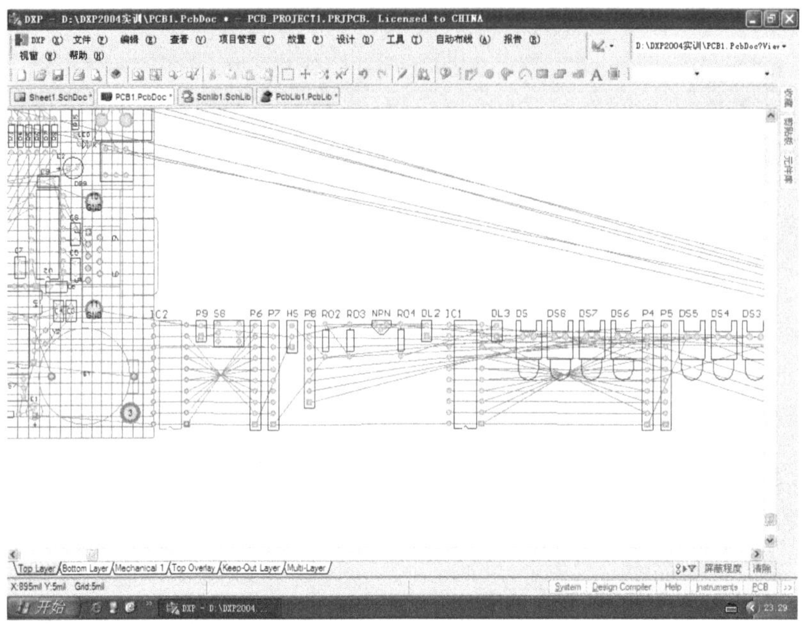

图 5-70　删除遮蒙层后 PCB 图正常显示

5.3.2　新增元件封装的手工布局

PCB 图正常显示后，从图 5-70 中看到，发光二极管的封装较大，须更换成较小的封装。先右击 DS8 封装的空白处，再单击快捷菜单中的“查找相似对象”菜单项，如图 5-71 所示。

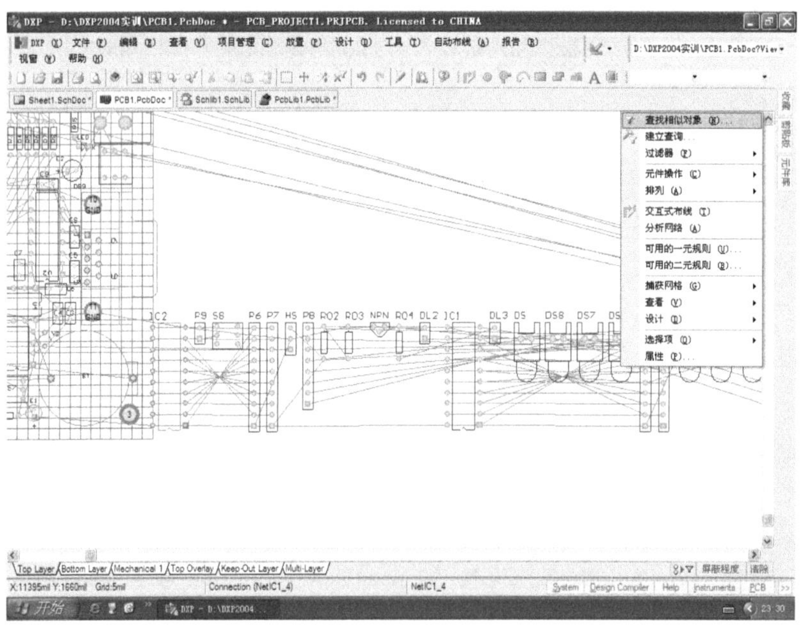

图 5-71　统一更换发光二极管封装的操作图示

单击“查找相似对象”菜单项后，系统弹出“查找相似对象”对话框，如图 5-72 所示。

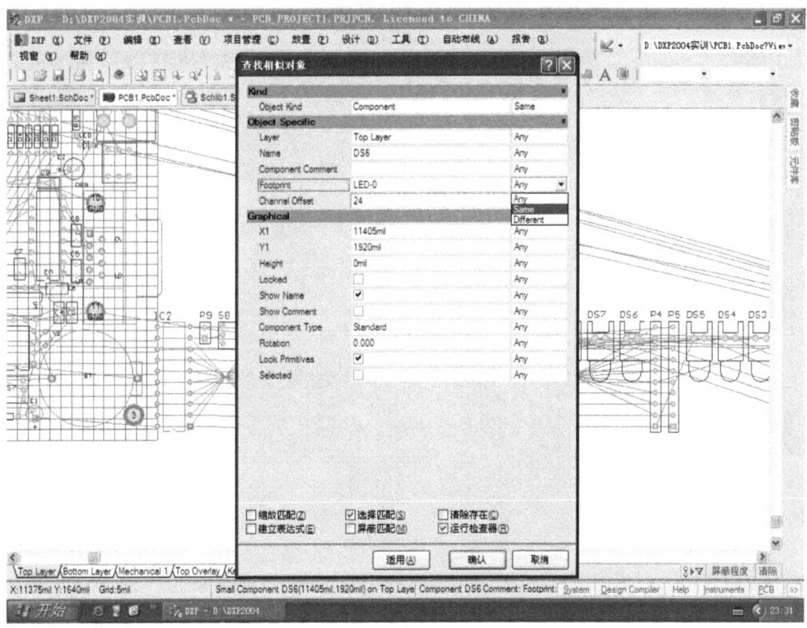

图 5-72　“查找相似对象”对话框

在图 5-72 所示对话框中，单击“Footprint”选项的第二个参数“Any”，在弹出的下拉列表框中单击“Same”，选中“选择匹配”和“运行检查器”复选框。

单击“确认”按钮后，系统弹出“检查器”对话框，如图 5-73 所示。在“检查器”对话框中，把“Footprint”选项中的参数“LED-0”改为“LEDPCB”，然后回车。

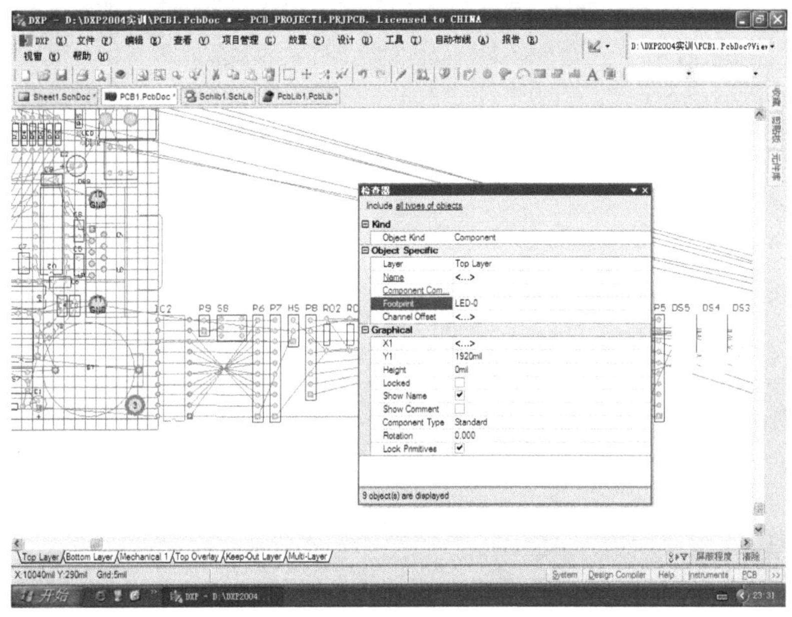

图 5-73　“检查器”对话框

封装参数修改并回车后，关闭“检查器”对话框，发光二极管呈灰色显示，按组合键Shift+C，工作区中各发光二极管恢复正常显示，如图5-74所示。

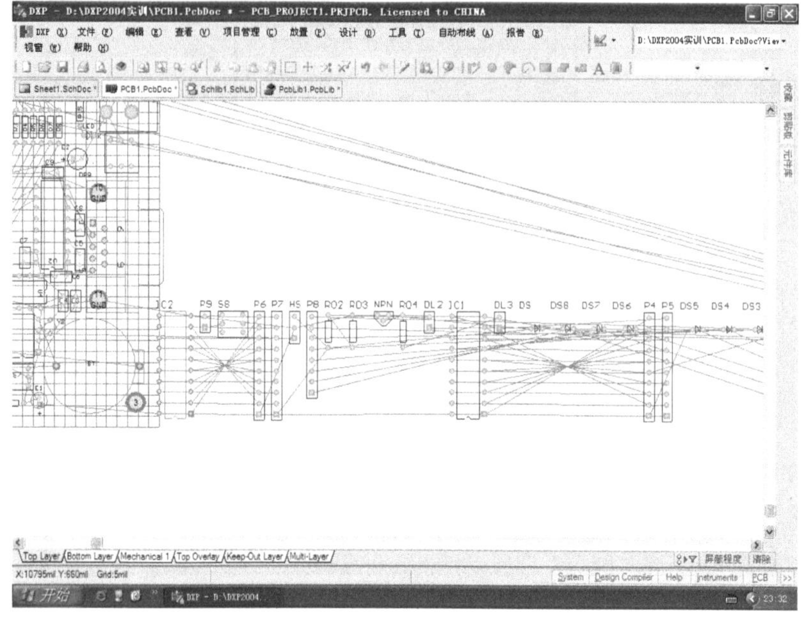

图5-74　发光二极管封装集体更换后的显示

比较图5-74所示的电阻封装宽度和各标识符文本高度，可知新扩充元件的标识符文本高度为系统默认的60mil，须统一修改为40mil。右击“R03”字符串，系统弹出快捷菜单，如图5-75所示。

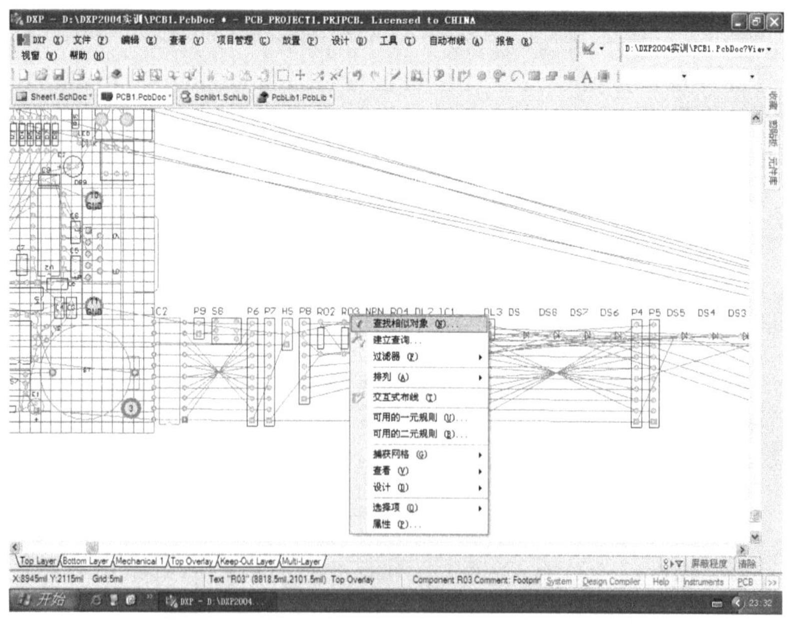

图5-75　统一更换文本字符高度的操作图示

单击“查找相似对象”菜单项，系统弹出“查找相似对象”对话框，如图 5-76 所示。

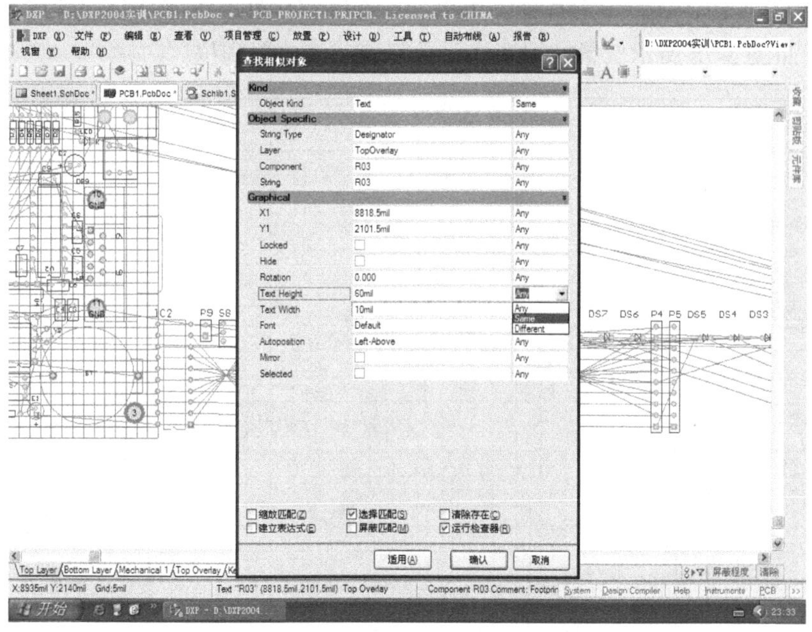

图 5-76　“查找相似对象”对话框

单击对话框中“Text Height”选项的第二个参数“Any，然后，在弹出的下拉列表框中选择“Same”，并选中“选择匹配”和“运行检查器”复选框，如图 5-76 所示。再单击“确认”按钮，系统弹出“检查器”对话框，如图 5-77 所示。

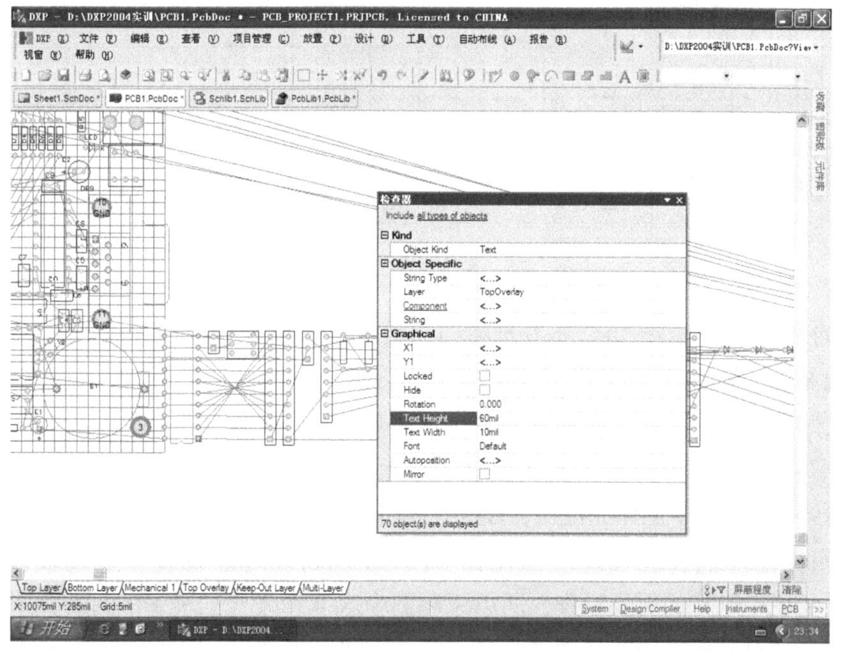

图 5-77　“检查器”对话框

在“检查器”对话框中把“Text Height”的值设为40mil后回车，再单击“检查器”对话框右上角的“×”按钮，关闭该对话框。再单击工作区空白处，PCB板恢复正常显示。

此后，参照图5-78所示位置，把新增元件封装一一放置到位。

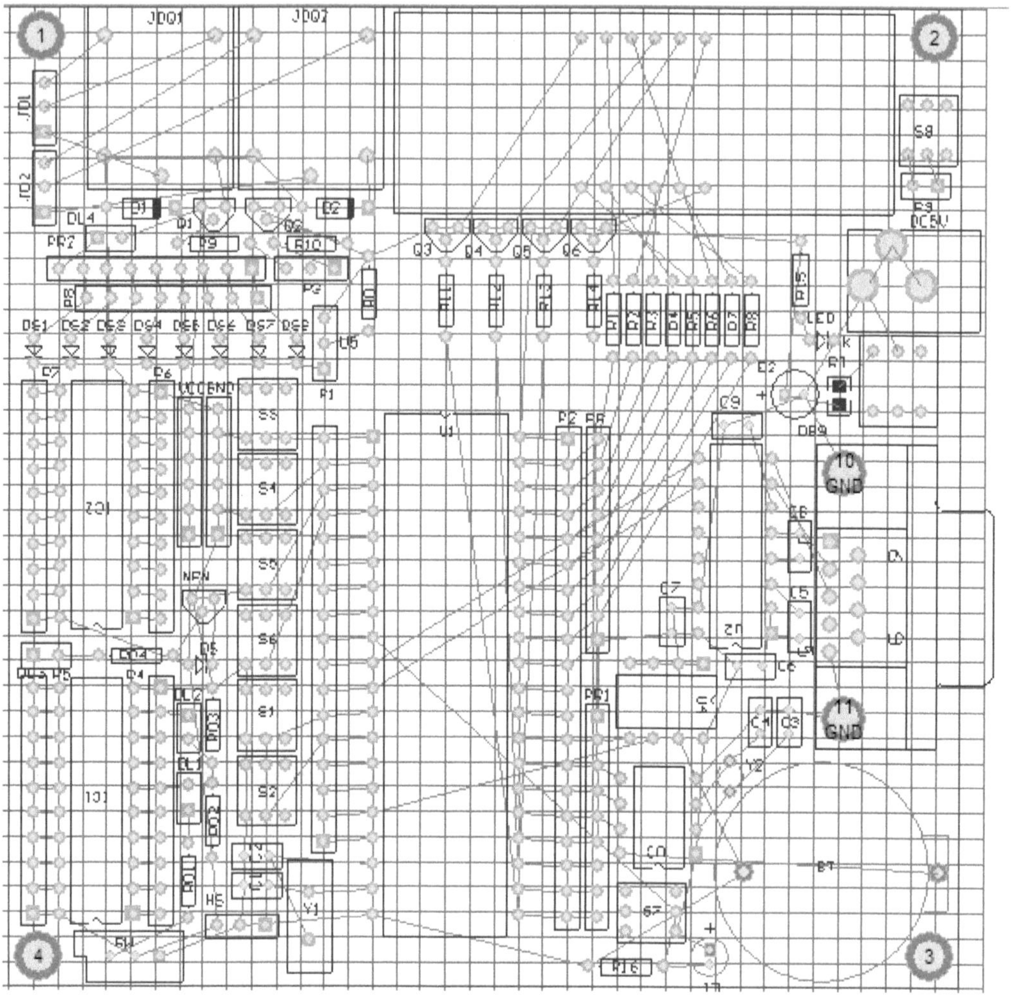

图5-78　扩充元件的布局图示

要注意的是，8路LED发光二极在放置时需要水平间距均匀，这可由系统本身的排列功能来完成。先把8个二极管底部对齐，并把DS1负极定位于（3100，3580），DS8负极定位于（4180，3580），用鼠标选择这8个发光管，然后单击“编辑”→“排列”→“水平分布”菜单项，如图5-79所示。

如图5-79所示的菜单操作完成后，DS1~DS8就实现了水平均匀分布。

还有个问题在此也应给予说明，就是在PCB图中我们更换了9个发光二极管的封装，因为这是在PCB图中进行的更换操作，所以原理图中这9个发光二极管的封装并未被更换，可用现在的PCB图对其相应的原理图进行更新。这个更新操作见本章习题（第6章的实训还需要使用这一更新后的原理图）。

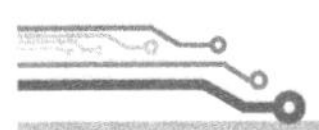

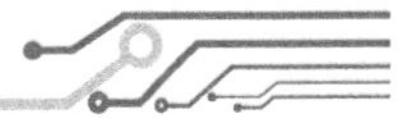

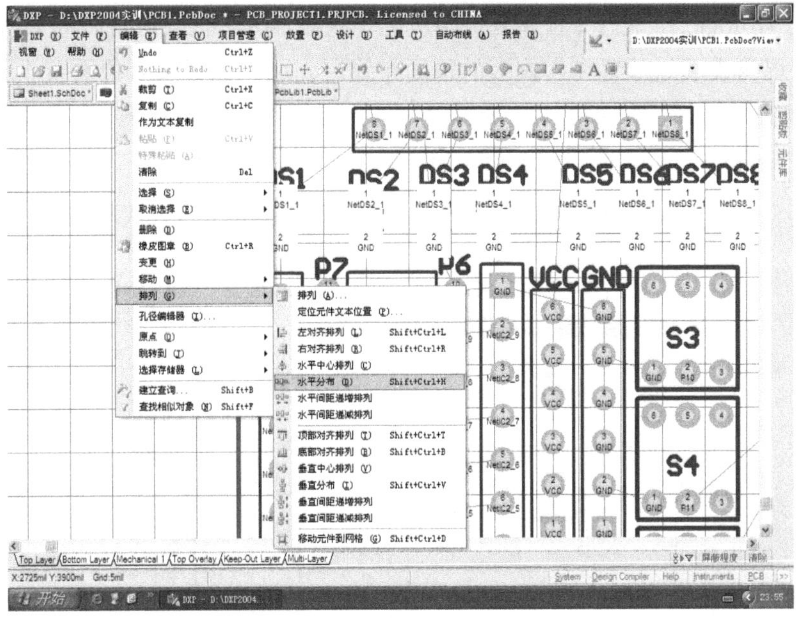

图 5-79　8 个发光二极管的水平均匀分布操作图示

需要说明的是，U1 的封装是在原理图中选取的 PDIP40 一般封装，焊接安装时使用的是 40DIP 锁紧插座，这有很大差别。因此，P1、P2 上的焊盘与 U1 两边引脚的焊盘的中心距为 200mil，另外，R11~R14 四个电阻下端焊盘的 Y 坐标值应不小于 3690mil，如图 5-80 所示。

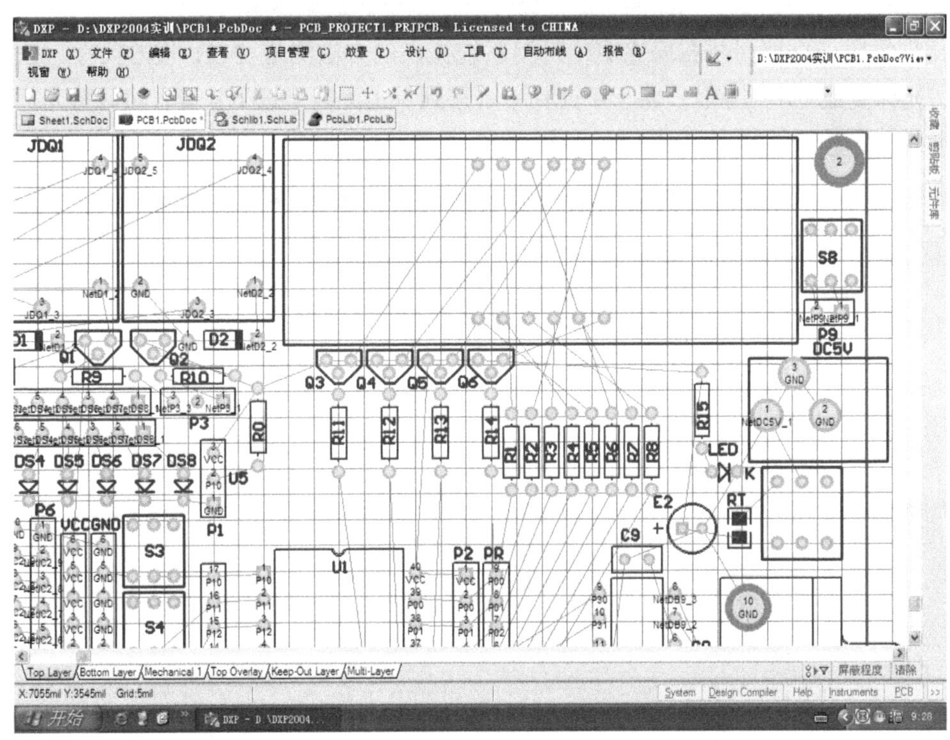

图 5-80　P1、P2、R11、R12、R13 与 U1 的最小间距图示

从图 5-80 还可看到，RT1（自恢复保险）的焊盘显示为红色，这是因为 RT1 的封装是贴片封装，红色焊盘表示是放置在印刷板的顶面布线层，而单面板没有顶面布线层，因此须把 RT1 的焊盘改为放置于底面。双击 RT1 的焊盘，系统弹出"焊盘"对话框，把原来的层标识"Top Layer"改为"Bottom Layer"，如图 5-81 所示。

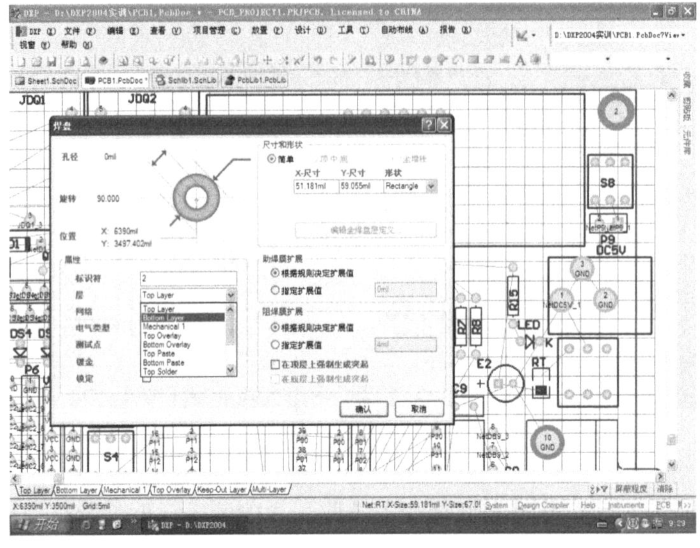

图 5-81 焊盘的层属性修改图示

把 RT1 的另一个焊盘做同样的层属性修改后，两个焊盘就显示为蓝色了。

单片机实验板全部封装布局完成，可用系统提供的方法测量 PCB 板的尺寸。按组合键 Ctrl+M，光标变成"十"字状，将十字光标中心移到左边界线上按下左键，然后将光标中心移至右边界线上，放开左键，如图 5-82 所示。

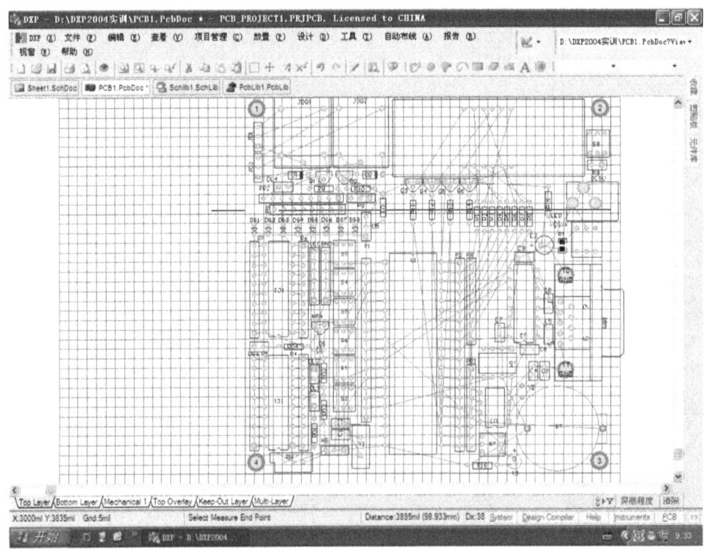

图 5-82 测量 PCB 板宽度的操作图示

松开左键后，系统会弹出测量结果对话框，如图 5-83 所示。

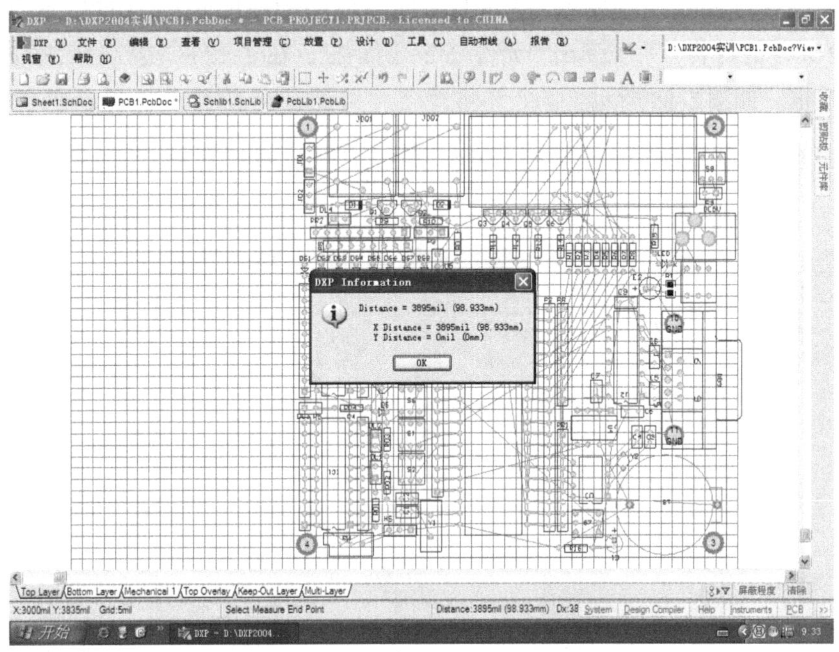

图 5-83　用 Ctrl+M 组合键测量 PCB 板尺寸

用此方法，可测量 PCB 图上任两点间的距离。测量完成后，右击鼠标退出测量操作。

在封装布局的最后阶段，对个别元件的精细调整用鼠标移动不好把握时，可用修改元件的位置参数来实现。双击元件 U1 的封装，系统弹出“元件 U1”对话框，如图 5-84 所示。

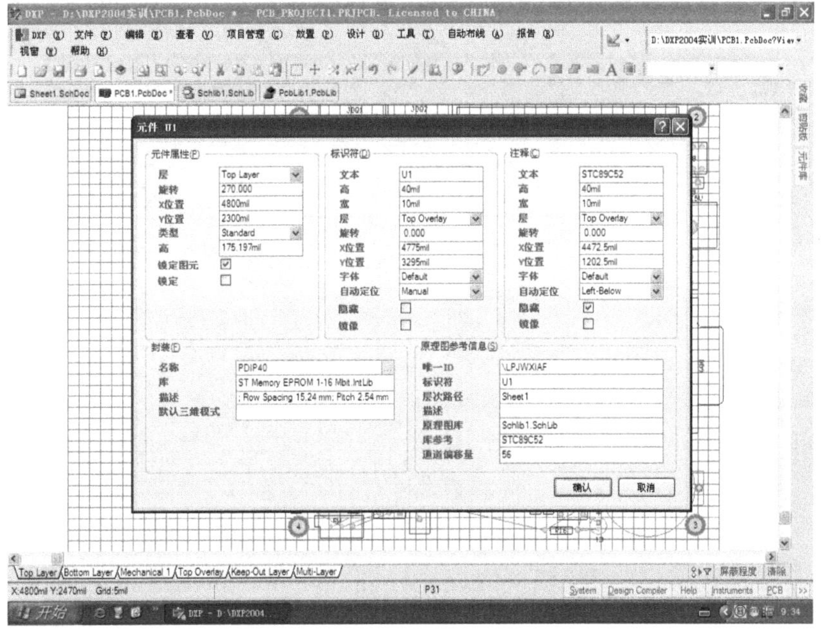

图 5-84　在“元件 U1”对话框中修改位置参数以移动 U1

在图 5-84 所示的对话框中，清除“锁定”复选框后，将 Y 位置的值减小 20mil，U1 的放置位置就会向下移动 20mil，这样做，可确保 R11~R14 下端焊盘不被 U1 的锁紧插座遮挡。

双击 Y2 元件的封装，系统弹出“元件 Y2”对话框，在“元件 Y2”对话框中，清除“锁定图元”复选框，如图 5-85 所示。

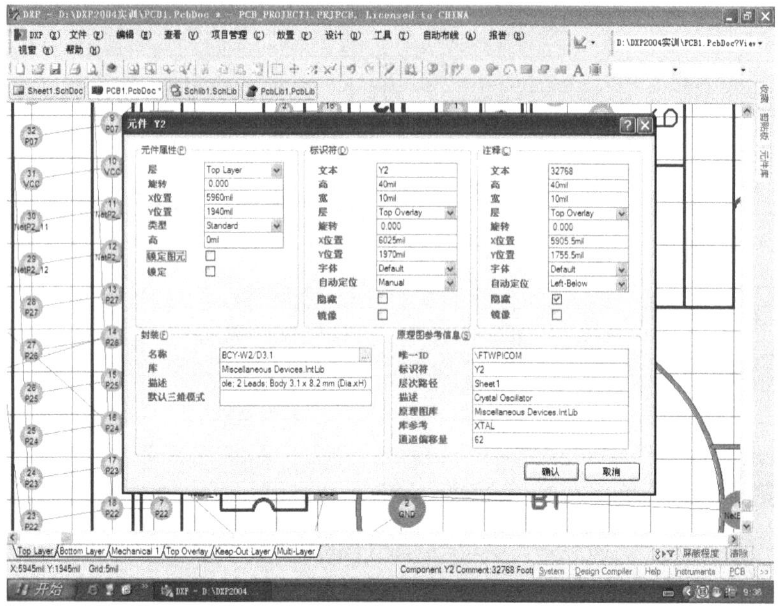

图 5-85　利用“元件 Y2”对话框取消锁定图元以修改其封装

单击“确认”按钮后，就可将 Y2 两个焊盘相向移动，使间距减小，以方便焊接。

到此，单片机实验板全部封装的布局完成，布局完成后的 PCB 图如图 5-86 所示。

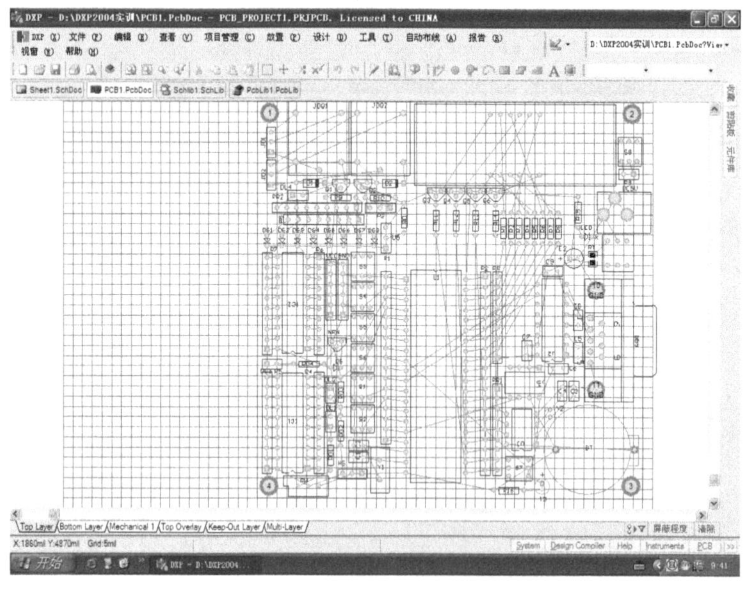

图 5-86　单片机实验板布局全部完成的 PCB 图

5.4　单片机实验板的手工布线和补泪滴及覆铜

PCB 板的封装布局全部完成后，接下来就是 PCB 板的布线工作。布线工作既可用手动方法完成，也可由系统自动布线完成。对这块单片机实验板而言，无论是手动布线还是由系统自动布线，都不能实现 100%的布通率，都得采用辅助手段实现整个电路板的全部电气连接。为了提高我们的 CAD 设计能力，本节采用手动方式完成单片机实验板的全部布线。手动布线前要先试一下自动布线，以对比手动布线效果，可以看到，就单片机实验板而言，自动布线的 PCB 板，不比手动布线的 PCB 板美观。

5.4.1　设置布线规则

在 PCB 图绘制界面上单击“设计”→“规则”菜单项，如图 5-87 所示。

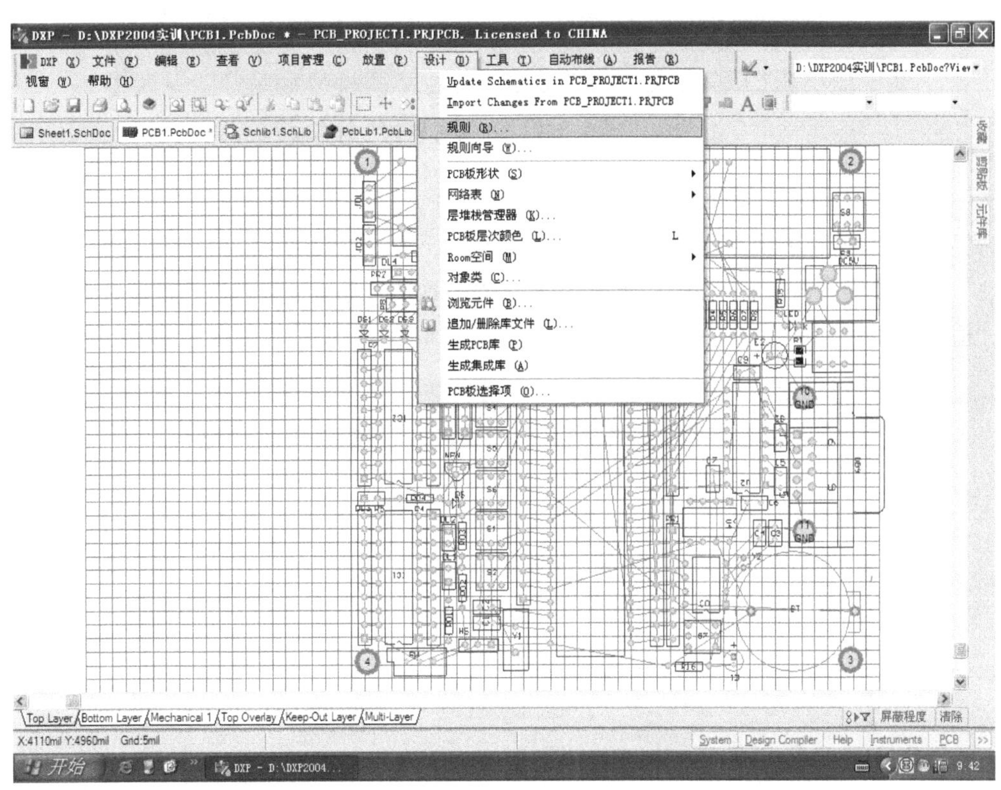

图 5-87　进行线宽设置的菜单操作图示

在如图 5-87 所示的菜单操作完成后，系统弹出“PCB 规则和约束编辑器”对话框，如图 5-88 所示。在“PCB 规则和约束编辑器”对话框中，左边是各种规则项，右边是所选中规则项的约束编辑器。如果某规则项的左边是⊞按钮，则可单击⊞按钮，以展开查看该规则项下的各子规则项；如果某规则项的左边是⊟按钮，单击⊟按钮，则关闭它的全部子规则项。了解了这两个按钮的作用后，就能找到和展开“Routing”（布线规则）项，如图 5-88 所示。

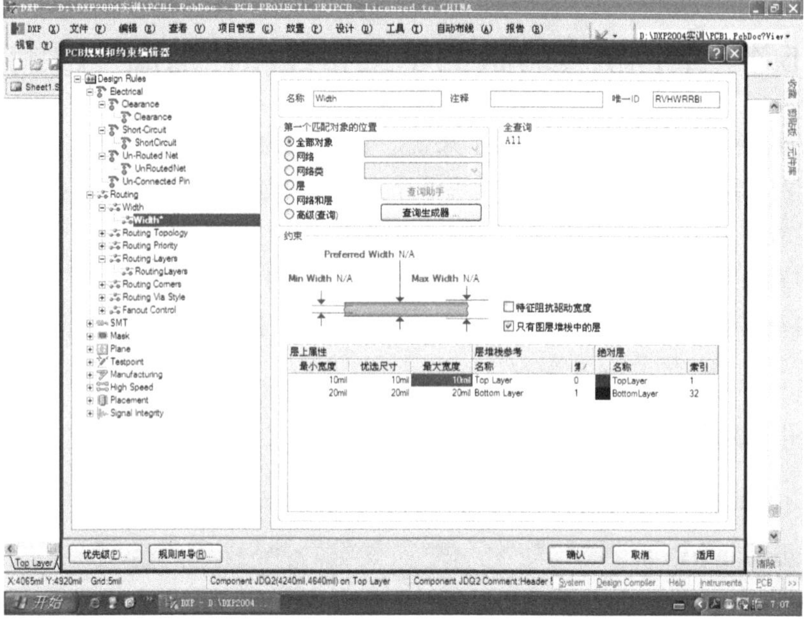

图 5-88 “PCB 规则和约束编辑器”对话框

从图 5-88 可以看到,“Routing”规则项下面有多个子规则项,其中第一个子规则项“Width”(导线宽度)下面还有子规则项“Width”(一般线宽),按图 5-88 所示,把这个线宽规则的“层上属性”栏中关于“Bottom Layer”层的三种线宽都改为 20mil(原默认值都是 10mil)。然后单击“适用”按钮。再右击“Width”规则项,系统弹出快捷菜单,如图 5-89 所示。

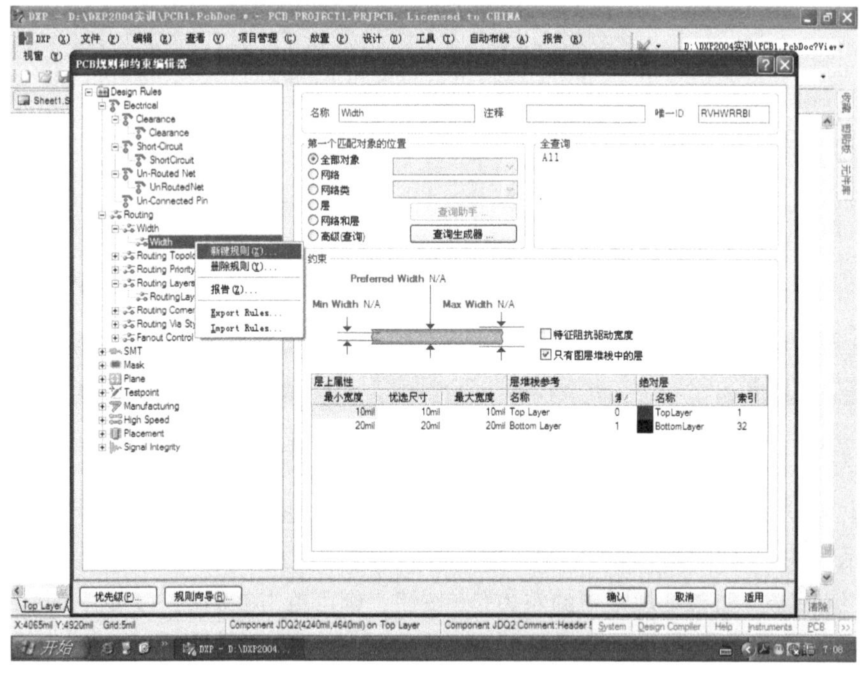

图 5-89 线宽规则的快捷菜单

在图 5-89 所示的快捷菜单中单击“新建规则”菜单项，系统就在“Width”规则项下添加一新子项“Width_1”，如图 5-90 所示。

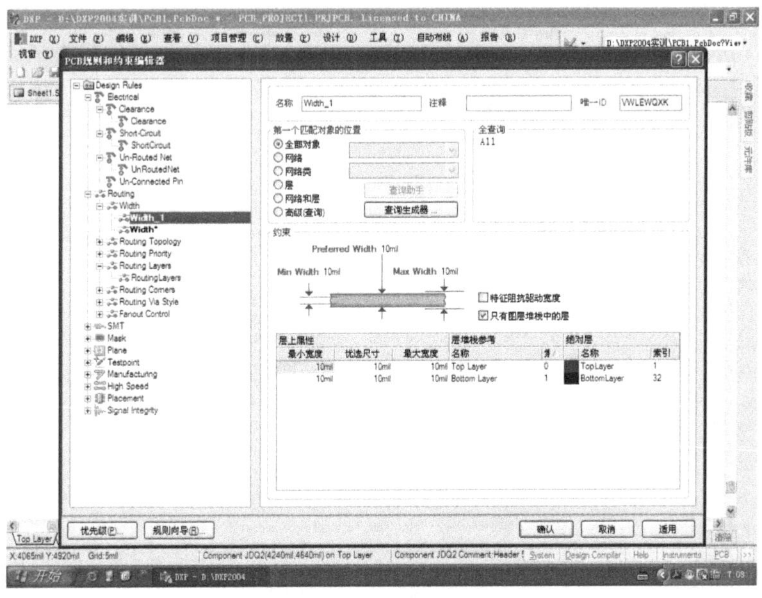

图 5-90　新建规则的默认标识

单击图 5-90 左边规则框中的“Width_1”，右边切换为该规则的约束编辑器，在该编辑器的名称栏中将规则名设为“VCC”，“第一个匹配对象的位置”选中“网络”项，并从下拉列表框中选择“VCC”。在“层上属性”中关于“Bottom Layer”层的三种线宽都改为 40mil（原默认值都是 10mil），然后单击“适用”按钮，如图 5-91 所示。

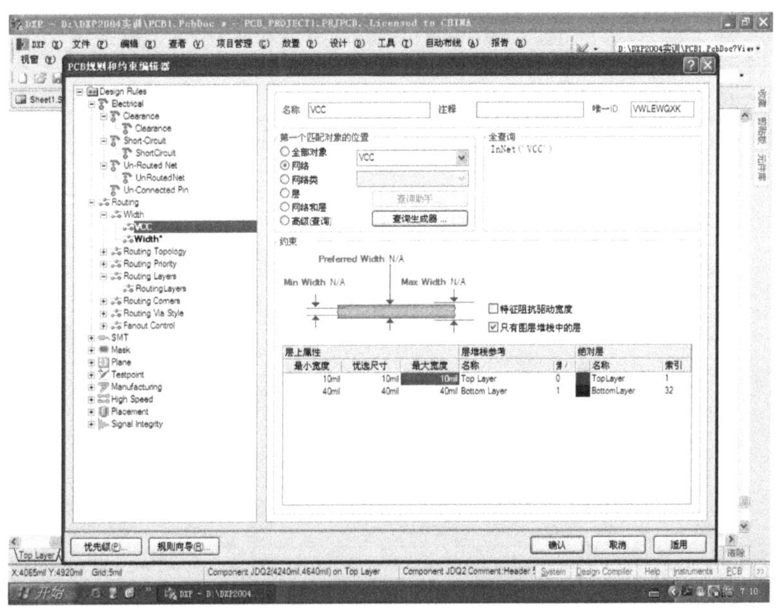

图 5-91　“VCC”线宽规则设置图示

用上面新增“VCC”线宽规则的方法，再新增“GND”线宽规则，选择“网络”并选取“GND”，底层布线层的三个线宽也都设为 40mil，如图 5-92 所示。此后，单击“适用”按钮。

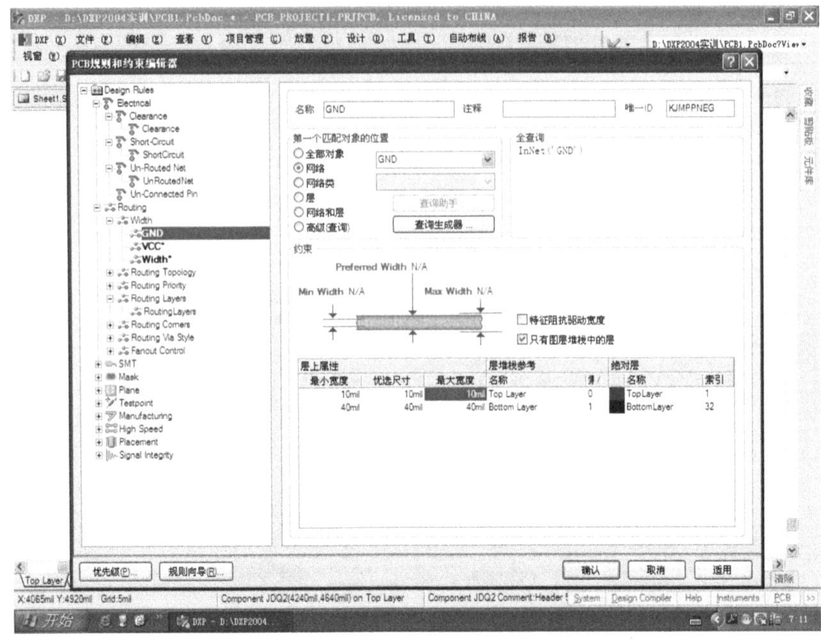

图 5-92 “GND”线宽规则设置图示

由于要进行一次自动布线试验，须限定为单面布线。在图 5-92 所示界面上单击左边规则框中的“Routing Layers”规则，右边就切换为该规则的约束编辑器。在“约束”中，取消“Top Layer”层的允许布线标记，如图 5-93 所示。此后，单击“确认”按钮退出规则编辑界面。

图 5-93 禁止在“Top Layer”层布线的规则设置图示

为了在手工布线时不会布错层面，可以在工作区下方关闭“Top Layer”层的标签。单击“设计”→“PCB 板层次颜色”菜单项，如图 5-94 所示。

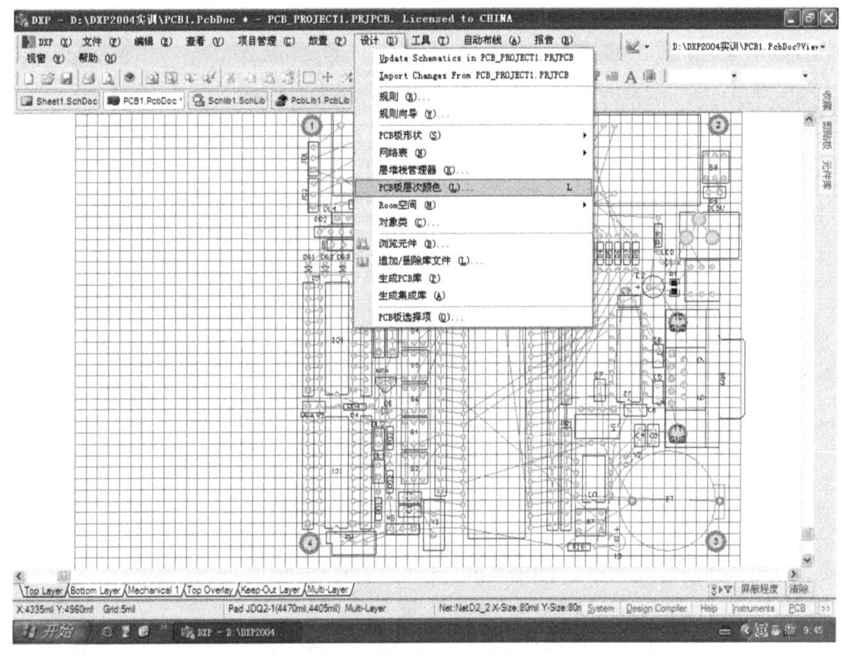

图 5-94　关闭“Top Layer”层标签的操作图示

然后，在弹出的“板层和颜色”对话框的“信号层”颜色表示栏中取消“Top Layer”层的表示标记，如图 5-95 所示，取消后单击“确认”按钮，退出设置操作。

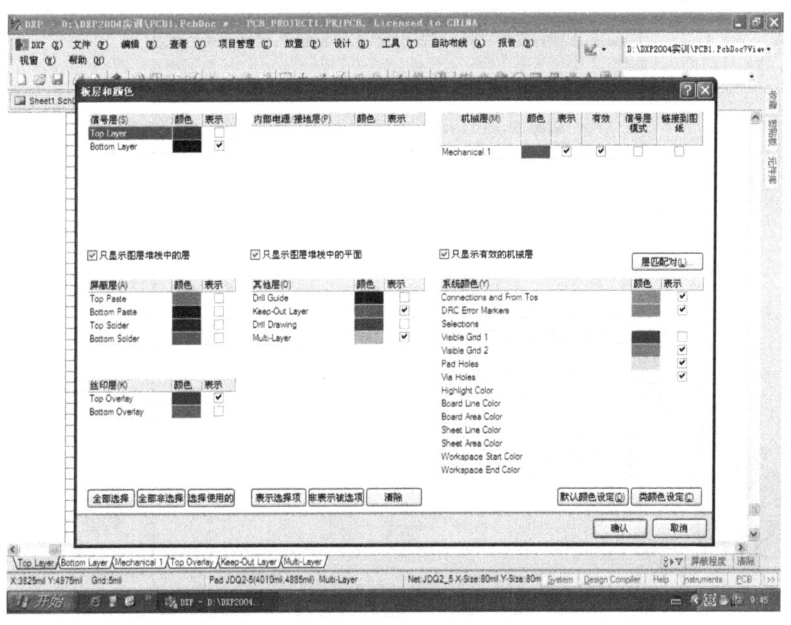

图 5-95　取消“Top Layer”层的颜色表示标记

5.4.2 单片机实验板自动布线效果测试

在 PCB 图绘制界面上单击“自动布线”→“全部对象”菜单项，如图 5-96 所示。

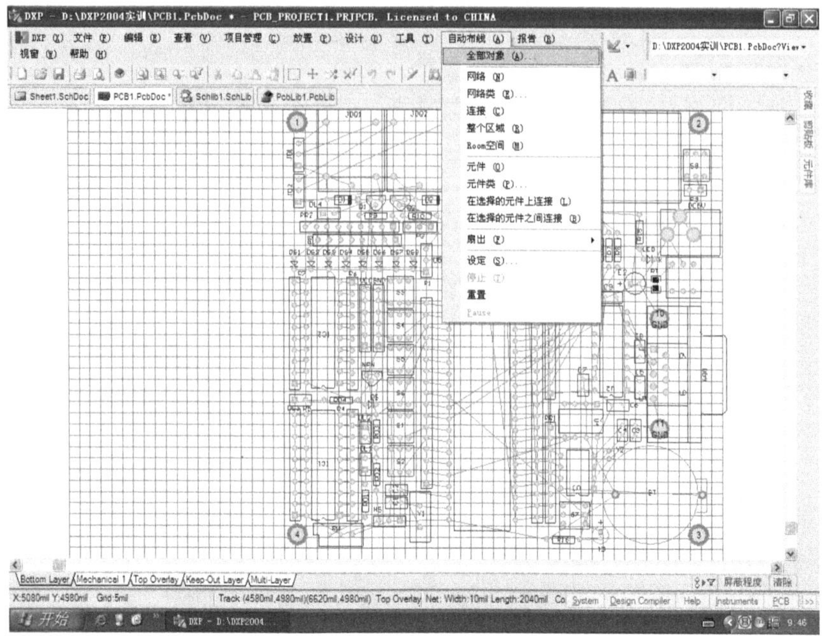

图 5-96　自动布线的菜单操作图示

系统弹出“Situs 布线策略”对话框，如图 5-97 所示。

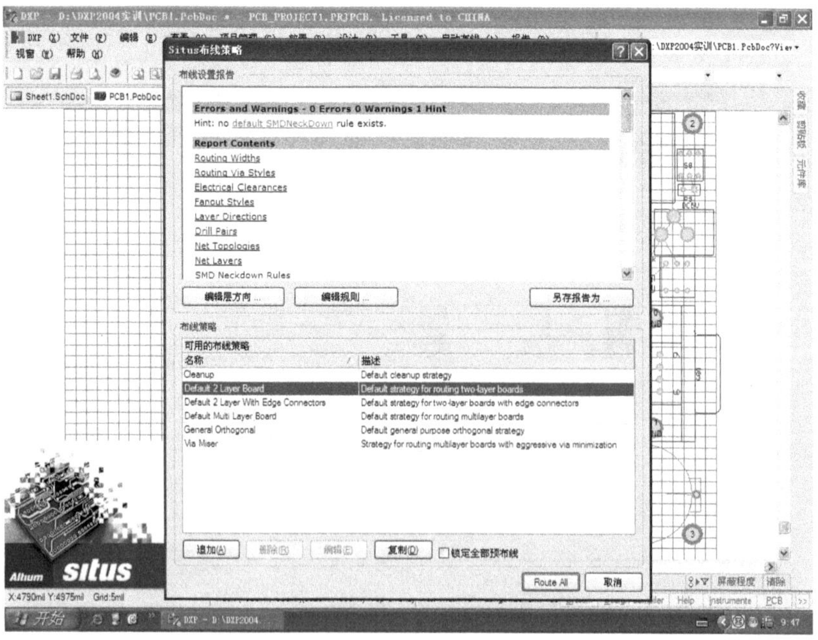

图 5-97　自动布线的“Situs 布线策略”对话框

单击图 5-97 所示界面上的“Route All”按钮后，系统就开始进行自动布线，并弹出布线进程消息框，如图 5-98 所示。

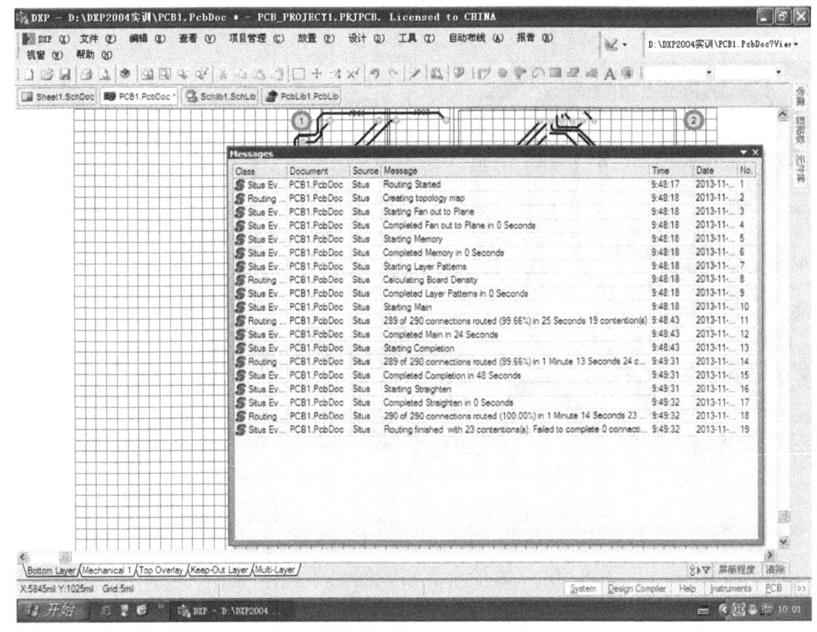

图 5-98　系统自动布线过程中的消息框

关闭消息框，就可看到自动布线的效果。仔细查看后，有十多条连线未布通，如图 5-99 所示。单击“工具”→“取消布线”→“全部对象”菜单项，如图 5-100 所示。

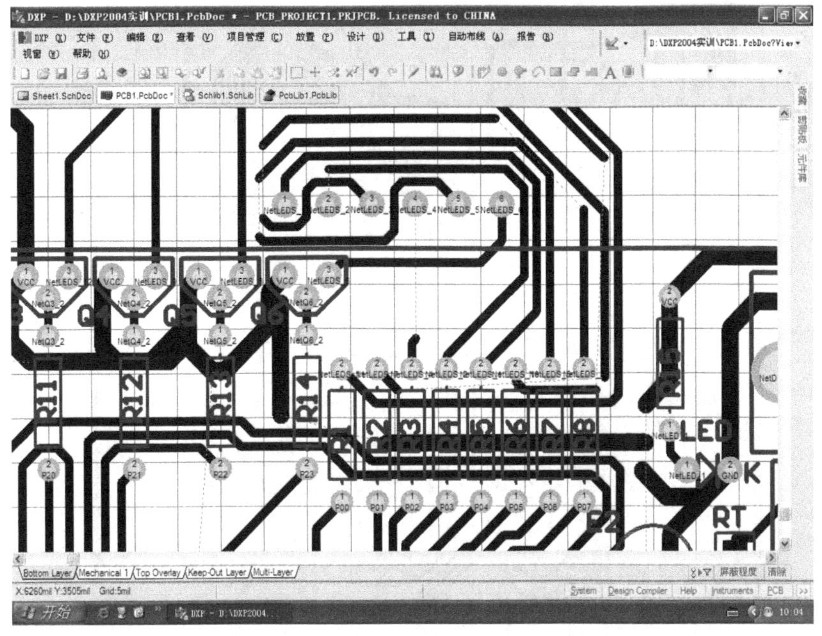

图 5-99　单面板自动布线效果图示

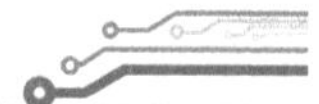

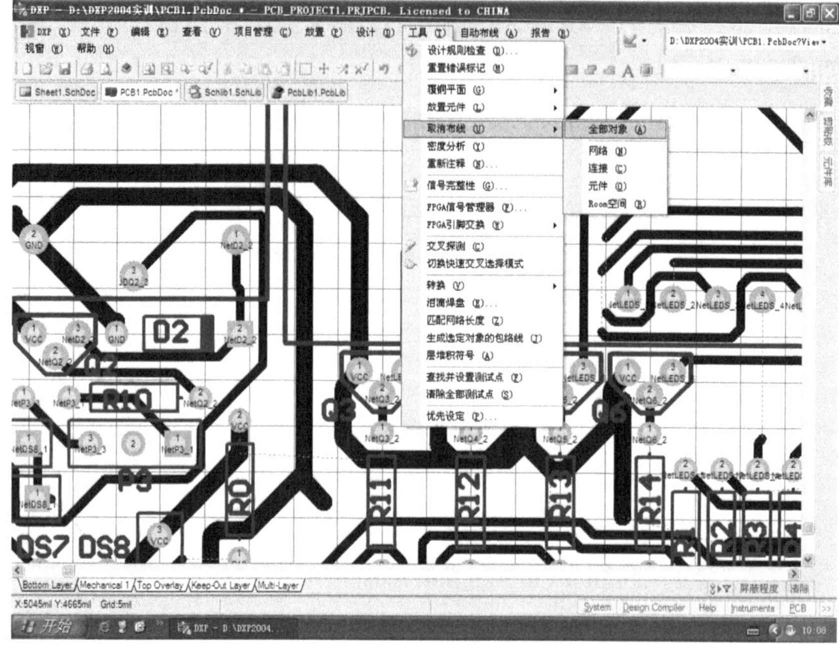

图 5-100　取消全部布线的菜单操作图示

5.4.3　单片机实验板的手动布线

图 5-101 是全部用手工布线最终完成的单片机实验板 PCB 图，用于手工布线时参考。

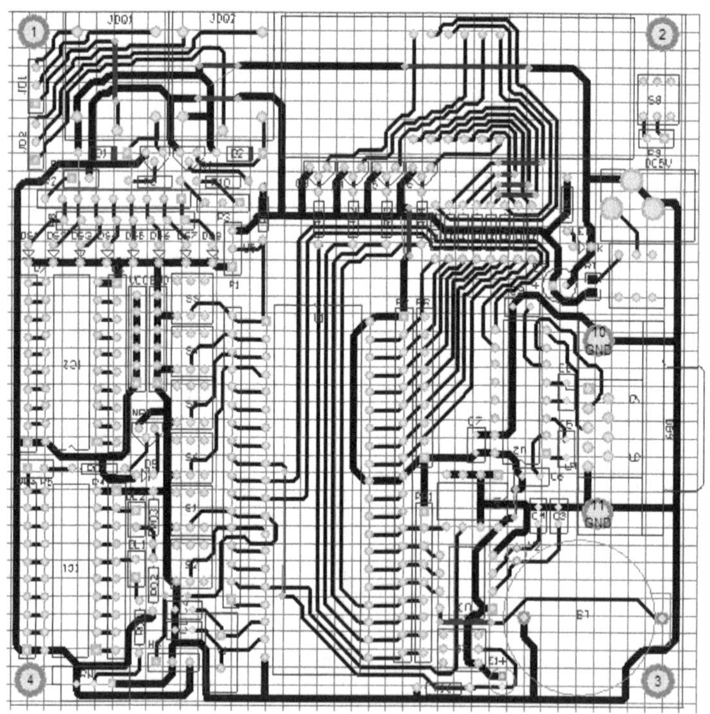

图 5-101　用手工布线完成的单片机实验板 PCB 图

在 PCB 图绘制界面上单击“放置”→“交互式布线”菜单项，如图 5-102 所示。

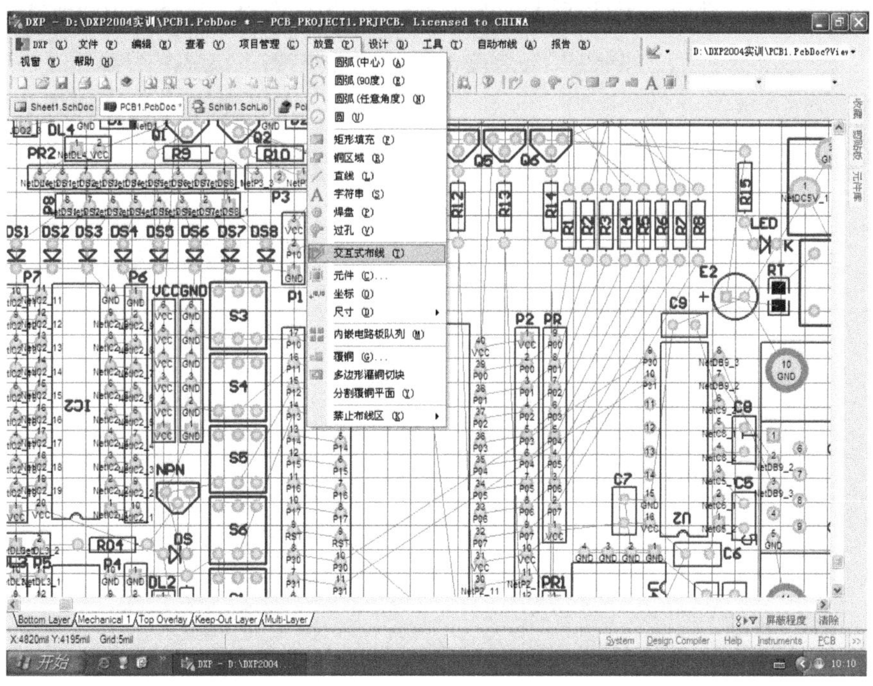

图 5-102　进入手工布线的菜单操作图示

单击“交互式布线”菜单项后，光标变成“十”字状。把十字光标中心放在 U1 第 39 脚焊盘上，呈吻合状态，如图 5-103 所示。

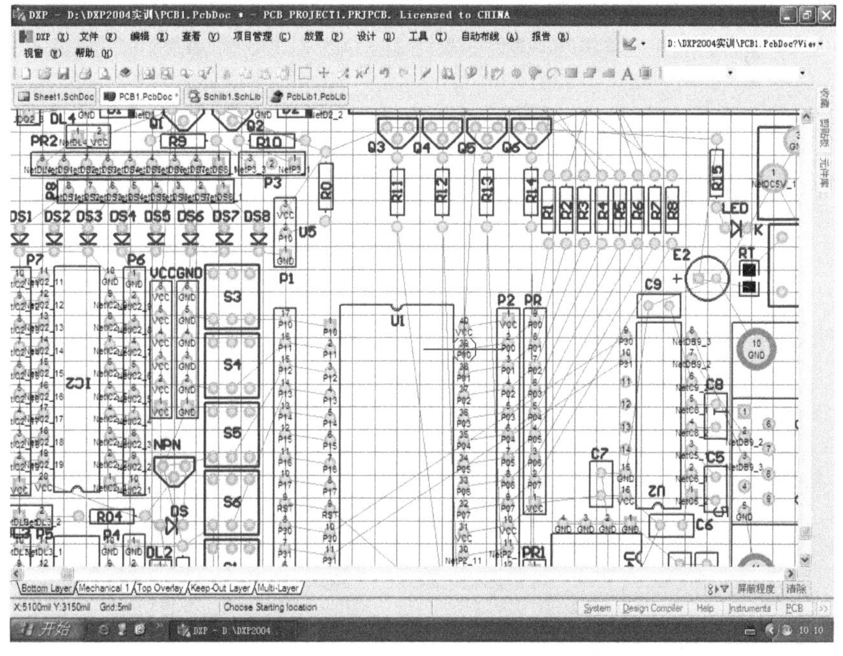

图 5-103　光标在导线起点焊盘（U1 第 39 脚）上的吻合图示

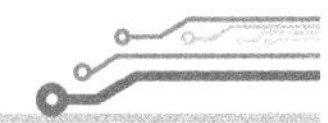

当放置导线的光标与焊盘呈吻合状态时单击左键，就确定了导线的端点。在进行焊盘间的导线放置（连接）时，都应在光标与焊盘呈吻合状时再单击左键，如图 5-104 所示。

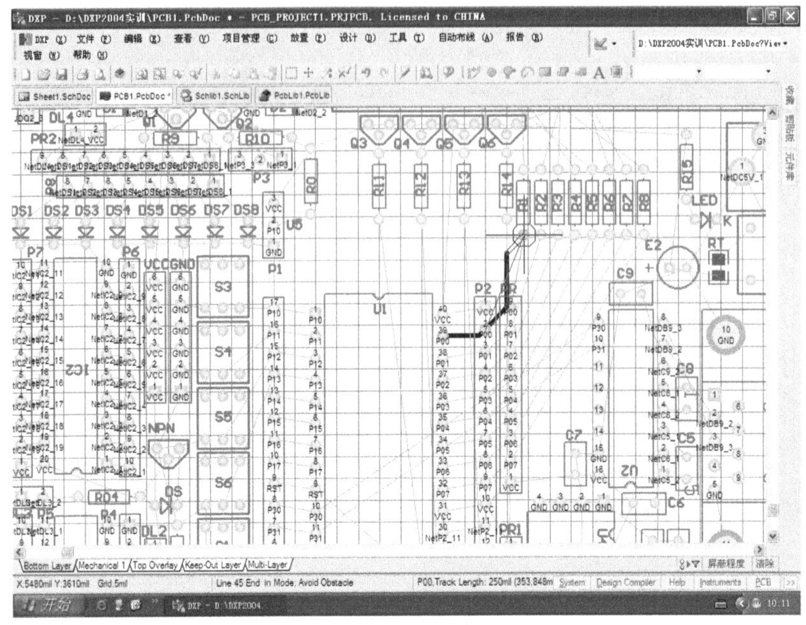

图 5-104　连接导线的光标与焊盘吻合时单击左键

当导线连接较密时，放置导线时可尽量靠近已放置的导线，超过安全间距时导线线体会自动消失，从而无法连线。在有导线线体显示下尽量靠近相邻导线进行画线，如图 5-105 所示，就能克服空间小、布线多的画线困难。

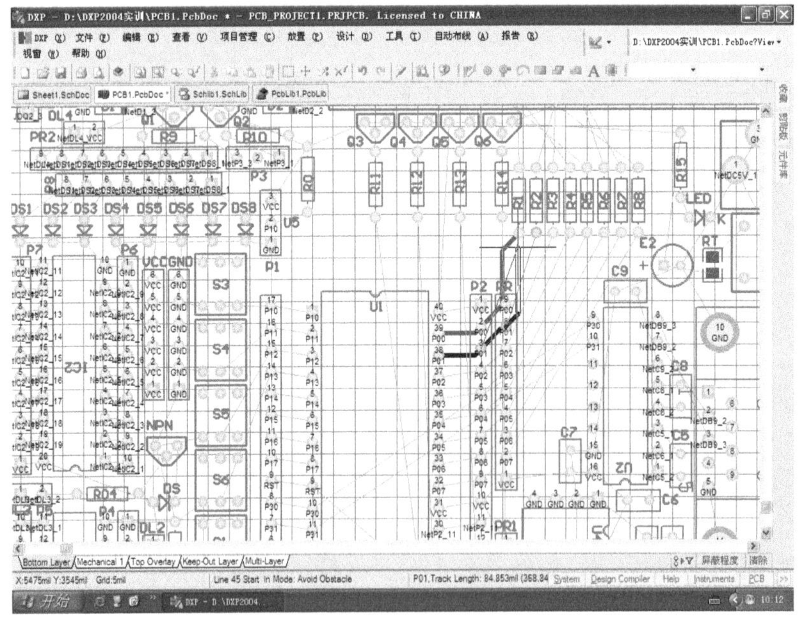

图 5-105　第二条导线靠近第一条导线放置

在单片机实验板上，最为密集的导线放置如图 5-106 所示。

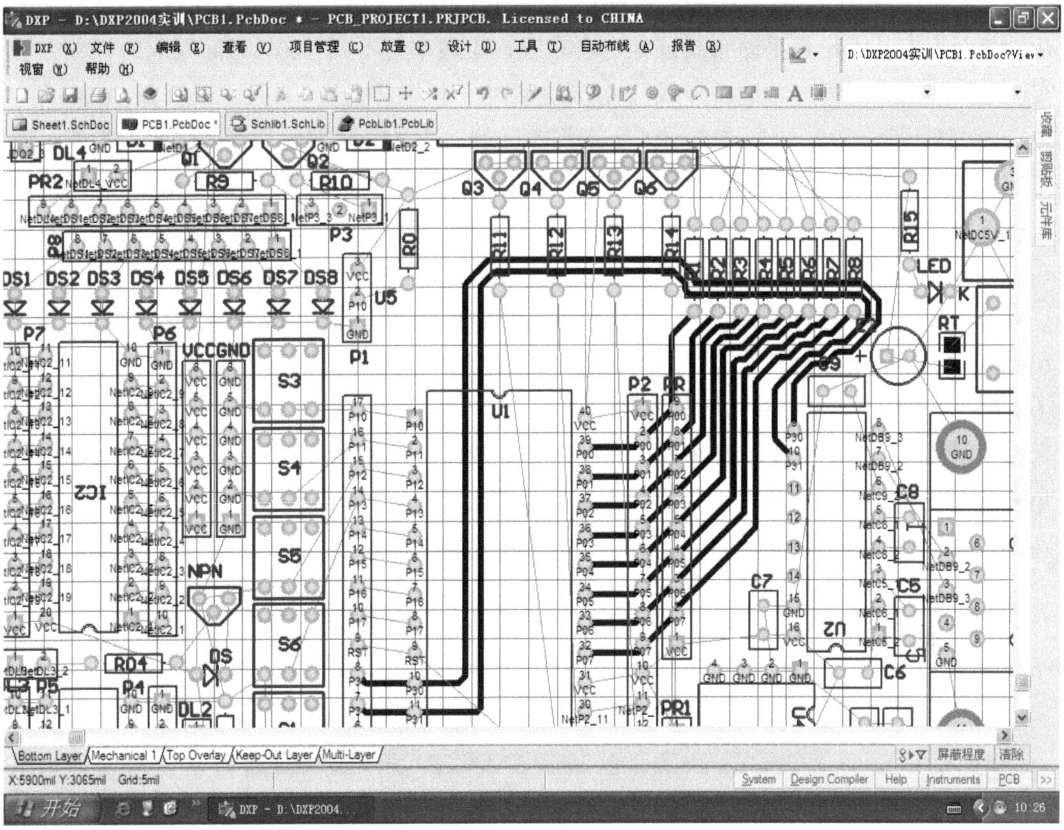

图 5-106　第 1～第 10 条导线的放置图示

在单片机实验板上，两继电器触点与其接口间的导线连接、LEDS 各笔画引脚与其驱动电路间的导线连接，都很多、很密，都无连接特征可循。有几条导线，还要在电路板的另一面搭“过桥线”才能连通。为方便这部分电路的布线，用图 5-107 给出相关布线图示，供参考。

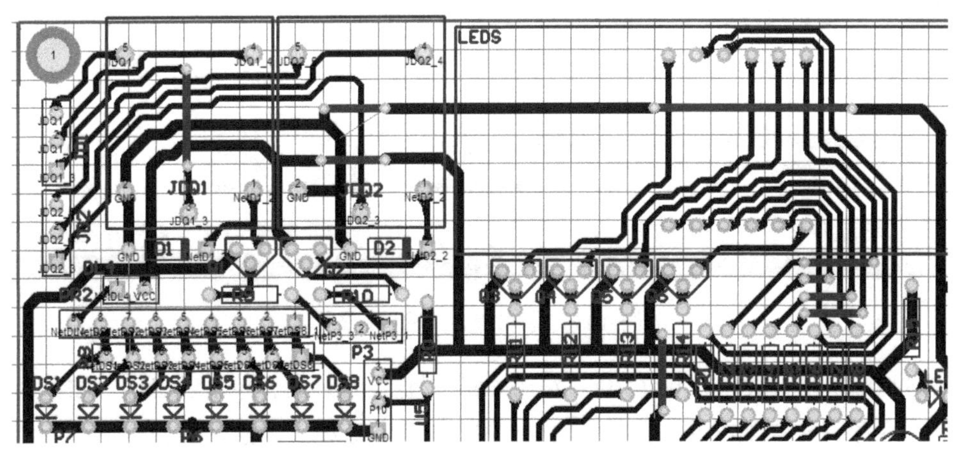

图 5-107　单片机实验板布线密集部位图示

在图 5-107 中，可以看到，有 9 条两端是小焊盘，其宽度大于一般导线而小于电源导线的直线段，它们是为电路板的焊接而在电路板元件面放置的“过桥导线”指示。这是在电路比较复杂的单面板上，无论是手动布线还是自动布线，布通率达不到 100%时而采取的补救方法，以实现电路连通。对每一“过桥导线”，须放置两个“桥墩焊盘”。下面，以放置 LEDS 第 7、4、2、1 引脚焊盘与 R2、R3、R4、R5 上端焊盘间的对应导线所需的“桥墩焊盘”为例，说明操作方法。由于这是先行放置“桥墩焊盘”再予以连线的操作模式，所以要先给出其放置坐标。从上往下数，第一对是关于“NetLEDS_7”网络的“桥墩焊盘”，坐标分别是（5845，4150）和（6100，4140）；第二对是关于“NetLEDS_4”网络的“桥墩焊盘”，坐标分别是（5845，4090）和（5940，4090）；第三对是关于“NetLEDS_2”网络的“桥墩焊盘”，坐标分别是（5845，4030）和（6020，4030）；第四对是关于“NetLEDS_1”网络的“桥墩焊盘”，坐标分别是（5845，3970）和（6060，3970）。下面是具体操作方法。

右击鼠标，以退出“交互式布线”放置状态。然后，单击“放置”→“焊盘”菜单项，再按 Tab 键，在弹出的“焊盘”对话框中，将孔径值改为 20mil，X 尺寸、Y 尺寸都改为 40mil，特别要将焊盘的网络选定为“NetLEDS_7”，如图 5-108 所示。

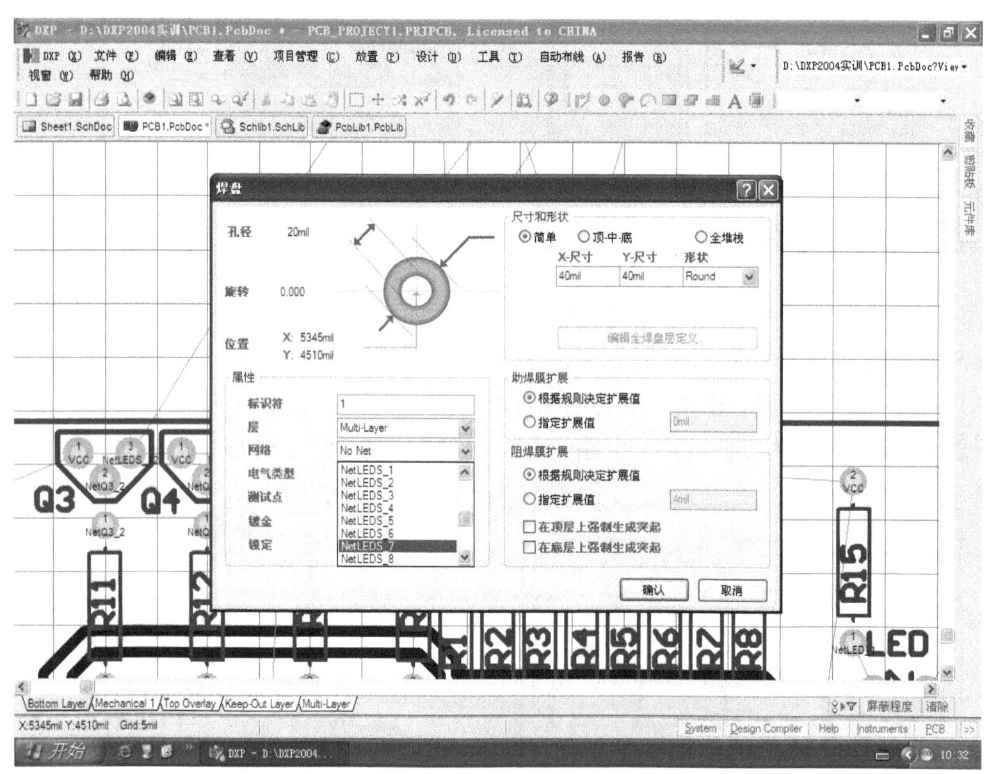

图 5-108 “桥墩焊盘”的设置图示

按图 5-108 所示将关于“NetLEDS_7”的桥墩焊盘设置好后，单击“确认”按钮，将吸附着小焊盘的十字光标在如图 5-109 所示位置上移动，当状态栏上的坐标数值与上面给出的坐标置相符时单击左键，就正确定位放置了此“桥墩焊盘”。

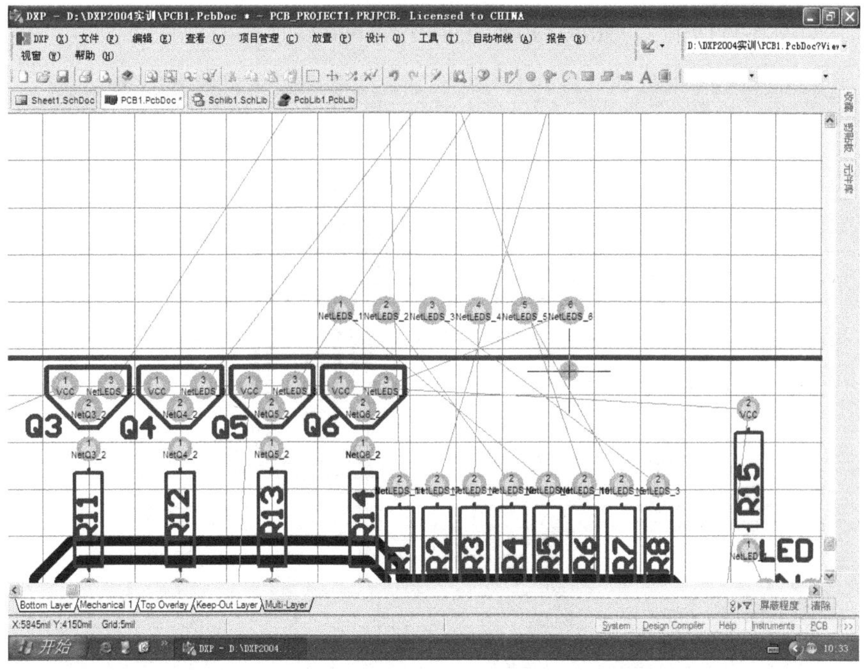

图 5-109　状态栏上给出光标所在位置的坐标值

在放置焊盘状态下，按 Tab 键，在弹出的“焊盘”对话框中对下一个焊盘进行网络属性设置并确认，同样当状态栏显示的坐标值与上面给定的坐标值相符时单击鼠标定位。注意，8 个焊盘都要分别设定其网络属性。所需四对“桥墩焊盘”放置完成后如图 5-110 所示。

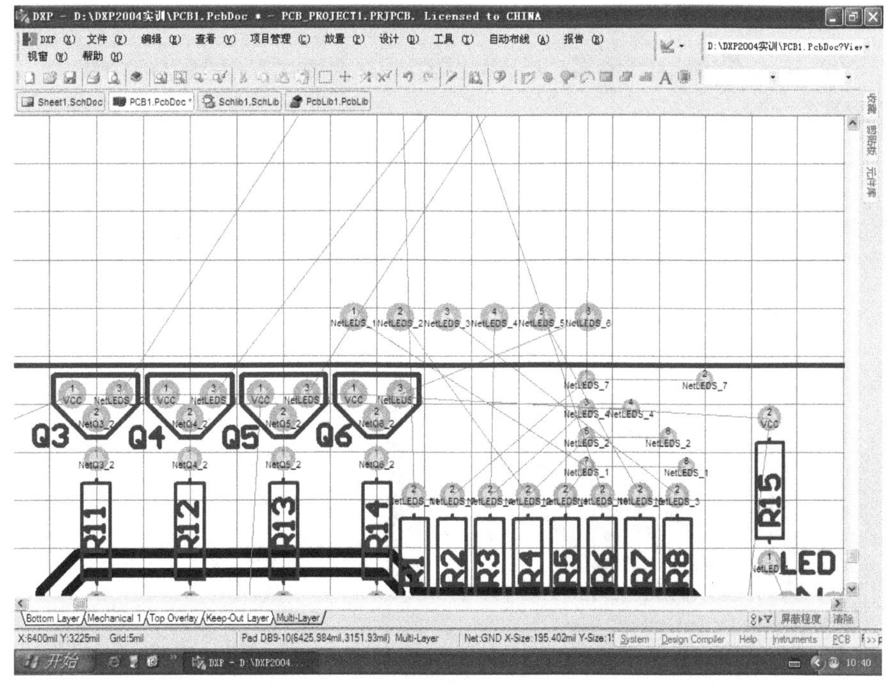

图 5-110　四对“桥墩焊盘”的位置图示

接下来，如图 5-111 所示，完成 LEDS 笔画引脚的导线连接。

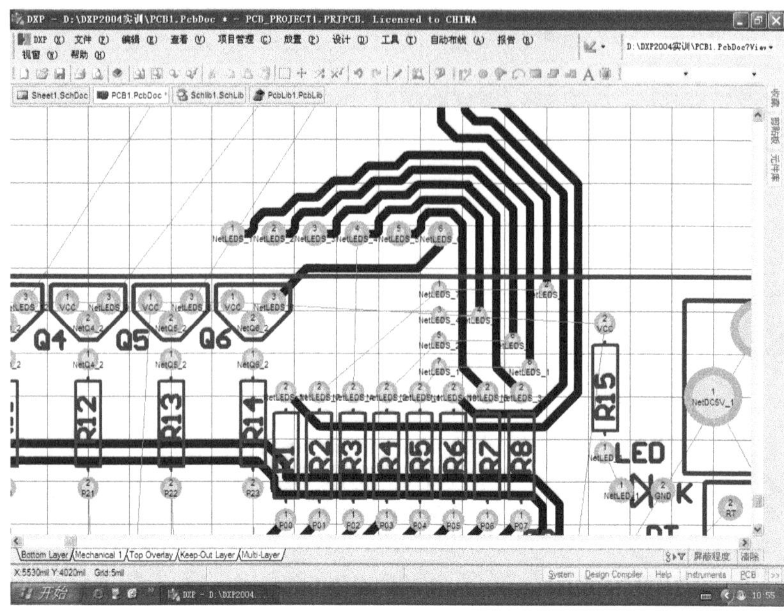

图 5-111　LEDS 8 个笔画焊盘的导线连接图示

在整个布线过程中，遇到问题须灵活处理。例如，如图 5-112 所示，U2 封装的第 7 号焊盘连线要从 8 号焊盘上方绕过，但受上方的 GND 连线影响无法画通，这就须将 E2 正极与 BT 间的 VCC 导线和 C9 与 DB9 间的 GND 导线删除后重画，以让 U2 第 7 号焊盘的连接线可向上从 8 号焊盘与 GND 导线间通过。

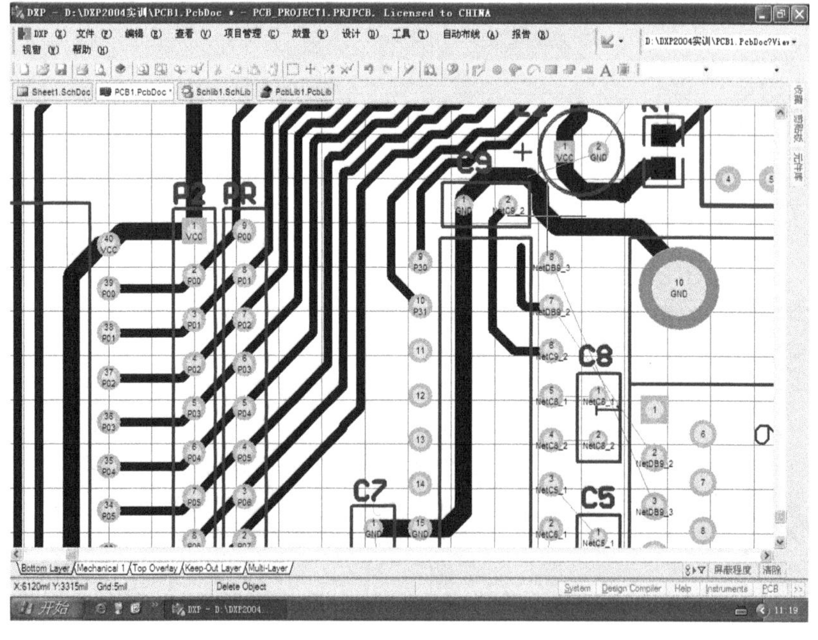

图 5-112　删除 C9 与 E2 间的 GND、VCC 导线图示

例如，如图 5-113 所示，从电源插座接地焊盘引来的 GND 导线不能在 BT 封装的 1 号焊盘与右边界线中间通过，表明其间距不够，此时只有将右边界线向右稍作移动。

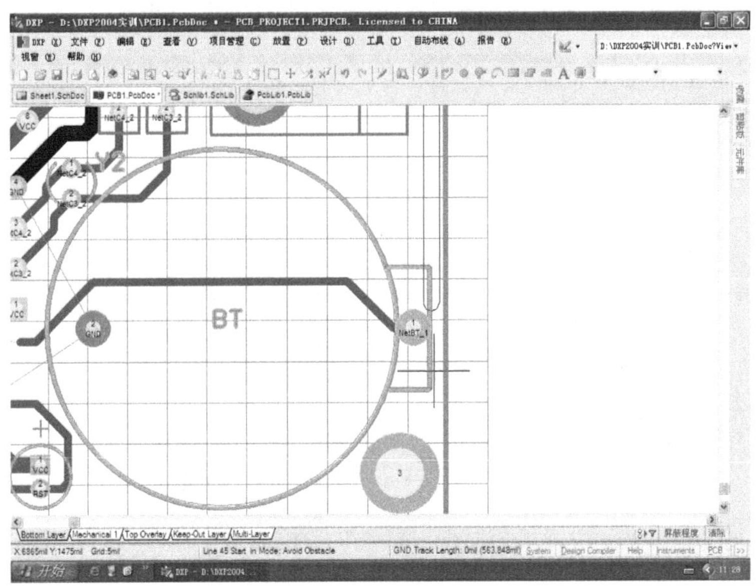

图 5-113　GND 导线不能从 BT 封装 1 号焊盘右边通过图示

将右边界线向右微调的方法是，先把上下两边界线向右加长，然后再把右边界线向右移动。具体操作就是，单击工作区下方的“Keep Out Layer”标签，再双击 PCB 板的下边界线，系统弹出“导线”对话框，如图 5-114 所示。

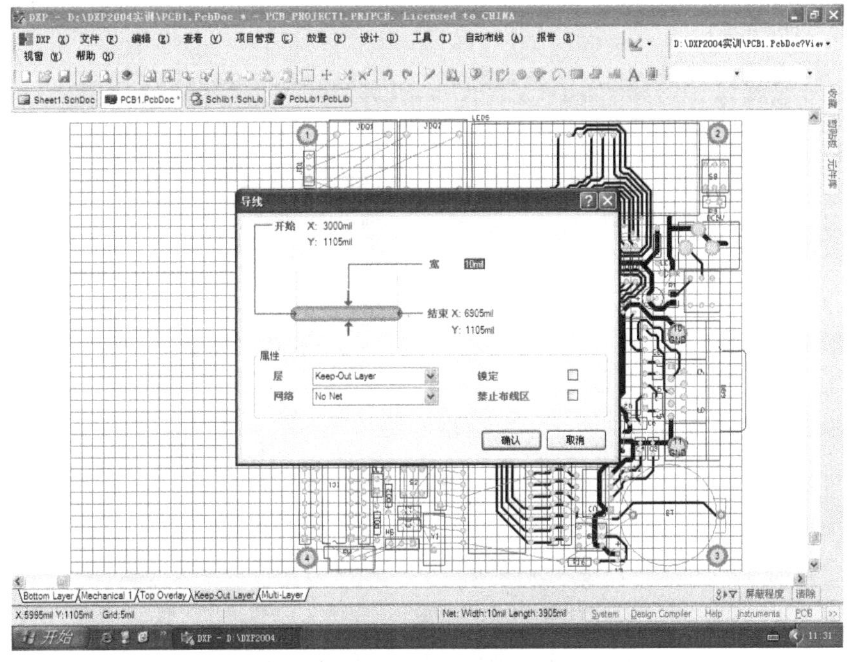

图 5-114　修改下边界线长度的操作图示

在图 5-114 所示对话框中，将“结束 X”的值增加 20mil，确认后，这条下边界线就会向右加长 20mil。用同样的操作将上边界线向右加长 20mil。然后，将鼠标光标移到右边界线上时按下左键不放开，此时右边界线上就出现三个小方块以待移动，如图 5-115 所示。

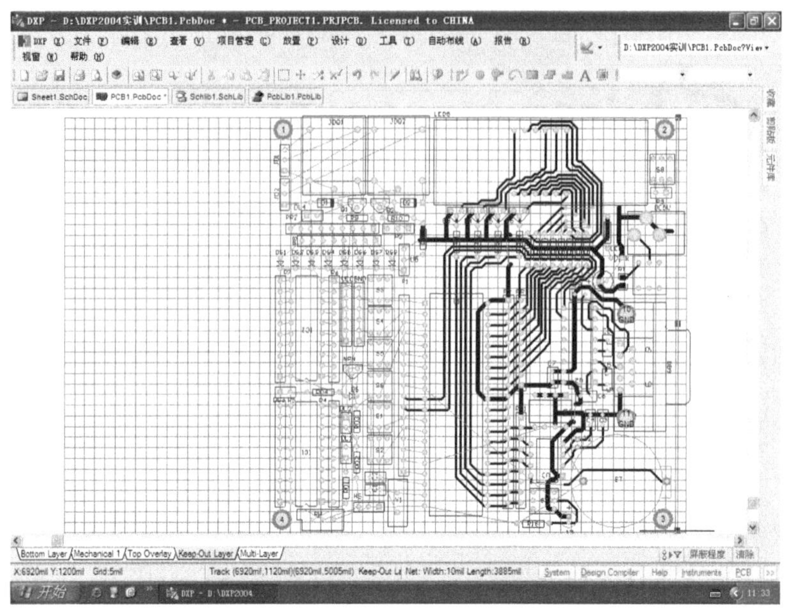

图 5-115　处于可移动状态的边界线标志

如图 5-115 所示，将鼠标向右缓缓移动，当状态栏的 X 值变大到 6920 时放开左键，就完成了边界线的调整。此后，从电源插座地线焊盘引来的 GND 线就能从 BT 的 1 号焊盘右边通过了，如图 5-116 所示。

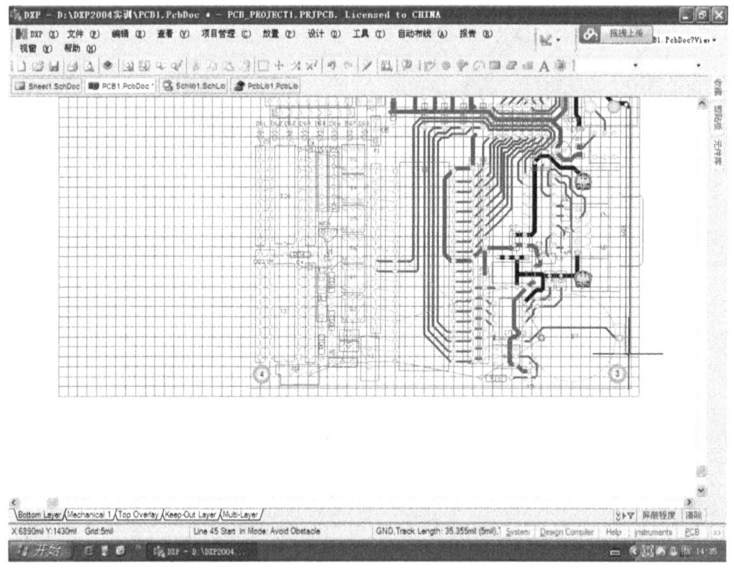

图 5-116　GND 导线从 BT 的 1 号焊盘右边通过图示

又例如，如图 5-117 所示，D1 封装与 DL4 封装间距稍小，从 Q1 封装的 E 焊盘向左引出的 VCC 导线不能从两者间通过，只有将 P8、PR2、DL4 这三个封装同时向下移动少许（由该图可知，P8 封装与下方的 8 个发光管的间距有余量，可以向下移动）。

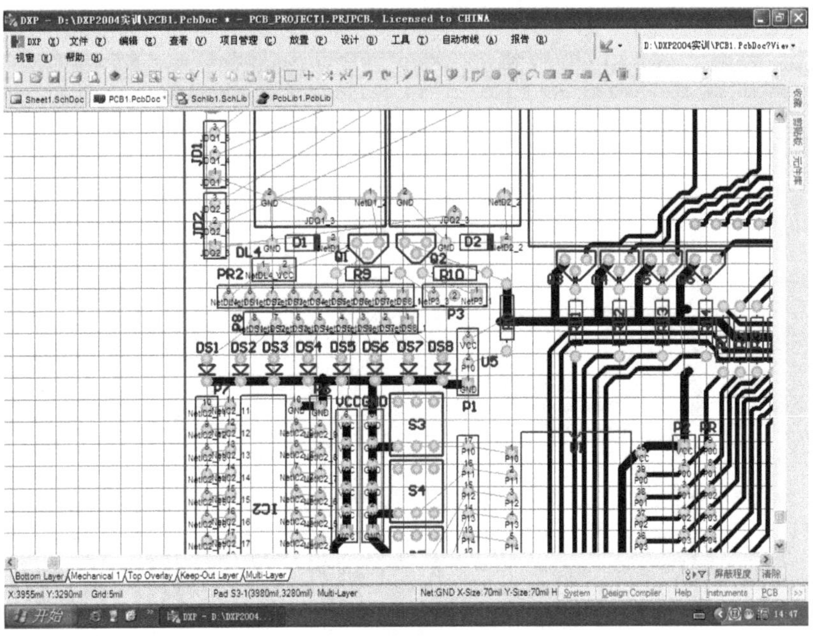

图 5-117　D1 封装与 DL4 封装间距稍小图示

将 P8、PR2、DL4 向下稍作移动后，VCC 导线就能从 D1 封装与 DL4 封装间通过了，如图 5-118 所示。

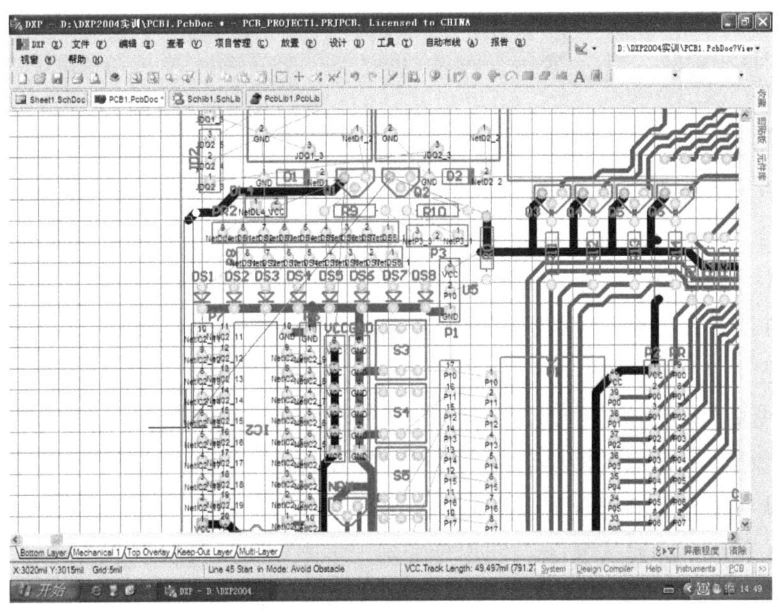

图 5-118　VCC 导线从 D1 封装与 DL4 封装间通过图示

在单片机实验板 PCB 图上，最为困难的一条导线放置，是 U1 的 P32 焊盘与红外接收管信号极焊盘间的连线，它要先从 U1 的 P33 与 P34 两焊盘间通过，紧接着又从 P1 的 P33 与 P34 两焊盘间通过，如图 5-119 所示。其困难在于，画导线的十字光标从上下两焊盘间穿过后，要多次进行精细的上下微调，才能出现导线线体。

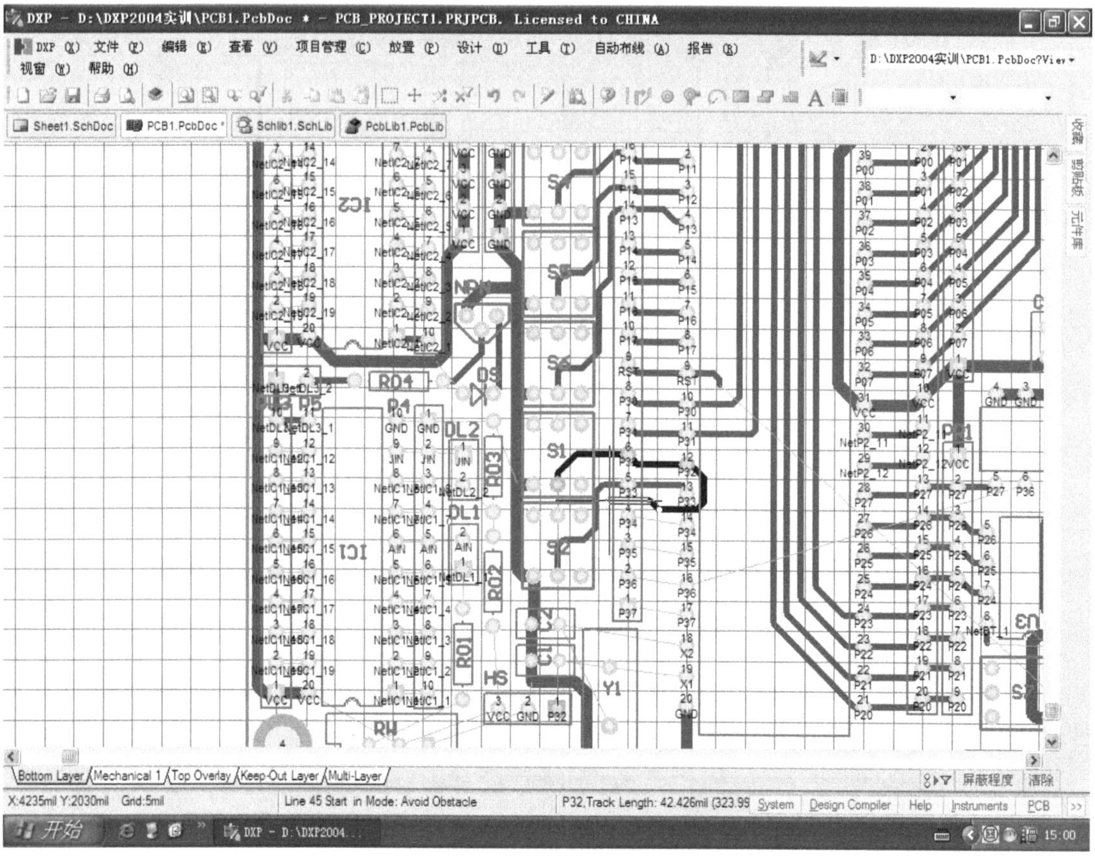

图 5-119　导线从两焊盘中间穿过图示

布线中还有一个问题需要处理，就是模数转换附加电路中的电位器 RW 封装与安装焊接的实际器件不吻合。处理方法是，双击 RW 封装（不要击在焊盘和其标识符上），在弹出的“元件 RW”对话框中，清除“锁定图元”复选框，确认后将“VCC”焊盘和动触点焊盘的位置互换，如图 5-120 所示。此后，再将其图元的锁定标记恢复。

在布线过程中，一共要放置 13 对“桥墩焊盘”。前面放置的 4 对是先放置焊盘后连接导线。也可以先把导线画到焊盘拟放位置，然后直接把焊盘放在导线端点上。这种方法的特点是不必设置焊盘的网络属性，焊盘的网络名称直接取自导线的网络名称。当然，这种导线是成对出现的，并且只能从一个相关的焊盘为起点画导线至某一空位置点上，而不能从空位置点画线到焊盘。如图 5-121 所示，导线从 R16 右端焊盘画到十字光标所示位置点上。

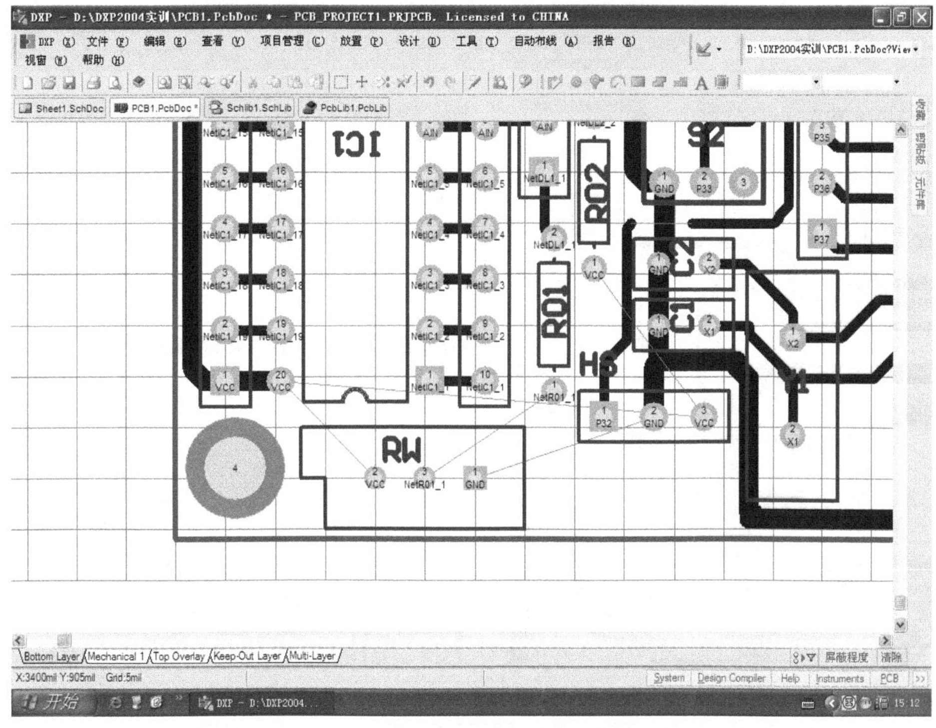

图 5-120　RW 两焊盘位置交换后的图示

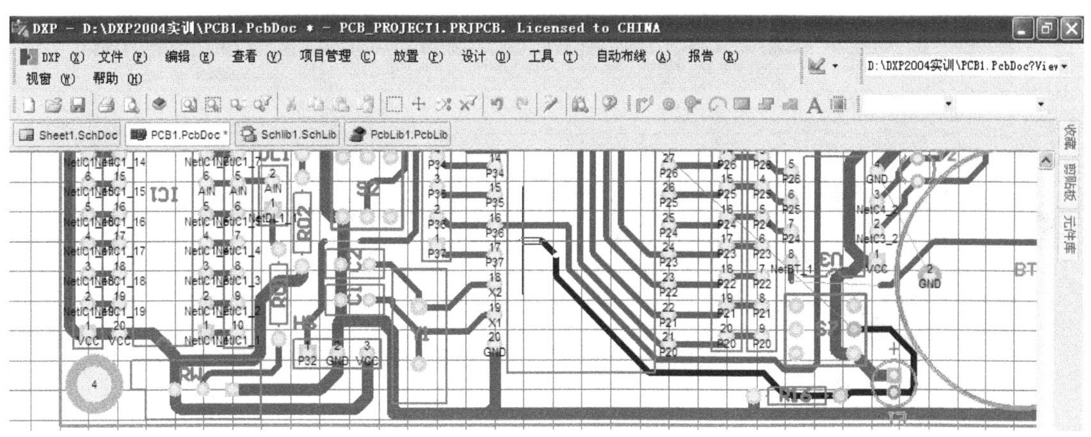

图 5-121　导线从 R16 右端焊盘画到十字光标所示位置点图示

参照图 5-101，13 对“桥墩焊盘”放置完成后，还应给每对桥墩焊盘画上“过桥”标示线。先指定画线的层面，即单击工作区下方的“Top Overlay”层标签，再单击“放置”→“直线”菜单项，如图 5-122 所示。

单击图 5-122 所示界面上的“直线”菜单项后，用十字光标在成对的两个焊盘上单击，就为这对桥墩焊盘放置了所需的标示线。整个 PCB 板上共有 13 对桥墩焊盘，一共应放置 13 条这样的标示直线。放置于 JDQ2 封装内的两条“过桥”指示线如图 5-123 所示。

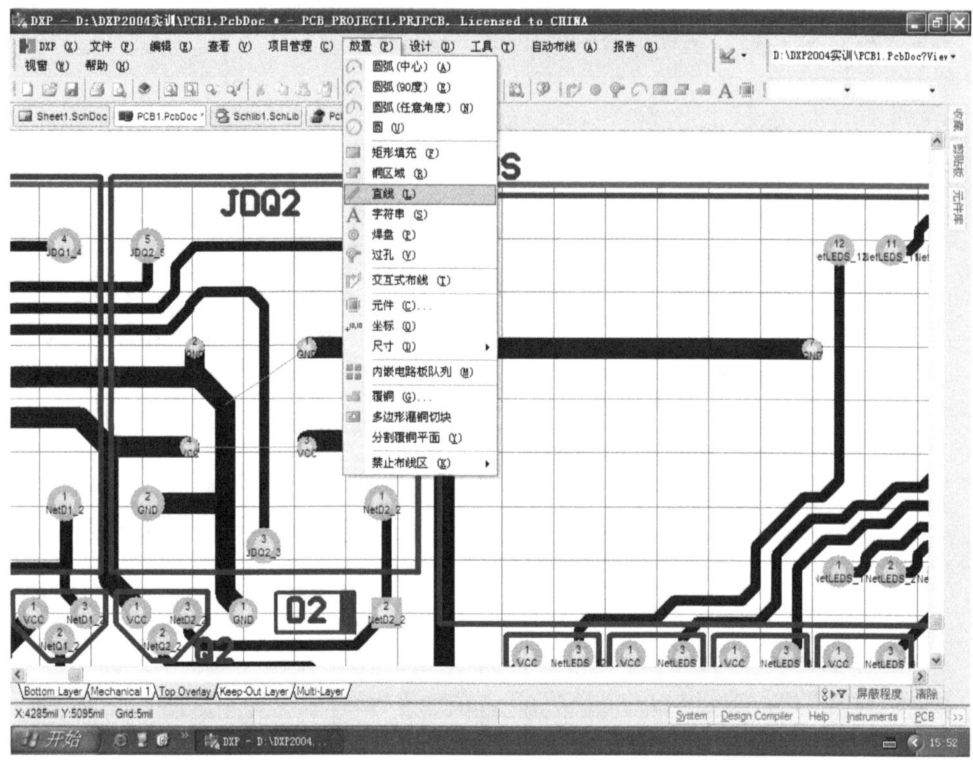

图 5-122　放置“过桥”指示线的操作图示

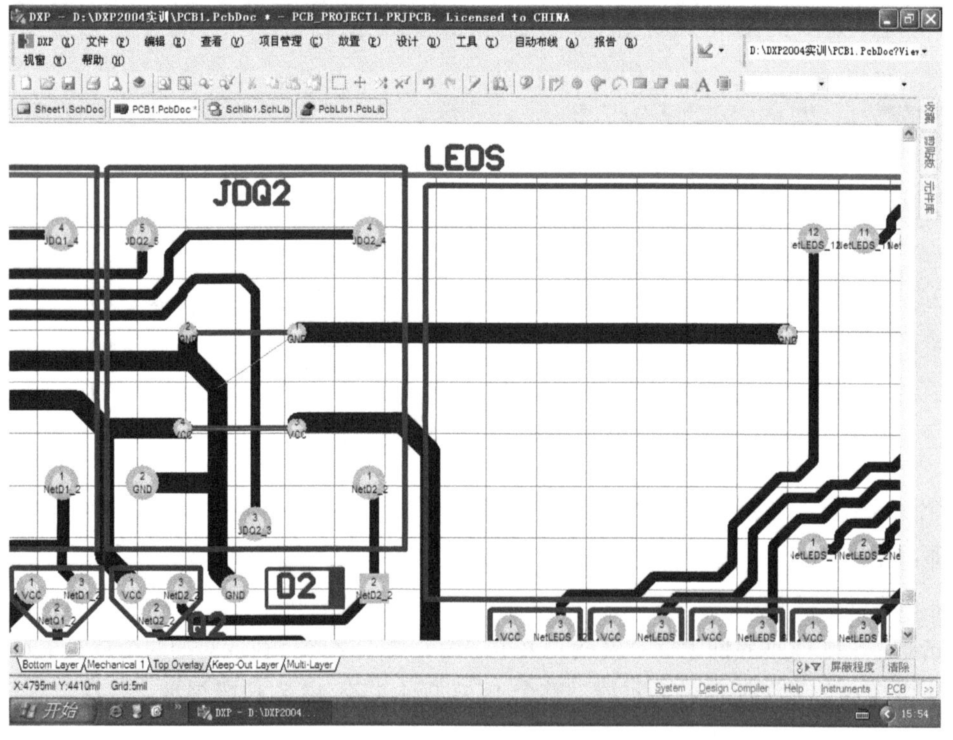

图 5-123　放置在 JDQ2 封装内的两条“过桥”指示线

为了让“过桥”指示线更醒目，可以将其加宽。例如，双击 LEDS 封装下方的第一条“过桥”标示线，系统弹出“导线”对话框，如图 5-124 所示。

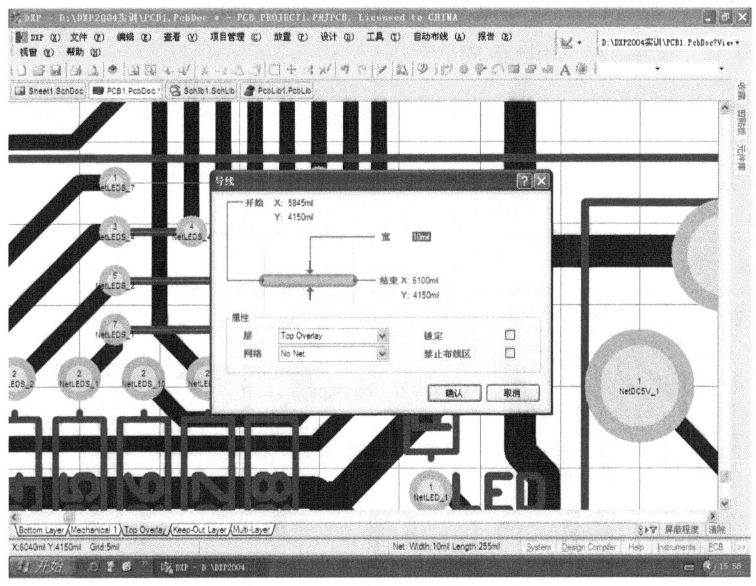

图 5-124　系统弹出“过桥”标示线的“导线”对话框

将如图 5-124 所示“导线”对话框中的线宽值由 10mil 改为 30mil 并确认，该标示线线宽就改变为 30mil。每条“过桥”标示线都可这样加宽为 30mil。

由于电源插座与电源开关间、电源开关与自恢复保险管间的连线不属于 VCC 网络，因此布线时的线宽为一般线宽，须手动强制修改。双击电源插座 1 号焊盘与电源开关 1 号焊盘间的连接导线，系统弹出“导线”对话框，如图 5-125 所示。

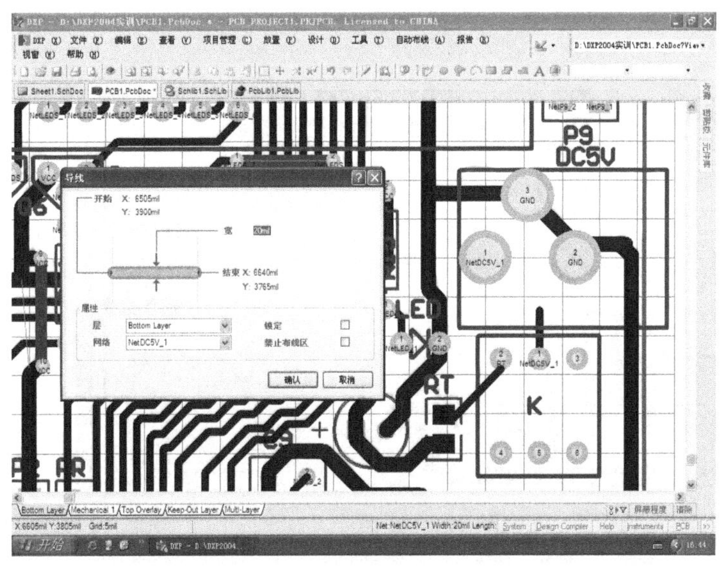

图 5-125　“导线”对话框

在图 5-125 所示的对话框中，将线宽修设为 40mil，再单击“确认”按钮，修改完成。从图 5-125 中可看到，上述修改，一共须进行 4 次。

接下来，为主要元器件标注具体型号。单击工作区下方的“Top OverLay”标签，再单击“放置”→“字符串”菜单项，如图 5-126 所示。

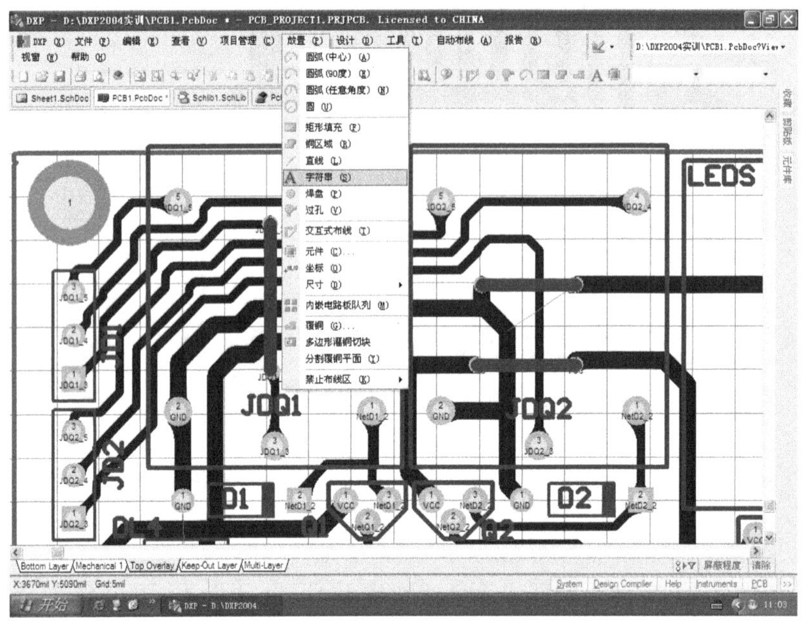

图 5-126　为主要器件标注型号的操作图示

图 5-126 所示的菜单操作执行后，系统弹出“字符串”对话框，如图 5-127 所示。

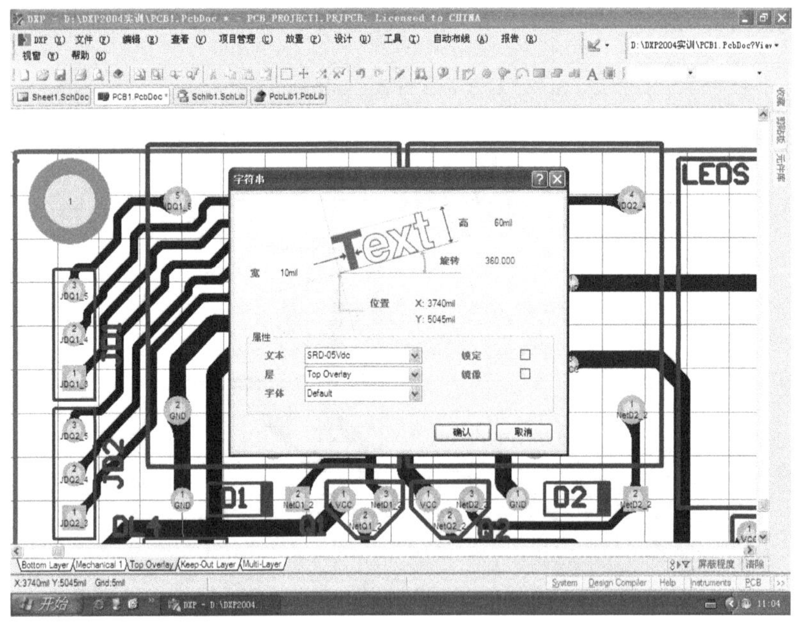

图 5-127　放置元器件型号的字符串设置

在弹出的“字符串”对话框中，将字符串的高度设置为60mil，线宽为10mil，在文本框中输入元器件具体型号。确认后，在元器件封装内相应位置单击鼠标，就完成了一个封装的型号放置。相同型号可连续放置，如图5-128所示。

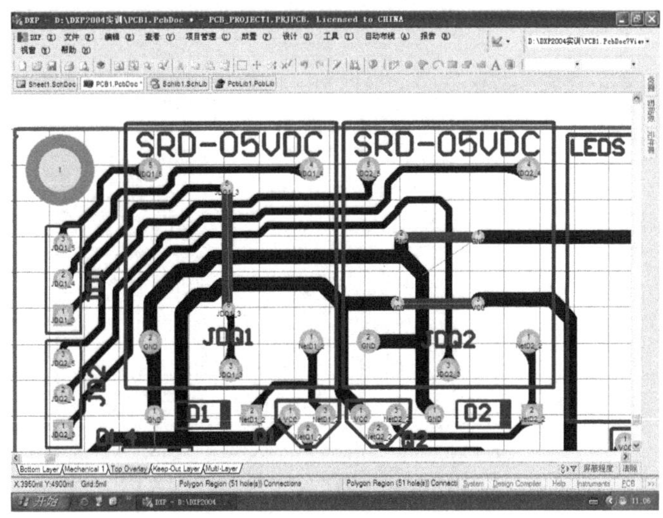

图5-128　继电器型号标注图示

一种型号标注结束后，按Tab键，系统弹出“字符串”对话框，在其“文本”文本框中，输入下一种具体型号进行放置，直到所需的所有型号放置完成。

到此，单片机实验板的手工布线工作全部完成。全部布线完成后的单片机实验板如图5-129所示。

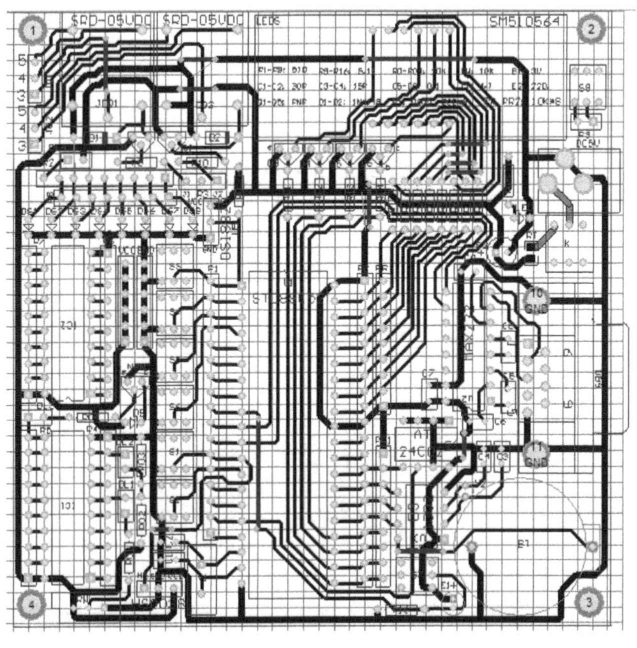

图5-129　全部布线完成后的单片机实验板

5.4.4 单片机实验板PCB图的补泪滴和覆铜

在PCB图绘制界面上单击“工具”→“泪滴焊盘”菜单项，如图5-130所示。

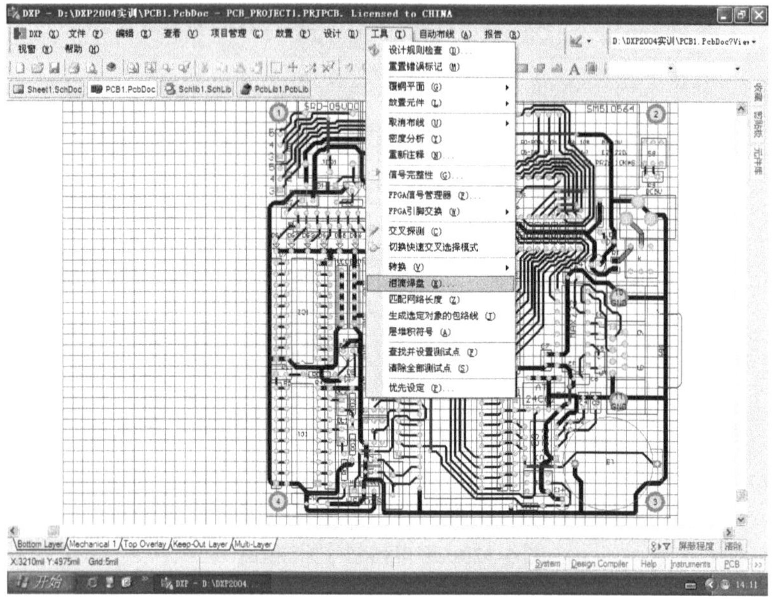

图5-130 给PCB图补泪滴的菜单操作图示

图5-130所示的菜单操作响应后，系统弹出“泪滴选项”对话框，在“一般”选项组中选择“全部焊盘”；在“行为”选项组中，选中“追加”；在“泪滴方式”选项组中，选中“圆弧”，如图5-131所示。

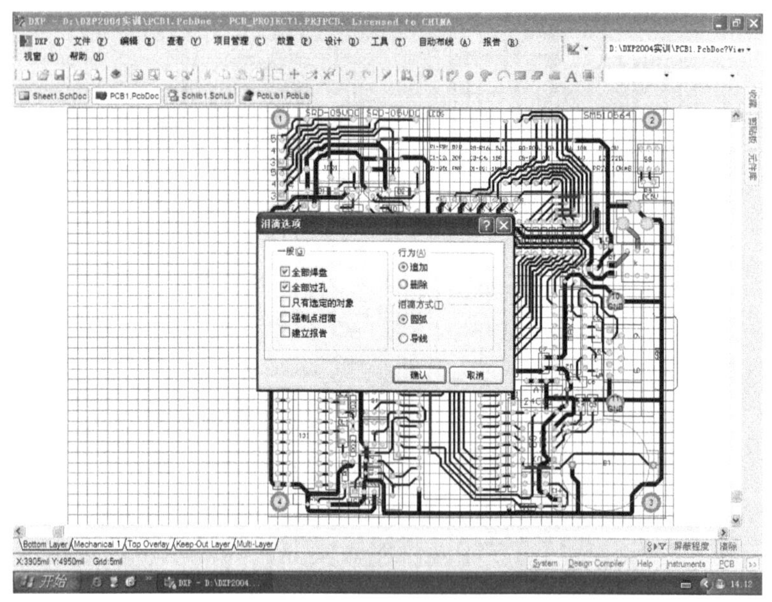

图5-131 泪滴选项的设置

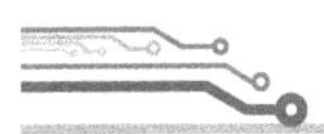

在图 5-131 所示界面上单击“确认”按钮，系统会完成补泪滴过程。

接下来，为 PCB 图覆铜。单击“放置”→“覆铜”菜单项，如图 5-132 所示。

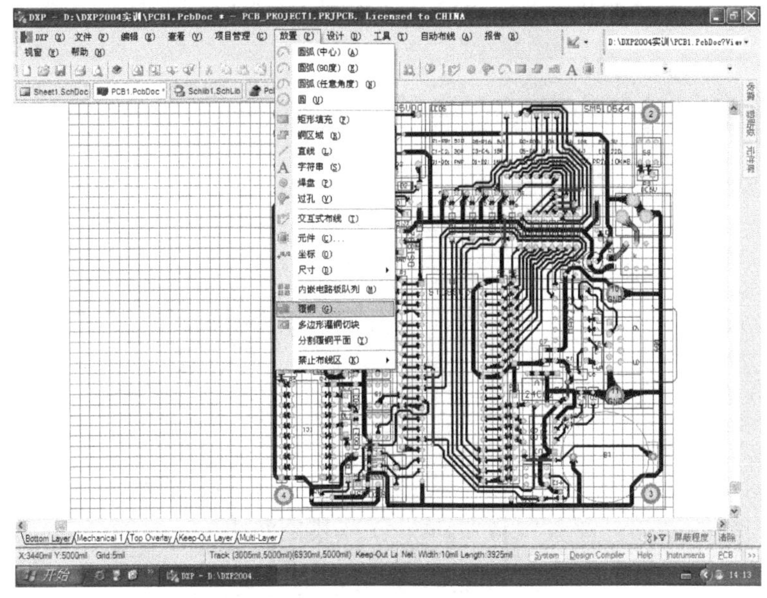

图 5-132 给 PCB 图覆铜的菜单操作图示

系统弹出“覆铜”对话框。在该对话框的“填充模式”选项组中选中“实心填充”，在“属性”的“层”选项中选择“Bottom Layer”，在“连接到网络”中选择“GND”，在对象类别中选择“Pour Over Same Net Polygons Only”，再选中“锁定图元”和“删除死铜”，如图 5-133 所示。

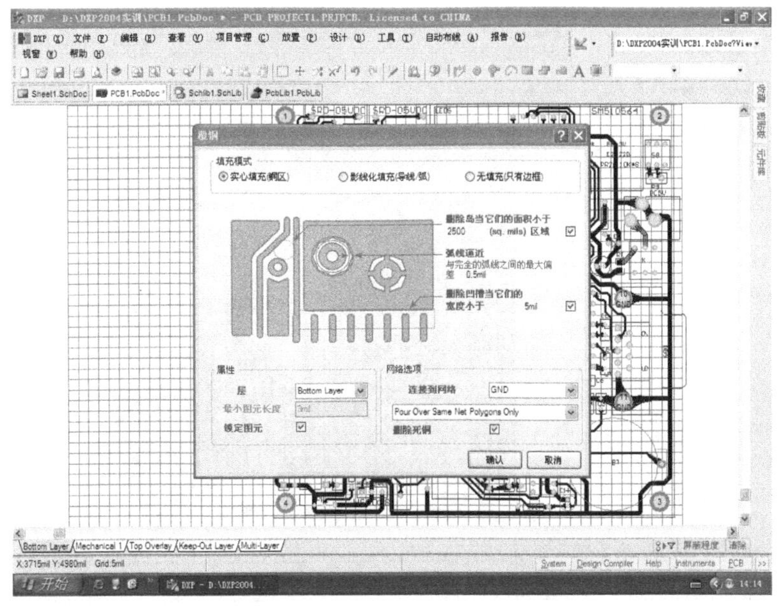

图 5-133 “覆铜”对话框的设置

在图 5-133 所示的对话框中单击“确认”按钮，对话框关闭，光标变成“十”字状。用十字光标中心，依次在 PCB 板的左上角顶点、右上角顶点、右下角顶点、左下角顶点上单击鼠标，再右击鼠标退出，系统就开始进行 PCB 板的覆铜。图 5-134 是将单击第四个顶点时的 PCB 图显示。

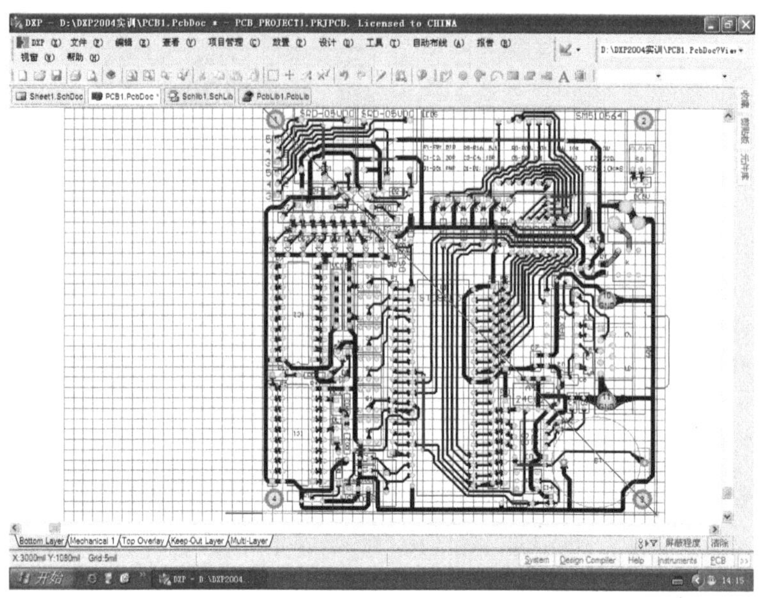

图 5-134 PCB 板覆铜区域的画界过程图示

覆铜过程中状态栏中会有数据信息显示，覆铜结束后，PCB 图就被蒙上一层白膜，在空白处单击鼠标，膜层消失，PCB 板正常显示。覆铜完成后的 PCB 板如图 5-135 所示。

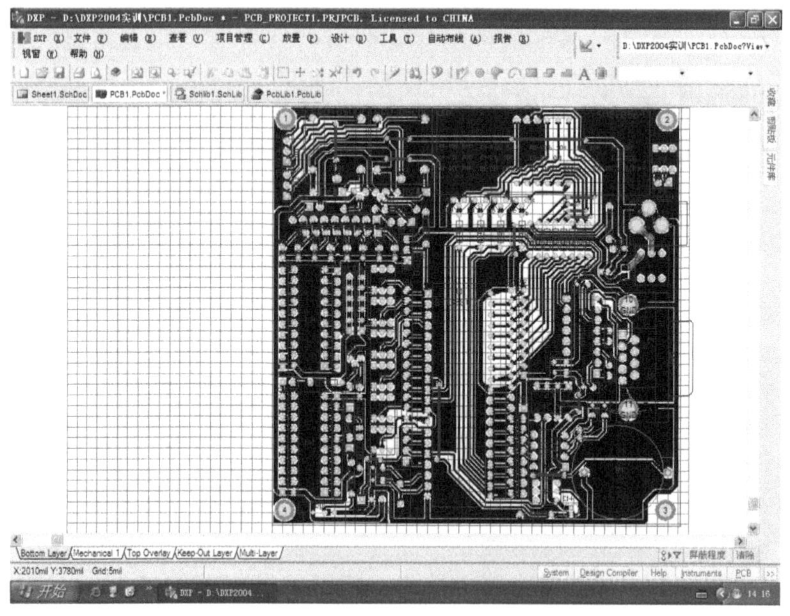

图 5-135 覆铜完成后的 PCB 板图示

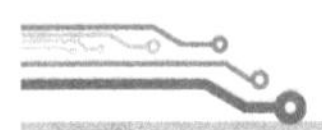

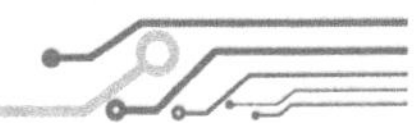

到此，单片机实验板的电路板设计全部完成，将项目中的 PCB1.PcbDoc 文件发给厂家加工，就成为产品级 PCB 板。加工而成的单片机实验型 PCB 板如图 5-136、图 5-137 所示。

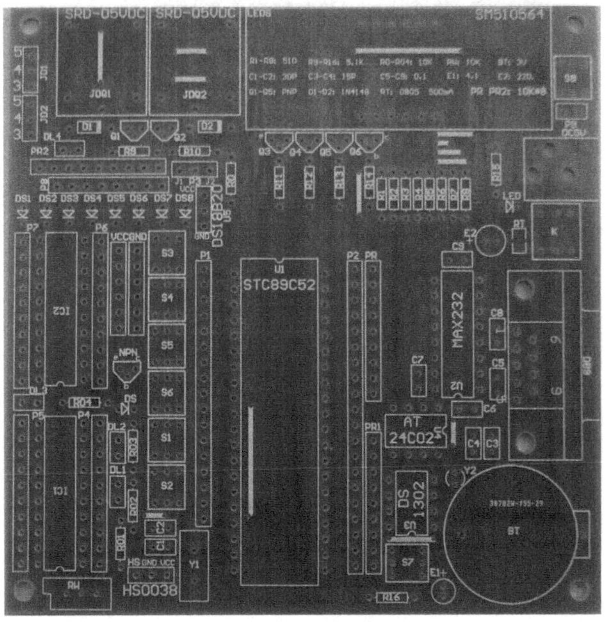

图 5-136　厂家代加工的单片机实验板电路板正面照（100mm×100mm）

图 5-137　单片机实验板电路板底面照

安装焊接完成后的单片机实验板如图 5-138 所示。

图 5-138　安装焊接完成后的单片机实验板实物照

小　结　5

本章先从基本原理图载入封装和网络进行布局，再升级基本原理图以载入扩充电路封装和网络并布局，然后详细介绍了手动布线的方法和要点，多角度地展示了实际电路板开发设计中的实用技术。本章的重点内容如下：

① 掌握从 PCB 图设计环境产生工程变化订单的操作步骤。

② 掌握工程变化订单中的内容及作用。

③ 掌握工程变化订单的产生及处理操作。

④ 掌握 PCB 图中封装元件的手工布局要点。

⑤ 掌握在原理图中统一更换某类元件封装的操作步骤。

⑥ 掌握在 PCB 图中统一更换某类元件封装的操作步骤。

⑦ 掌握 PCB 图布线线宽规则的编辑操作。

⑧ 掌握单面板的手工布线要点。

⑨ 掌握 PCB 板的补泪滴操作。

⑩ 掌握 PCB 板的覆铜操作。

⑪ 掌握关于封装元件属性的对话框的常用操作。

习　题　5

一、填空题

1. PCB 图必须从所属项目中的________图载入________和________才能展开设计。

2. 工程变化订单由四部分组成。第一部分是________，第二部分是________，第三部分是________，第三部分________。

3. 手工布局时应先将________移至绘图区，删除________后，再对________进行布局。

4. PCB 板的电气边界是在________板层上放置________而形成的封闭图形。

5. 单面板手工布线时所选择的板层名为_______，布线就是放置_______来连接相应焊盘。

6. 在 PCB 图中统一更换某类元件封装的操作步骤是:（1)右击某类元件的任一________空白处;（2）在弹出的快捷菜单中单击________菜单项;（3）在弹出的“查找相似对象”对话框中，把“Footprint”选项的第二个参数“Any”改为________，且必须选中________和________这两项，再单击“确认”按钮;（4）在弹出的“检查器”对话框的“Footprint”选项中把原封装名改为________后回车;（5）关闭________（6）鼠标________后 PCB 图恢复正常显示。

二、问答题

1. Room 空间的主要作用是什么?

2. PCB 图电气边界的主要作用是什么?

3. PCB 板补泪滴的作用是什么?

4. 给 PCB 覆铜的作用是什么?

三、上机题

1. 启动 DXP 2004 系统。

2. 把原理图文件和 PCB 图文件在工作区中打开。

3. 在工作区中打开原理图，在原理图中双击 DS6 元件，打开 DS6 的“元件属性”对话框，检查并记录 DS6 的封装型号。

4. 在工作区中打开 PCB 图，在 PCB 图绘制界面下，单击“设计”→“Update Schematics in PCB_PROJECT1.PRJPCB”菜单项，完成由此产生的“工程变化订单”的基本操作，然后关闭“工程变化订单”。

5. 在工作区中再次打开原理图，并再次双击 DS6 元件，检查并记录 DS6 的封装型号。

6. 对比所记录的两次封装型号。

第6章 基于层次原理图的单片机开发板设计

PCB 图中的封装和连接网络，都是用原理图来生成的。没有相应的原理图，就不可能有对应的 PCB 图。当一个电路系统比较复杂时，就很难用一张原理图来完整描述，此时，可以把这个复杂的电路系统按某种策略，适当分拆成几个子电路，然后把每个子电路画在子原理图上，最后，再专门用一张原理图来描述如何按某种策略，把几个子原理图的电路功能整合成原来电路系统的全部功能。这就是层次原理图的基本理念。本章所要进行的单片机开发板 PCB 图设计，就基于层次原理图的这一基本理念而展开。

6.1 单片机开发板架构设计

6.1.1 单片机开发板电路组成

这块单片机开发板架构设计如图 6-1 所示。可以看出，它由单片机实验板电路、LED16×16 点阵显示屏电路、单片机片外存器电路及 LCD12864 液晶屏等接口所组成。

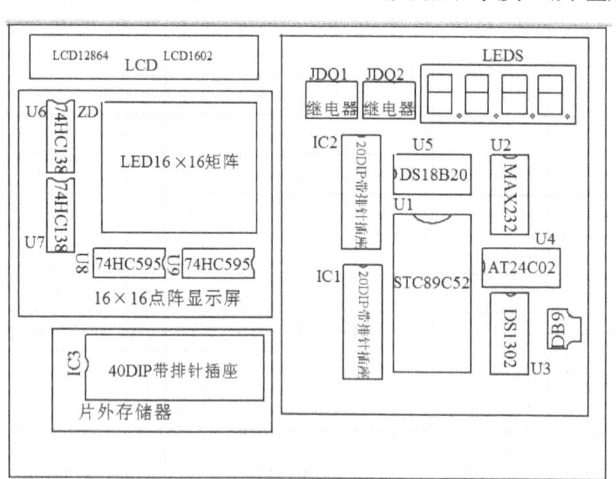

图 6-1 单片机开发板架构

6.1.2 单片机实验板电路

单片机实验板电路，就是第 5 章所增添扩充后的单片机实验板电路，如图 6-2 所示。原理图就是由第 4 章设计，经第 5 章电路扩充后的单片机实验板原理图，其文件名是“Sheet1.SchDoc”。

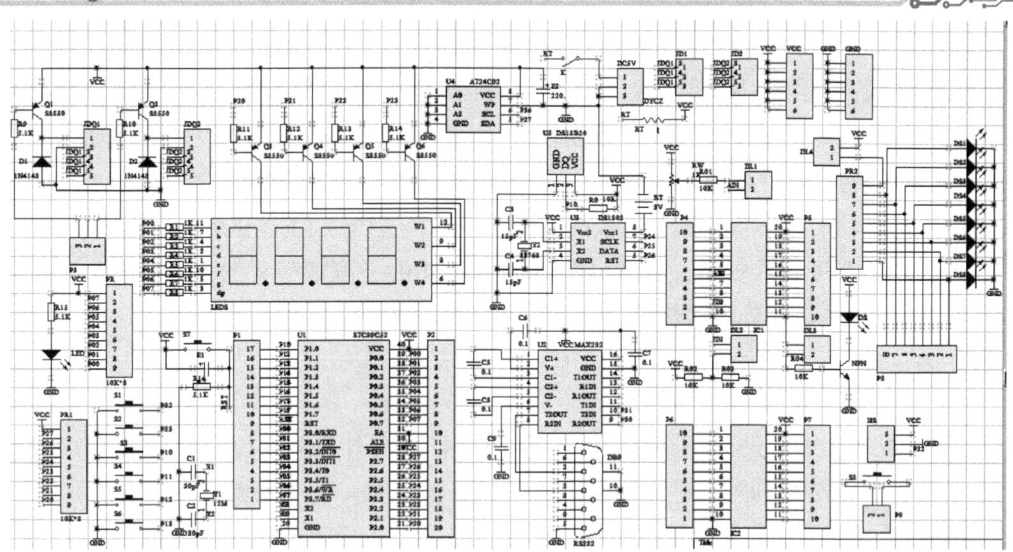

图 6-2　单片机实验板电路图

6.1.3　LED16×16 点阵显示屏电路

LED16×16 点阵显示屏电路如图 6-3 所示，其行列驱动是最典型的“74HC138+74HC595”工程设计形式。

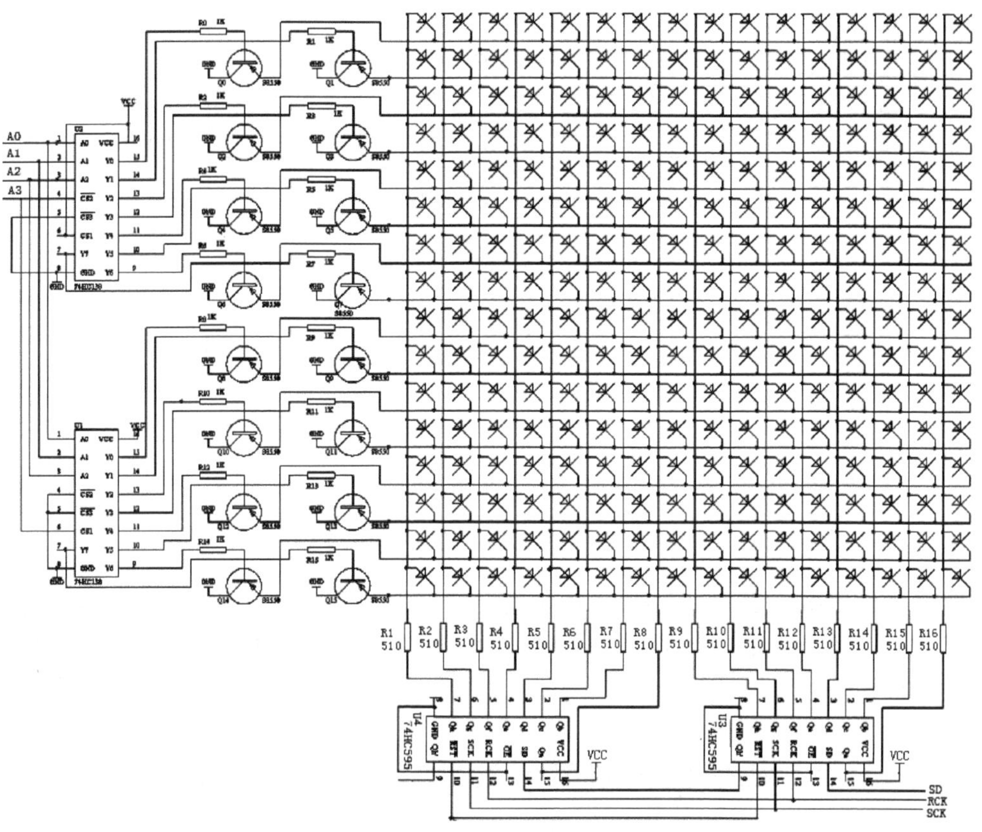

图 6-3　LED16×16 点阵显示屏电路

需要说明的是，图 6-3 中的二极管矩阵在实际安装时，用四块 LED8×8 点阵代替。另外，从单片机开发板的实际使用性质考虑，LED 显示屏就是这样一个 16 行×16 列的固定结构，基本上不会扩成 16 行×32 列或 16 行×64 列去使用,因此可以把三极管驱动级取消,即把 74HC138 的各译码输出端直接与 LED 显示矩阵的行电极连接，这样，这部分电路就可减少 16 个三极管和 16 个电阻，有利于减小单片机开发板的尺寸。当然，这样做 LED 显示屏的亮度会减小。如果对 LED 显示屏亮度要求较高，可采用把两片 74HC138 并联成一片的方法来增大 LED 显示屏的行驱动电流，并联焊接采用叠罗汉方式，其焊接非常容易。

6.1.4 片外存储器电路

单片机开发板上的片外存储器电路如图 6-4 所示。在单片机开发板上可使用的片外存储器有 W29 系列和 HM62 系列等。存储器引脚数可以是 24～32。为了实验方便，已把 IC3 和 IC1 按片外存储器连接要求进行了捆绑式连接。即当 IC3 插座上插入的不是存储器芯片时，IC1 就不要插入其他芯片而保持为空。而当 IC1 上需要插入 IC 芯片实验时，IC3 上就不要再接插其他芯片而应保持为空。在进行片外存储器实验时，还需要在 IC2 上插入与门电路使用。

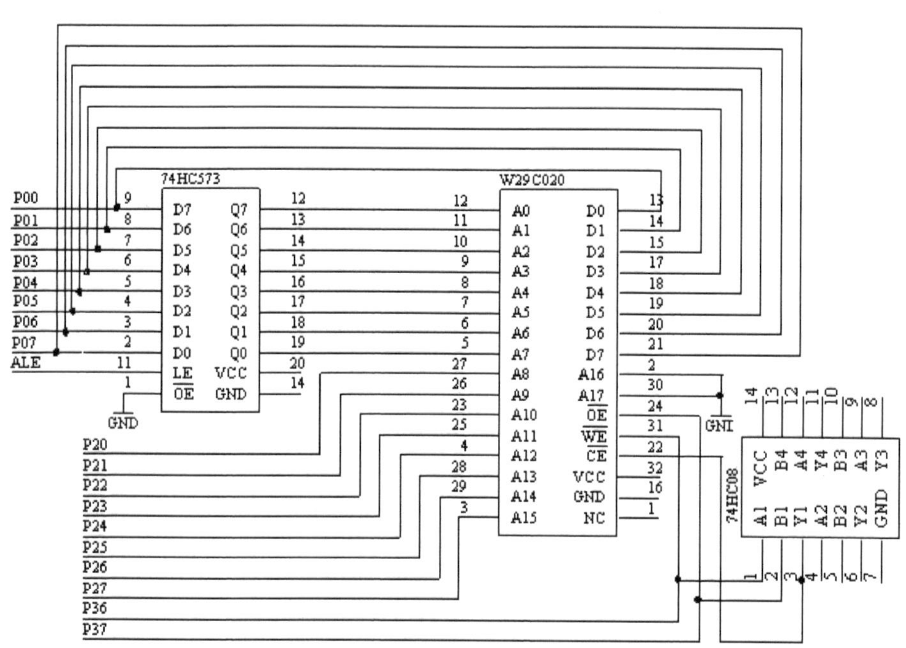

图 6-4　单片机开发板上的片外存储器电路

存储器芯片使用的是双列直插 40DIP 插座并带排针接插接口，借此还可进行 8155、8255、8259、8243，以及 DS12C887、ISD400X 和 HD7279 等众多 IC 芯片实验，这就大大提高了单片机开发板的功能和使用价值。

6.2 构建单片机开发板层次原理图所需文档

根据 6.1 节单片机开发板架构设计可知，单片机开发板由三部分电路组成，由于整个电路组成比较复杂，需要使用层次原理图设计方法才能完成。具体而言，就是需要三张子原理图加一张主原理图才能完整描述。

6.2.1　把 Sheet1.SchDoc 文件作为单片机开发板子原理图 1 的文档

首先考虑单片机实验板电路，这个电路就用第 5 章最后修改而定的原理图作为子原理图 1。这个最复杂的子原理图 1，在第 4 章完成了基本电路设计，在第 5 章完成了扩充电路整合。现在也可以说，第 4 章、第 5 章已经为本章的层次原理图做了子原理图 1 的预备工作。

6.2.2　新建单片机开发板子原理图 2 的文档

其次考虑 LED16×16 点阵显示屏电路和片外存储器电路，为了让子原理图间的连线尽可能减少，要把由两片 74HC138 组成的行驱动电路和片外存储器电路画在子原理图 2 上。下面进行子原理图 2 的新建和保存工作。

启动 DXP 2004 后，从工作面板打开四个文件，然后在工作区中打开“Sheet1.SchDoc”文件。如图 6-5 所示，右击项目文件“PCB_PROJECT1.PRJPCB”，在弹出的快捷菜单中单击“追加新文件到项目中”→“Schematic”菜单项。

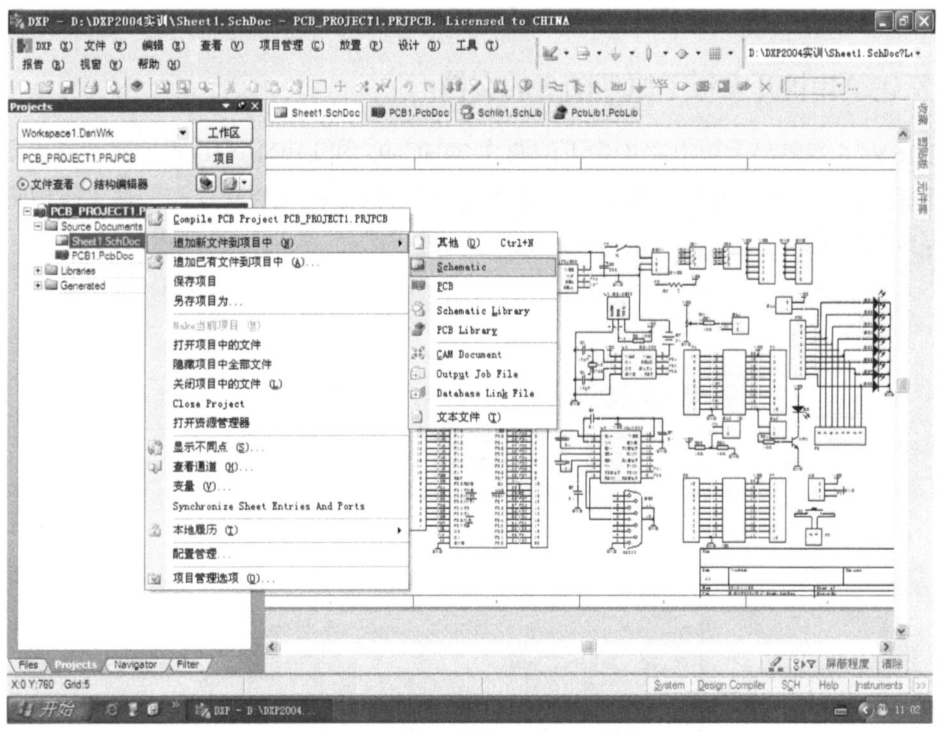

图 6-5　新建原理图文件的操作图示

在图 6-5 所示的界面中单击“Schematic”菜单项后，在项目面板中就增加了“Sheet2.SchDoc”文件。单击“文件”→“保存”菜单项，系统弹出保存对话框，如图 6-6 所示。在此，就以系统给出的默认文件名“Sheet2”进行保存。因此，单击“保存”按钮即可。

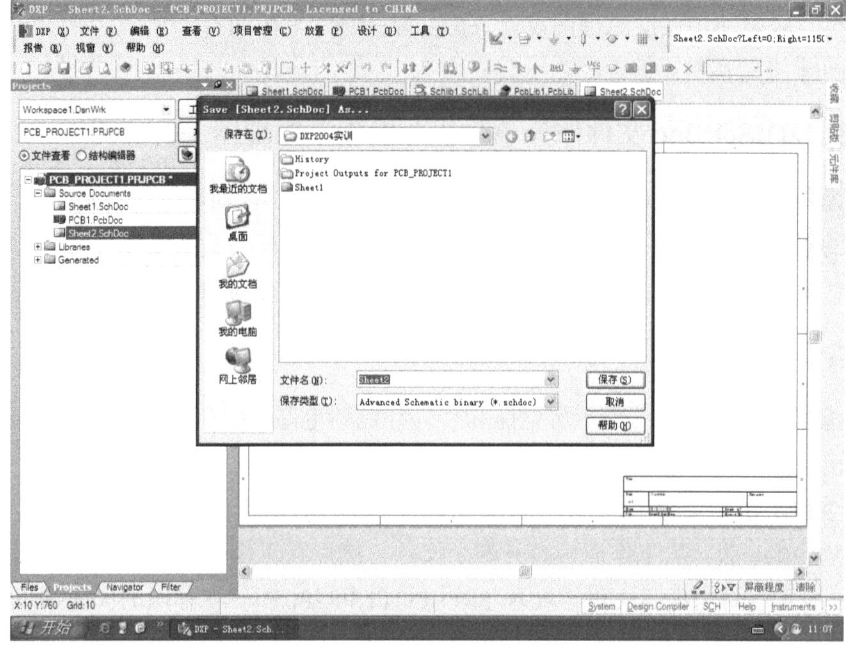

图 6-6　新建子原理图 2 的文件保存操作图示

6.2.3　新建单片机开发板子原理图 3 的文档

LED16 × 16 点阵显示屏电路中余下的两片 74HC595 和 LED16×16 矩阵就画在子原理图 3 上。子原理图 3 的文档新建和保存工作，完全与子原理图 2 的文档新建和保存工作相同。保存时仍以系统给出的默认文件名“Scheet3.SchDoc”进行保存，如图 6-7 所示。

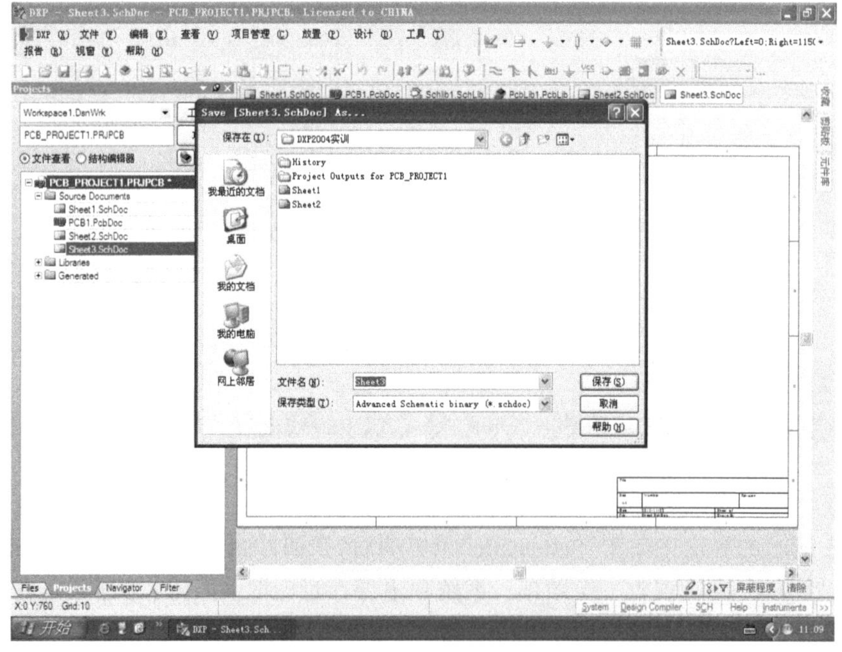

图 6-7　新建子原理图 3 的保存操作图示

6.2.4　新建单片机开发板主原理图的文档

另外，还需一张主原理图来描述上面三张子原理图之间的连接关系。主原理图文档的新建操作与前面相同，保存时要将默认文件名改名为“Zyt”，如图 6-8 所示。

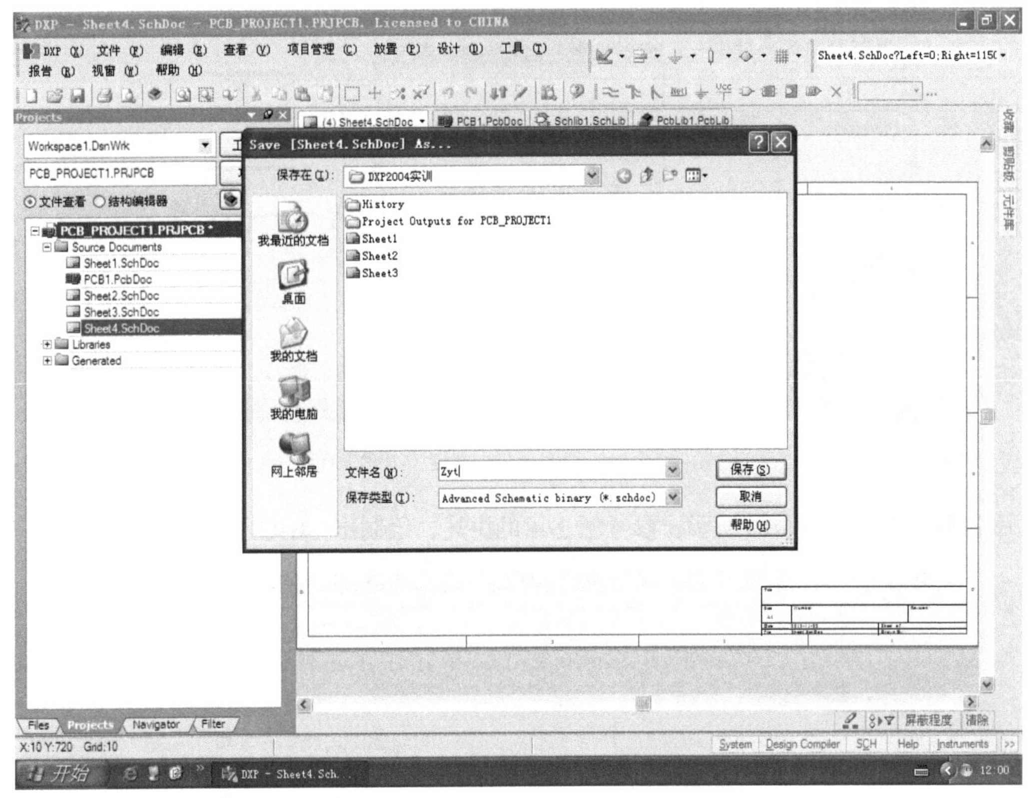

图 6-8　主原理图更名保存操作图示

6.3　绘制新增原理图元件

单片机开发板新增电路的元件有 74HC138、74HC595、无引脚定义的 DIP40 元件及表示 LED 点阵的元件。这些需要在绘制层次原理图前绘制好，以便于绘制子原理图时使用。

6.3.1　绘制原理图元件 74HC138

在工作区中单击“Schlib1.SchLib”选项卡，在工作面板中选择“SCH Library”标签，在工作面板的“元件”框中单击“追加”按钮，系统弹出新元件命名对话框，把系统给出的元件默认名设为“74HC138”，如图 6-9 所示。

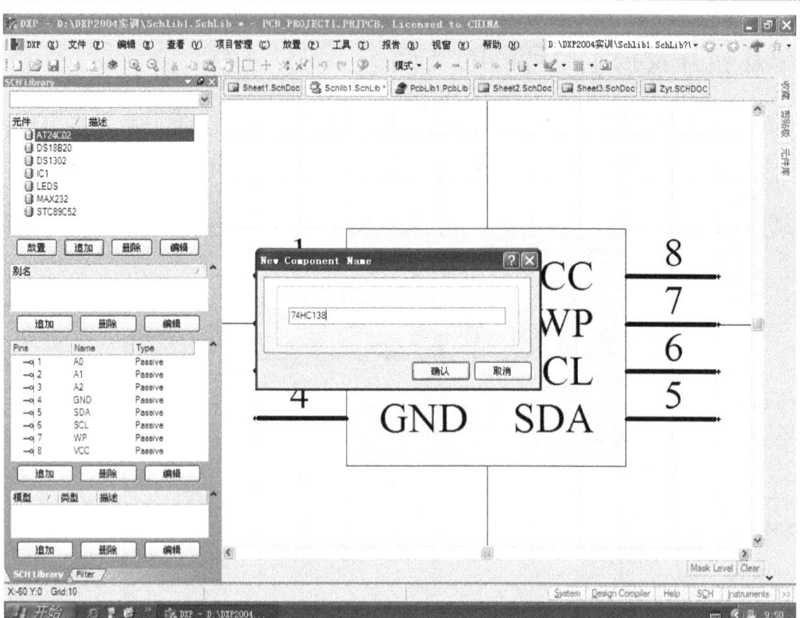

图 6-9　绘制原理图元件时的命名操作图示

命名确认后，按图 6-10 所示，参考第 2 章的讲述，绘制出 74HC138 元件。

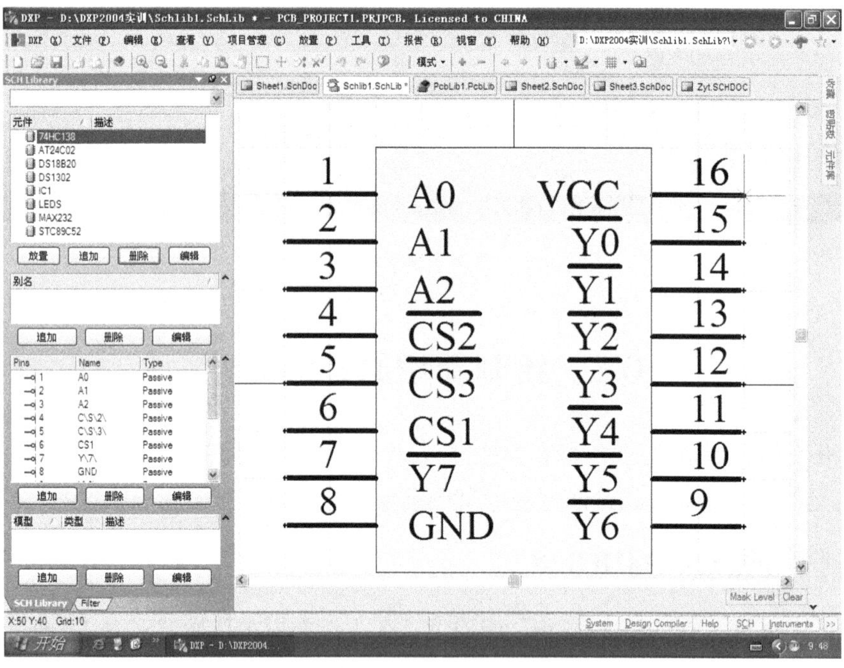

图 6-10　绘制完成后的原理图元件 74HC138

6.3.2　绘制原理图元件 74HC595

在原理图元件绘制界面的工作面板的元件框中，单击“追加”按钮，并在系统弹出的新元件命名对话框中命名“74HC595”元件，如图 6-11 所示。

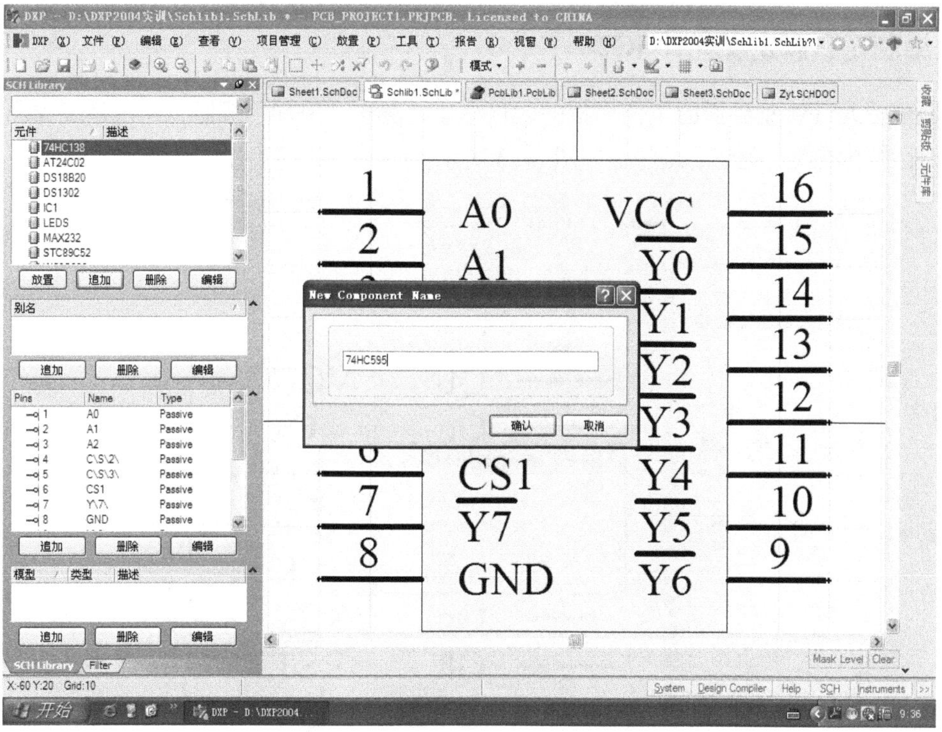

图 6-11 绘制新原理图元件命名操作图示

命名确认后，按图 6-12 所示，完成 74HC595 的绘制。

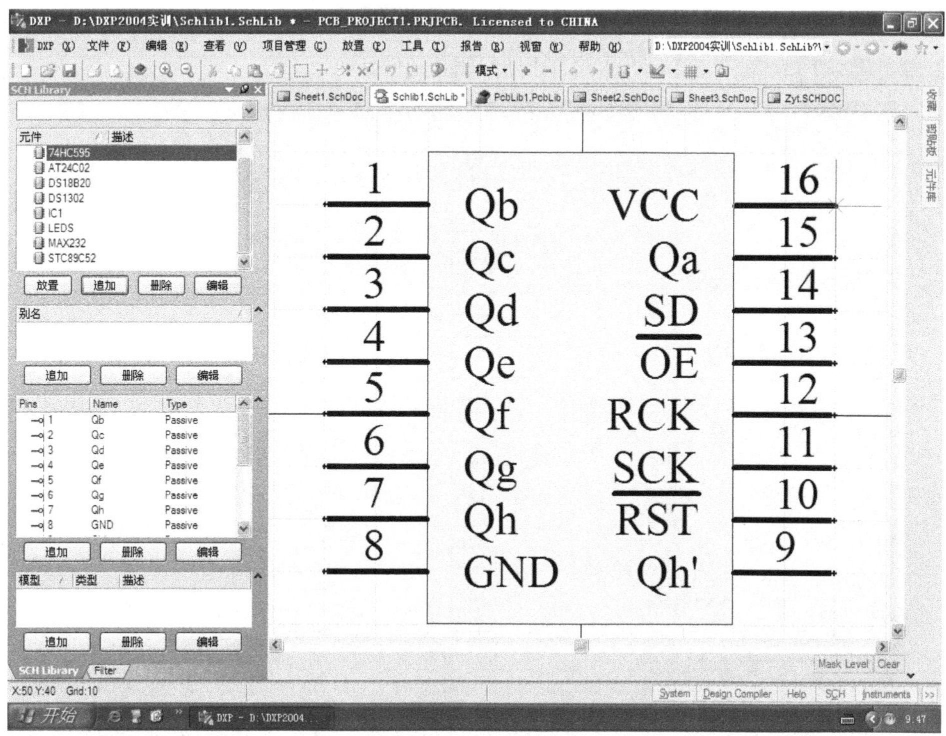

图 6-12 绘制原理图元件 74HC595

6.3.3 绘制无引脚定义元件 IC2

在原理图元件绘制界面的工作面板的元件框中，单击“追加”按钮，并在系统弹出的新元件命名对话框中命名“IC2”元件，如图 6-13 所示。

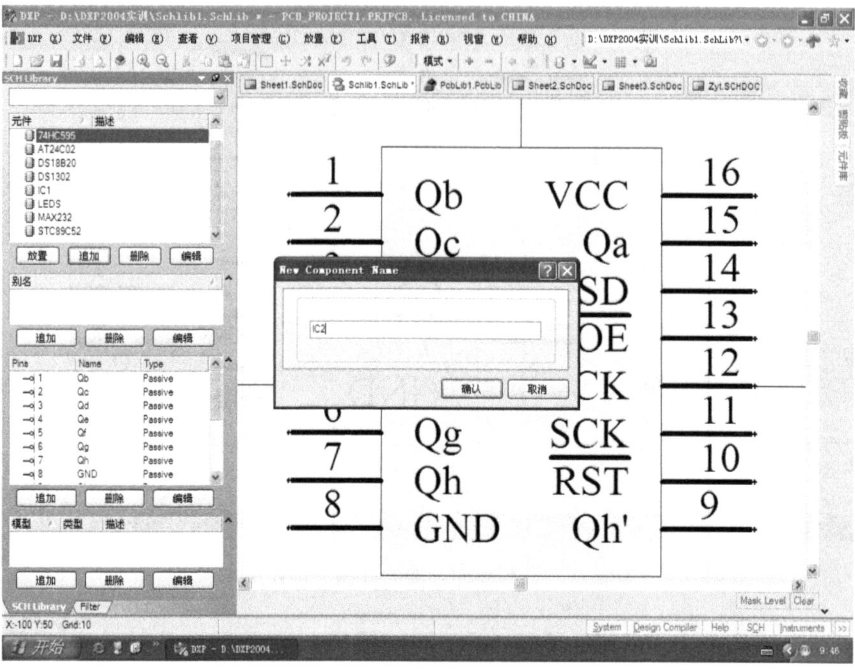

图 6-13 新元件 IC2 命名操作图示

IC2 命名确认后，按图 6-14 所示绘制出原理图元件。

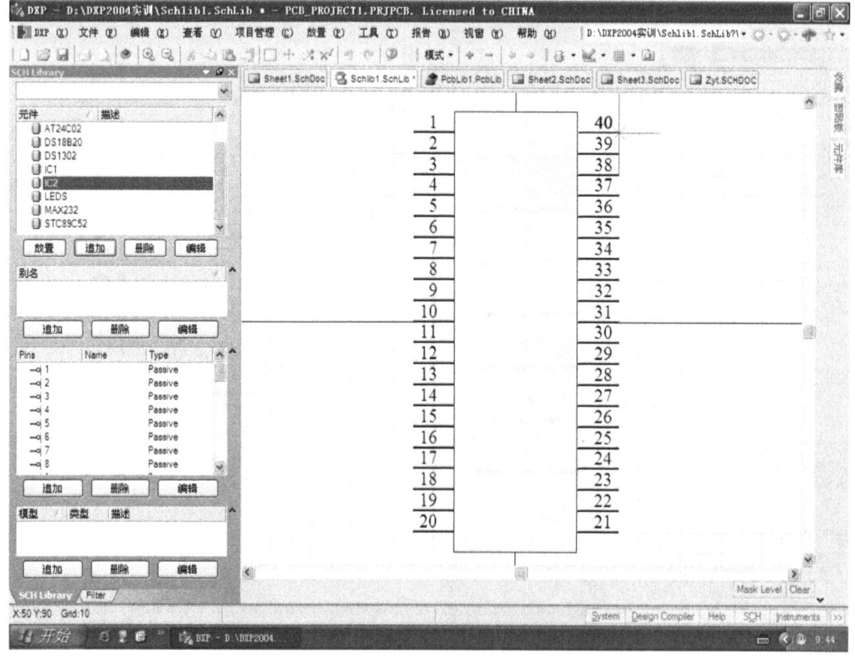

图 6-14 无引脚定义元件 IC2 的绘制图示

6.3.4　绘制 LED 点阵的原理图元件

LED 显示屏要显示一个 16×16 点阵汉字，就要使用 256 个发光二极管来组成 16×16 显示矩阵。用单个的发光二极管来制作显示矩阵，焊接量太大。在我们这块板子上是用四片 LED8×8 点阵组件来拼装成显示矩阵，由于我们的制作是学习性质，可选用小型化的 LED 点阵组件，具体型号是 SZ420788K，其实物照片如图 6-15 所示，其引脚定义如图 6-16 所示。关于图 6-16 中的各引脚定义，当然应以图 6-15 为默认安装方向。没有约定安装方向是无所谓行序列序的。

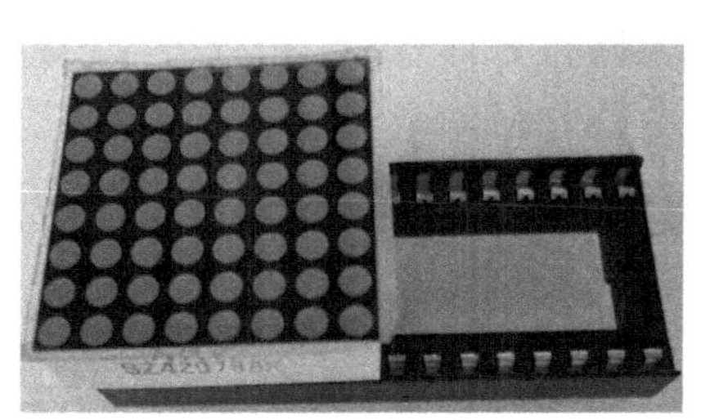

图 6-15　LED8×8 点阵实物图

SZ*20788

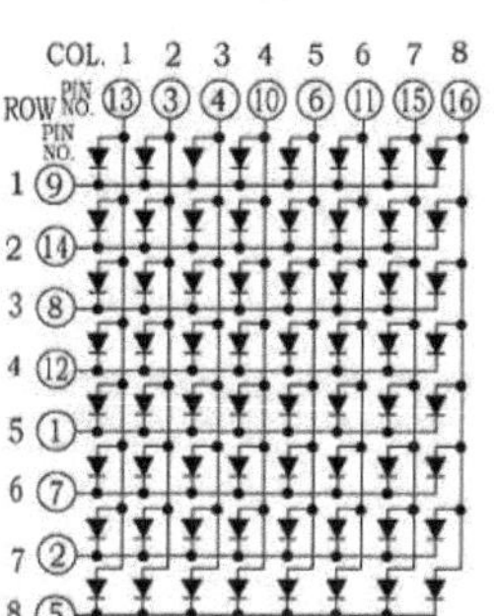

图 6-16　8×8 点阵行序列序图

从图 6-15 可知，可在 DIP32 座上插入左右两个 SZ420788K 点阵组件来进行横向扩展。因此，要制作一个如图 6-16 所示的 LED88S 元件，这个元件的上下两部分引线名称对应相同，且行序名和列序名也完全按图 6-16 所示的 SZ420788K 点阵组件原来默认的行序和列序来标识。执行“追加”及更名操作后，按图 6-17 所示，完成 LED88S 元件的设计。

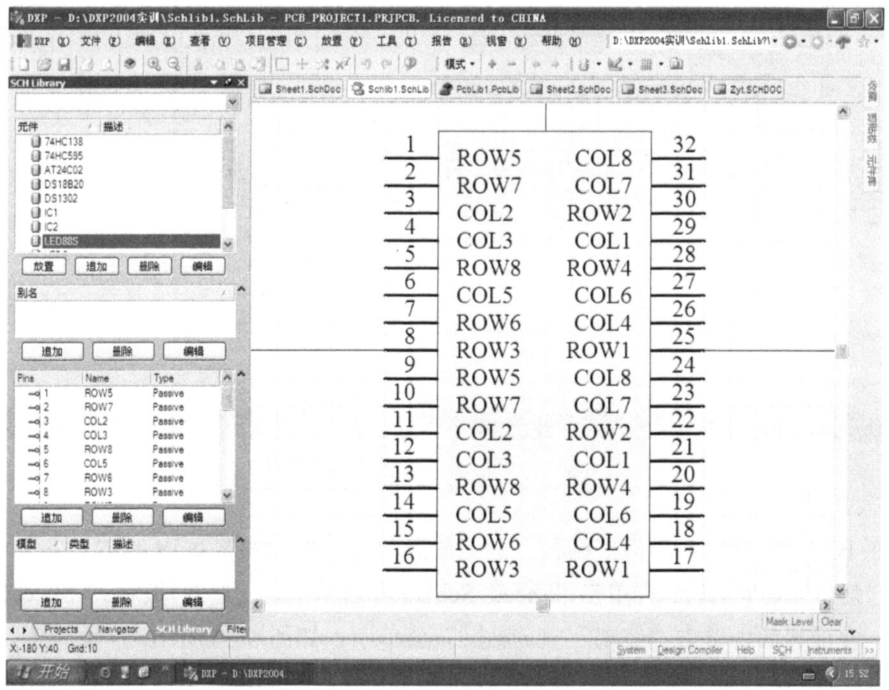

图 6-17　表示两只 LED8×8 点阵组合的 LED88S 引脚定义

6.4　从下向上绘制单片机开发板层次原理图

层次原理图设计包括主原理图设计和全部子原理图设计。具体实现形式有两种：一种是自上而下进行设计，即先设计出主原理图，再设计出子原理图；另一种是自下而上进行设计，即先设计出各子原理图，再根据各子原图来设计主原理图。本节采用后一方式，即自下而上进行层次原理图设计。

6.4.1　修改单片机开发板子原理图 1

在工作区中打开“Sheet1.SchDoc”文件，然后在原理图绘制区中，，用鼠标拖出对角矩形方式，围选 IC1 及其数模转换与模数转换辅助电路和 8 路发光二极管接口电路，如图 6-18 所示。

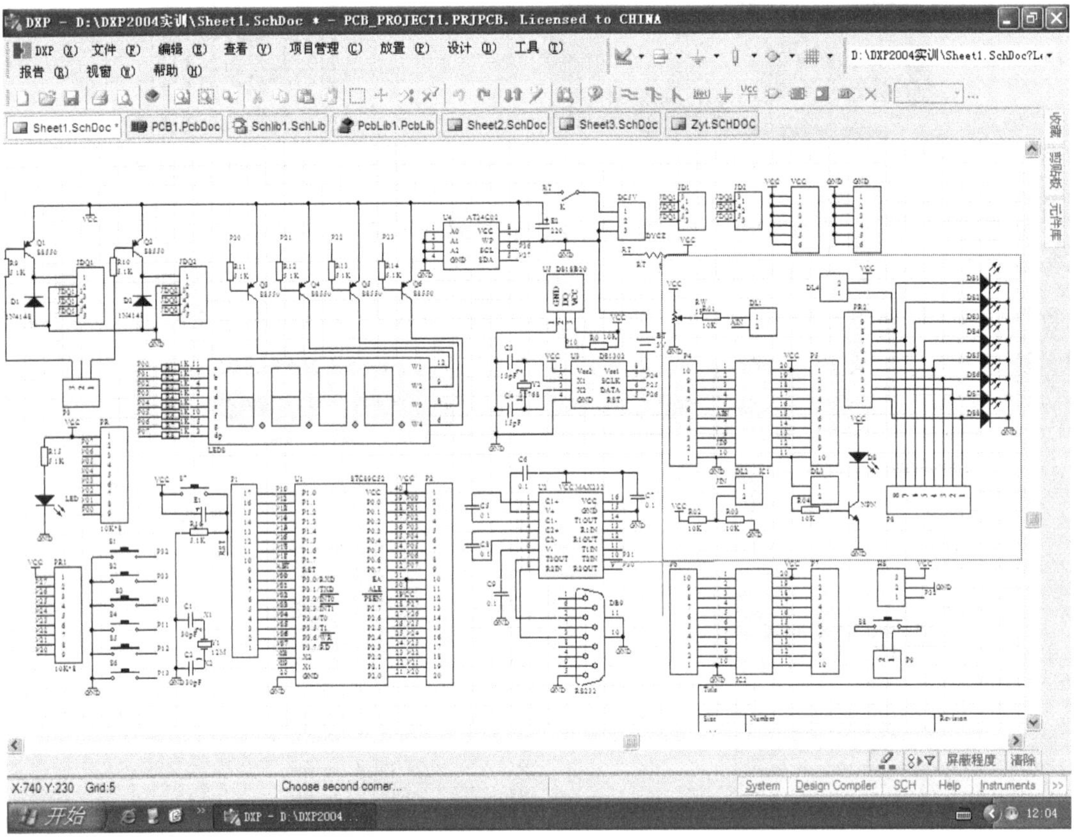

图 6-18　框选元件操作图示

选取了 IC1 等元件后，单击“编辑”→“裁剪”菜单项，如图 6-19 所示。

单击“裁剪”菜单项后，再单击“Sheet2.SchDoc”选项卡，工作区切换为“Sheet2.SchDoc”绘图界面，在该界面中单击“编辑”→“粘贴”菜单项，如图 6-20 所示。

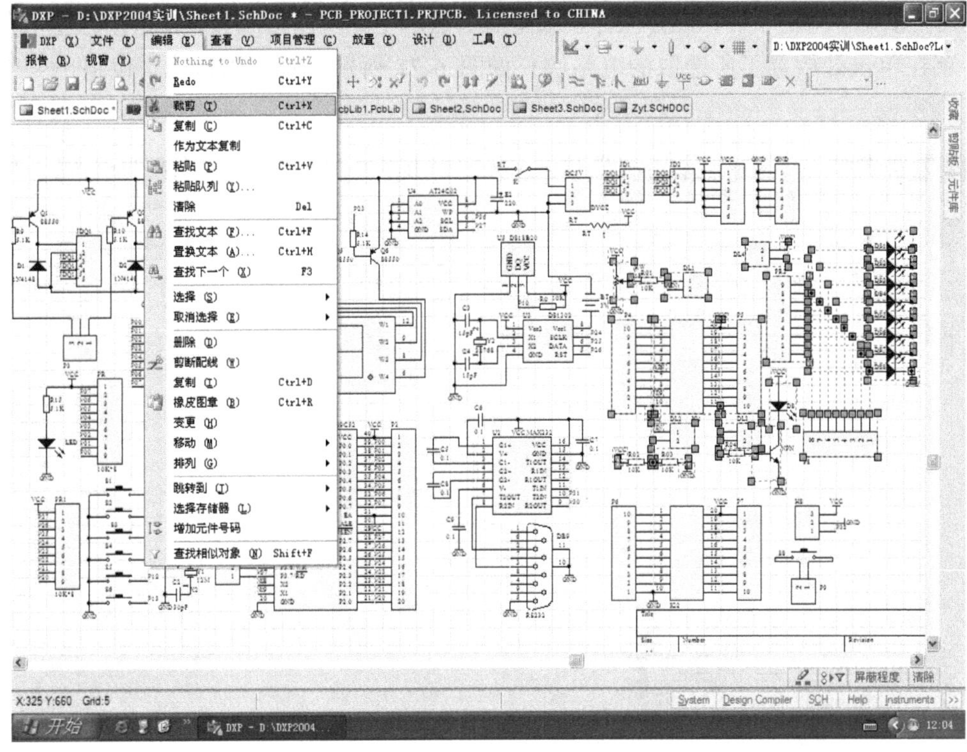

图 6-19　裁剪电路块操作图示

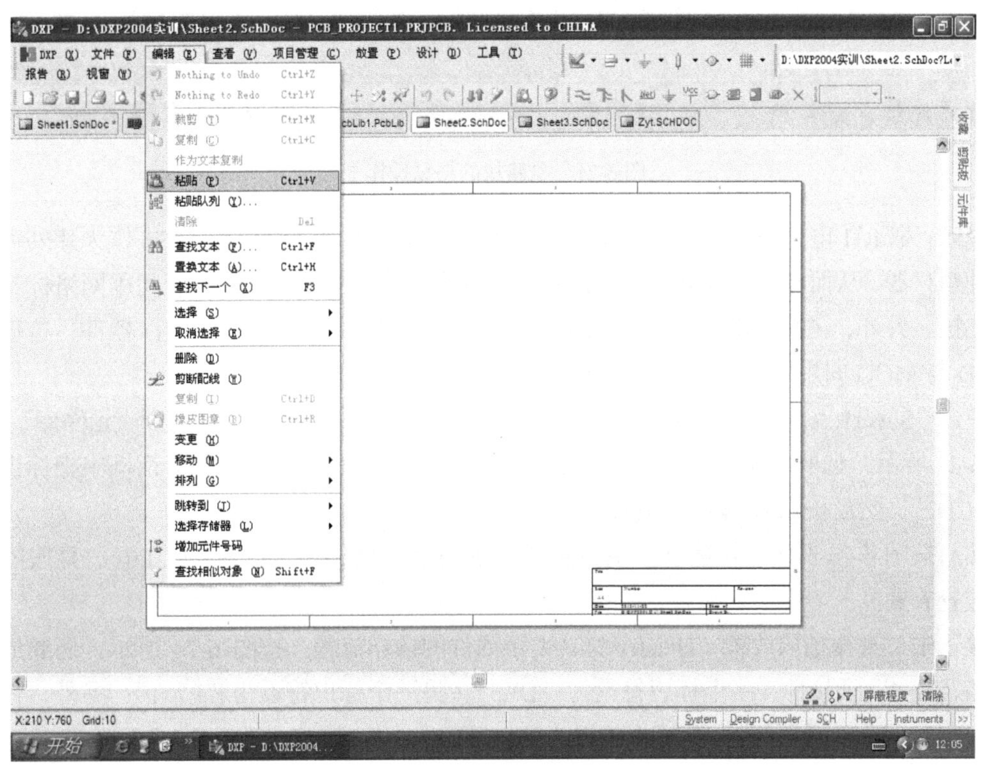

图 6-20　电路块的粘贴操作 1

单击“粘贴”菜单项后，鼠标光标就吸附着所选取电路块以待放置，在绘图区左下角单击鼠标，就在单击处放置了所选取的电路块，如图 6-21 所示。再右击鼠标，以退出“粘贴”操作。

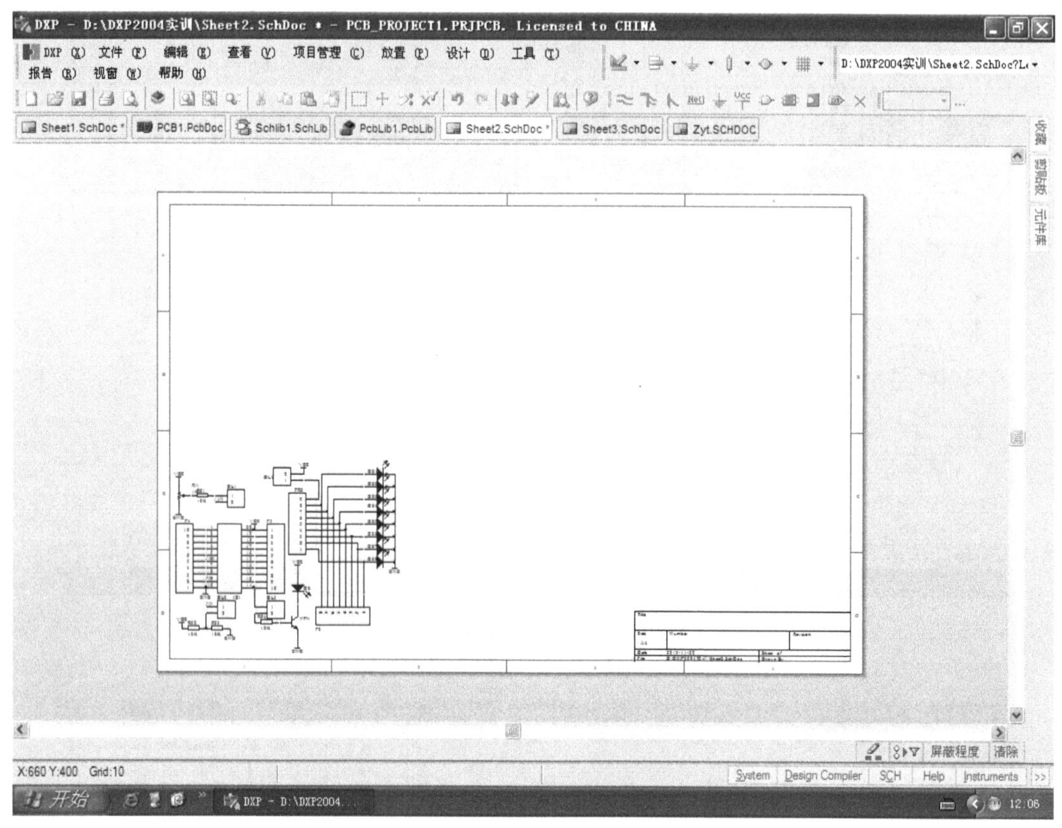

图 6-21　电路块的粘贴操作 2

说明：把 IC1 电路块从子原理图 1 中转移到子原理图 2 中，是为了让 IC1 作为片外存储器的地址锁存器，从而与片外存储器 IC3 同在一个原理图中，能大大方便两者间用网络标签进行电路连接。另外，IC1 电路块从子原理图 1 移出后，其空位要用来放置 LCD 器件，这也方便了 LCD 与 MCU 间用网络标签进行电路连接。

单击“Sheet1.SchDoc”选项卡，工作区切换为子原理图 1 绘图界面。展开“元件库”面板，如图 6-22 所示，选取“Header 20”插接件，按 Tab 键，在“元件属性”对话框中把标识符设为“LCD2”，然后按图 6-24 所示放置。

然后按图 6-23 所示，再选取 “Header 16”插接件，将标识符设为“LCD1”，且按图 6-24 所示位置放置。

接下来，遵循选取放置“Header X”类接插件的操作流程，按图 6-24 所示，还要放置两个“Header 2”插接件，一个标识符设为“DL5”，另一个标识符设为“P7_1”；另外，还要放置一个“Header 3”插接件，其标识符设为“PSB”。

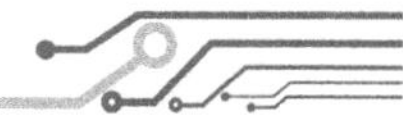

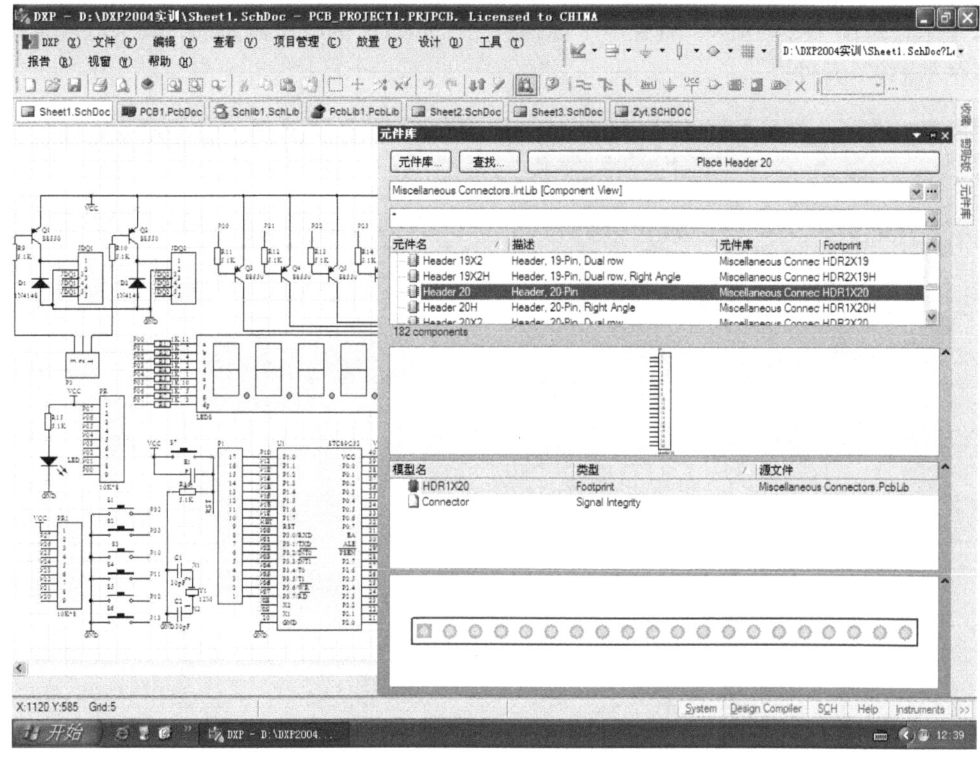

图 6-22　LCD2 的原理图元件与封装图示

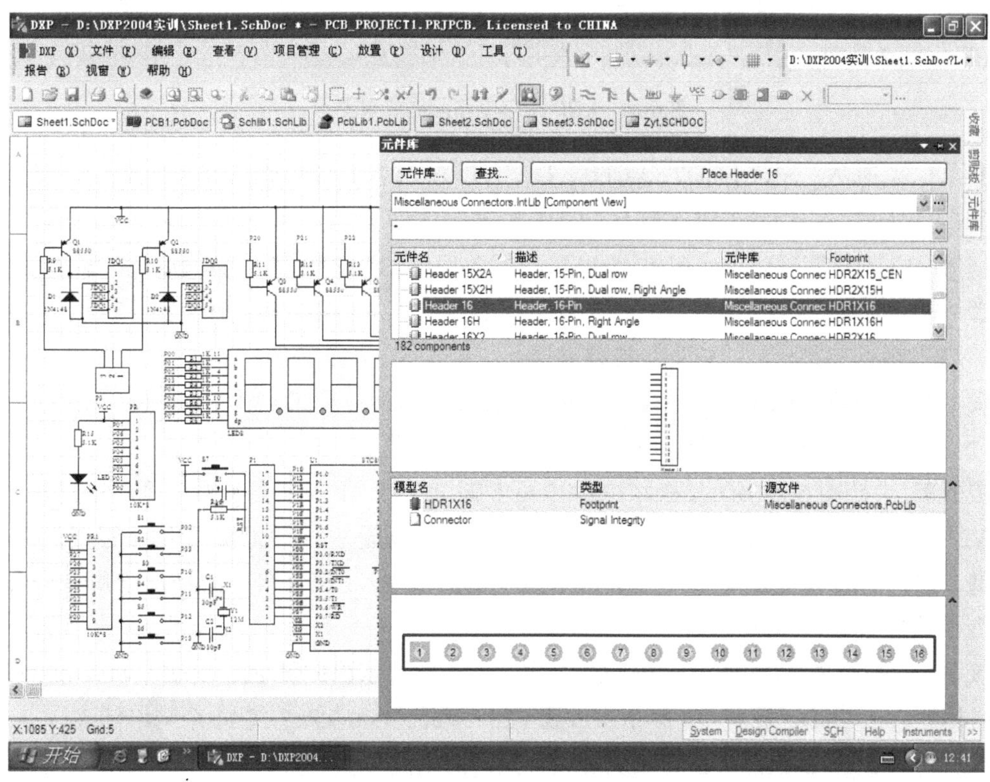

图 6-23　LCD1 的原理图元件与封装图示

接下来，按图 6-24 所示，放置一个标识符为“RW2”的电位器元件，其选取放置过程见第 5 章的“RW”元件。

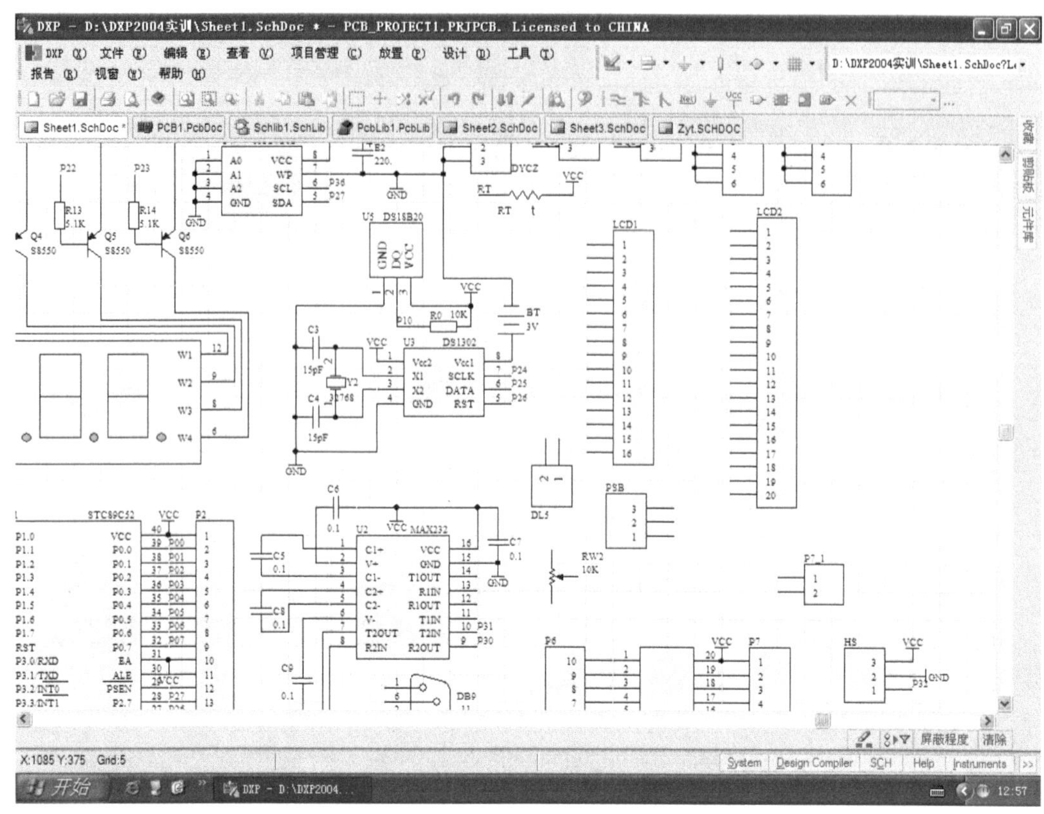

图 6-24　LCD 接口电路元件放置图示

按图 6-24 所示，完成 LCD2、LCD1、DL5、PSB、P7_1 和 RW2 这 6 个元件的放置后，首先按图 6-25 所示，在 DL5 的第 1 脚与 LCD1 的第 15 脚间放置一条连接导线，PSB 的第 3 脚与 LCD2 的第 17 脚间放置一条连接导线，PSB 的第 2 脚与 LCD2 的第 15 脚间放置一条连接导线。

接下来，再按图 6-25 所示，在元件 DL5 第 2 脚、LCD1 第 2 脚、LCD2 第 2 脚、PSB 第 3 脚、RW2 上端各放置一个“VCC”电源端口。

接下来，再按图 6-25 所示，在元件 LCD2 第 1、20 脚，LCD1 第 1、16 脚，PSB 第 1 脚，RW2 下端，各放置一个“GND”电源端口。

接下来，再按图 6-25 所示，在元件 DL5 第 1 脚、LCD2 第 19 脚各放置一个网络标签“BL”，在 RW2 中心滑键、LCD2 第 3 脚、LCD1 第 3 脚上各放置一个“CONT”网络标签，在 P7_1 第 1 脚、IC2 第 13 脚各放置一个“P7A”网络标签，在 P7_1 第 2 脚、IC2 第 12 脚各放置一个“P7B”网络标签。

接下来，再按图 6-25 所示，在 LCD1 第 4 ~ 14 脚，依次放置 P25 ~ P27、P00 ~ P07 共 11 个网络标签；在 LCD2 第 4 ~ 14 脚依次放置 P25 ~ P27、P00 ~ P07 共 11 个网络标签。

这就完成了 LCD 液晶屏接口及 IC2 增补接口的电路连接。

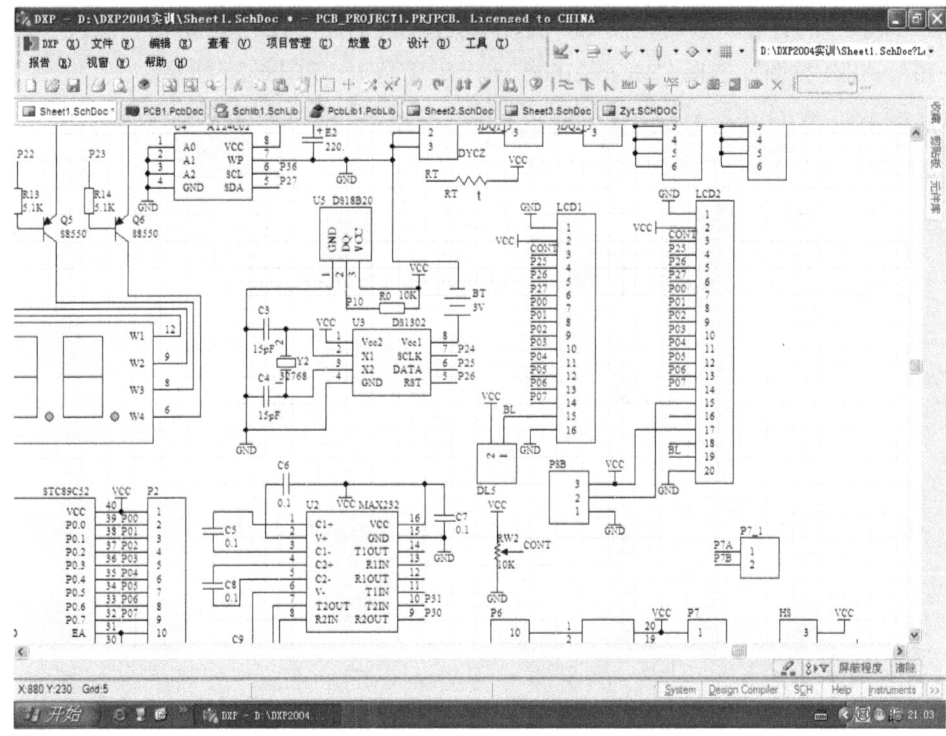

图 6-25　新增的 6 个元件的电路连接图示

接下来，为子原理图 1 添加端口。端口是各子原理图间的连接入口。在原理图绘制界面中单击“放置”→“端口”菜单项，如图 6-26 所示。

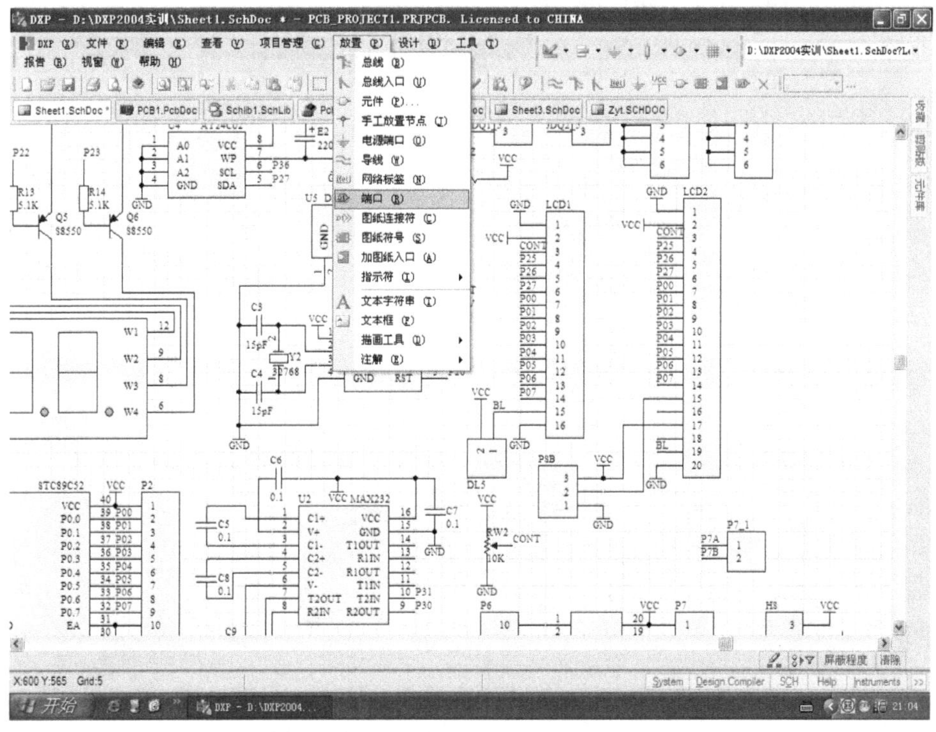

图 6-26　放置“端口”符号的菜单操作图示

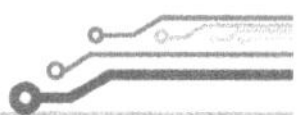

进入“端口”的放置状态时，按Tab键，系统弹出“端口属性”对话框，在其“名称”中输入“P10”，“I/O类型”选择“Unspecified”（未定义型），如图6-27所示。

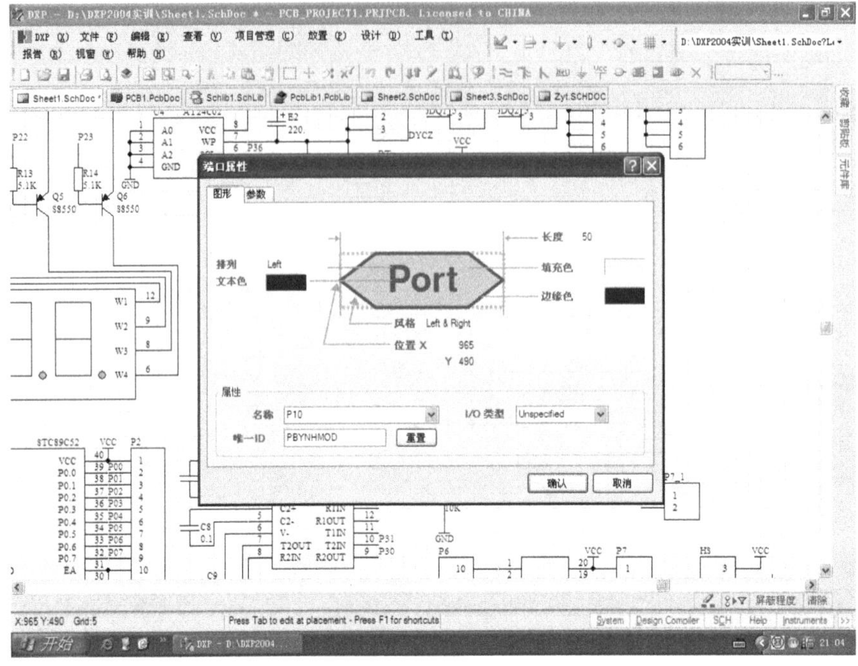

图6-27　端口名称和I/O类型设置

端口属性设置完成后，鼠标光标上就吸附着端口符号，按图6-28所示位置，连续单击7次，就可完成P10～P16共7个端口符号的放置。

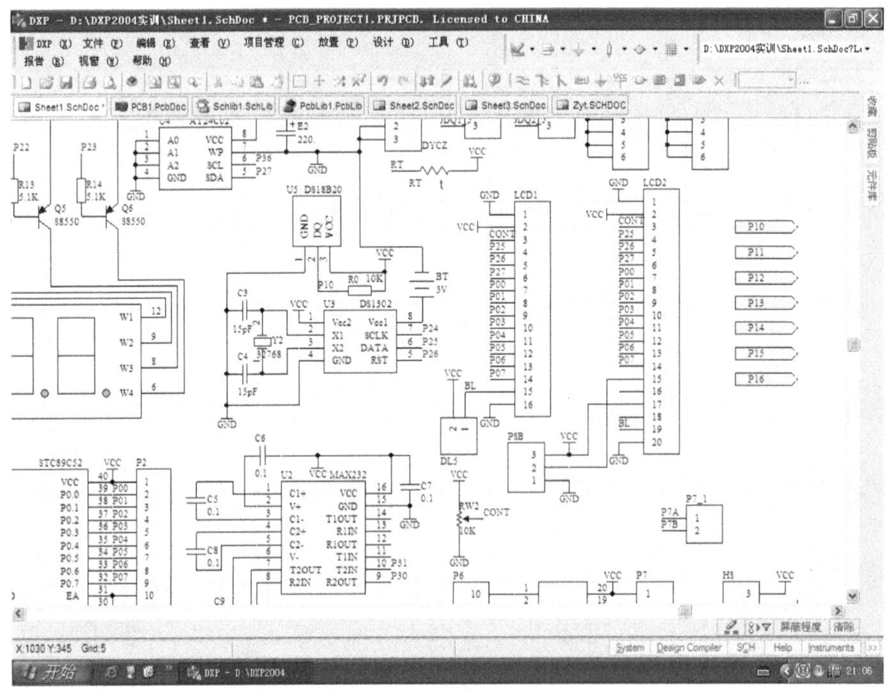

图6-28　P10～P16端口符号放置位置图示

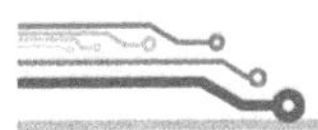

P10～P16这7个端口符号放置到位后，在各端口符号左端连接一段短导线，并依次对应放置P10～P16共7个网络标签，如图6-29所示。

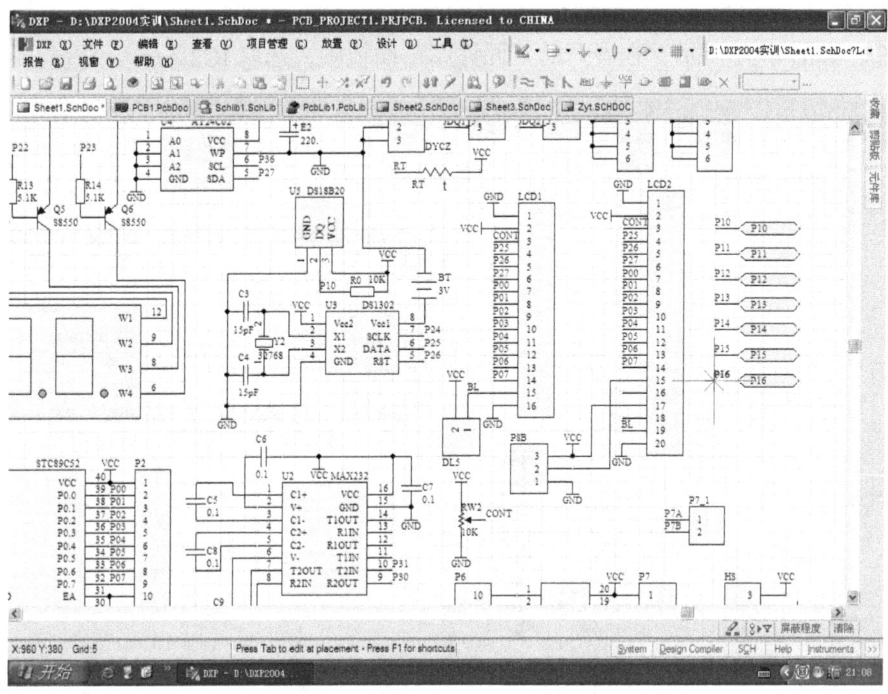

图6-29　为端口符号放置网络标签

端口符号相应的网络标签放置完毕后，子原理图1的修改工作就全部完成了。修改全部完成后的子原理图1如图6-30所示。

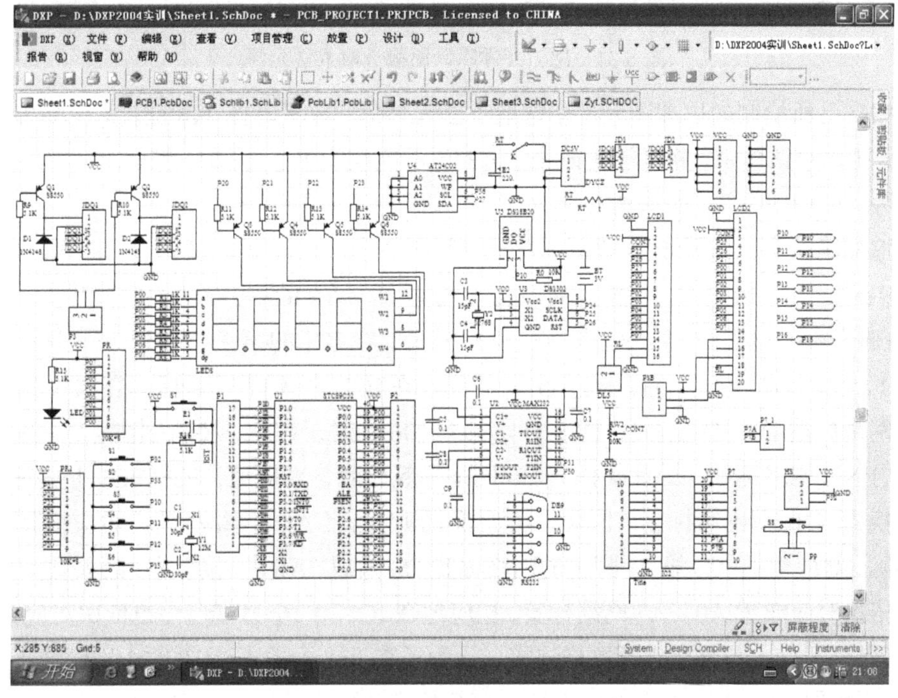

图6-30　修改全部完成后的子原理图1

6.4.2　绘制单片机开发板子原理图 2

子原理图 2 的绘制实际在前面粘贴操作时就已展开。下面是选取和放置带排针接口的 40DIP 元件。如图 6-31 所示，在展开的“元件库”面板中，选取 IC2。

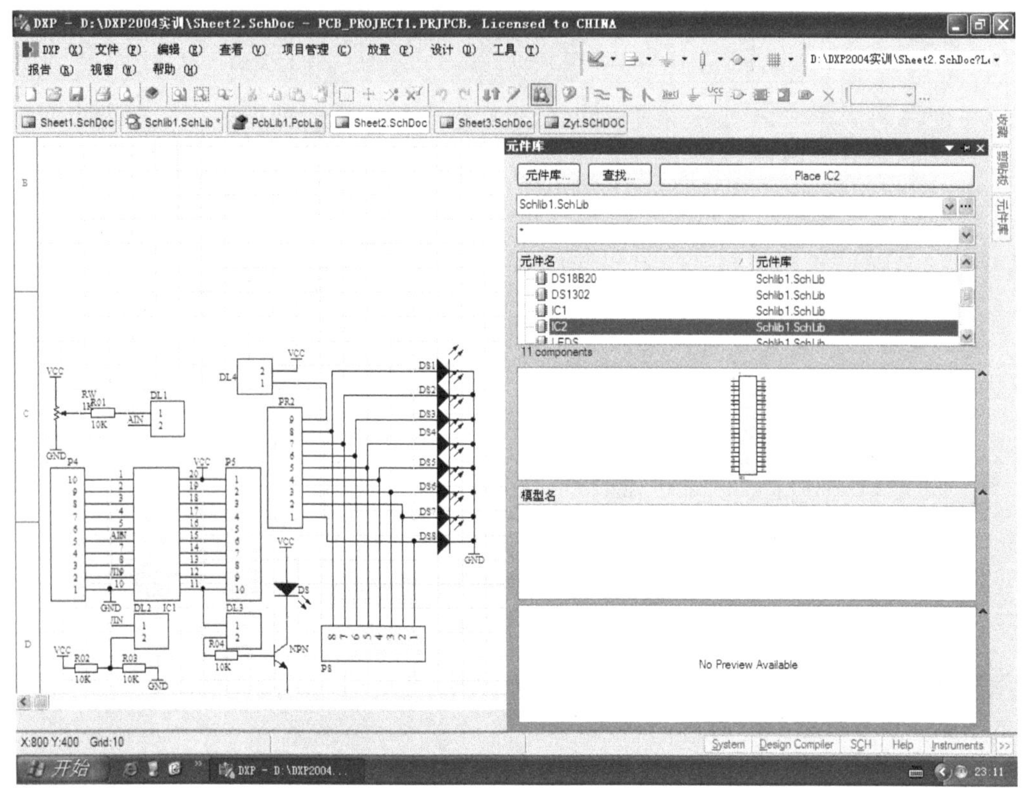

图 6-31　用“元件库”面板选取 IC2 元件

在我们自己所绘制的原理图元件中选取 IC2 元件后，放置时按 Tab 键，系统弹出其元件属性对话框，在该对话框中，将标识符改为“IC3”（不能改为 IC2，子原理图 1 中已有了个 IC2），封装追加为“FDIP40W”，如图 6-32 所示。

封装追加确认后，如图 6-33 所示，在子原理图 2 中，先放置好 IC3，再在“元件库”面板中选取“Header 20”插接件，将标识符改为“P10”后，在 IC3 左右两边放置并实现电气连接（对接放置时必须要显现 20 个红色米字符号）。然后，在 IC1 的第 9 ~ 2 脚上依次连续放网络标签 D0、D1、D2、D3、D4、D5、D6、D7，同样，在 IC3 的第 17 ~ 19 脚，第 21 ~ 25 脚，也依次连续放网络标签 D0、D1、D2、D3、D4、D5、D6、D7，在此，要特别注意，IC1 的第 9 脚上已有 “JIN”网络标签，因此须把其 D0 网络标签删除，对应地，要把 IC3 上放置的 D0 网络标签更换为“JIN”网络标签，同样，IC1 第 6 脚上已有 AIN 网络标签，也应把其“D3”网络标签删除，对应地把 IC3 第 21 脚上的网络标签 D3 换成“AIN”。接下来，还要在 IC1 第 12 ~ 19 脚上，依次对应放置 A0 ~ A7 网络标签，相应地在 IC3 第 16 ~ 9 脚上，也依次对应放置 A0 ~ A7 网络标签。把 IC1 与 IC3 进行这样连接，是为了在 IC1 中插入 74HC573 用做地址锁存器而形成片外存储器扩展电路。要在 IC1 上进行模数转换及数模转换编程实验时，IC3 一般应为空。

要在 IC3 上放置 8255 或 8155 进行相应编程实验时，IC1 一般应为空。

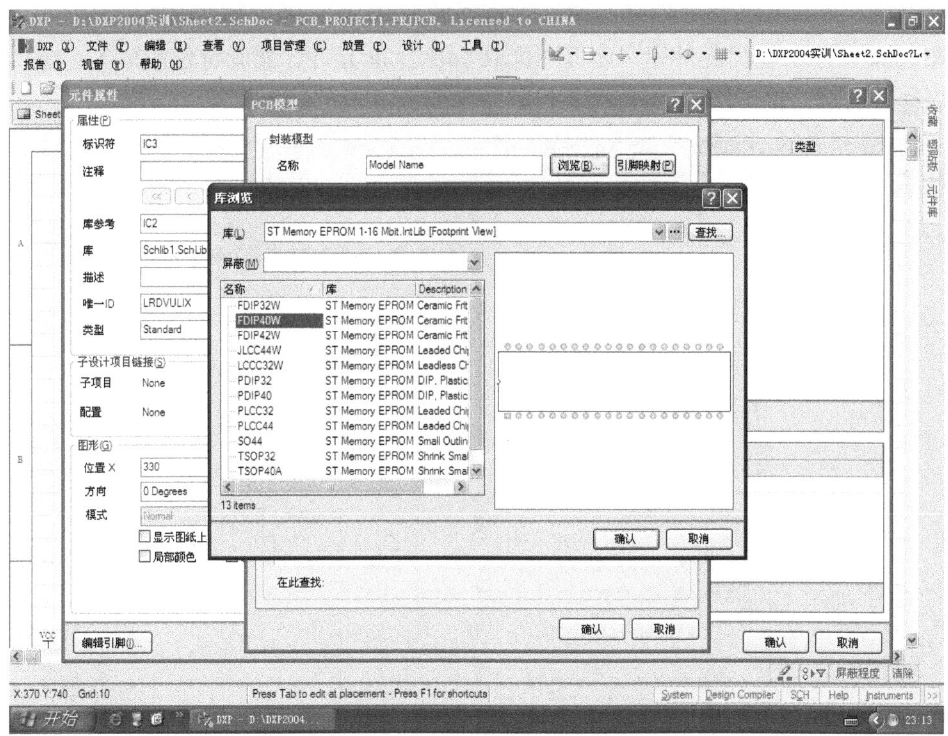

图 6-32　IC3 的封装追加

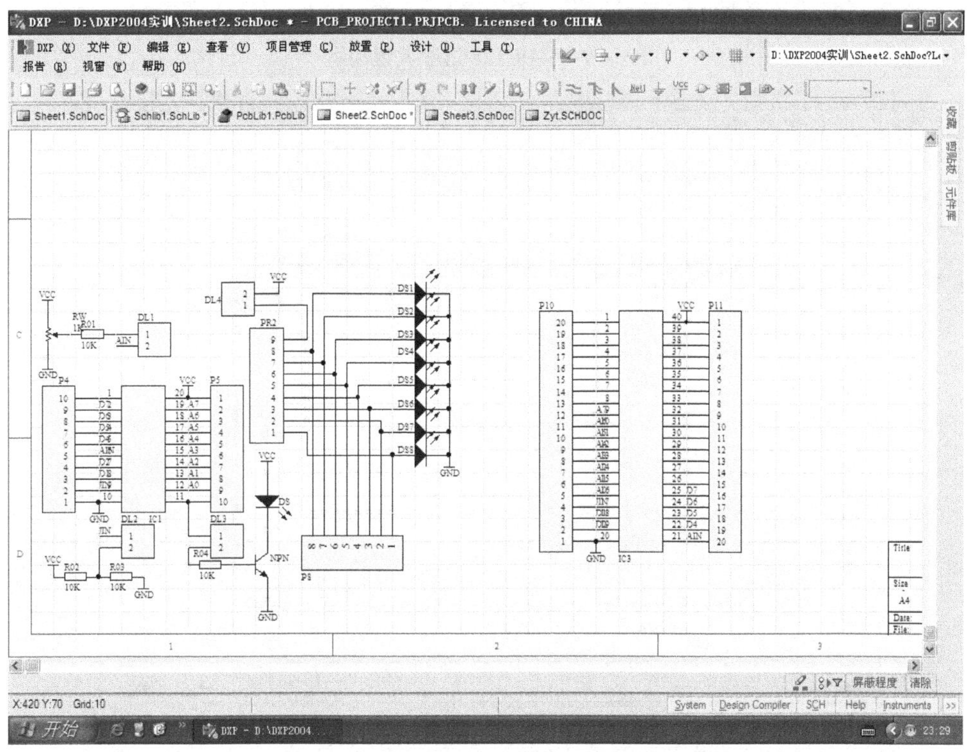

图 6-33　带排针接口的 IC3 放置与连接图示

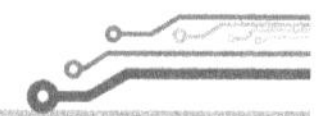

在子原理图 2 中，除了安排有 IC1 和 IC3 多用途扩展电路外，还安排有 LED16×16 显示屏行驱动电路。下面就绘制由两片 74HC138 构成的 LED 显示屏行驱动电路。

如图 6-34 所示，在“元件库”面板中选取 74HC138 元件，放置定位前按 Tab 键，系统弹出元件属性对话框，将标识符改为 U6，封装追加为 DIP-16，如图 6-35 所示。

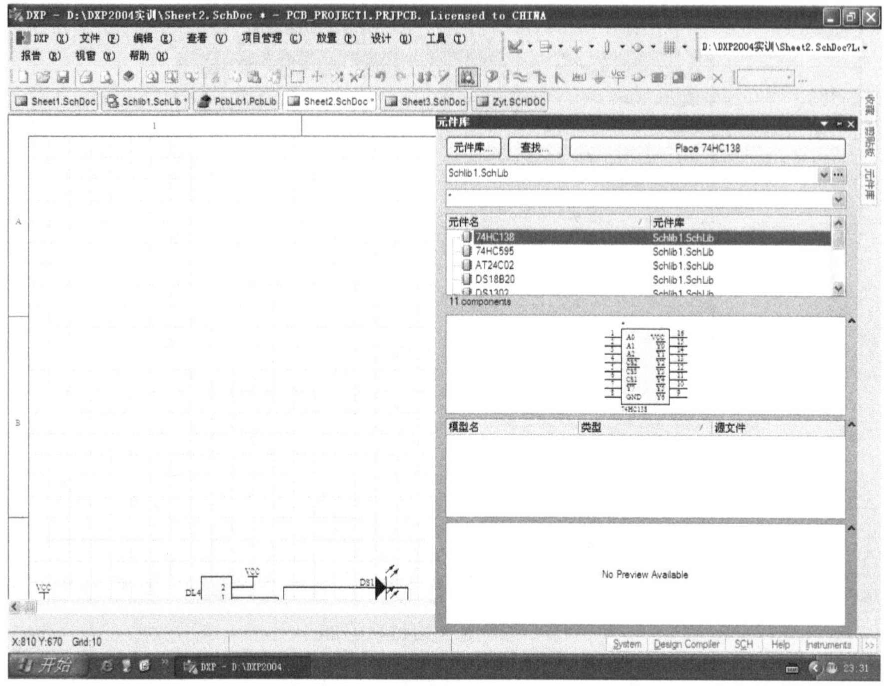

图 6-34　74HC138 选取放置图示

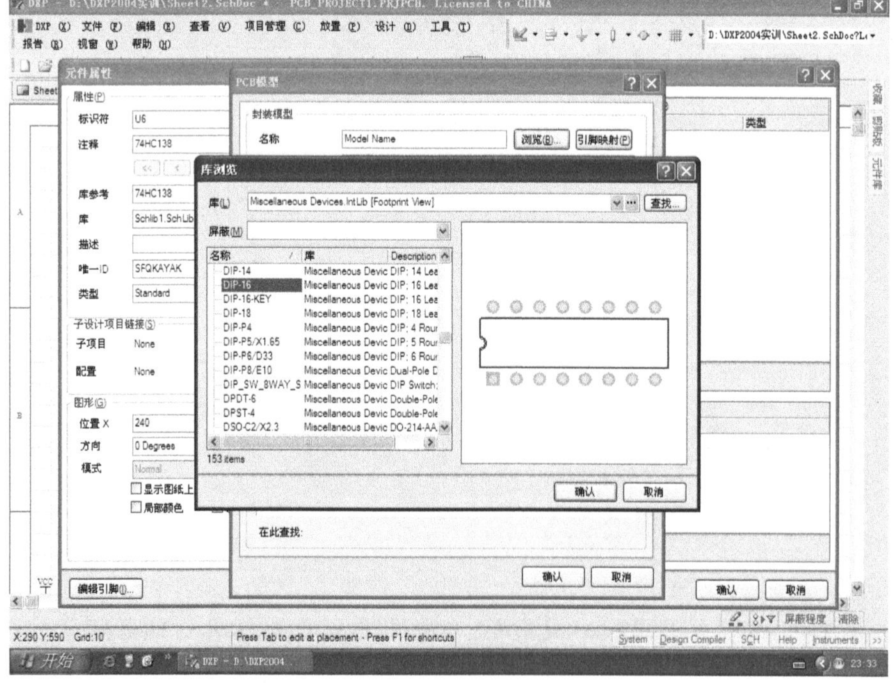

图 6-35　追加 DIP16 封装

命名标识符和追加封装后，按图 6-36 左边所示，在原理图上连续两次单击鼠标，就完成了 U6、U7 这两个 74HC138 元件的放置操作。

接下来，按图 6-36 右边所示，在“元件库”面板中，选取“Header 4X2”元件，按 Tab 键后将标识符改为“PL1”，确认后参照图 6-37 定位放置。

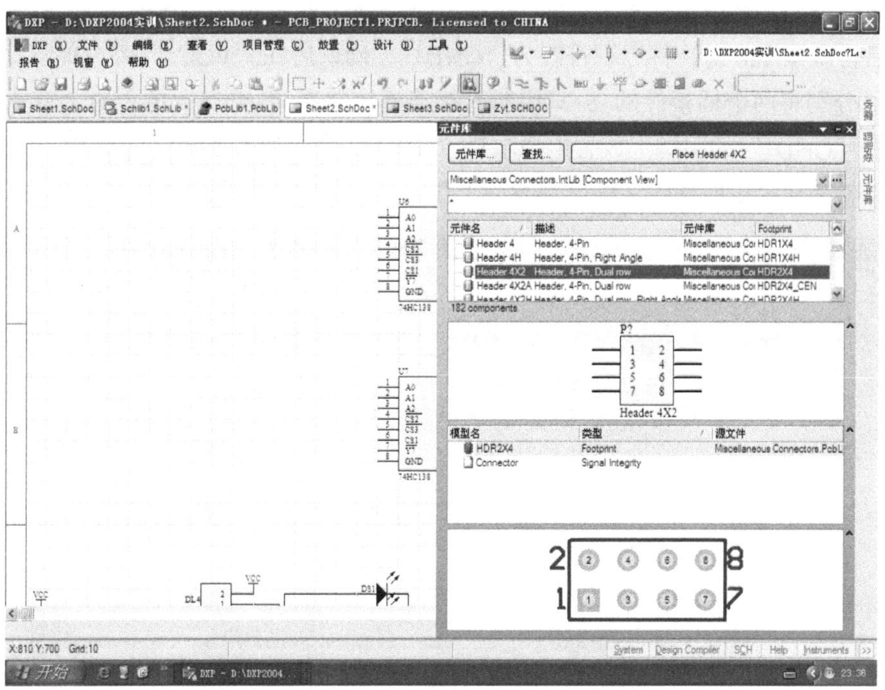

图 6-36 “元件库”面板中“Header 4X2”接插件选取图示

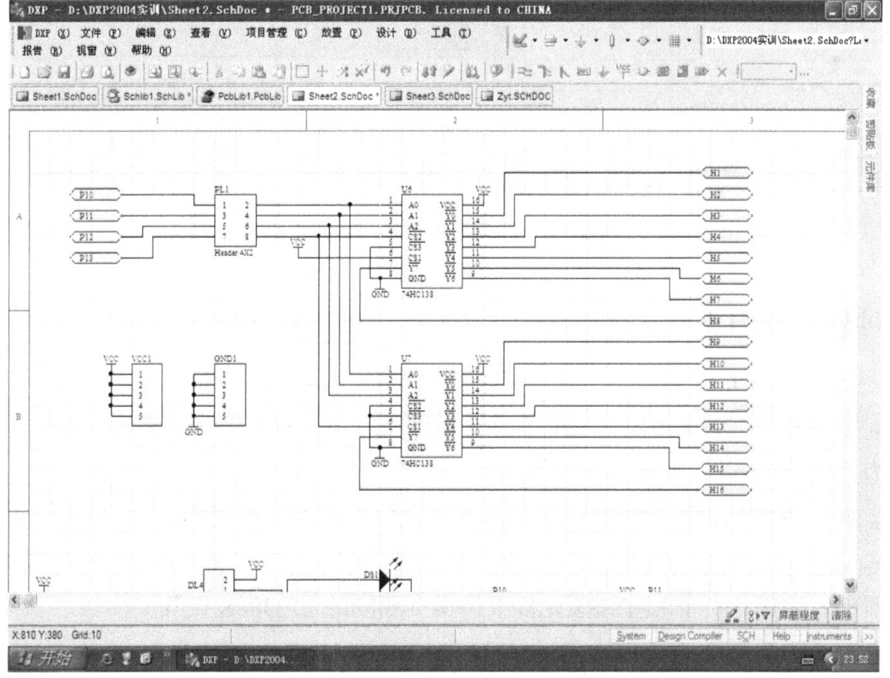

图 6-37 LED 显示屏 16 行驱动电路图示

LED 显示屏 16 行驱动电路的三个元件定位放置后，可按图 6-37 所示放置导线、电源端口、子原理图端口。注意，PL1 左边的 4 个端口名称从上至下依次为 P10 ~ P13，两个 74HC138 构成其 16 行驱动的端口名称，从上至下依次为 H1 ~ H16。

接下来，展开“元件库”面板，选取“Header 5”元件，放置前按 Tab 键，在弹出的“元件属性”对话框中，将标识符改为“VCC1”，关闭注释显示，确认后在图 6-37 所示的位置上单击，然后再次按 Tab 键，将标识符改为“GND1”，确认后在“VCC1”旁边单击，右击退出后，用导线分别将两个插接件的 5 只引脚直接连通，并在“VCC1”的引脚上放置电源端口“VCC”，在“GND1”的引脚上放置电源端口“GND”，参见图 6-37。

到此，就完成了子原理图 2 的全部绘制工作。完成后的子原理图 2 如图 6-38 所示。

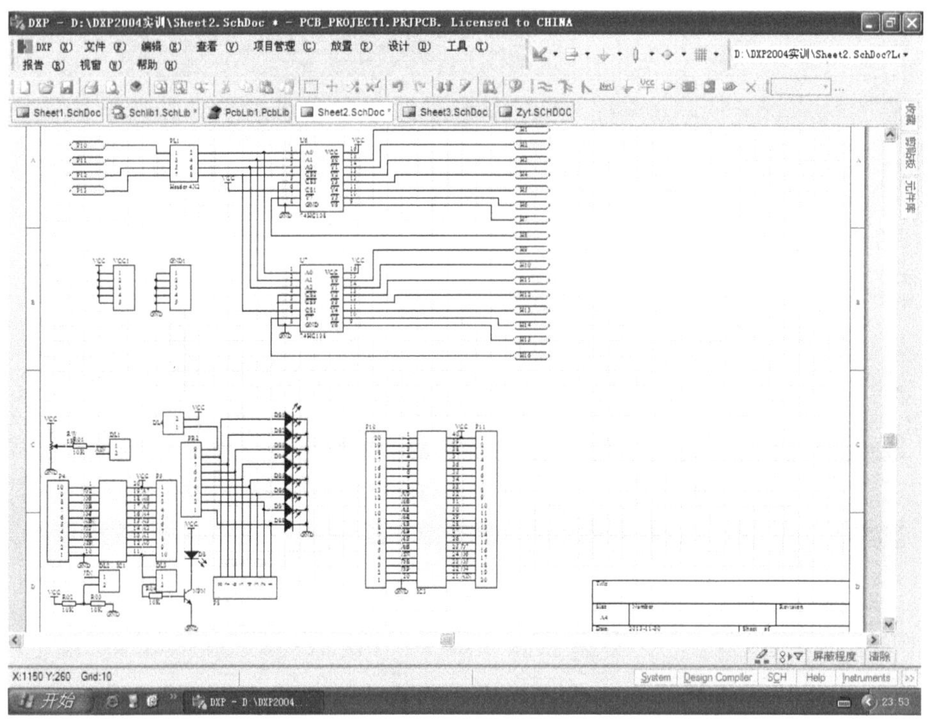

图 6-38 全部完成后的子原理图 2

6.4.3 绘制单片机开发板子原理图 3

单击“Sheet3.SchDoc”选项卡，在“元件库”面板中选取“LEDS88”元件，如图 6-39 所示。

放置前按 Tab 键，系统弹出“元件属性”对话框，在该对话框中，将标识符设为“ZD1”，封装追加为“FDIP32W”，如图 6-40 所示。

LED 点阵元件的标识符和封装设置完成后，鼠标光标上就吸附着“LEDS88”元件以待放置。按图 6-41 所示，先放置 LEDS88 元件，再放置导线，将左边点阵的 8 条列引脚线规范顺序并向上引出。注意，一个 LEDS88 元件上插两个相同的 LED8×8 点阵。

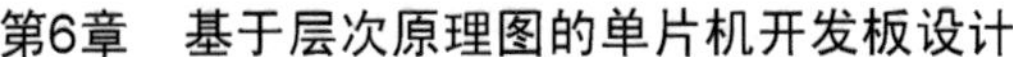

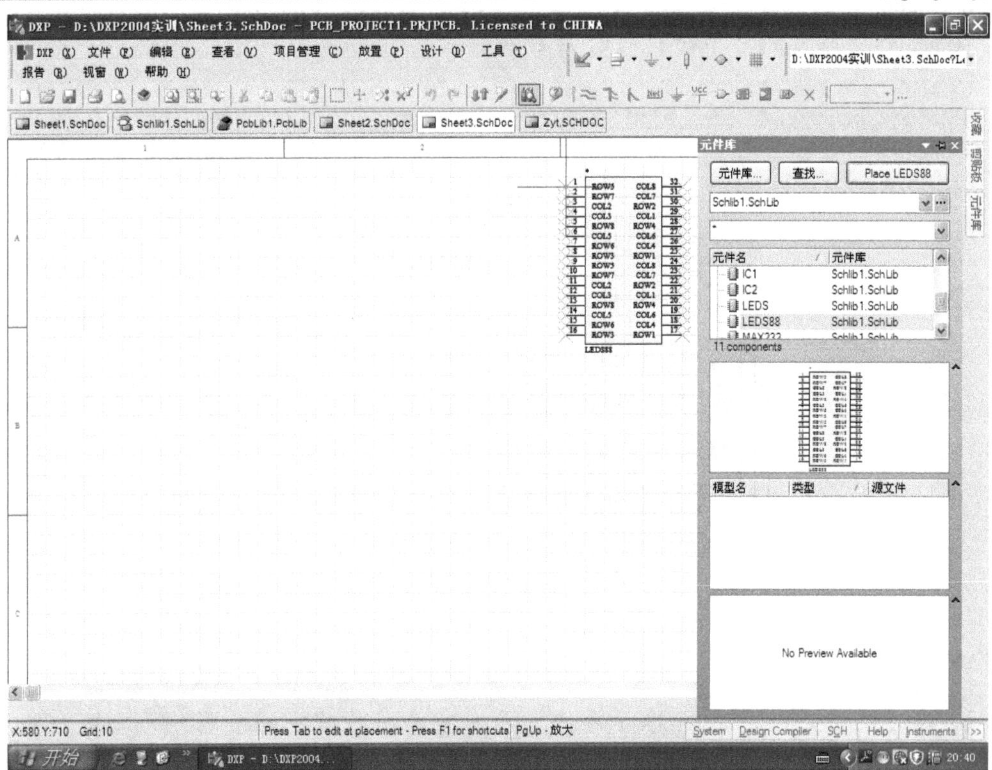

图 6-39　LED 点阵的原理图元件的选取图示

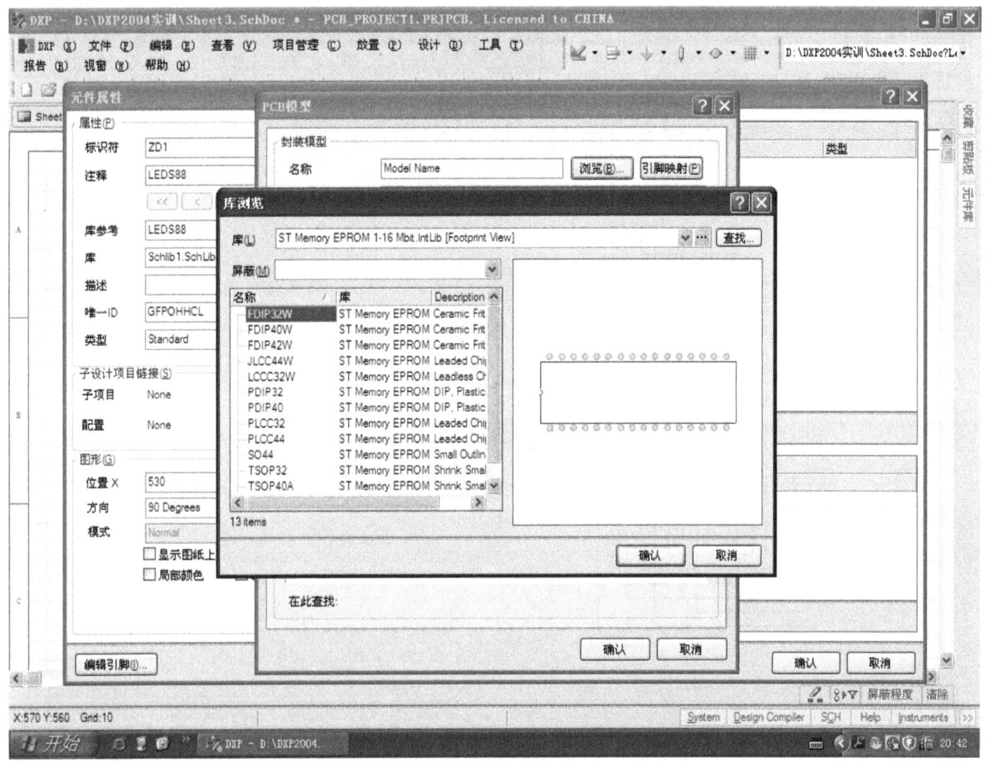

图 6-40　ZD1 元件的封装追加操作图示

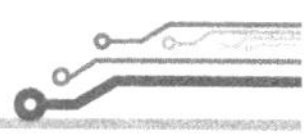

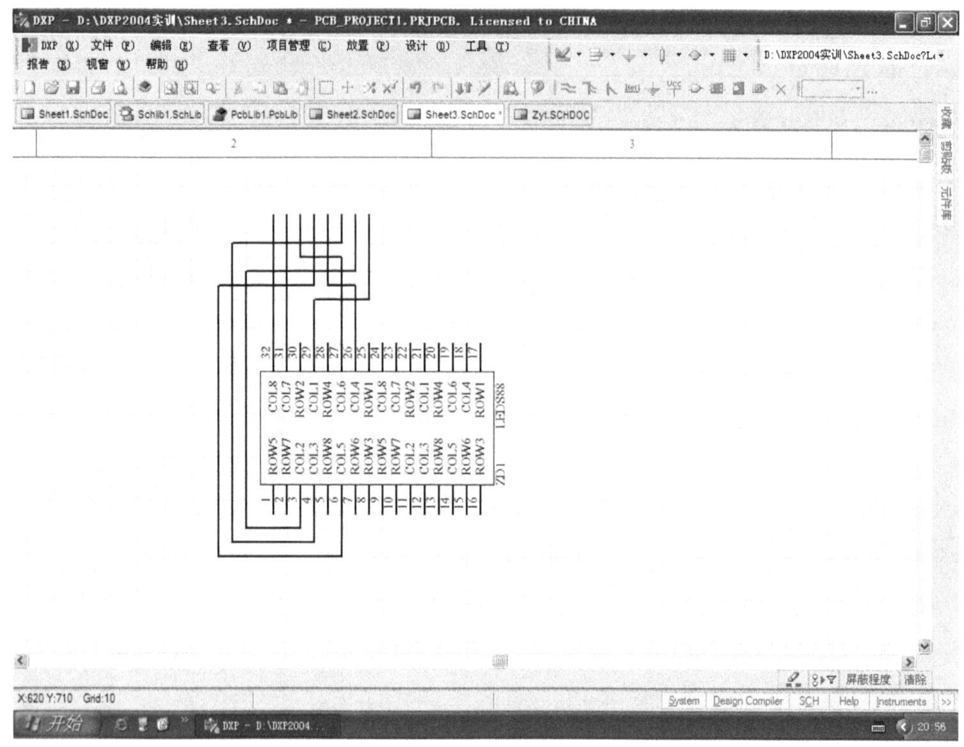

图 6-41　32DIP 插座上左边 LED8×8 点阵列引线的规范化处理图示

然后，按图 6-42 所示，再对左边点阵放置行连接导线，也同样做行引线的规范化处理。

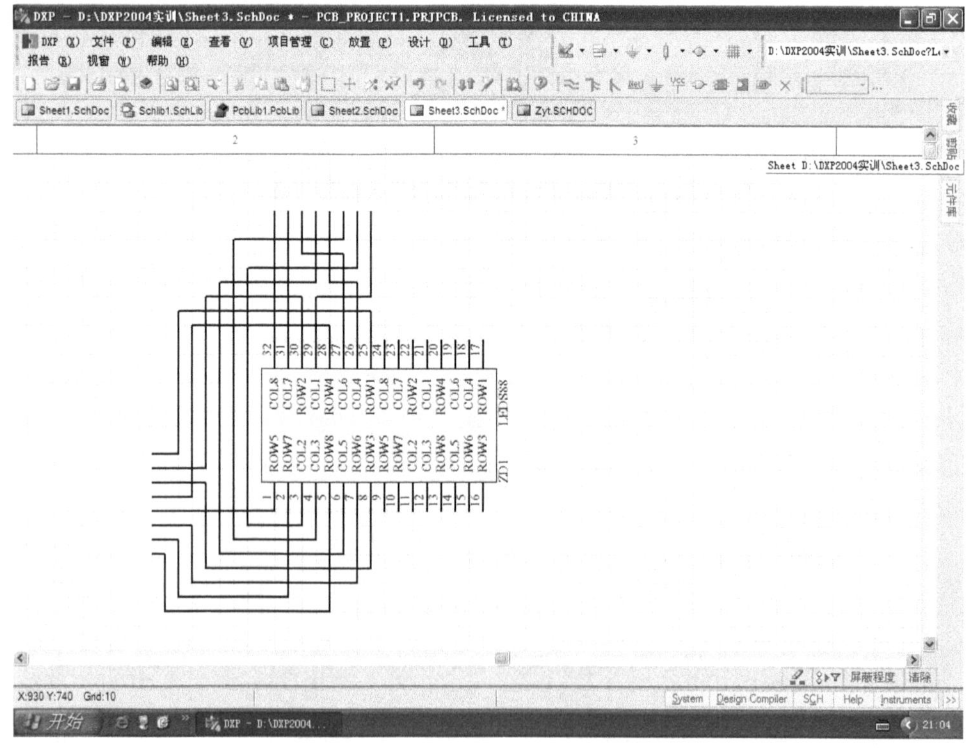

图 6-42　32DIP 插座上左边 LED8×8 点阵行引线的规范化处理图示

按图 6-43 所示，用类似方法，在 LEDS88 右边点阵上放置导线，对行、列引线同样进行规范化处理。

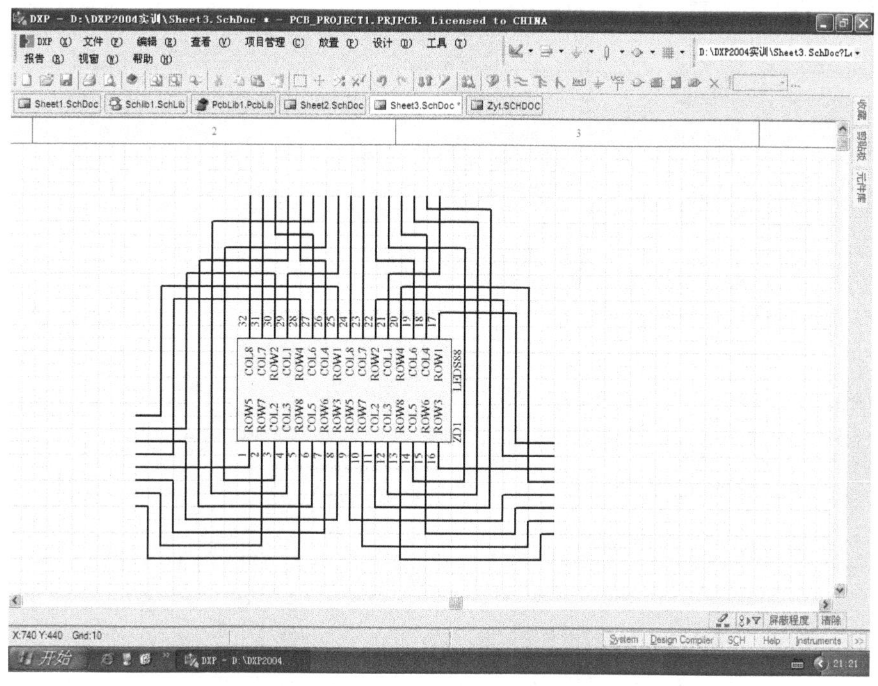

图 6-43 LEDS88 左右两点阵行、列引线规范化处理图示

由于 ZD2 的行、列引线放置要求与 ZD1 的引线放置要求完全相同，因此可用复制的方法来实现。按图 6-44 所示，先用鼠标拖曳选中 ZD1，即选中整个 ZD1 连接电路。

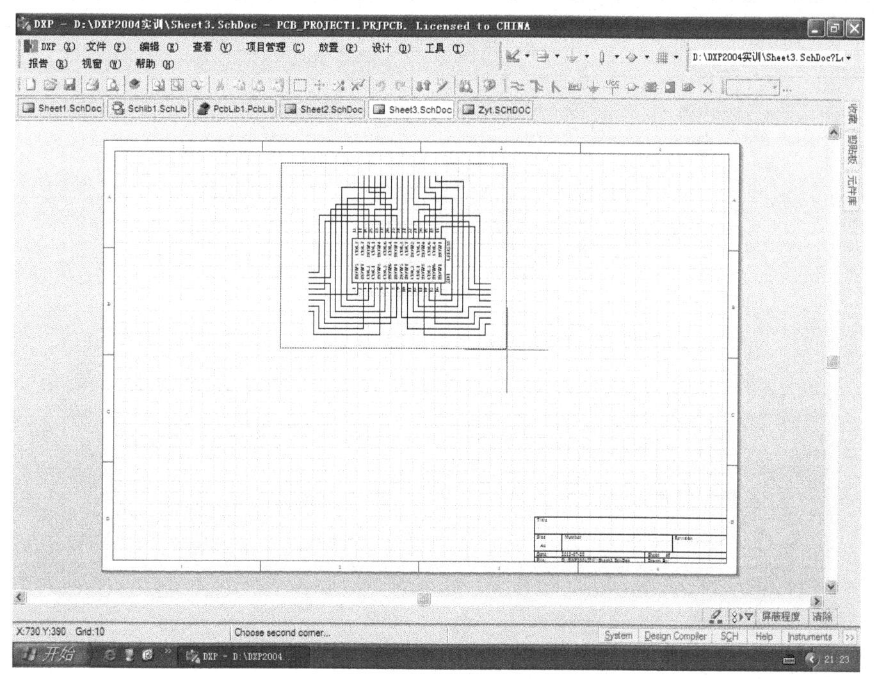

图 6-44 用鼠标选中整个 ZD1 电路操作图示

然后单击主界面中的“编辑”→“复制”菜单项，如图 6-45 所示。

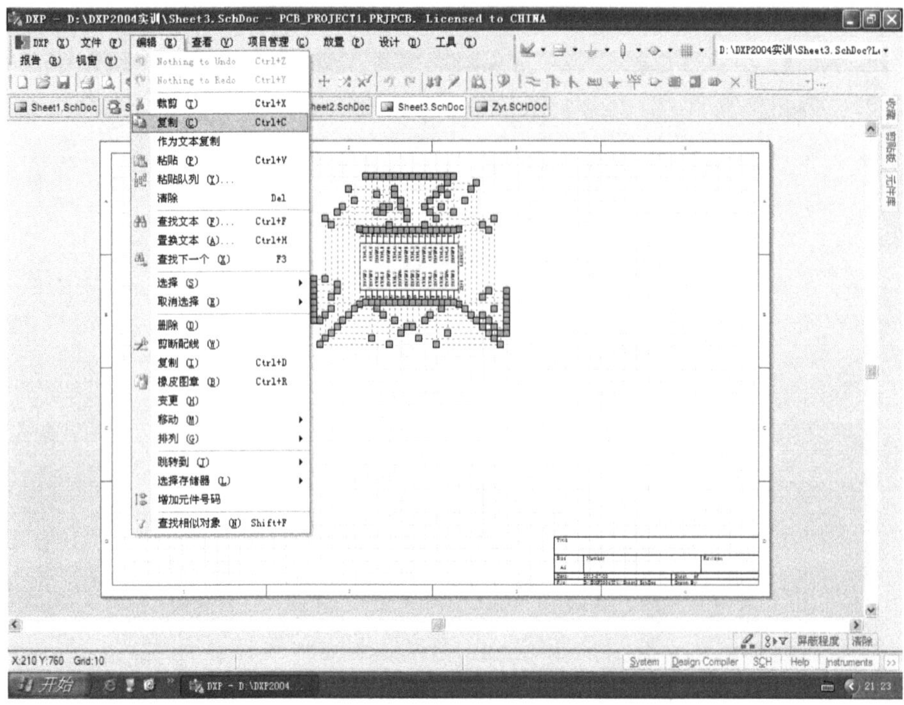

图 6-45　复制 ZD1 整个连接电路的菜单操作图示

在如图 6-45 所示界面中单击“复制”菜单项后，再单击“编辑”→“粘贴”菜单项，如图 6-46 所示。

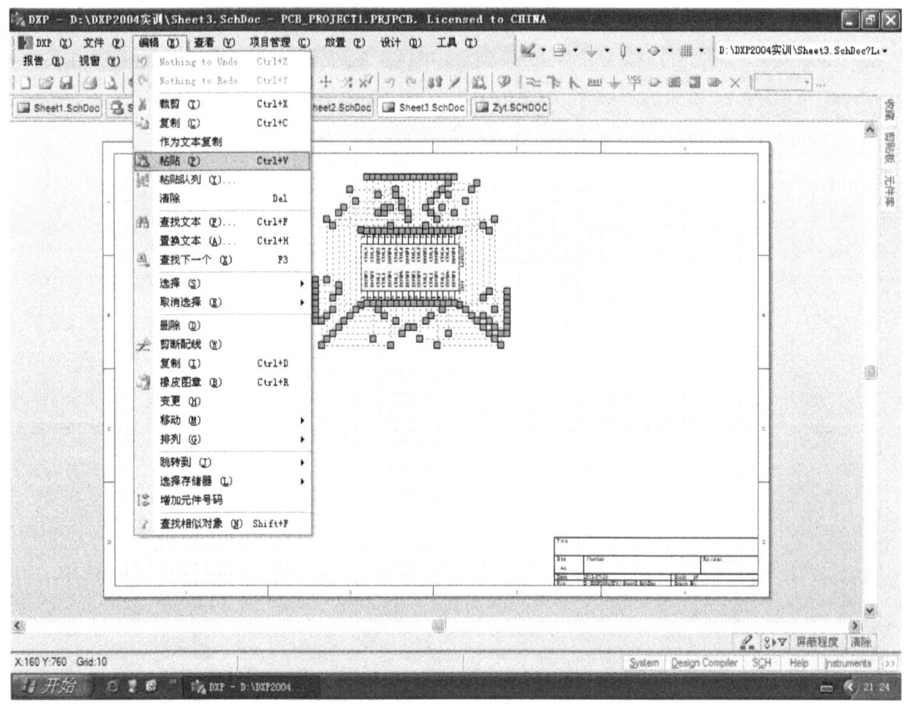

图 6-46　电路粘贴的菜单操作图示

在如图 6-46 所示界面中单击“粘贴”菜单项后，鼠标光标就吸附一个 ZD1 电路块以待放置，如图 6-47 所示。

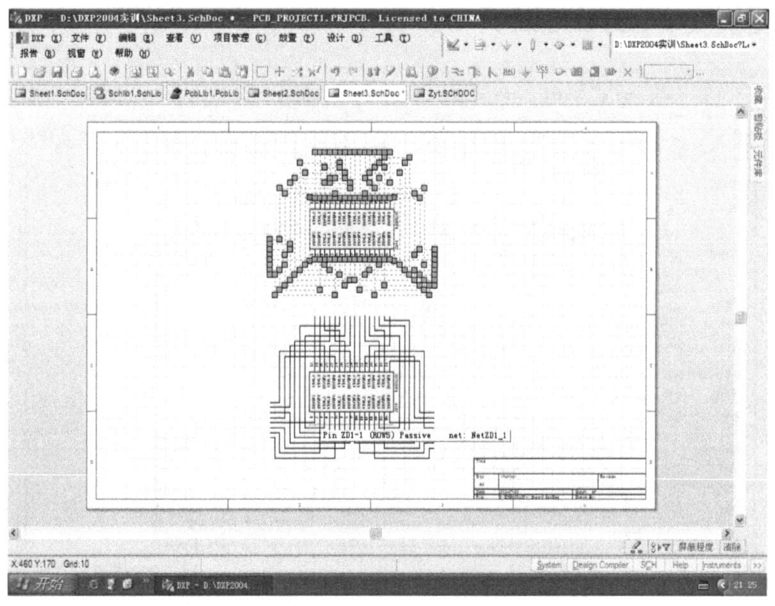

图 6-47　ZD1 电路块的复制及粘贴操作图示

参照图 6-47 所示位置单击鼠标，就得到了 ZD1 的复制品。单击鼠标右键，退出 ZD1 的粘贴操作。再单击原理图中的空白处，以撤销 ZD1 的被选中状态。ZD1 的粘贴工作完成后，可以看到上下两个 ZD1 都被系统标注了红波浪线标识，这是由于在同一原理图中的两个元件有相同标识符“ZD1”。用鼠标双击下面那个 LEDS88 元件，系统弹出“元件属性”对话框，把标识符由“ZD1”改为“ZD2”并确认就能解决此标识错误。到此，复制完成。完成复制后的子原理图 3 如图 6-48 所示。

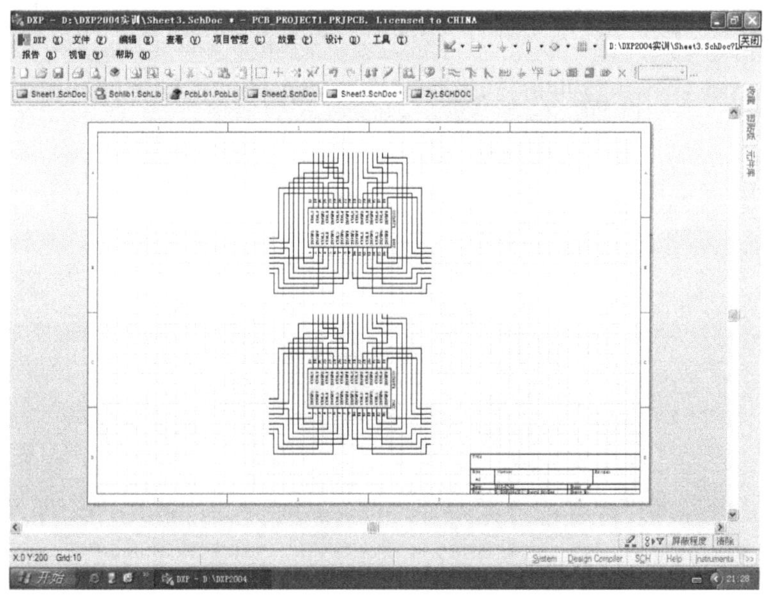

图 6-48　完成复制后的子原理图 3

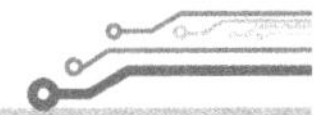

接下来，为LED显示矩阵添加列驱动动电路。列驱动电路主要由两个74HC595元件组成。在“元件库”面板中选取“74HC595”元件，放置前按Tab键，在弹出的“元件属性”对话框中，将标识符改为“U8”，封装追加为“DIP-16”，如图6-49所示。

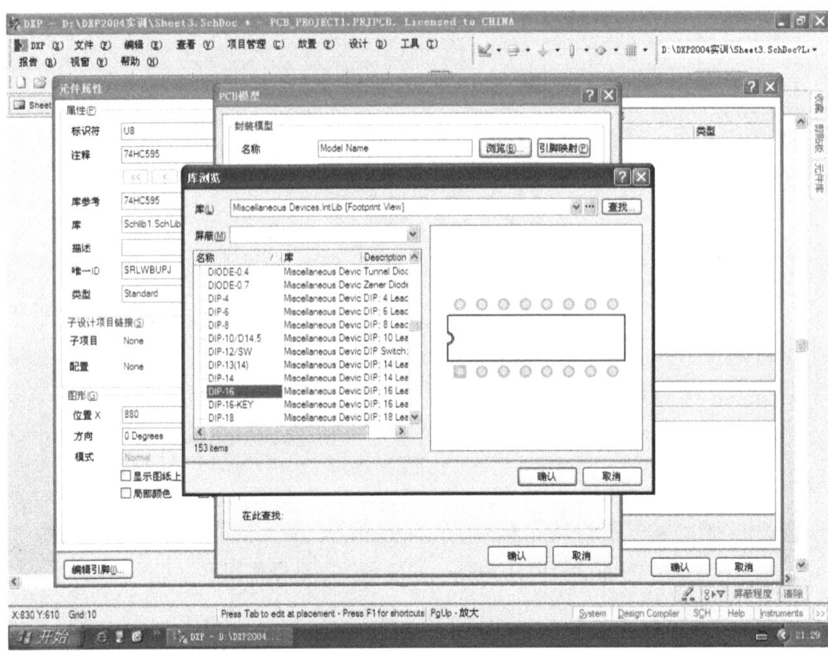

图6-49　列驱动电路的元件选取、标识符命名及封装追加图示

参照图6-50所示位置单击鼠标，将两个列驱动元件74HC595放置到位，然后右击鼠标退出74HC595放置状态。

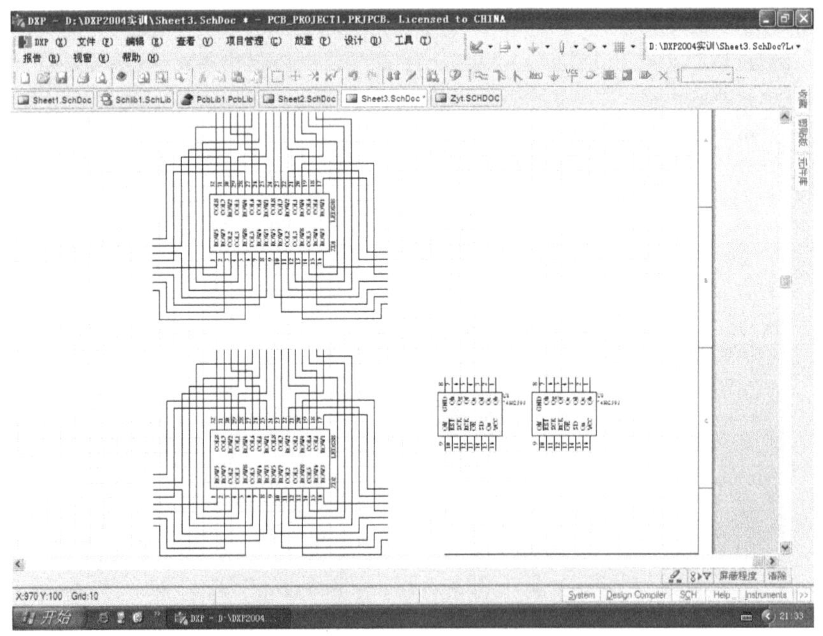

图6-50　两个74HC595元件的定位放置图示

按图 6-50 所示定位放置了 U8、U9 后，在“元件库”面板中选取“Res2”元件后按 Tab 键，在弹出的“元件属性”对话框中，将标识符改为“R17”，封装追加为“AXIAL-0.3”，如图 6-51 所示。

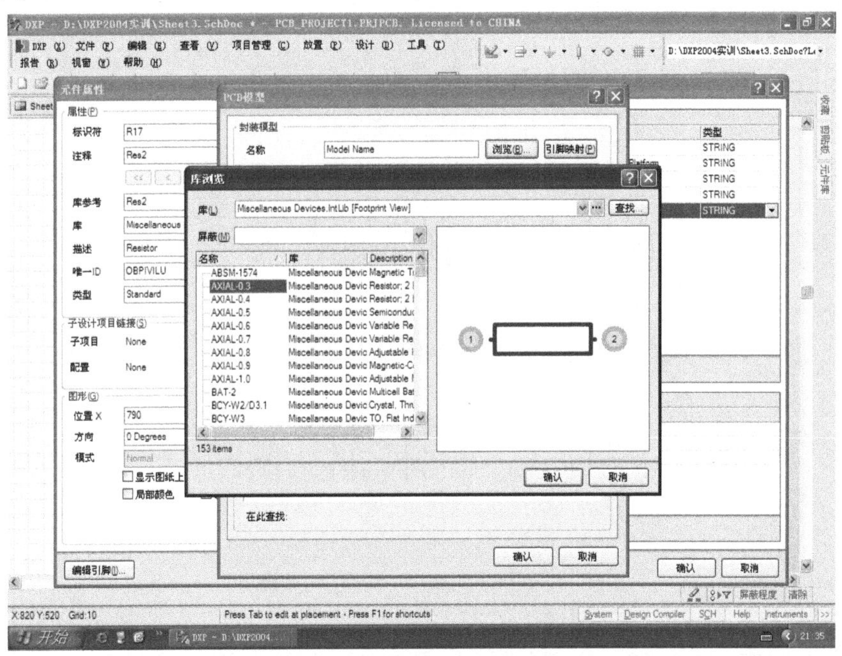

图 6-51　电阻元件的标识符命名及封装追加操作图示

确认电阻元件的标识符和封装后，鼠标光标上就吸附一电阻元件以待放置。参照图 6-52 所示，连续依次放置各电阻元件。每次放置时，都必须保证各电阻元件下端与 74HC595 上端的相应引脚形成电气连接，即出现红色“米”字符时再单击鼠标。

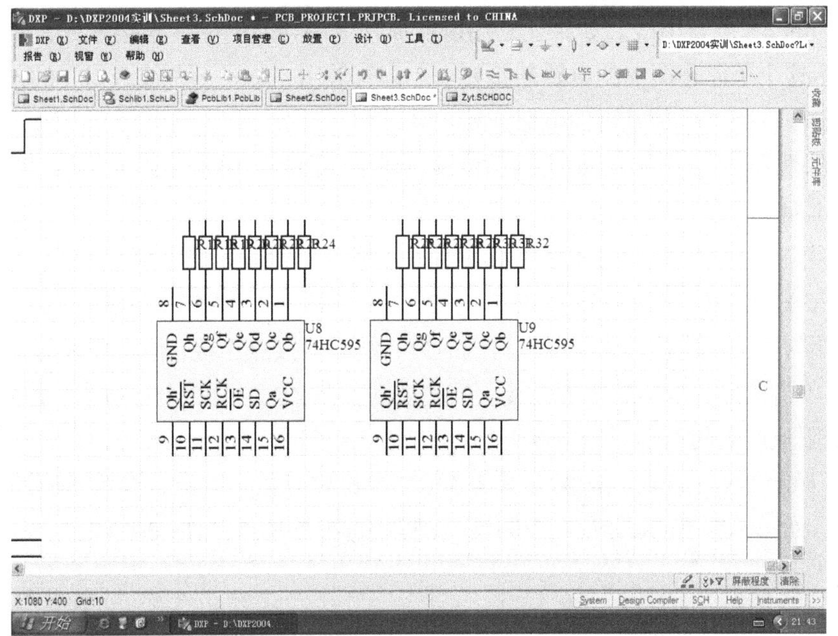

图 6-52　R17～R32 下端与 U8、U9 上端对接放置图示

R17～R32 与 74HC595 的对接放置完成后，再将各电阻元件的文本标识符放置到各自的电阻符号内。这 16 个电阻的标识符规范化放置如图 6-53 所示。

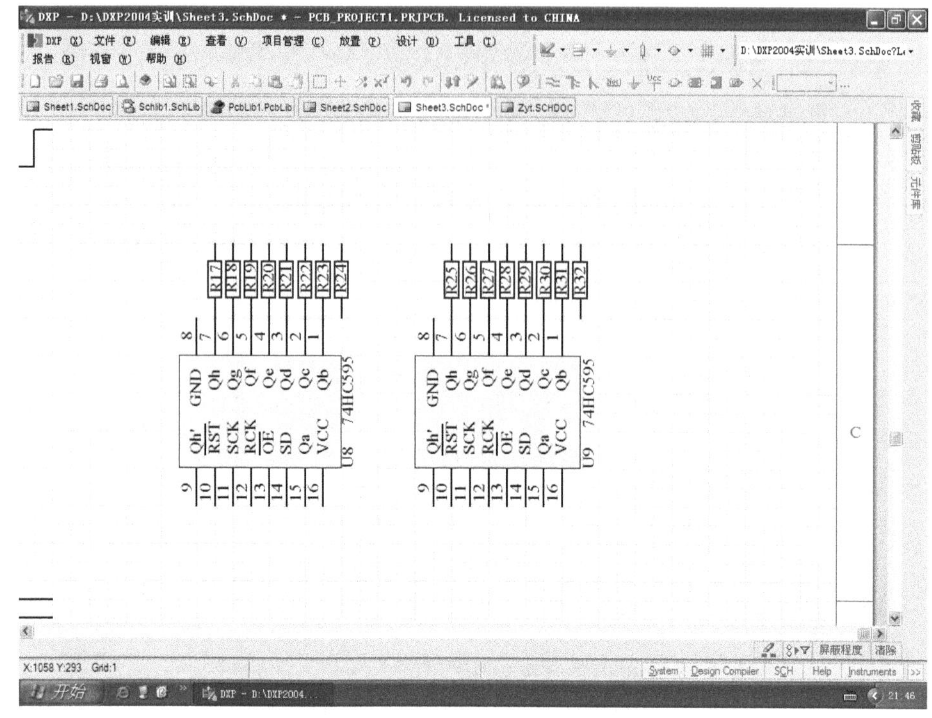

图 6-53　R17～R32 的标识符规范化放置图示

接下来，需要把 ZD1 的 16 条列引线与 ZD2 的 16 条列引线并联，以构成 LED 矩阵外接驱动的 16 条列引线，同样还要把 ZD1 的 16 条行引线与 ZD2 的 16 条行引线并联，以构成 LED 矩阵外接驱动的 16 条行引线。如果还是用以前那种单一导线的一一连接方式，实际上就根本无法清晰标示这个子原理图 3 的电路连接要求。只有采用“总线—总线入口”的连接形式，才能清晰标示子原理图 3 这种繁密的电路连接关系。

调整子原理图 3 绘图区的显示比例和位置，在主界面中，单击“放置”→“总线入口”菜单项，如图 6-54 所示。

鼠标光标变为“十”字状且十字中心带有一短斜线，如图 6-55 所示。

短斜线有 4 个旋转方位：45°，135°，225°，315°。放置短斜线时，既可用短斜线的十字中心那端与连接点连接，也可用短斜线的另一端与连接点连接，但都要在与连接点呈大红“米”字状时单击鼠标，以形成规范连接。按此规则，在 ZD1 的 32 个连接点、ZD2 的 32 个连接点及 16 个限流电阻的上端，一共放置 80 个总线入口符号。

在 LED 显示屏不工作时，应断开其与 MCU 的电路连接，因此，要为子原理图 3 放置一三路插接件。如图 6-57 所示，在“元件库”面板中选择接插件“Header 3X2”。

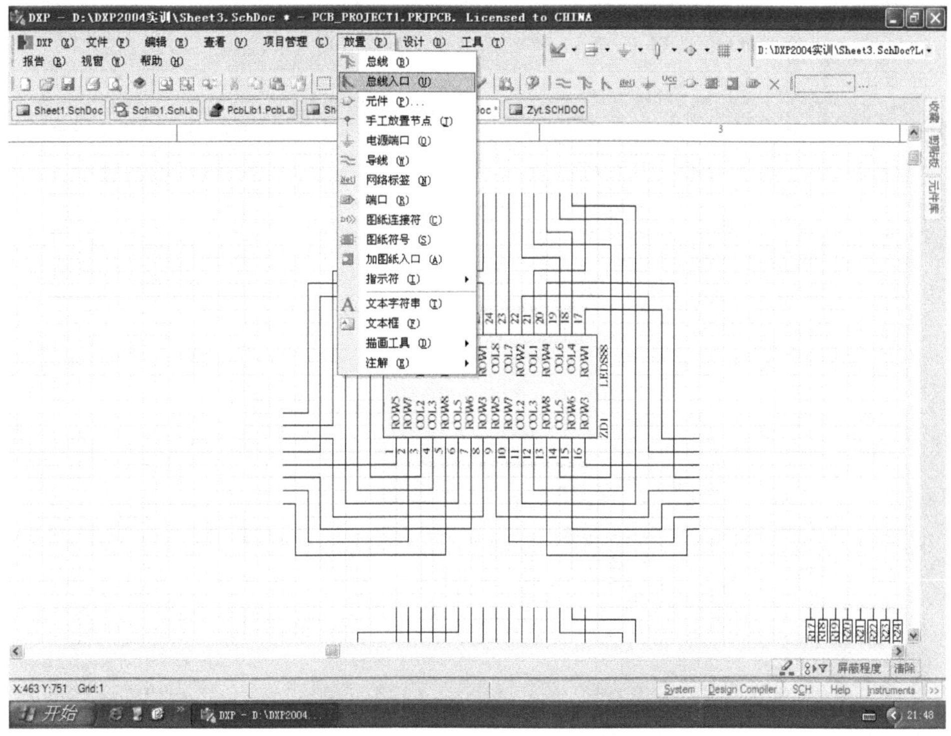

图 6-54　进入放置总线入口的菜单操作图示

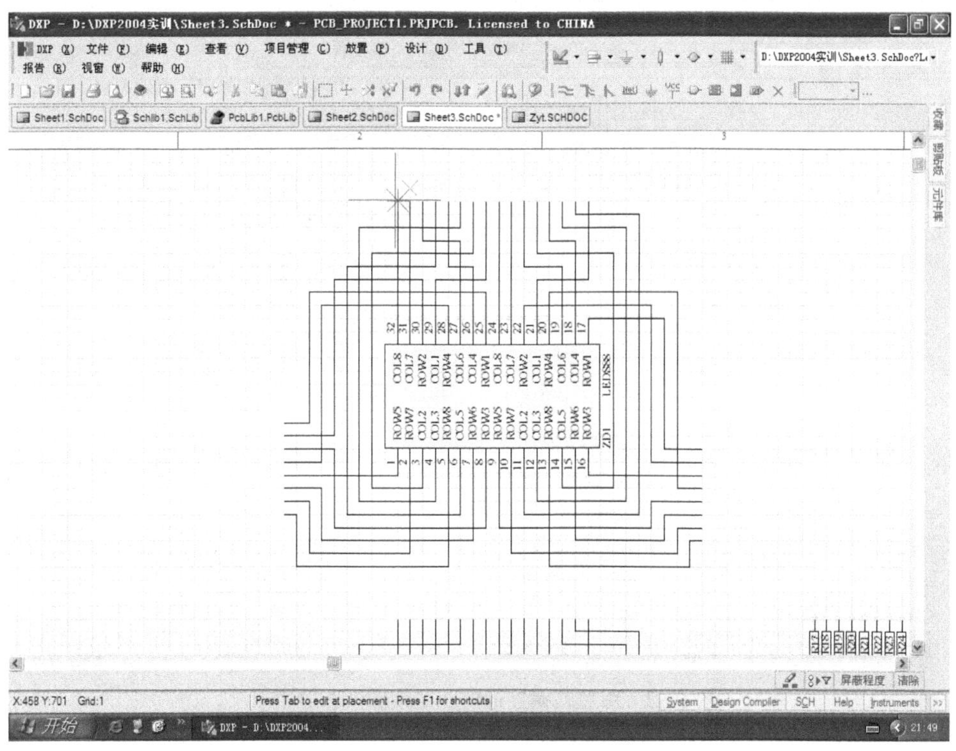

图 6-55　总线入口的放置操作图示

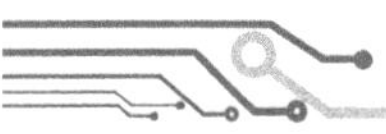
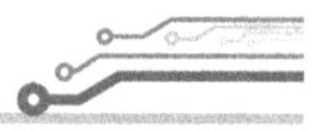

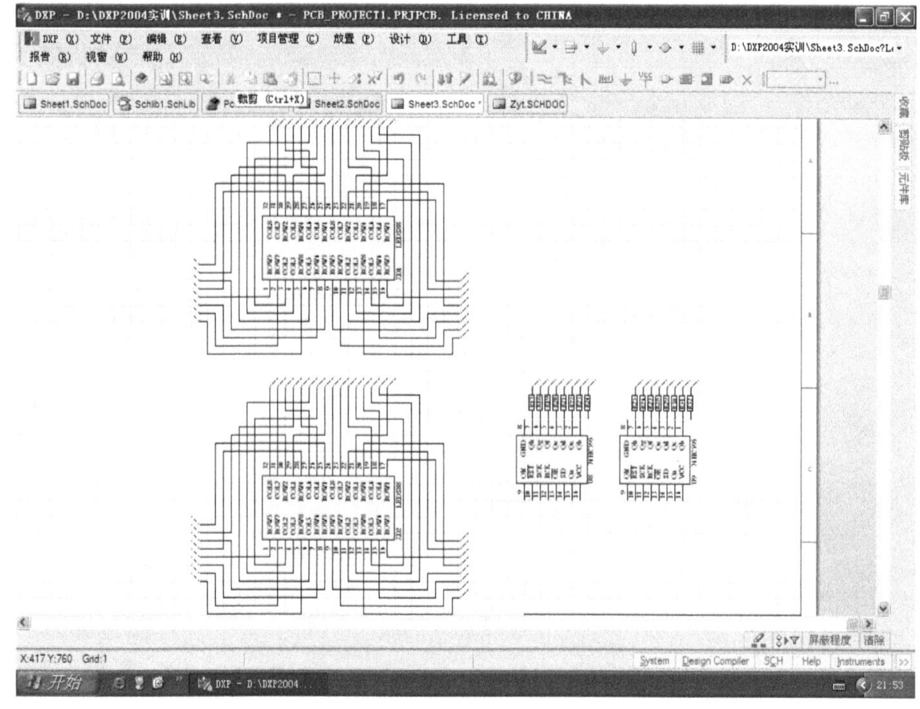

图 6-56　80 个引线接点上的总线入口放置图示

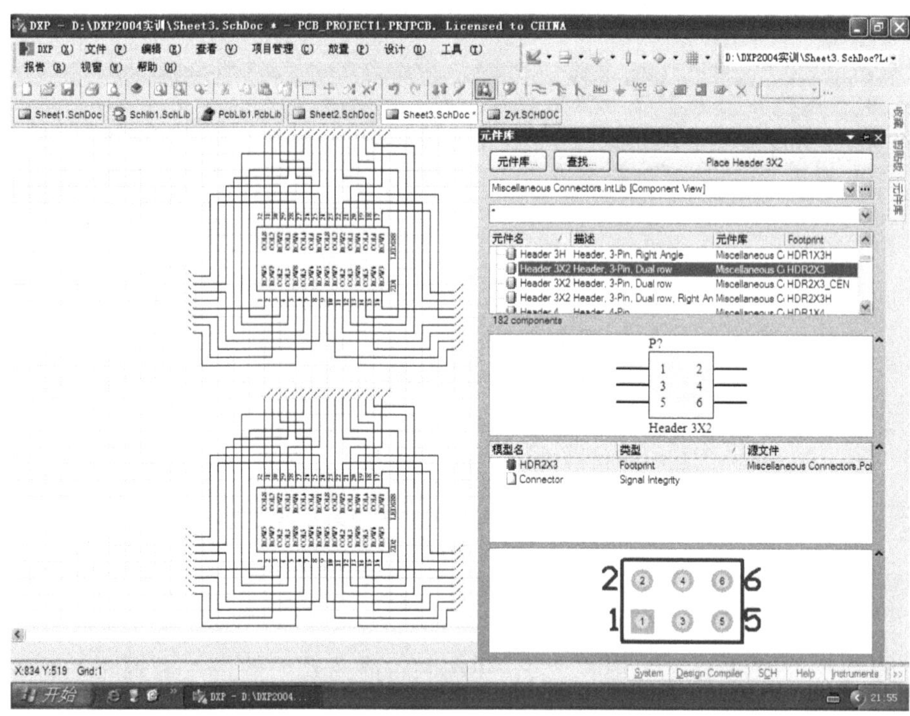

图 6-57　用短路帽连通的三路接插件选取图示

放置定位前按 Tab 键，在弹出的“元件属性”对话框中，将标识符改为“PL2”并确认，然后，参照图 6-58 所示位置，将“Header 3X2”元件定位放置。

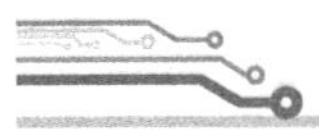

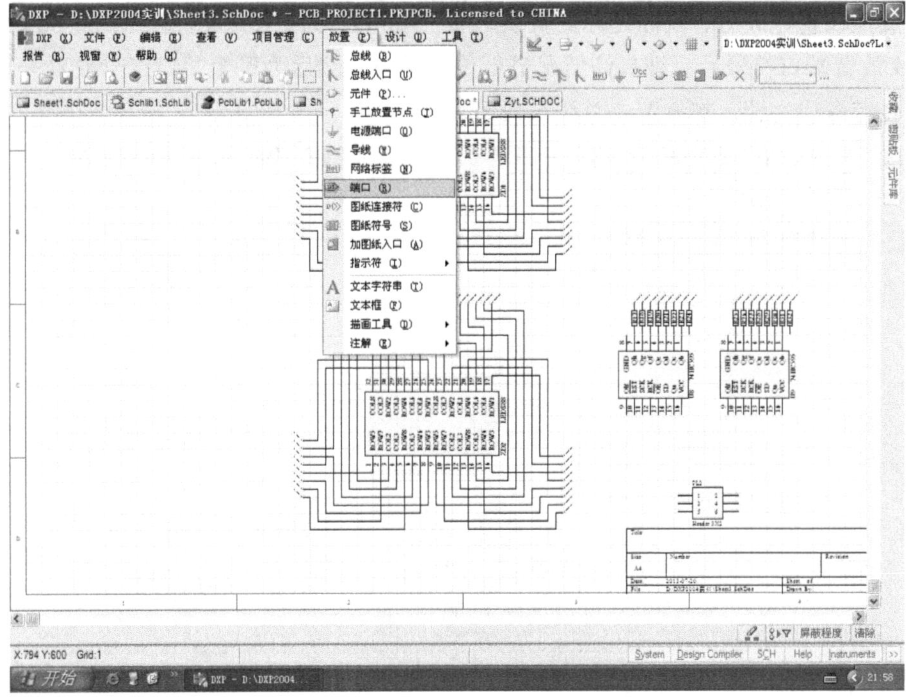

图 6-58　“PL2”元件定位放置图示

接下来，是放置端口，借助端口实现与其他子原理图的电路连接。单击“放置”→“端口”子菜单，然后按 Tab 键，在系统弹出的“端口属性”对话框中，将“名称”设置为“H1”，“I/O 类型”设为“Unspecified”（未定义型），如图 6-59 所示。

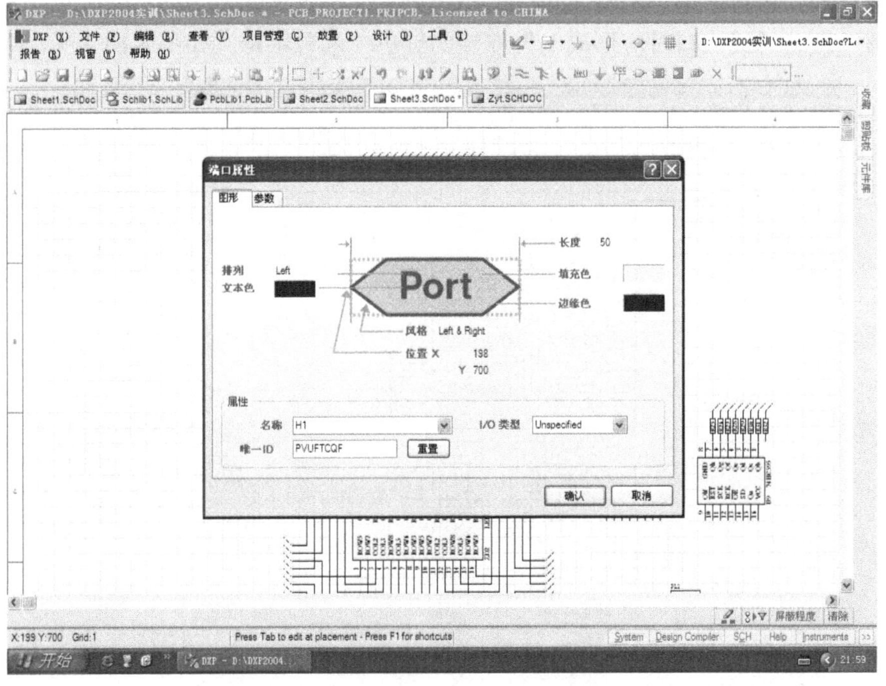

图 6-59　端口属性设置图示

端口属性设置完成后，鼠标光标上就吸附着一端口符号以待放置。参照图 6-60 所示位置，连续 16 次放置端口符号后，视具体情况进行位置调整，然后为每个端口符号放置一短导线，此后，在各短导线右端，都放置一总线入口符号。

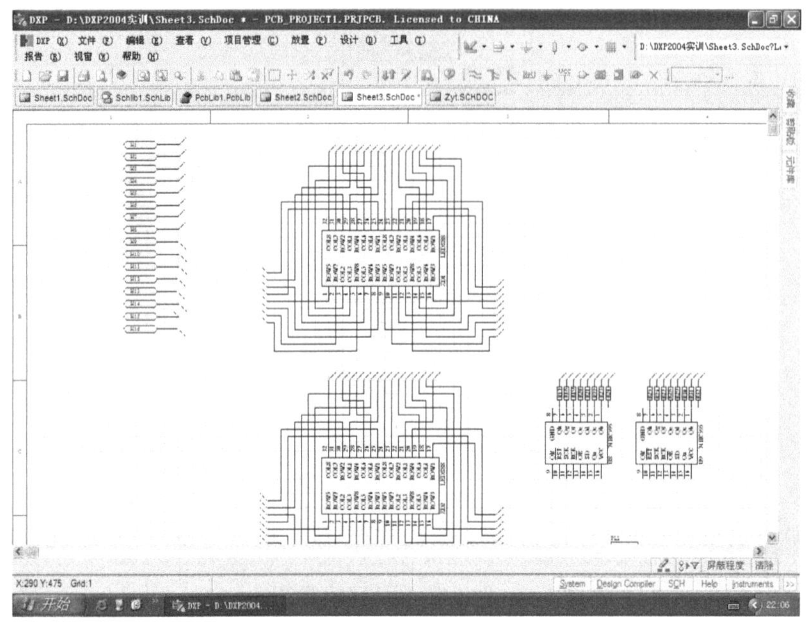

图 6-60　外接行驱动的端口符号放置图示

接下来，单击“放置”→“总线”菜单项，然后用“十”字状鼠标光标，先将 H8 ~ H1 端口上的总线入口与 ZD1 上的行总线入口用总线连通、H9 ~ H16 的总线入口与 ZD2 上的行总线入口用总线连通，再将 ZD1、ZD2 上的列总线入口与 R17 ~ R32 上端的总线入口用总线连通。注意，总线连接各总线入口时应形成电气连接的红色“米”字符，如图 6-61 所示。

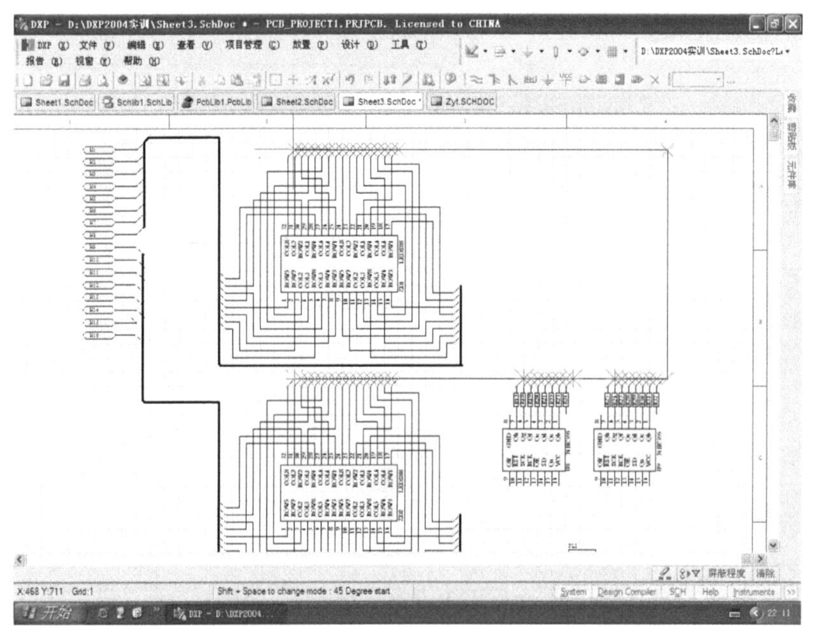

图 6-61　总线与总线入口连接时的“米”字符显示

总线入口及相连总线放置完成后，还必须为各接点放置网络标签，才能真正实现电气连接。单击“放置”→“网络标签”菜单项，再按 Tab 键，在弹出的“网络标签”对话框中，在“网络”文本框中输入“ROW1”，如图 6-62 所示。

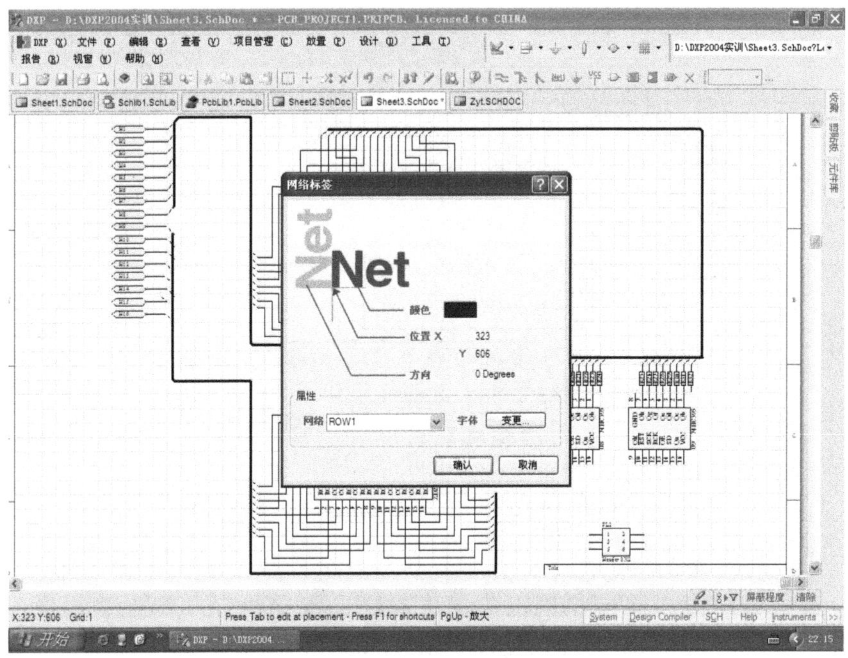

图 6-62　网络标签的命名操作图示

确认后，用带网络标签的光标，从上至下，依次在 H1 ~ H16 的端口导线端单击（必须在出现红“米”字符时单击），就连续放置了 ROW1 ~ ROW16 这 16 个网络标签，如图 6-63 所示。

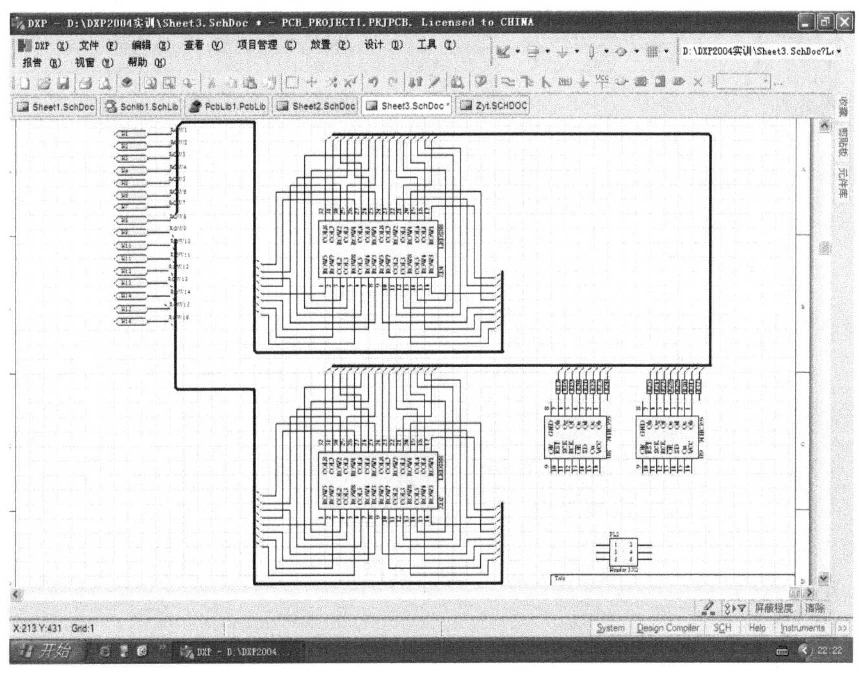

图 6-63　第一轮 ROW1 ~ ROW16 网络标签放置图示

放置了ROW16网络标签后，按Tab键，在弹出的“网络标签”对话框中，将“ROW17”改为“ROW1”，确认后，在两条行总线的中部，从上至下，依次在ZD1、ZD2行连线端上连续16次单击（必须在出现红“米”字符时单击）鼠标，完成第2轮行网络标签放置，如图6-64所示。

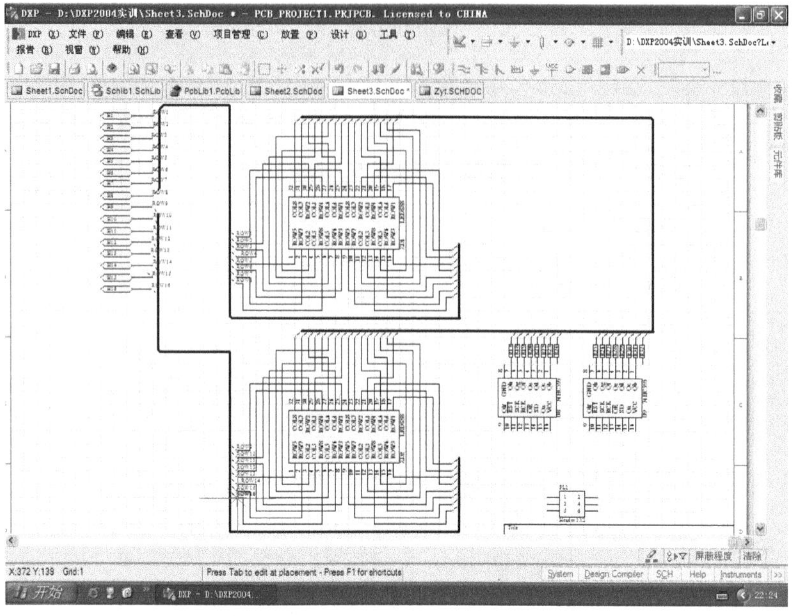

图6-64　第2轮ROW1～ROW16网络标签放置图示

同样，放置了ROW16网络标签后，按Tab键，在弹出的“网络标签”对话框中，将“ROW17”改为“ROW1”，确认后，在两条行总线的右端，从上至下，依次在ZD1、ZD2行连线端上连续16次单击（必须在出现红“米”字符时单击）鼠标，完成第3轮行网络标签放置，如图6-65所示。

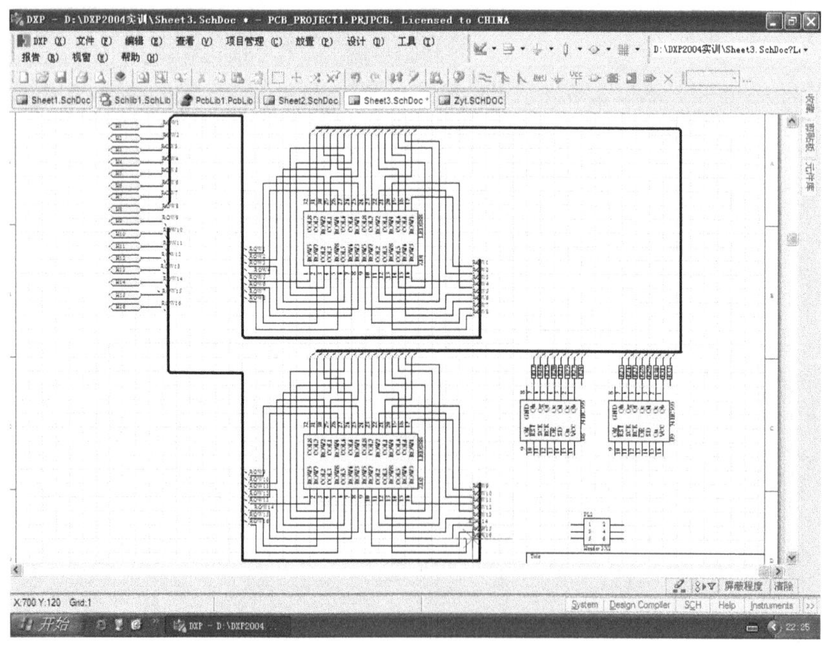

图6-65　第3轮ROW1～ROW16网络标签放置图示

接下来是放置列连线的网络标签。第 1、2 两轮放置时都要分成两段来放置。单击“放置”→“网络标签”菜单项，按 Tab 键，在弹出的“网络标签”对话框中，将名称修改为“COL1”，确认后，用吸附着“COL1”的光标在如图 6-66 所示的列连线（对应于 ZD1 左边的 COL1 引线）端，从中向左依次单击 8 次鼠标，以放置 COL1 ~ COL8 网络标签。

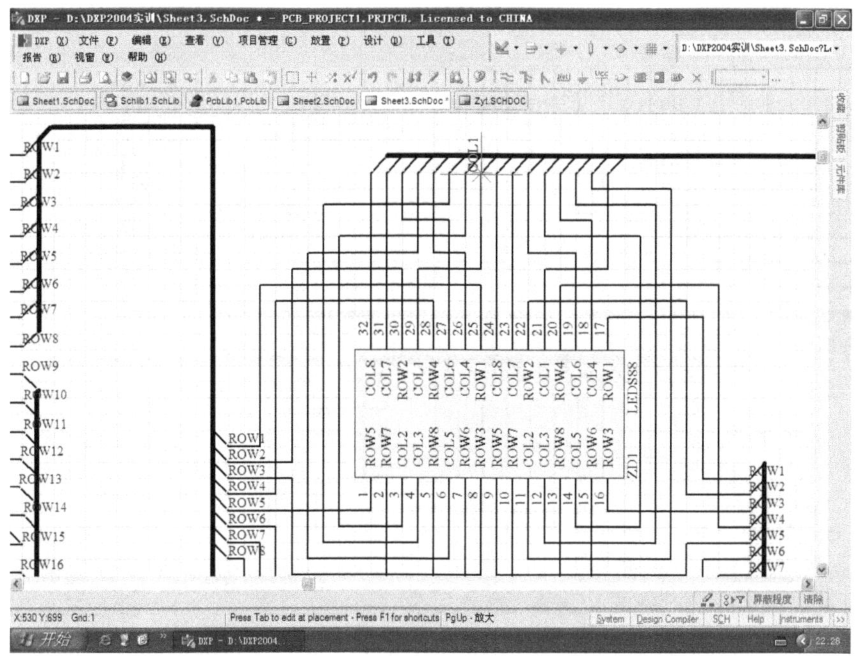

图 6-66　从中向左放置 COL1 ~ COL8 网络标签操作图示

然后，如图 6-67 所示，再从右向中放置 COL9 ~ COL10 网络标签。

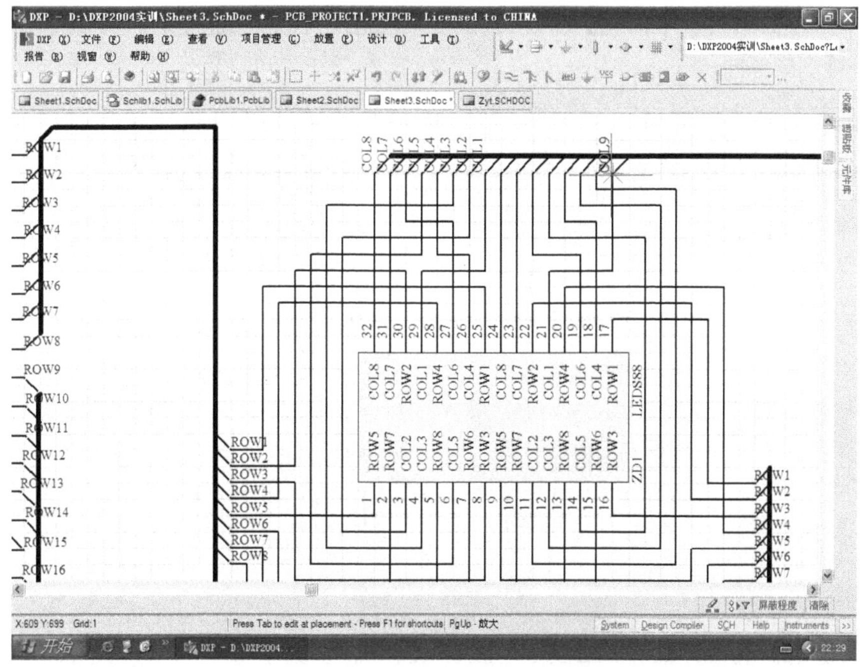

图 6-67　从右向中放置 COL9 ~ COL16 网络标签操作图示

为 ZD2 列连线放置网络标签的方法与 ZD1 相同。按 Tab 键，在弹出的“网络标签”对话框中，把“COL17”修改为“COL1”，确认后，按图 6-68 所示，先从中向左放置 COL1 ~ COL8，然后再从右端向中放置 COL9 ~ COL16。

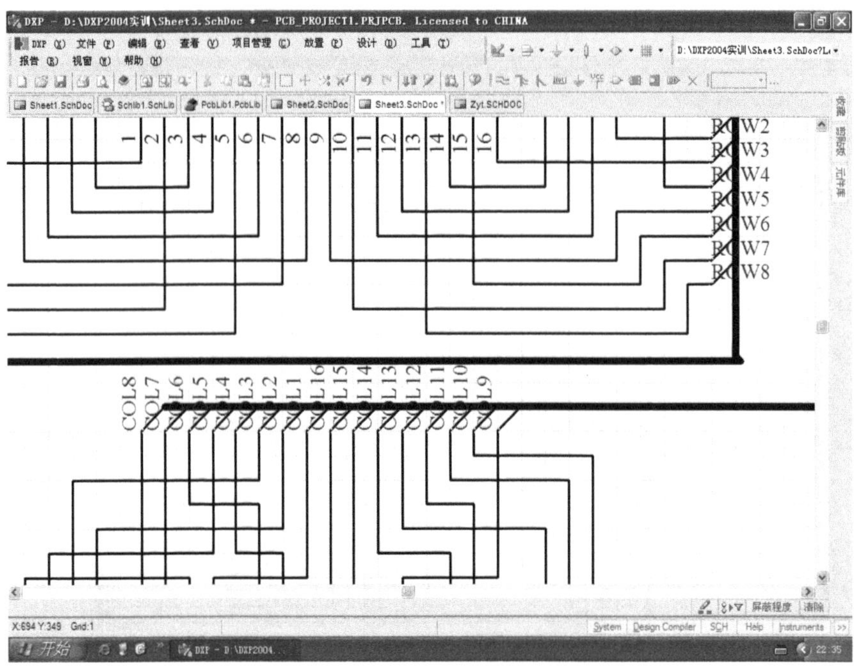

图 6-68　从中向左，再从右向中为列连线放置网络标签操作图示

第 3 轮放置列连线的网络标签时，就是从左向右，依次在 R17 ~ R32 上端连续 16 次单击鼠标，如图 6-69 所示，连续放置网络标签 COL1 ~ COL16。

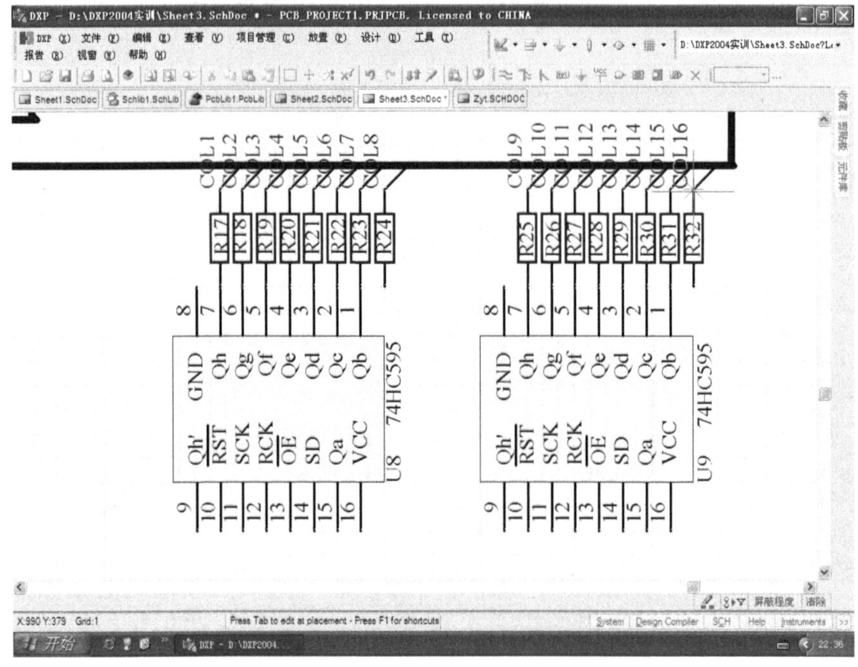

图 6-69　在 R17 ~ R32 连线上从左向右放置 COL1 ~ COL16 网络标签图示

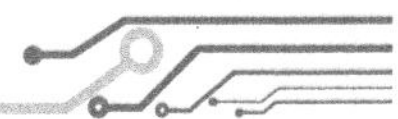

接下来，如图 6-70 所示，要放置“P14” ~ “P16”三个端口符号和一“DL6”（用元件库面板选取“Header 2”元件，标识符改为“DL6”）接插件，再用导线按图进行电路连接，最后放上电源端口。说明：DL6 是用来接通或断开 LED 显示屏的供电连线。

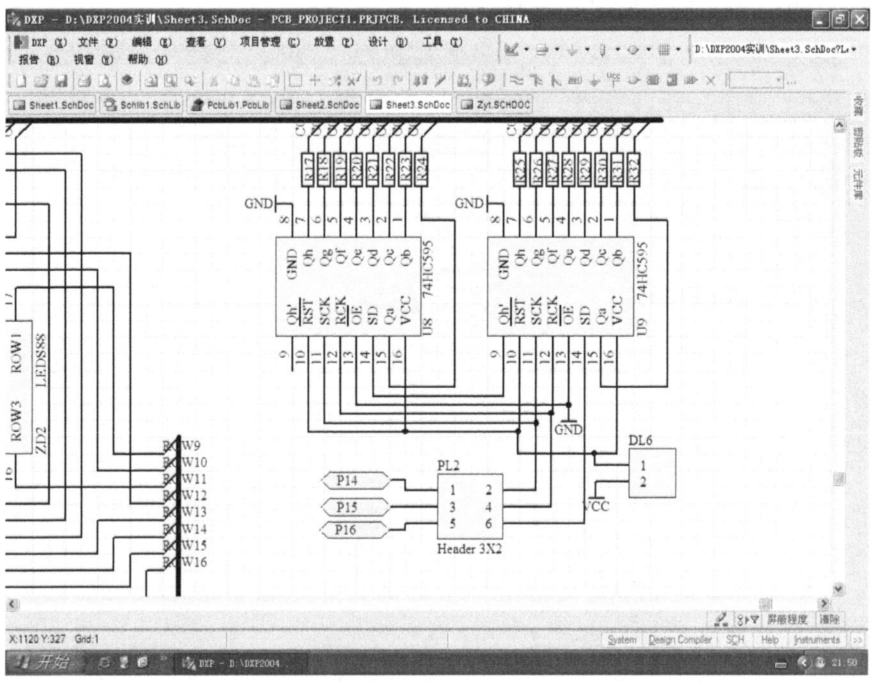

图 6-70 列驱动电路的端口连接和电源控制电路

全部绘制完成后的子原理图 3 如图 6-71 所示。

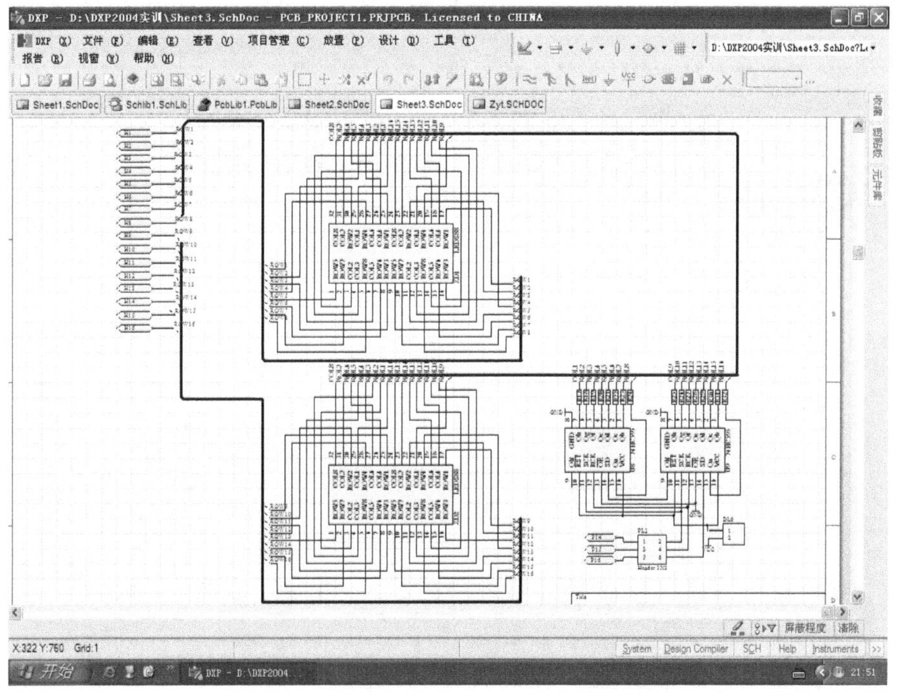

图 6-71 全部绘制完成后的单片机开发板子原理图 3

6.4.4 绘制单片机开发板主原理图

单击“Zyt.SCHDOC”选项卡，工作区切换为主原理图绘制界面。单击“设计”→“根据图纸建立图纸符号”菜单项，如图 6-72 所示。

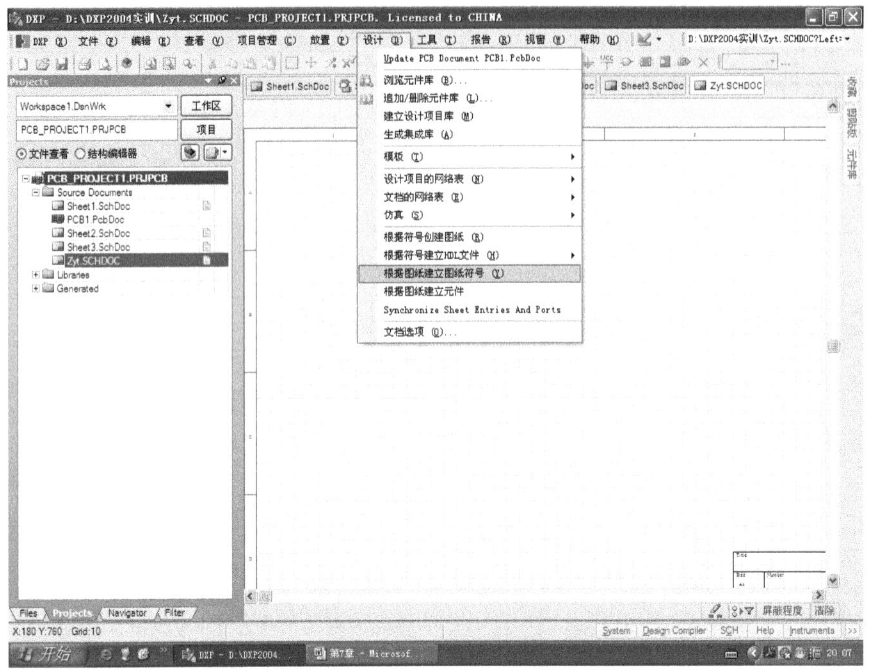

图 6-72 至下而上的层次原理图设计菜单操作

系统弹出图纸选择对话框，首先选择子原理图 1 建立图纸符号，如图 6-73 所示。

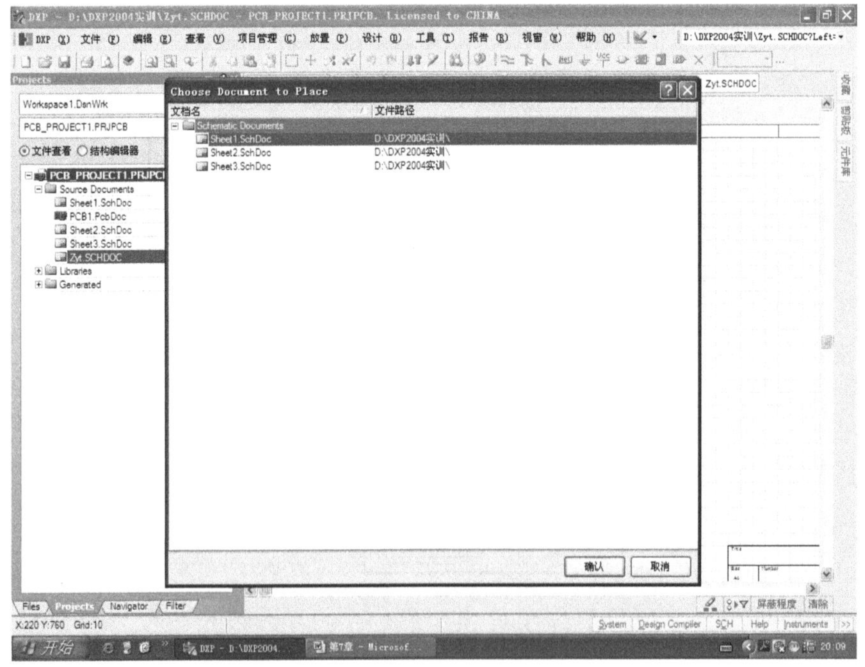

图 6-73 选择图纸建立图纸符号操作图示

选择子原理图 1 为图纸并确认后，系统弹出是否反转端口的输入/输出方向对话框，如图 6-74 所示。

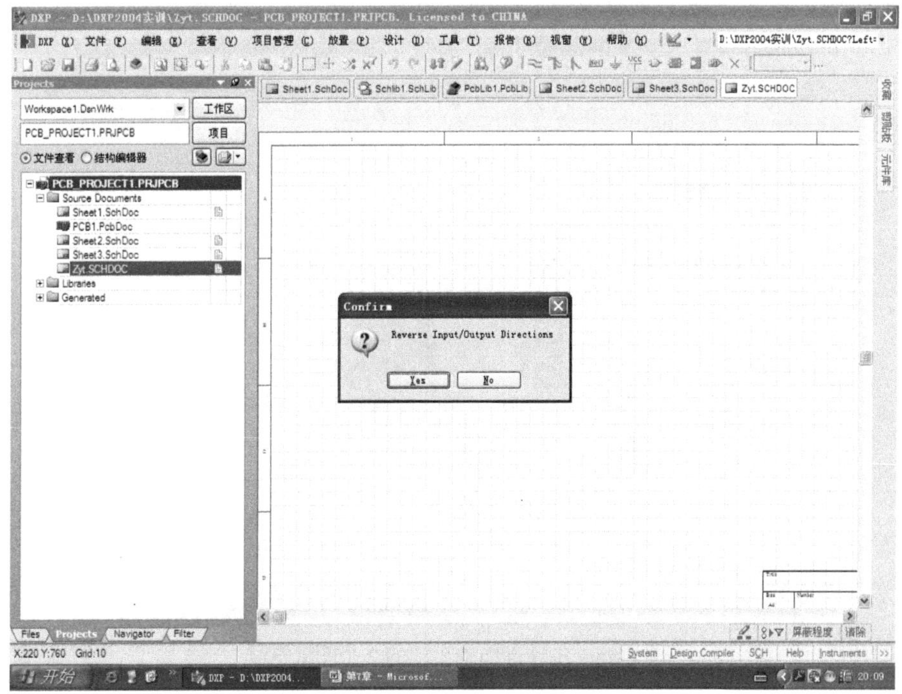

图 6-74　“Confirm”（是否反转端口的输入/输出方向）对话框

单击“No”按钮，主原理图中就出现子原理图 1 的图纸符号，如图 6-75 所示。

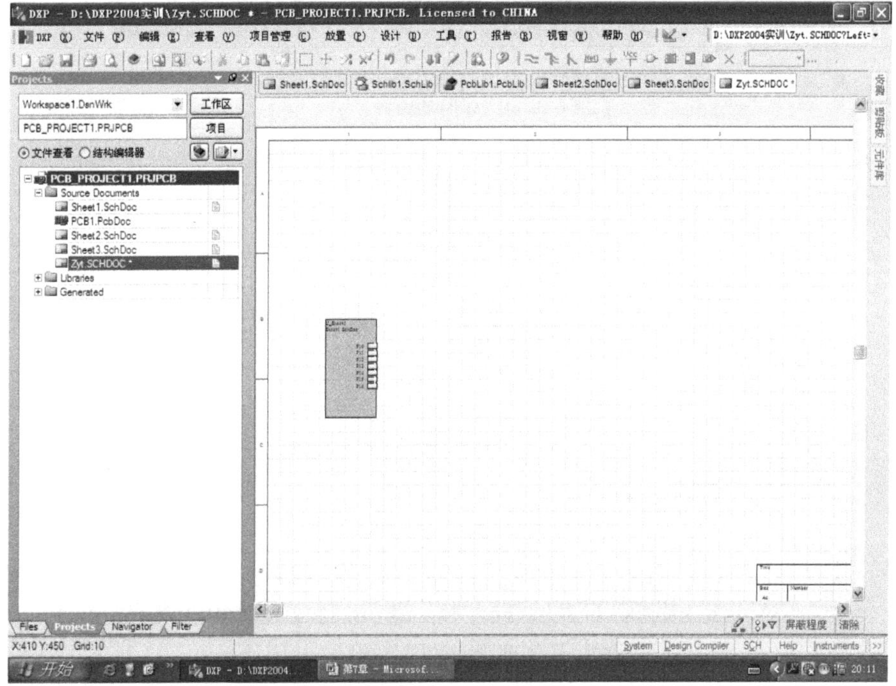

图 6-75　主原理图中的子原理图 1 图纸符号

再次单击“设计”→“根据图纸建立图纸符号”菜单项，并在弹出的图纸选择对话框中，单击子原理图 2，确认后同样在是否反转端口的输入/输出方向对话框中单击“No”按钮，此后，主原理图中，就又出现了子原理图 2 的图纸符号，如图 6-76 所示。

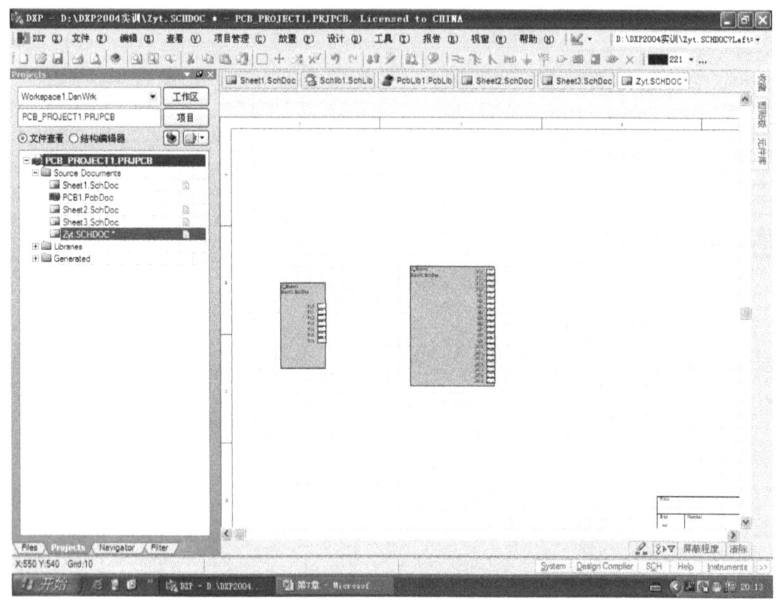

图 6-76　主原理图中出现的 2 个图纸符号

用完全相同的操作，在主原理图中，产生子原理图 3 的图纸符号。此后，可把各图纸符号中的端口符号移动到便于导线连接的相应位置，然后，再把 3 个图纸符号中，同名的端口符号用导线连接起来，如图 6-77 所示。

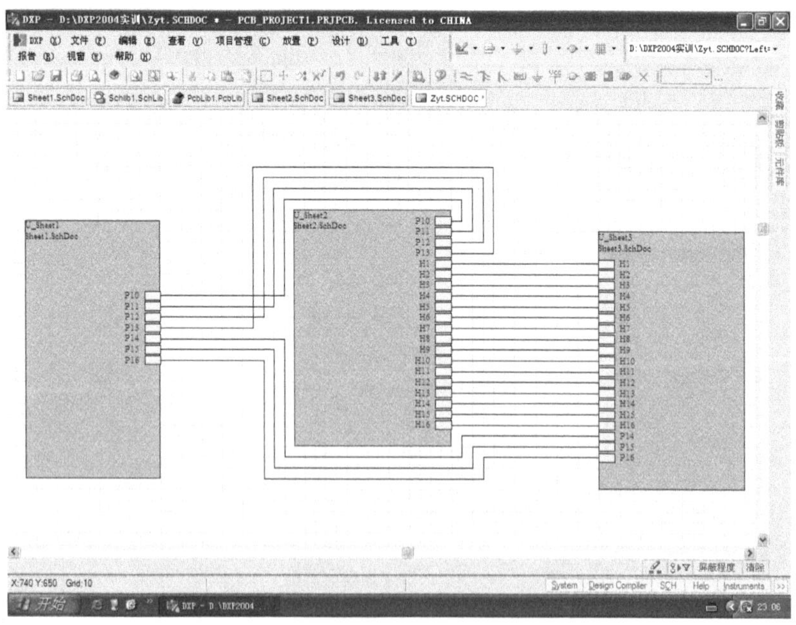

图 6-77　子原理图间的同名端口连接图示

到此，就完成了单片机开发板层次原理图的全部设计。

6.5 绘制单片机开发板 PCB 图

6.5.1 建立单片机开发板 PCB 图文档

在如图 6-77 所示界面中，单击“查看”→“桌面布局”→“default”菜单项，主界面中恢复显示项目面板，在项目面板中，右击项目文件名“PCB_PROJECT1.PRJPCB”，在弹出的快捷菜单中单击“追加新文件到项目中”→“PCB”菜单项，如图 6-78 所示。

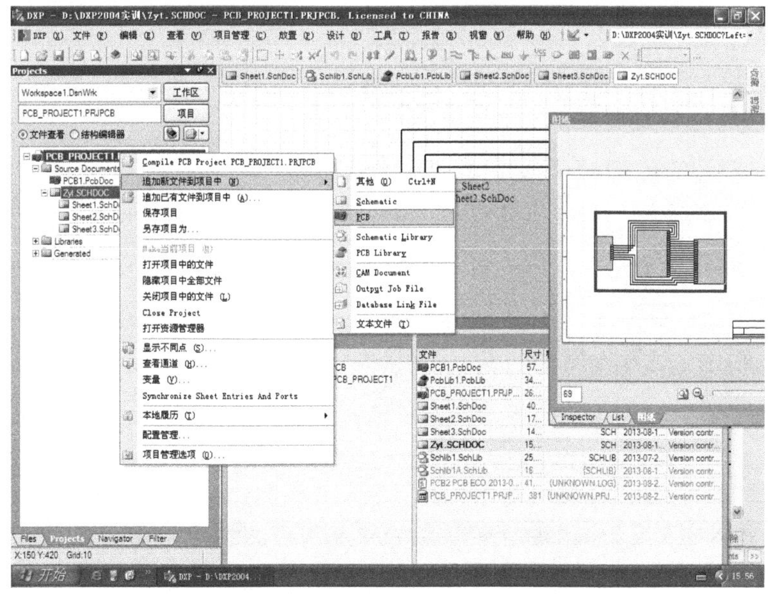

图 6-78 在项目中建立 PCB 文档的菜单操作图示

再单击“文件”→“保存”菜单项，系统弹出保存对话框，如图 6-79 所示。

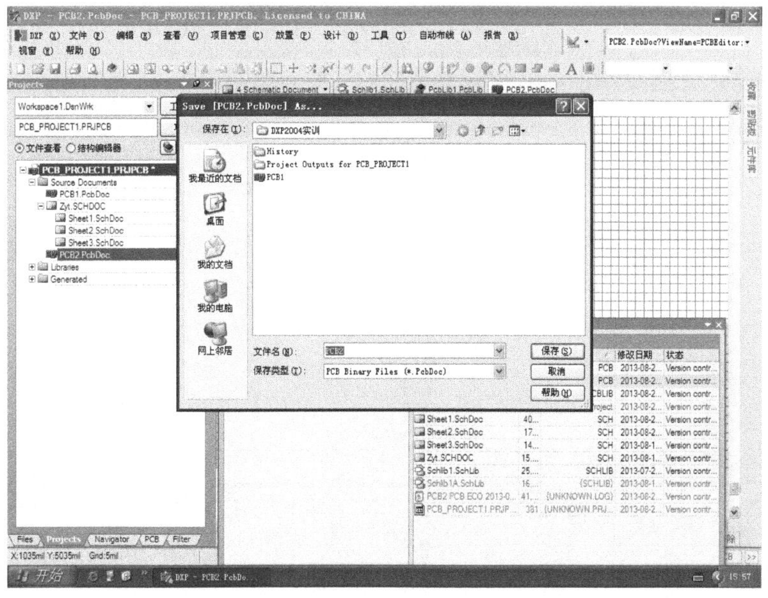

图 6-79 文件保存对话框

这里用默认名保存文件，单击“保存”按钮，就保存了单片机开发板空 PCB 图文档。

6.5.2 加载单片机开发板的封装和网络

单击“Zyt.SCHDOC”选项卡，工作区切换为原理图绘制界面，再单击“设计”→“Uptade PCB Document PCB2.PcbDoc”菜单项，如图 6-80 所示。

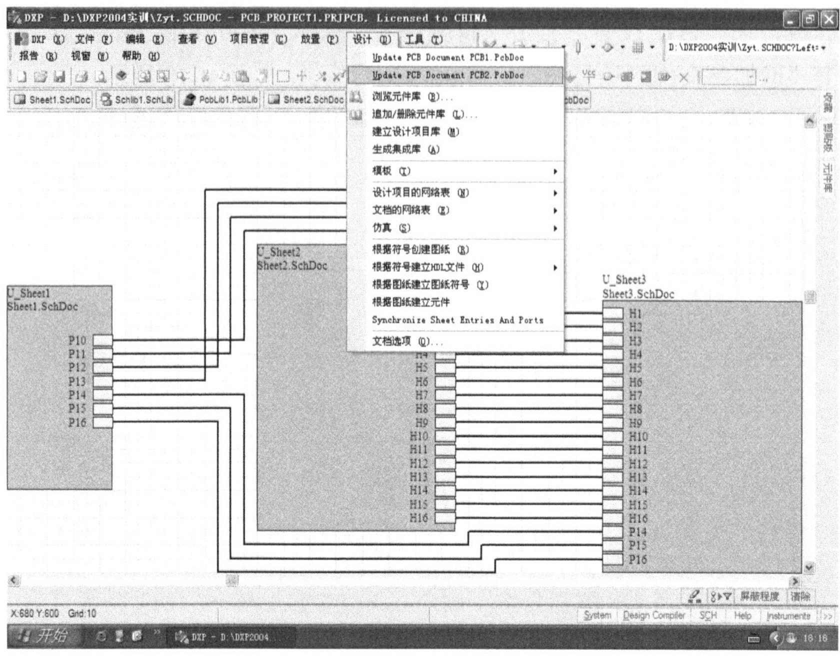

图 6-80　从原理图界面加载封装和网络图示

图 6-80 所示的菜单操作完成后，系统弹出“工程变化订单”对话框，如图 6-81 所示。

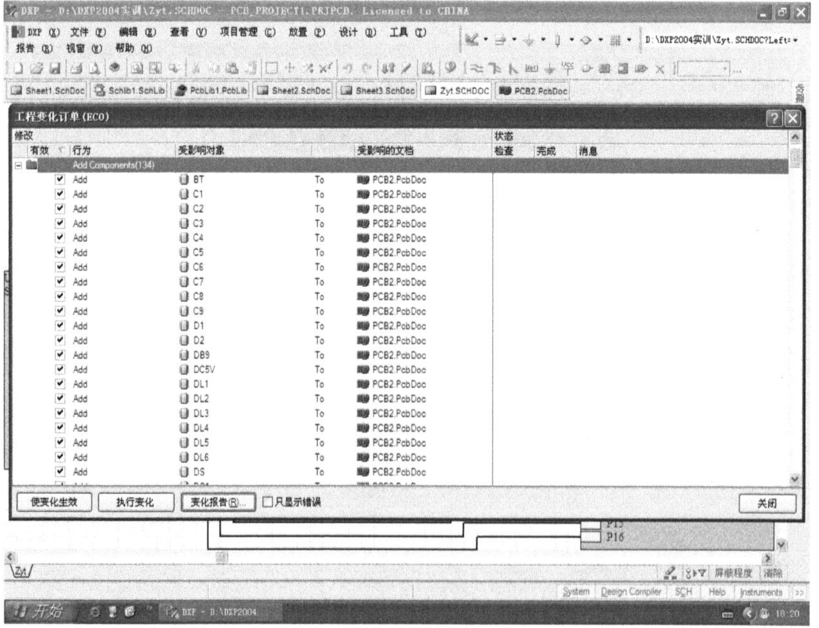

图 6-81　“工程变化订单”对话框

单击图 6-81 中的“使变化生效”按钮，工程变化订单给出检查结果，如图 6-82 所示。

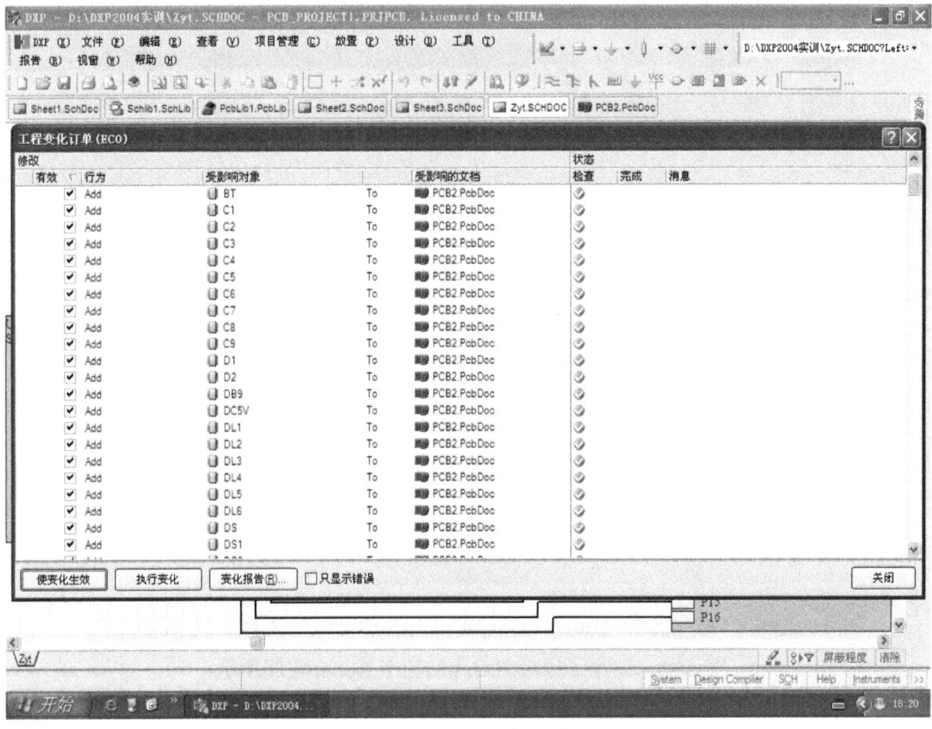

图 6-82　使变化生效的操作结果图示

单击图 6-82 中的“执行变化”按钮，工程变化订单给出完成结果，如图 6-83 所示。

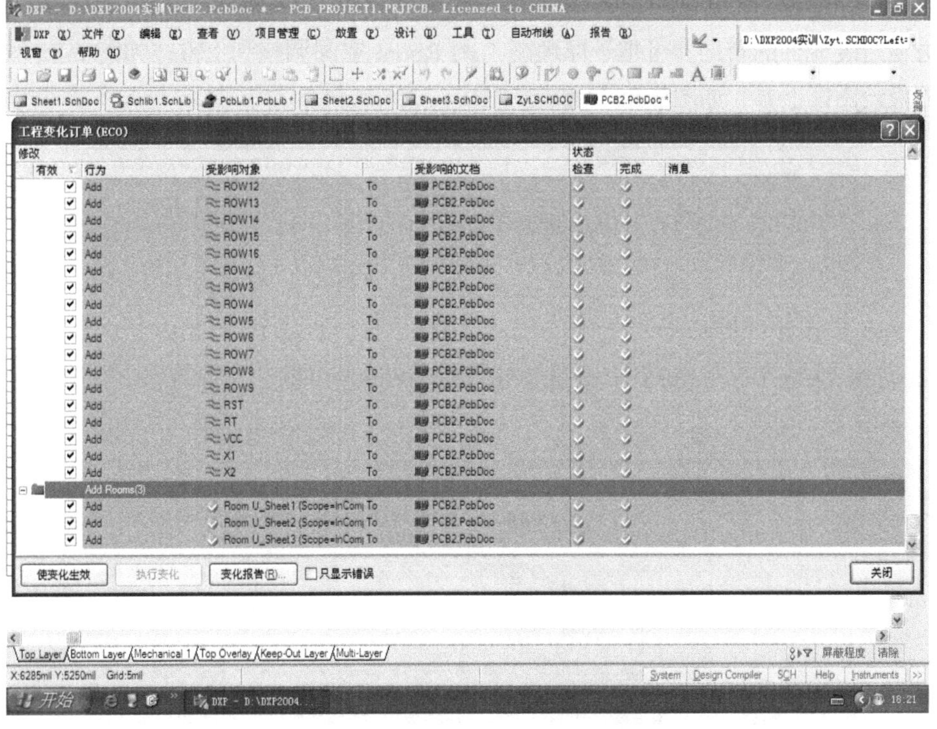

图 6-83　执行变化的操作结果图示

单击图 6-83 中的“关闭”按钮，系统显示出 PCB 图绘制界面，调节工作区显示位置，可看到三个子原理图对应的三个 Room 空间，如图 6-84 所示。

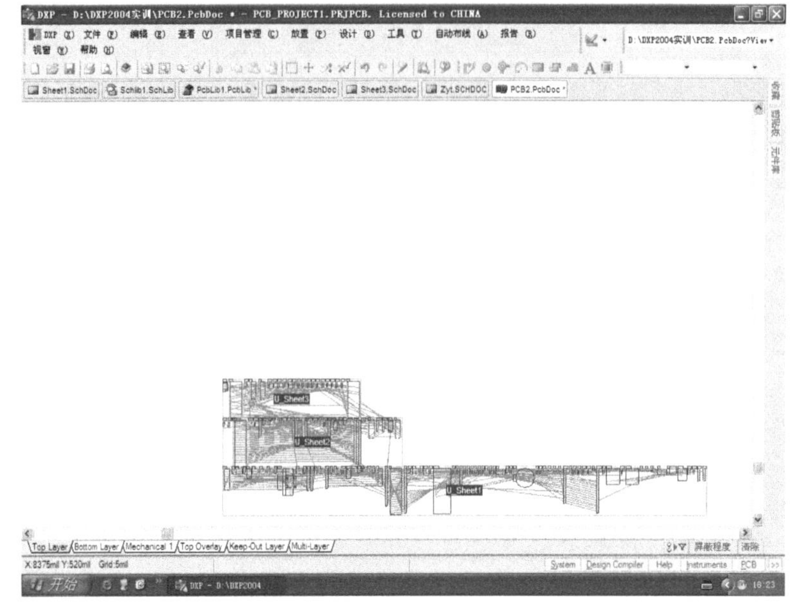

图 6-84　三个子原理图对应的三个 Room 空间图示

6.5.3　单片机开发板全部封装的手动布局

1. 子原理图 1 全部封装的手动布局

为方便封装元件的布局，可把子原理图 1 的 Room 空间调整到上方，如图 6-85 所示，再移到电路板绘图区上方，如图 6-86 所示。

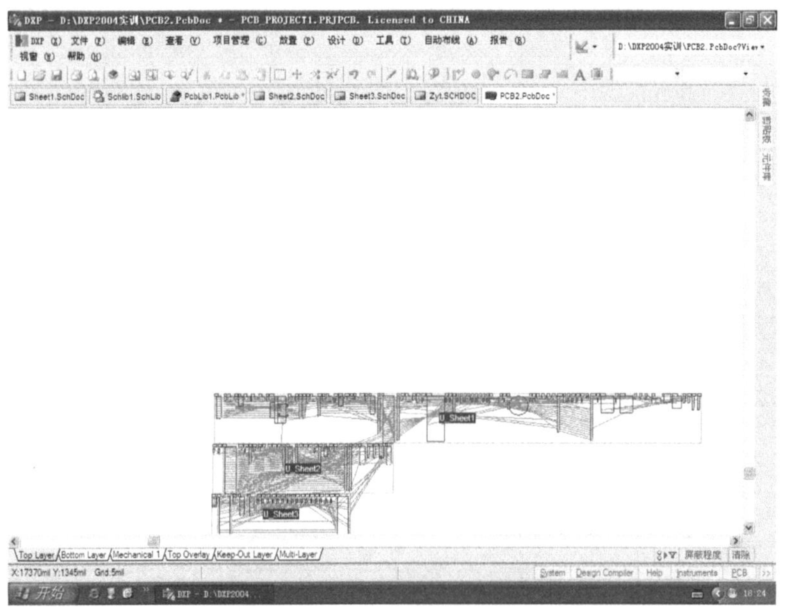

图 6-85　调整和移动三个 Room 空间到合适位置图示

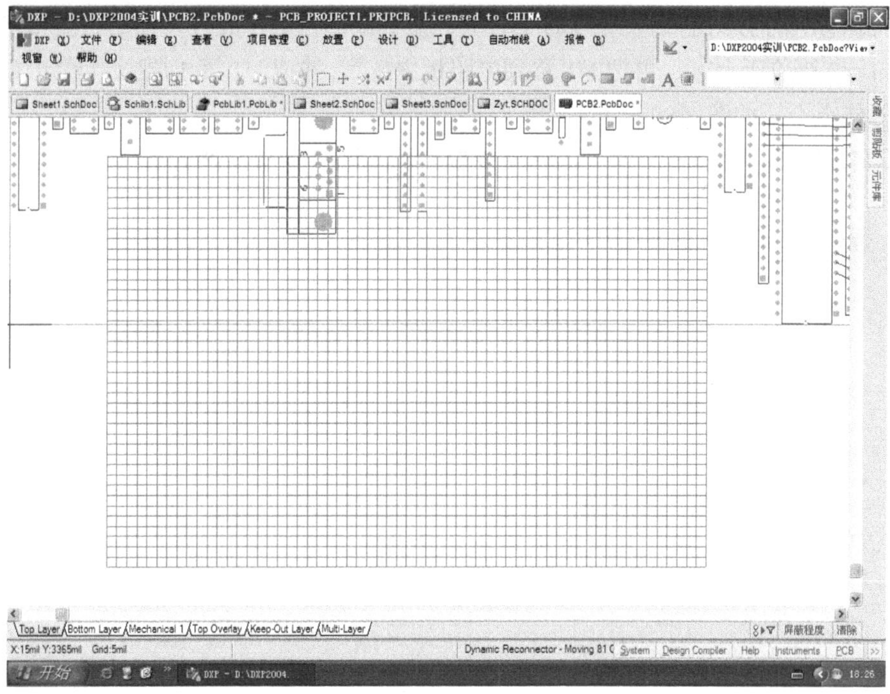

图 6-86　把子原理图 1 的 Room 空间移动到绘图区上方图示

接下来进行子原理图 1 的封装布局。单击“编辑”→“删除”菜单项，鼠标光标变为“十”字状。如图 6-87 所示，用“十”字光标单击 Roon 空间空白处，子原理图 1 的 Room 空间被删除，其所有封装正常显示，单击鼠标右键退出删除操作。

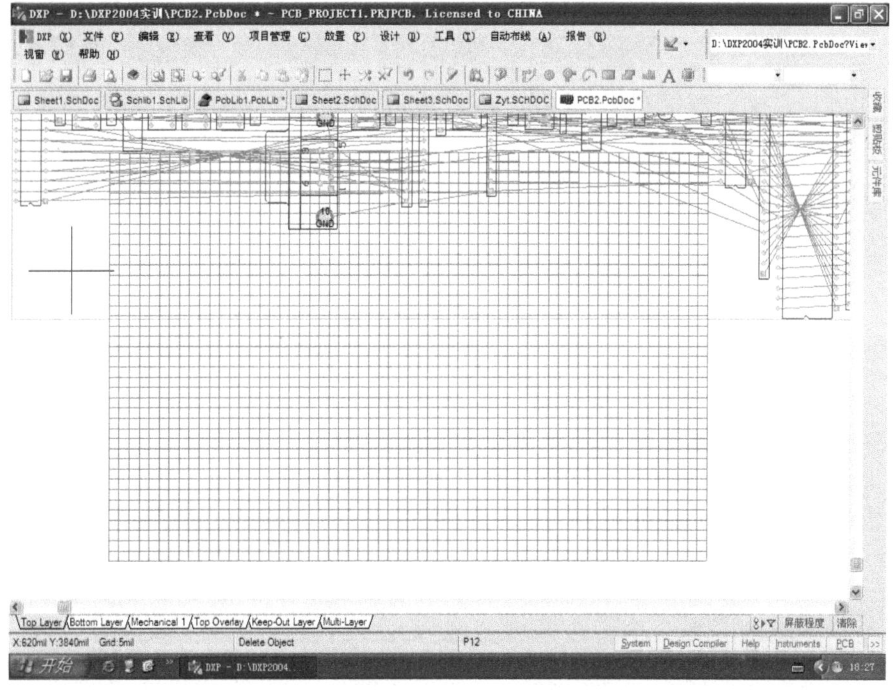

图 6-87　Room 空间的删除操作图示

首先把鼠标光标移到电路板外边的 U1 上，按下鼠标左键不放开，然后按空格键旋转 U1（让 U1 第 1、40 脚位于上方），再把 U1 移到电路板内放置，并把 U1 第 1 脚（焊盘）定位在（4500，3290）坐标格点上，如图 6-88 所示。

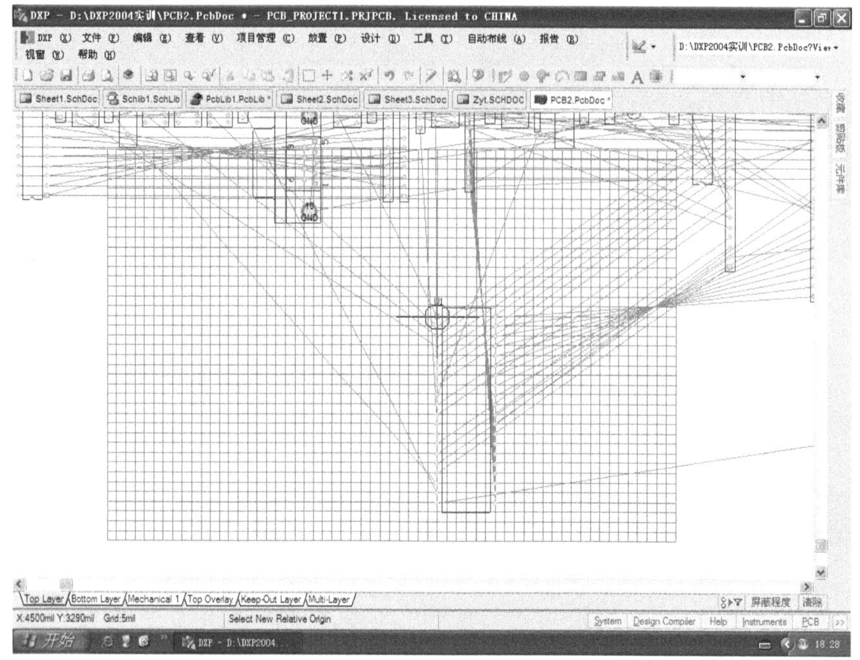

图 6-88　U1 按指定的坐标放置图示

U1 定位放置后，再双击 U1，系统弹出“元件 U1”对话框，如图 6-89 所示，选中“锁定”复选框，然后单击“确认”按钮。

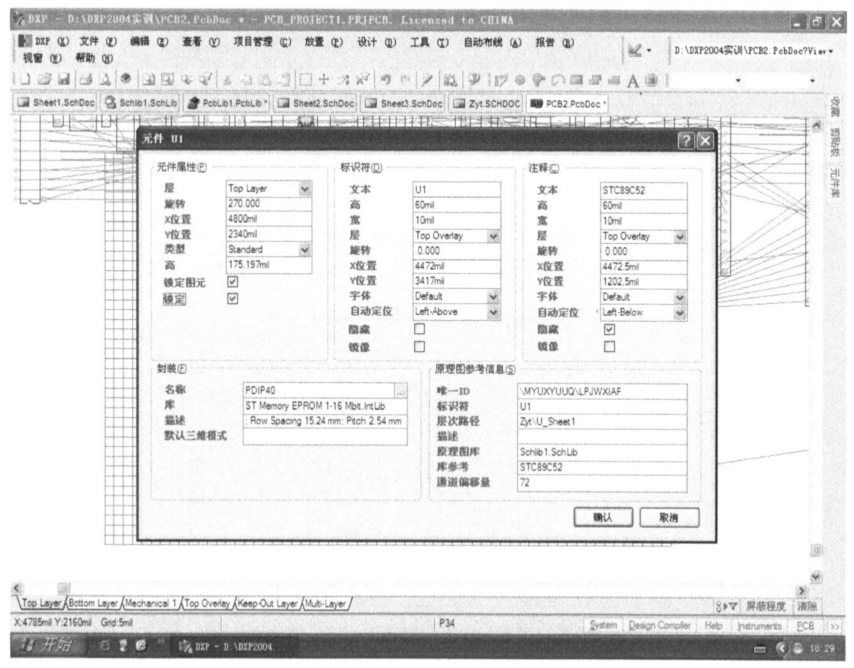

图 6-89　锁定 U1 在电路板上位置的操作图示

U1 按参考位置放置且被锁定后，再把 P1、P2 分别放置在 U1 左右两边，要让 P1、P2 的焊盘，与 U1 焊盘间的中心距都是 200mil。然后将 DB9、U2、LEDS 逐一放置到位并锁定。DB9 第 1 脚的放置坐标为（6370，2878），U2 第 1 脚（向下）的放置坐标为（6130，2490），LEDS 第 1 脚的放置坐标为（5350，4260），S3 第 1 脚的放置坐标为（4000，3160）。其他元件就贴近以上几个元件（不产生警告为限）放置，如图 6-90 所示。

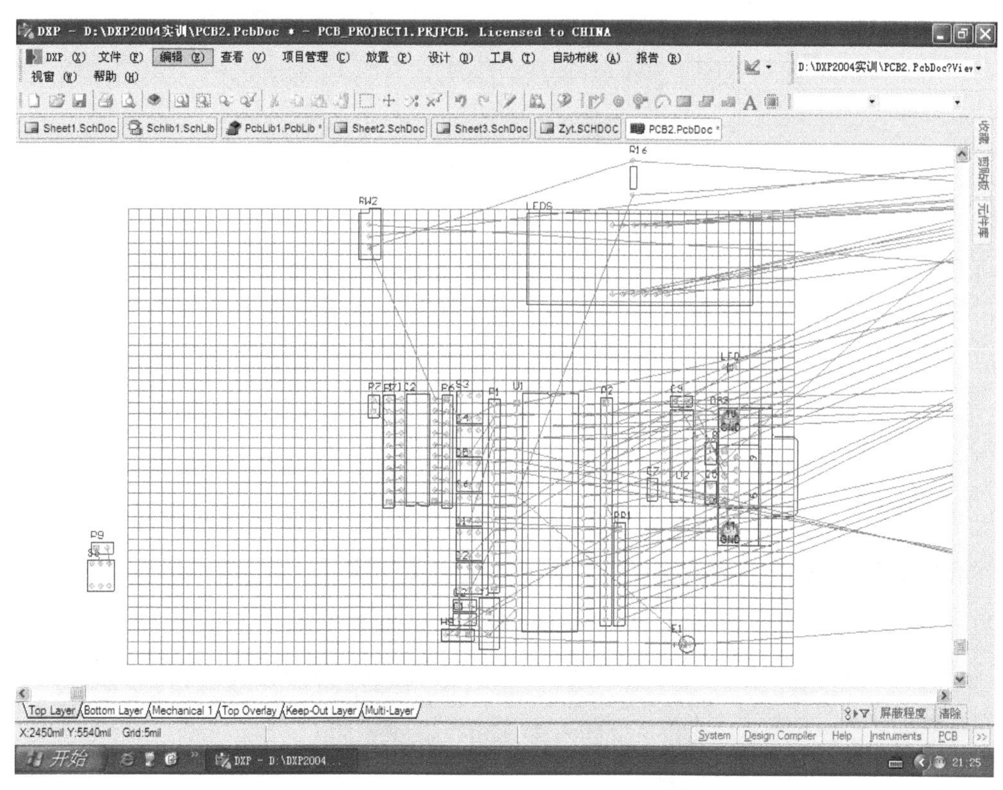

图 6-90　U1、P1、P2、DB9、LEDS 和 U2 的定位放置图示

由于单片机 PCB 板上电阻元件较多，电阻元件的标识符只有放在电阻符号内印刷显示才规范，对 AXIAL-0.3 的电阻封装而言，须把文本字符高度减少到 40mil，才能把电阻元件的标识符字串放进其封装的符号内，这就要把 30 多个电阻的标识符文本高度，集体更改为 40mil。集体更改的操作以“查找相似对象”进行。用鼠标右击 R16（任一电阻均可）的标识符文本（不是封装符号），系统弹出快捷菜单，如图 6-91 所示。

在弹出的快捷菜单中，单击“查找相似对象”菜单项，系统弹出“查找相似对象”对话框，如图 6-92 所示。

如图 6-92 所示，在“Text Height”选项的第二个参数“Any”上单击鼠标，弹出下拉列表框，将“Any”改为“Same”，再选中“选择匹配”和“运行检查器”复选框，然后单击“确认”按钮。系统又弹出“检查器”对话框，如图 6-93 所示。

在“检查器”对话框中，将“Text Height”项的值由 60mil 改为 40mil，然后回车，再关闭“检查器”对话框，此时所有相似文本字符仍呈灰蒙显示，按 Shift+C 组合键，所有显示恢复正常。字符高度改小后，参照第 5 章的操作方法，把所有电阻元件的标识符移到电阻符号的方框内，以便于布局。

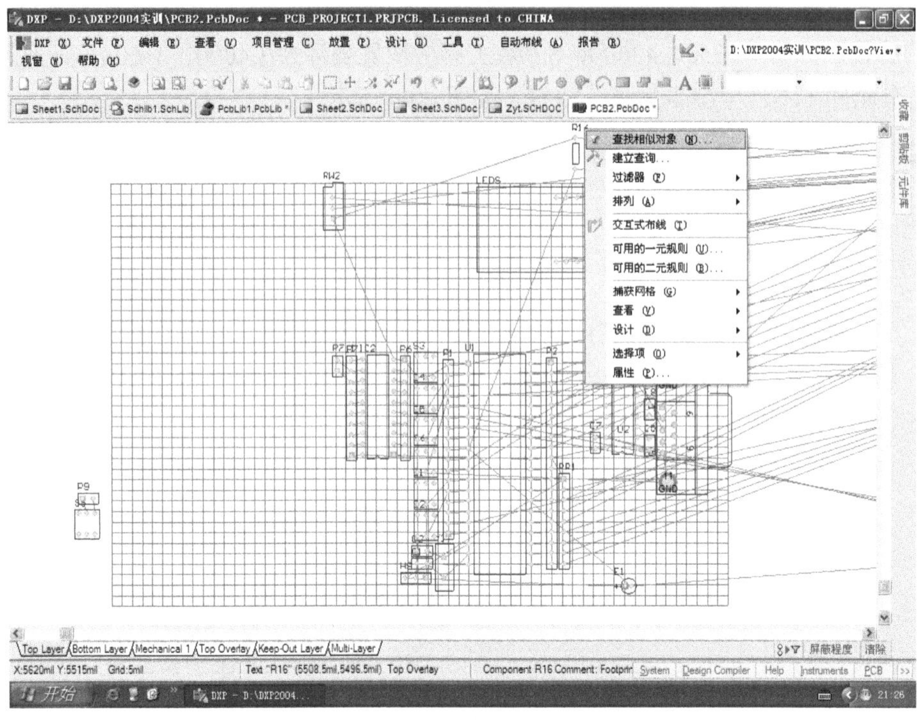

图 6-91　统一减小标识符文本高度的操作图示

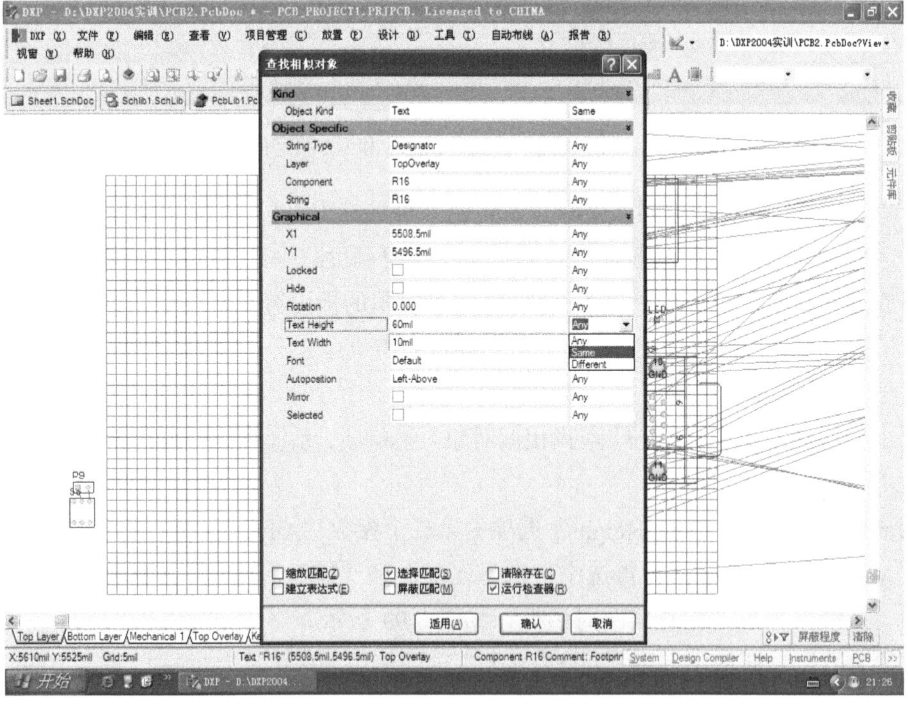

图 6-92　“查找相似对象”对话框

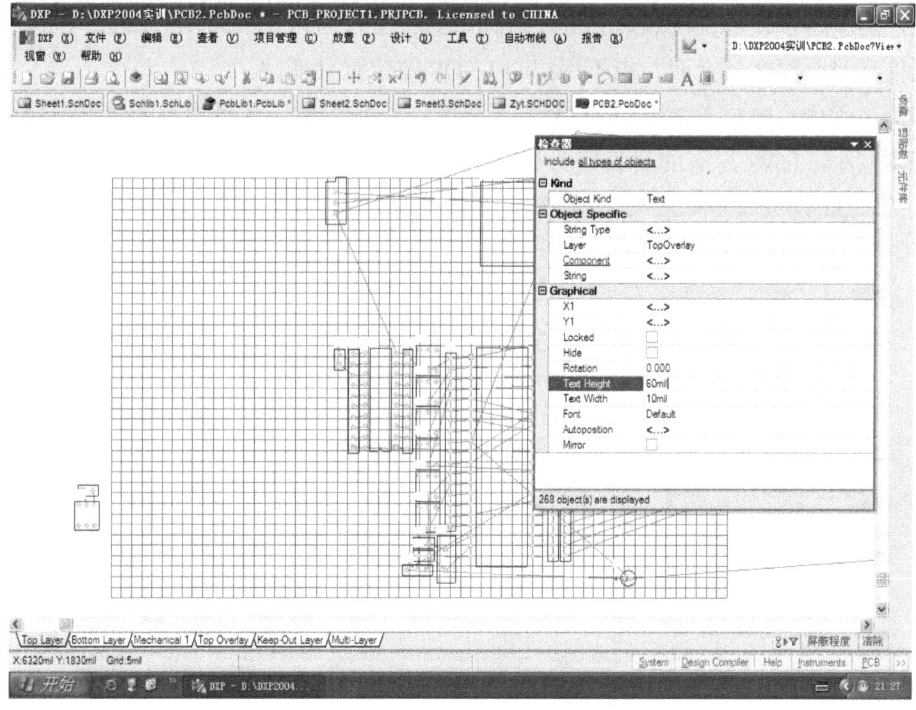

图 6-93　“检查器”对话框

接下来，再选取另一部分封装并移放在 PCB 板上方，如图 6-94 所示。

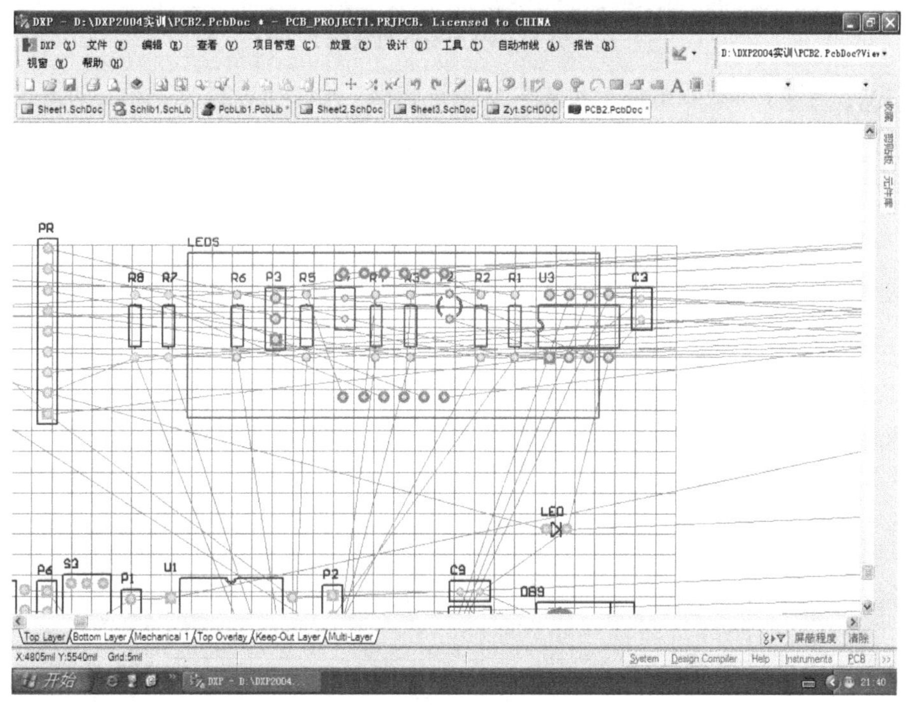

图 6-94　部分封装叠放在 LEDS 上以待放置

然后，再把这些封装参照图 6-99 所示位置，分别放置到位。由于子原理图 1 上元件较多，有很多元件离电路板较远，可照此分批移放到电路板上方后再进行布局。LEDS 位置锁定后，把其他元件临时叠放在其上面，也不用担心 LEDS 的位置会变化。

在布局过程中，电位器 RW2 的封装需要修改，一是 2 号与 3 号焊盘的位置须交换，二是封装面积须减小。RW2 原有的封装如图 6-95 所示。

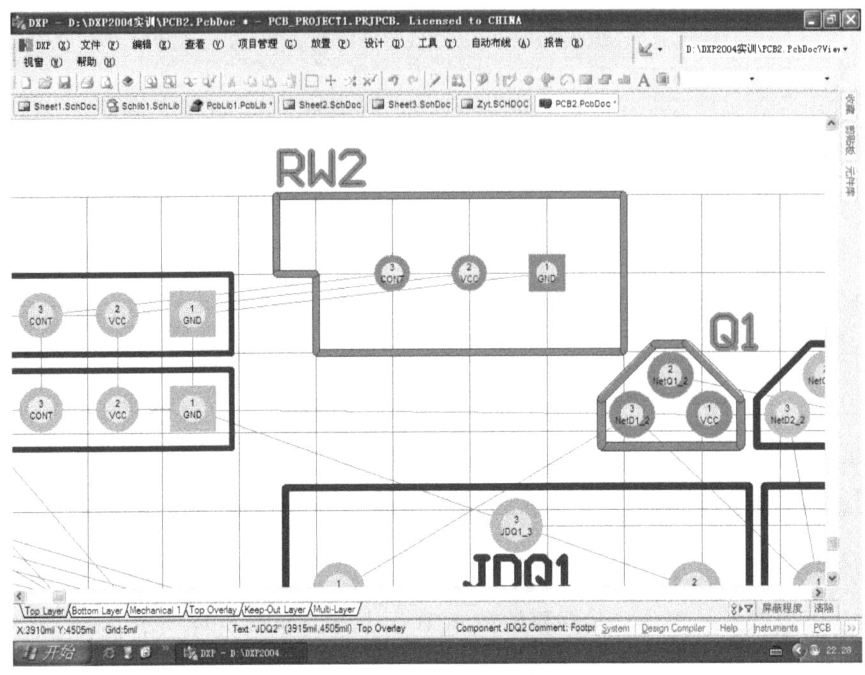

图 6-95　RW2 原有的封装图示

双击 RW2 封装（不要双击焊盘和文本），系统弹出“元件 RW2”对话框，如图 6-96 所示。

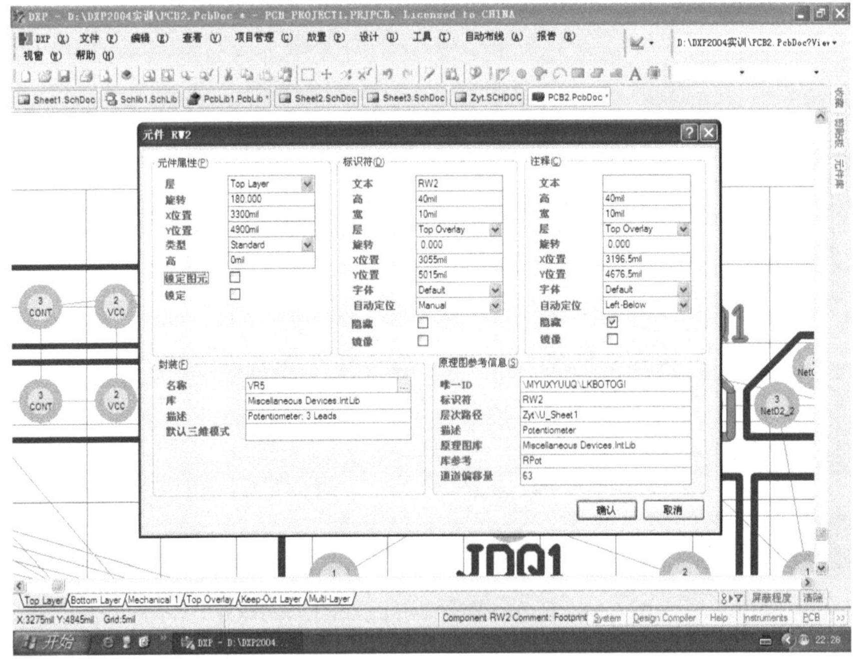

图 6-96　取消 RW2 封装的“锁定图元”的操作图示

在图 6-96 所示对话框中，消除“锁定图元”复选框，再单击“确认”按钮。然后交换 2、3 号焊盘的位置，再调节封装的边线，如图 6-97 所示。

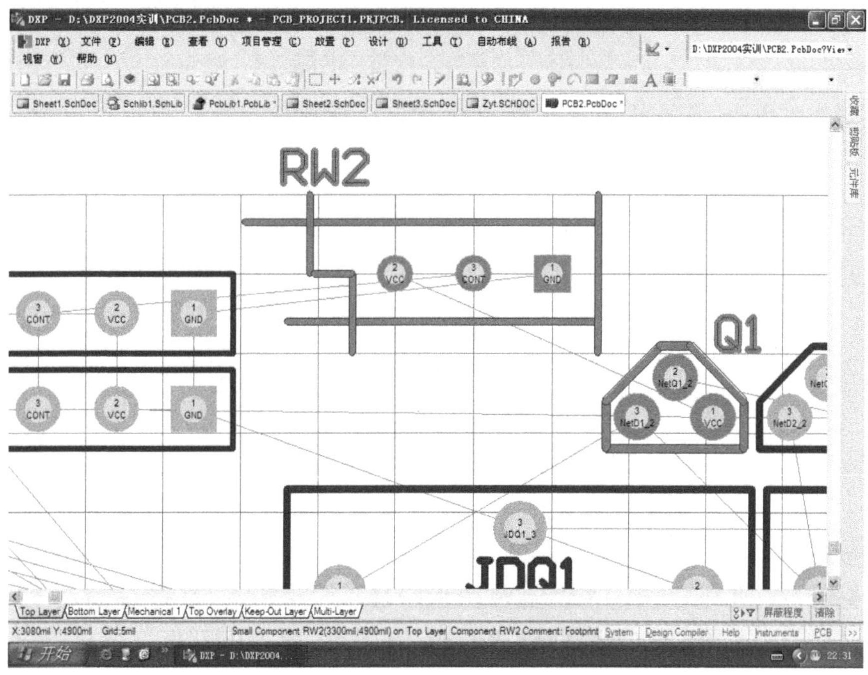

图 6-97　RW2 封装的修改图示

在图 6-97 所示界面中，修改 RW2 封装边线的相关坐标，就可减小其长度，从而改变成如图 6-98 所示的 RW2 封装。

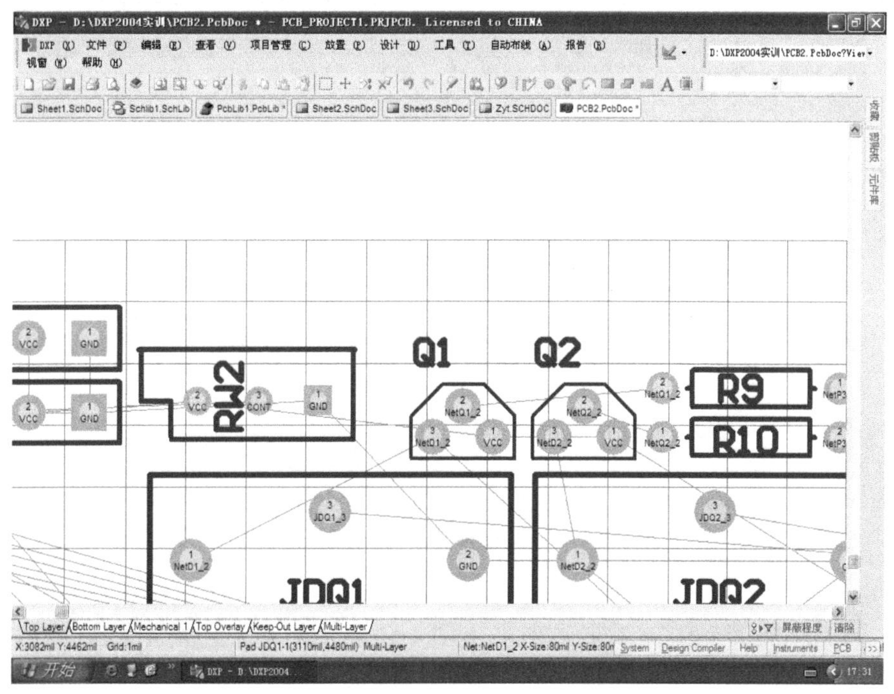

图 6-98　修改完成后的 RW2 封装图示

参照图 6-99，把子原理图 1 的封装全部定位放置。

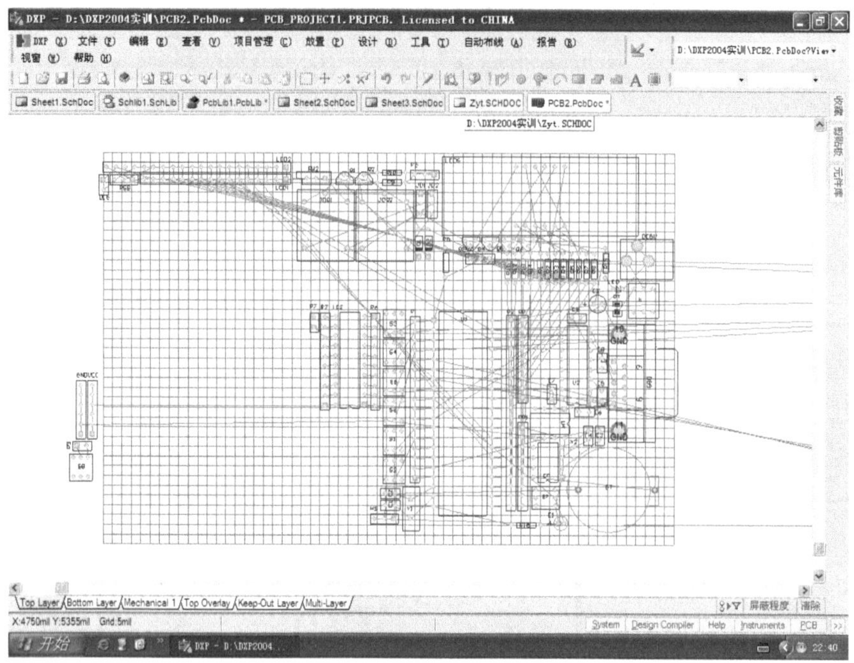

图 6-99　子原理图 1 所有封装定位放置后的 PCB 板图示

2. 子原理图 2 全部封装的手动布局

先把子原理图 2 对应的 Room 空间用鼠标移动至 PCB 绘图板上方，如图 6-100 所示，再删除该 Room 空间。然后，参照图 6-101 所示，完成子原理图 2 所有封装的布局。

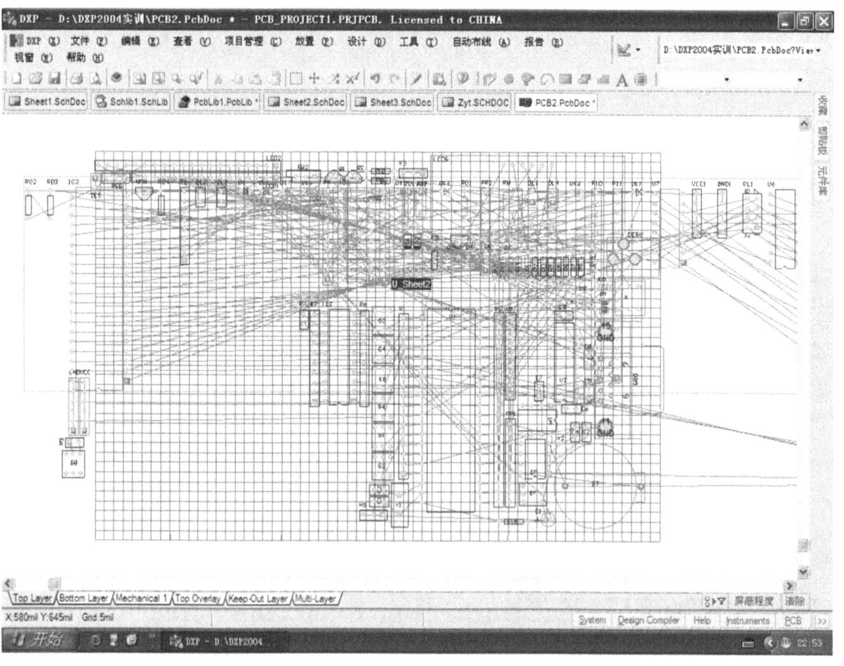

图 6-100　子原理图 2 的所有封装在 PCB 板上方以待放置

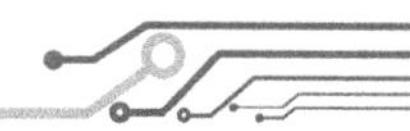

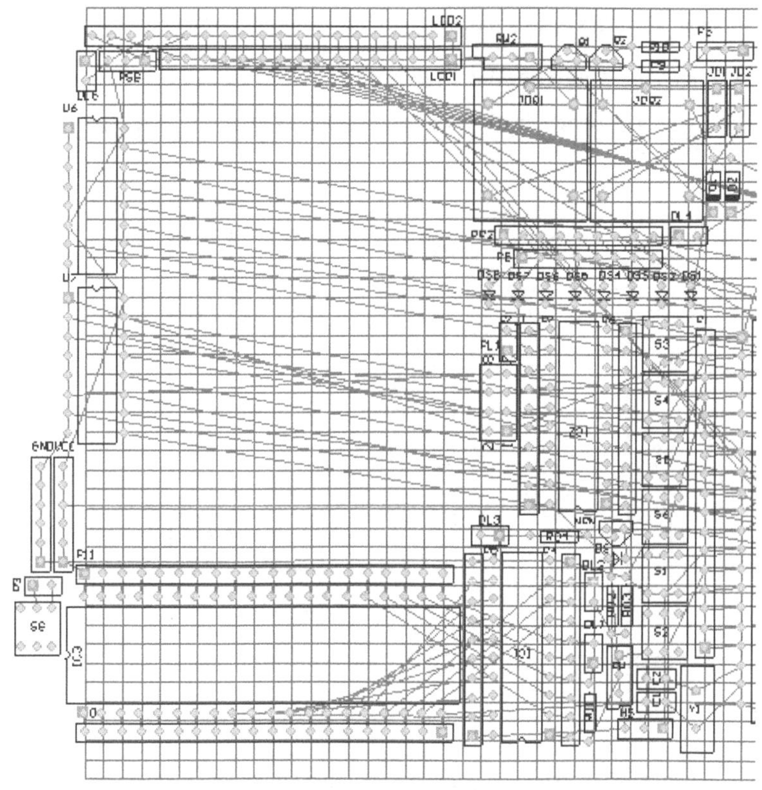

图 6-101　子原理图 2 封装元件的布局参照图

布局过程中，8 路发光二极管须水平均匀分部，同第 5 章一样，先把 8 个发光管两端位置确定（中心距为 1080mil），选中这 8 个发光二极管，然后执行如图 6-102 所示的菜单操作。

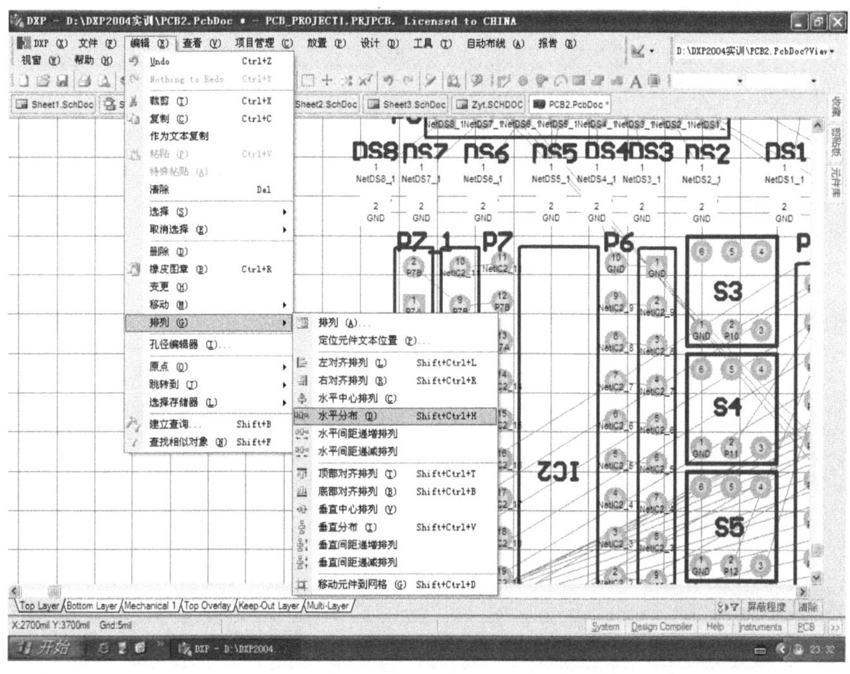

图 6-102　8 路发光二极管水平均匀分部的菜单操作图示

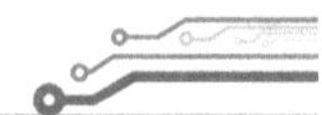

布局过程中，RW 封装要进行与 RW2 封装同样的修改，修改方法参见子原理图 1 的 RW2 封装修改过程。RW 修改后按如图 6-103 所示进行放置。

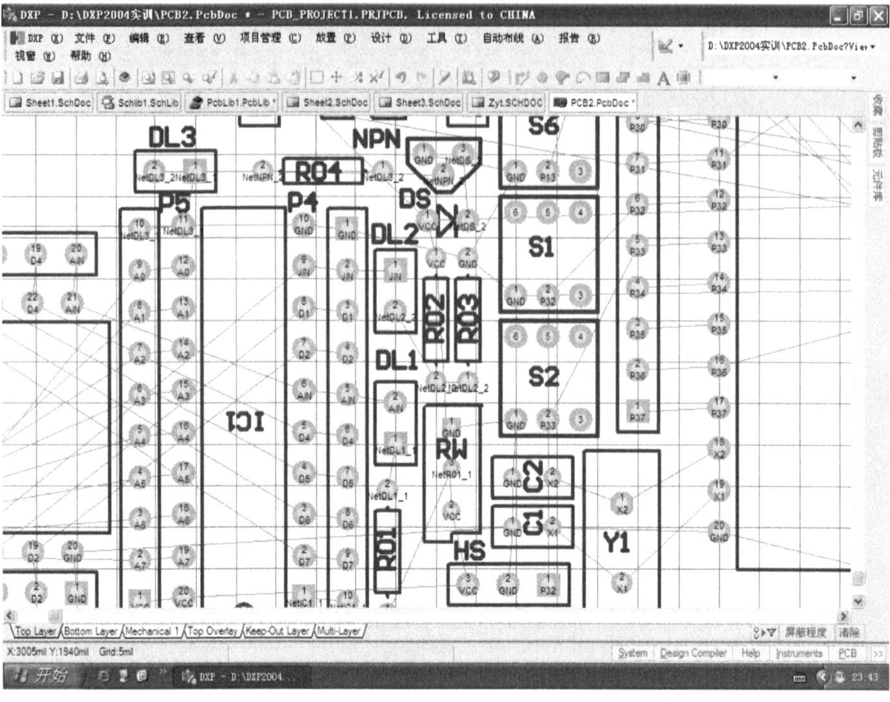

图 6-103　封装修改后的 RW 放置图示

子原理图 2 全部封装放置到位后的 PCB 板如图 6-104 所示。

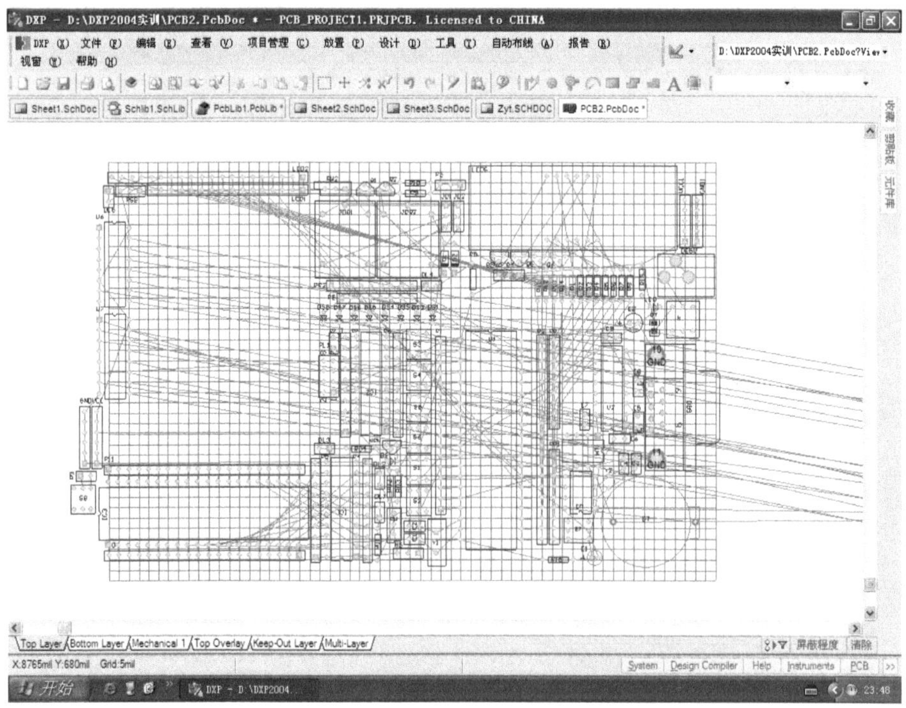

图 6-104　子原理图 2 全部封装放置到位后的 PCB 板图示

3. 子原理图 3 全部封装的手动布局

接下来，把子原理图 3 的全部封装移到 PCB 板的下方，如图 6-105 所示。

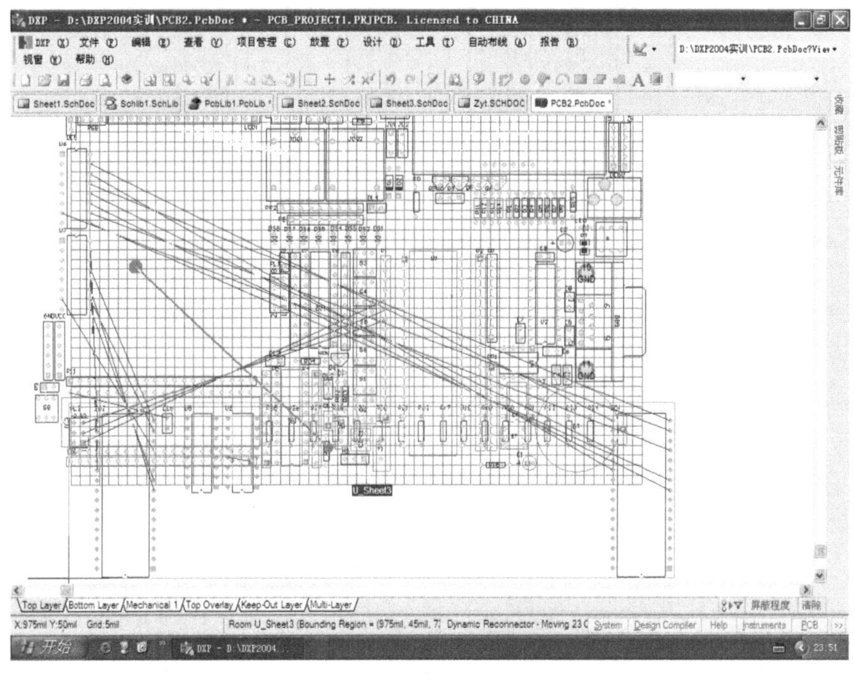

图 6-105　把子原理图 3 的 Room 空间移到 PCB 板下方图示

单击子原理图 3 对应 Room 空间中空白处，再按 Delete 键，删除 Room 空间。然后，参照图 6-106 所示，把子原理图 3 的全部封装放置到位。

在子原理图 3 的封装放置过程中，要注意的是，ZD1 下方那排焊盘与 ZD2 上方那排焊盘的中心距应是 200mil，间距小了点阵就放不下去，间距大了点阵显示就不美观。另外，R17 ~ R24、R25 ~ R32 应水平对齐和水平均匀分布。到此，子原理图 3 全部封装的布局完成。

4. 单片机开发板封装布局的检查及调整

接下来，对整个单片机开发板 PCB 图上所有封装的标识符放置位置，进行检查及调整，以让标识符的位置合理、美观。

最后要进行一个布局调整，这就是为了让 BT 的封装，即 3V 锂电池座不与右下角安装孔上的螺帽挤碰，在保证 BT 封装不与左边相邻封装相撞的前提下，尽量把 BT 封装向左水平移动，贴近 E1 位置放置，移动 BT 封装贴近 E1 而不相碰撞的鼠标操作比较困难，可用减小 BT 的 X 坐标值来实现。这就是双击 BT 封装，在弹出的“元件 BT”对话框中，清除“锁定”复选框，以不产生碰撞为前提，尽可能地减小 X 坐标值，确认后就完成。

5. 单片机开发板的尺寸确定

先进行 PCB 板的长度调整。单击“设计”→“PCB 板形状”→“移动 PCB 板顶”菜单项，如图 6-107 所示。

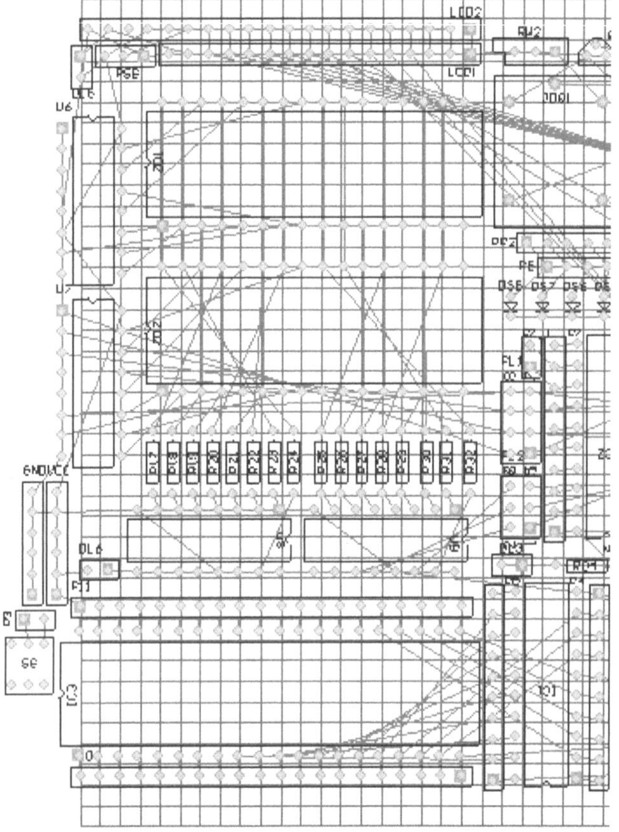

图 6-106　子原理图 3 的全部封装布局放置参考图示

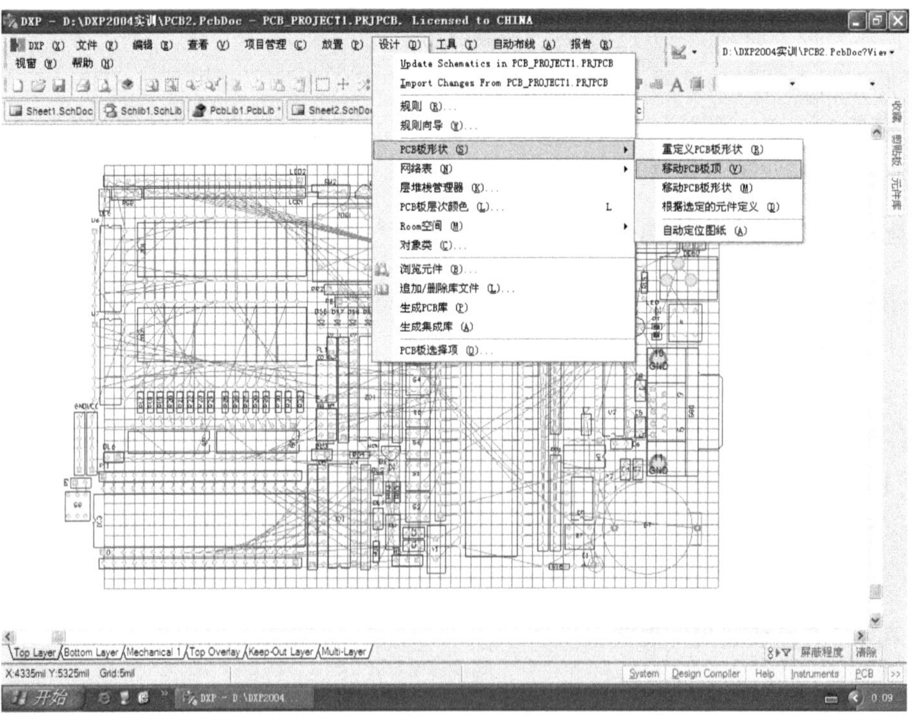

图 6-107　调整 PCB 板的长度的菜单操作图示

单击“移动 PCB 板顶”菜单项后，光标呈“十”字形，工作区切换为 PCB 板的二维图形显示，且在 PCB 板四边上附带了小方形调整标记，将十字光标移到左边中心的调节柄上，按下左键后向左拉动，当状态栏显示的 X 值为 380mil 时，如图 6-108 所示，放开鼠标，就完成了 PCB 板向左加长的操作。

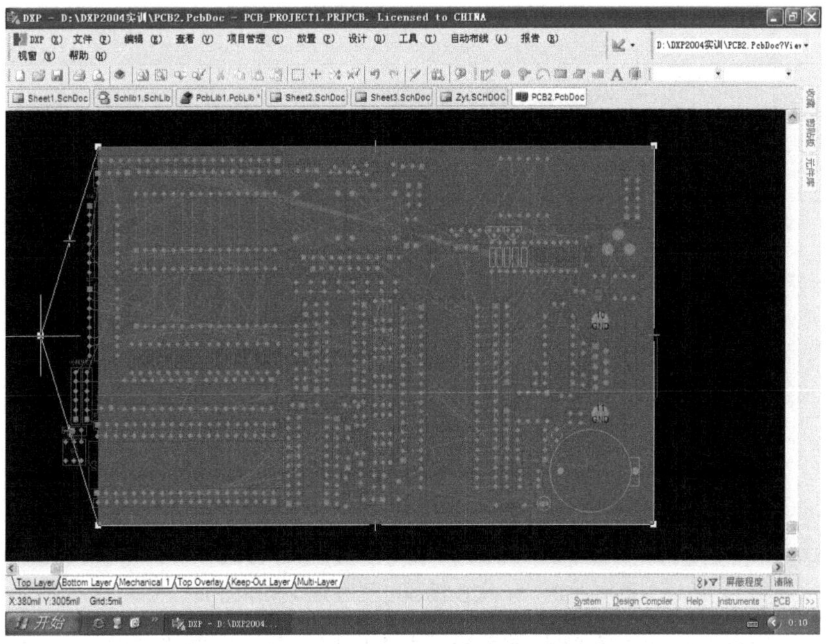

图 6-108　向左加长 PCB 板的调整操作图示

接下来，为 PCB 板放置电气边界。先单击工作区下方的禁止布线层“Keep-Out Layer”选项卡，再单击“放置”→“直线”菜单项，如图 6-109 所示。

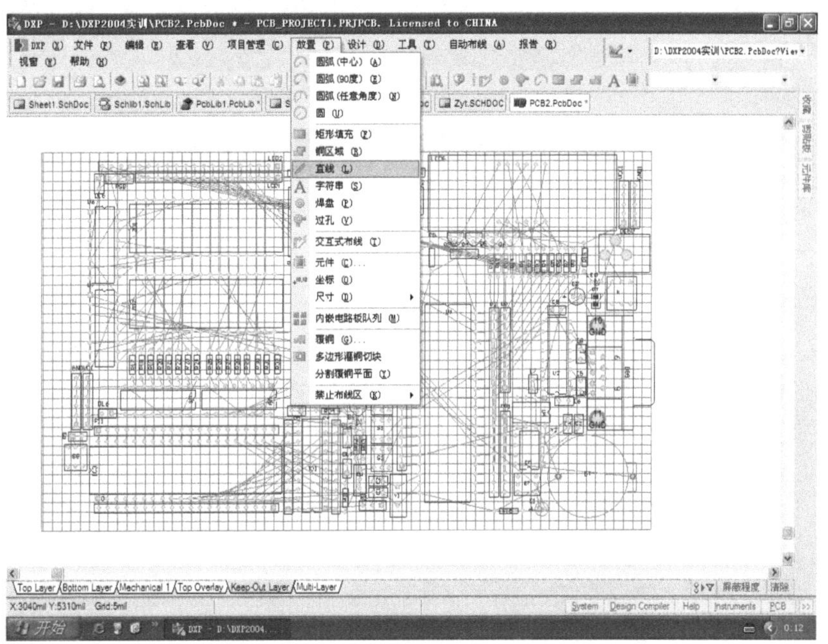

图 6-109　为 PCB 板画电气边界线的菜单操作

单击“直线”菜单项后，光标呈“十”字形，用十字光标中心，依次在（610，5000）、（6897，5000）、（6897，1080）、（610，1080）和（610，5000）上单击，如图 6-110 所示。

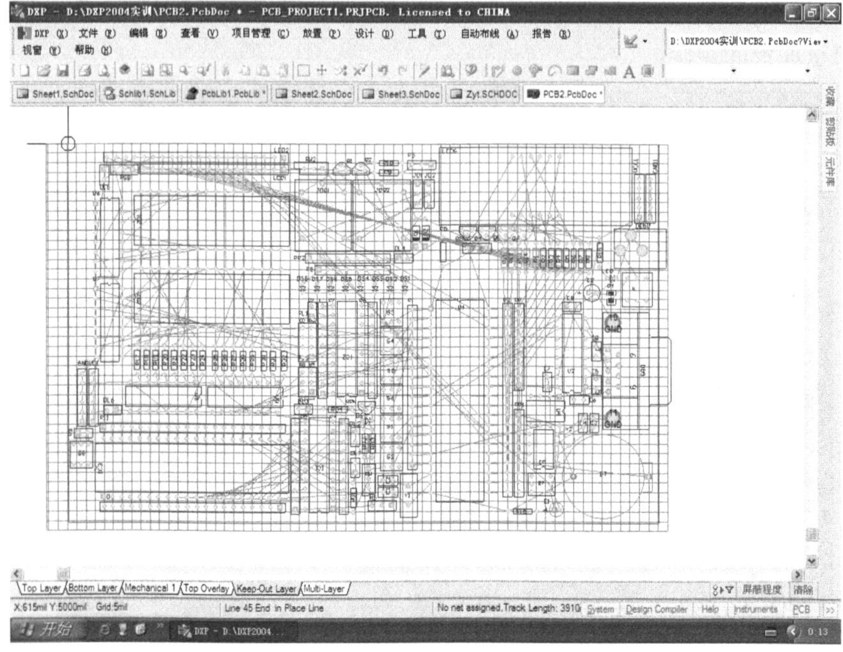

图 6-110　为 PCB 板画电气边界线操作图示

鼠标在四个顶点上的共 5 次单击完成后，右击鼠标，电气边界线的放置完成。接下来，为 PCB 板放置安装孔。单击“放置”→“焊盘”菜单项，再按 Tab 键，在弹出的“焊盘”对话框中，将孔径设为 125mil，X 尺寸和 Y 尺寸都设为 200mil，标识符设为 1，如图 6-111 所示。

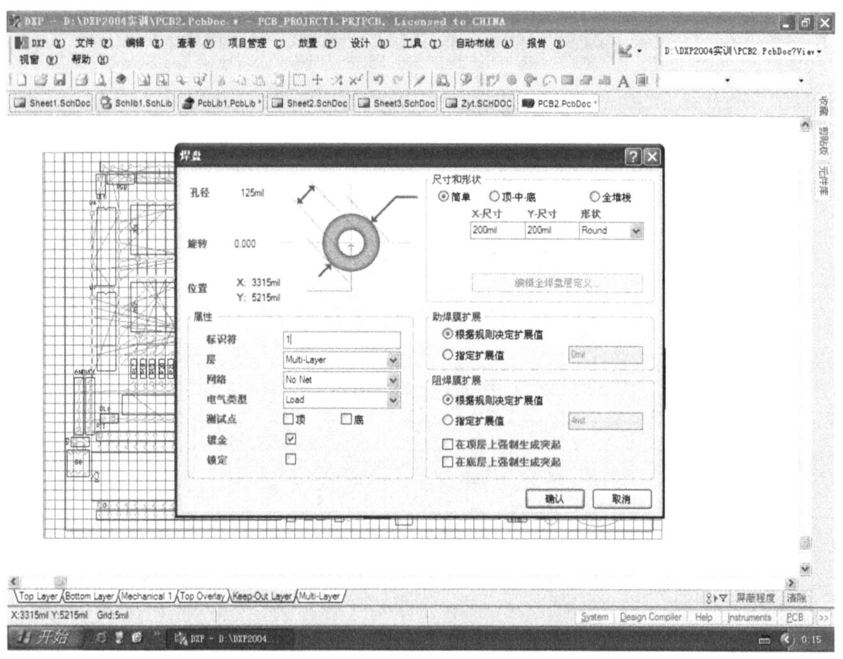

图 6-111　安装孔的设置

属性设定后单击“确认”按钮，鼠标上就吸附了一个大焊盘以待放置，在图 6-112 所示的位置上单击鼠标，就完成了 PCB 板安装孔的放置。

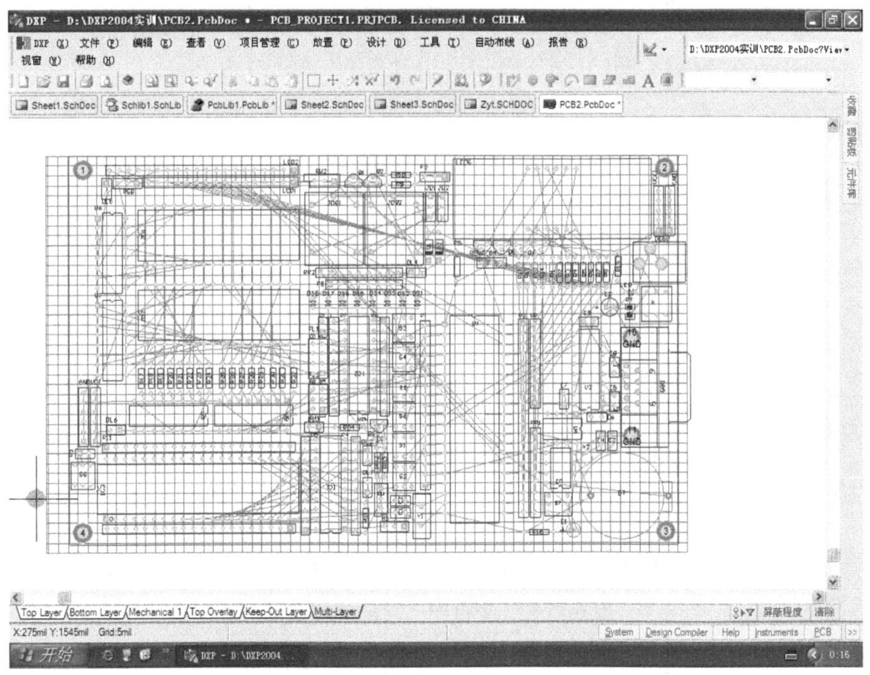

图 6-112　PCB 板安装孔的放置图示

接下来，为开发板上的主要器件放置具体型号。单击“放置”→“字符串”菜单项，如图 6-113 所示。

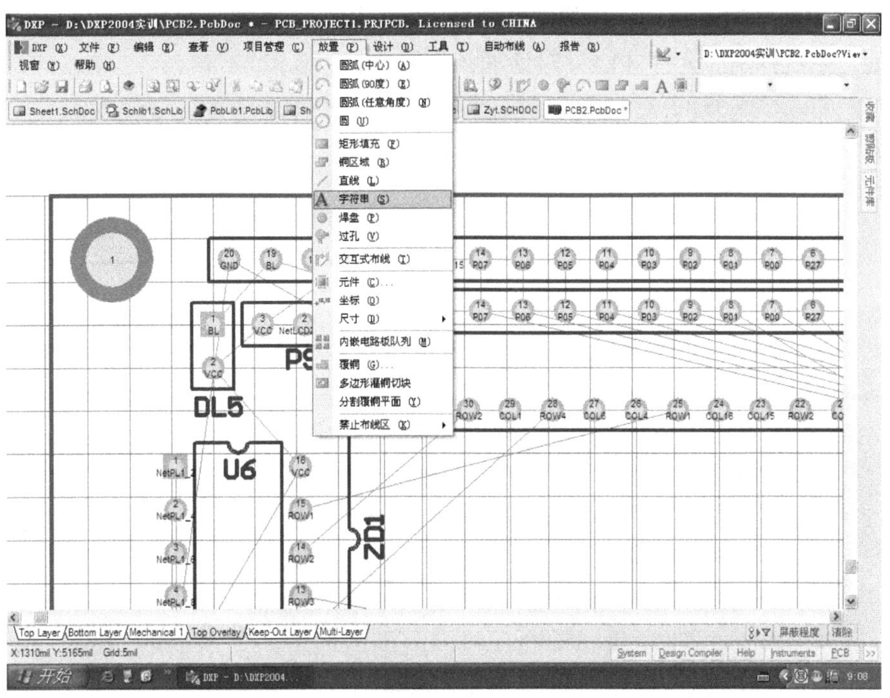

图 6-113　放置具体型号的菜单操作图示

接下来按 Tab 键，在弹出的“字符串”对话框（图 6-114）中，将“高”值改为 33mil，“宽”值改为 6mil，在文本框中输入具体的元器件型号。

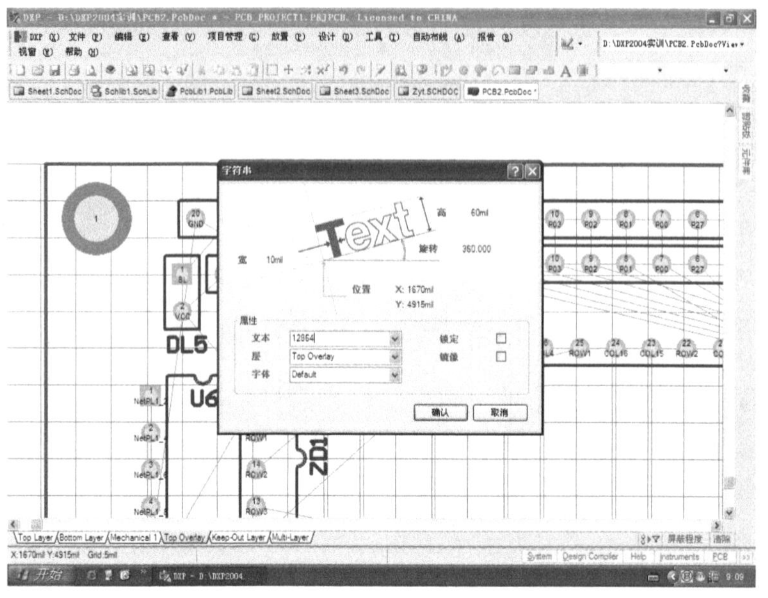

图 6-114 “字符串”对话框的设置

在如图 6-114 所示的对话框中单击“确认”按钮，对话框关闭，光标上吸附着一型号字符串以待放置，将光标移到所要放置这个型号的封装内单击鼠标，就完成了这个封装的型号放置，再按 Tab 键，在弹出的“字符串”对话框的“文本”框中，将型号修改为另一封装的具体型号，再单击“确认”按钮后将光标移到另一封装内进行放置。照此操作，完成有关封装的具体型号放置。另外，还要为 PL1 接驳件放置地址序号，将它原来的引脚标号修改即可。双击 PL1 封装的空白处，系统弹出“元件 PL1”对话框，如图 6-115 所示。

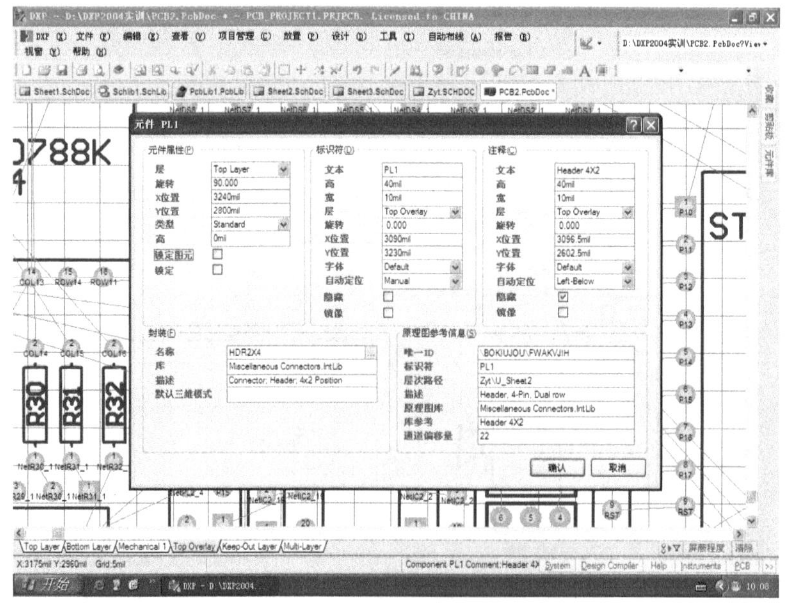

图 6-115 PL1 封装的属性设置

在如图 6-115 所示对话框中，清除“锁定图元”复选框后单击“确认”按钮，然后将光标移在 PL1 的引脚序号“1”上按下鼠标左键，再按 Tab 键，在弹出的“字符串”对话框中，将文本“1”改为“A0”，再单击“确认”按钮，然后将“A0”移至 PL1 最下方的引脚左面放置，这就完成了“A0”的放置，如图 6-116 所示。

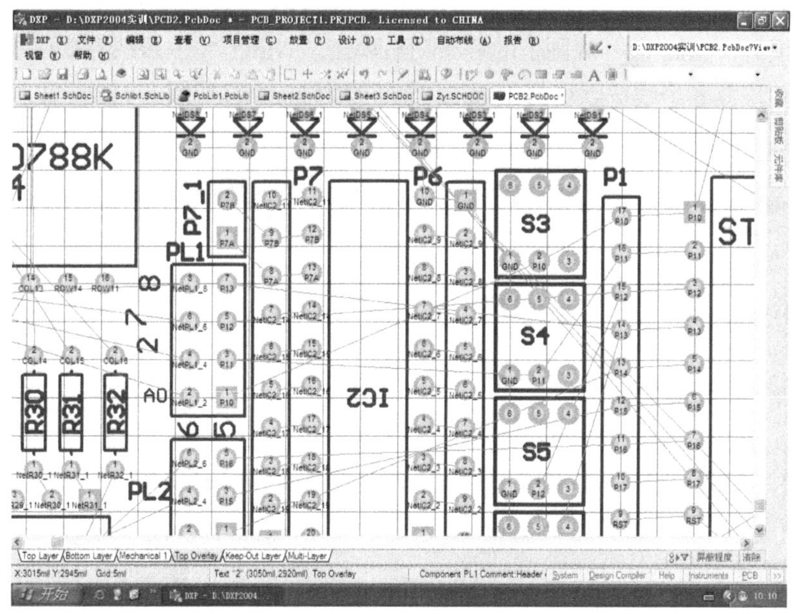

图 6-116　将 PL1 的标号“1”改为“A0”放置示意图

用同样的方法，把“2”改为“A1”，“7”改为“A2”，“8”改为“A3”，并从下向上进行放置。再用同 PL1 的处理方法，把 PL2 的引脚标号依次改为“SCK”、“RCK”、“SD”和空格号并从下向上进行放置。

全部型号及标注放置完成后的 PCB 板如图 6-117 所示。

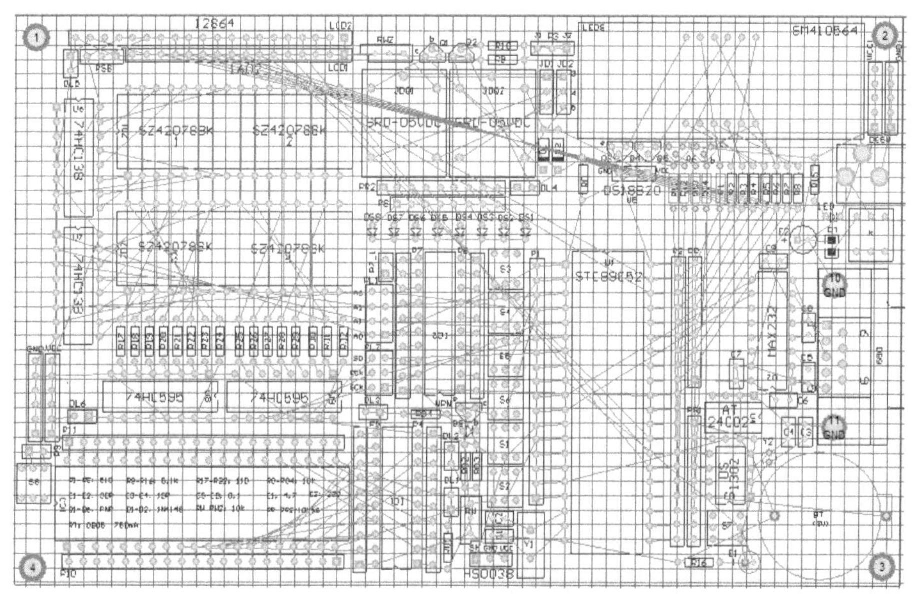

图 6-117　完成了全部封装、型号及标注放置后的 PCB 板

6.5.4 单片机开发板 PCB 图的自动布线

1. 设置线宽

在 PCB 图绘制界面上单击“设计”→“规则”菜单项，系统弹出“PCB 规则和约束编辑器”对话框。展开“Routing”规则下的各子项后单击“Width”（一般线宽规则），在右边的编辑器中，将其两层共 6 个线宽默认值 10mil，全部改为 20mil，如图 6-118 所示。

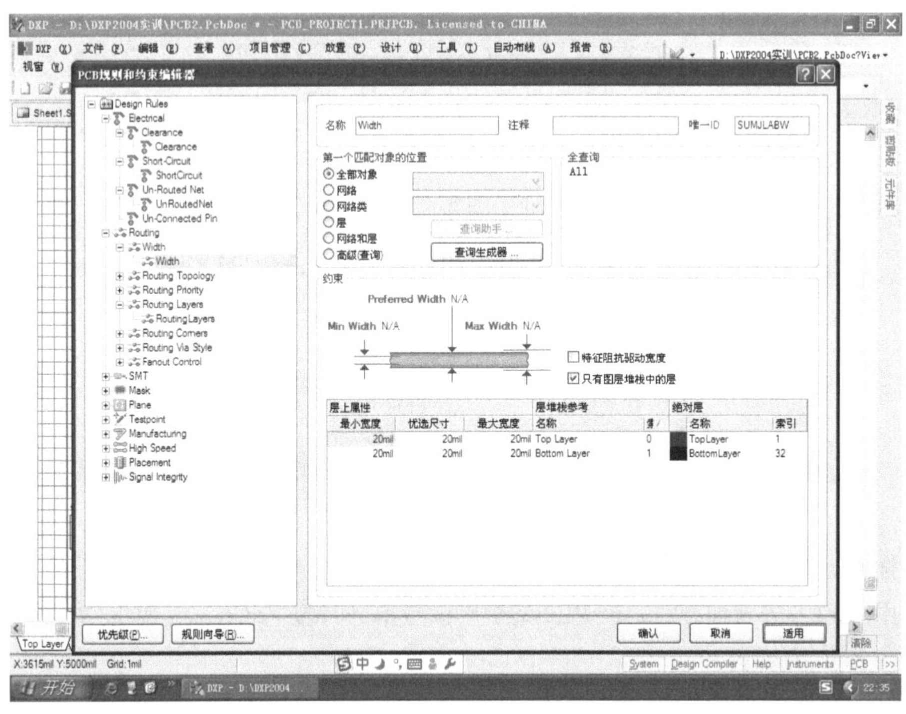

图 6-118 一般线宽的修改操作图示

“Width”线宽修改后，单击“适用”按钮。此后，在左边的规则框中右击“Width”规则项，接着在系统弹出的快捷菜单中单击“新建规则”菜单项，系统就在“Width”项下新增一个“Width_1”线宽规则，单击此新增的“Width_1”规则名，右边就切换为“Width_1”规则的约束编辑器，在编辑器的“名称”文本框内，将“Width_1”更改为“VCC”，在“第一个匹配对象的位置”选项组中选中“网络”，并在“网络”的下拉列表框中选取“VCC”，然后，将其两层共 6 个线宽默认值 10mil，全部改为 40mil，如图 6-119 所示，再次单击“适用”按钮。

接下来，在左边的规则框中右击“Width”规则项，接着在系统弹出的快捷菜单中单击“新建规则”菜单项，系统又在“Width”项下新增一个“Width_1”线宽规则，单击此新增的“Width_1”规则名，右边就切换为“Width_1”规则的约束编辑器，在编辑器的“名称”文本框内，将“Width_1”更改为“GND”，在“第一个匹配对象的位置”选项组中选中“网络”，并在“网络”的下拉列表框中选取“GND”，然后，将其两层共 6 个线宽默认值 10mil，全部改为 40mil，如图 6-120 所示，单击“确认”按钮，退出规则编辑器。

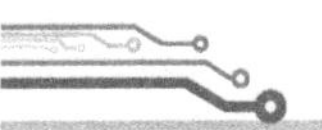

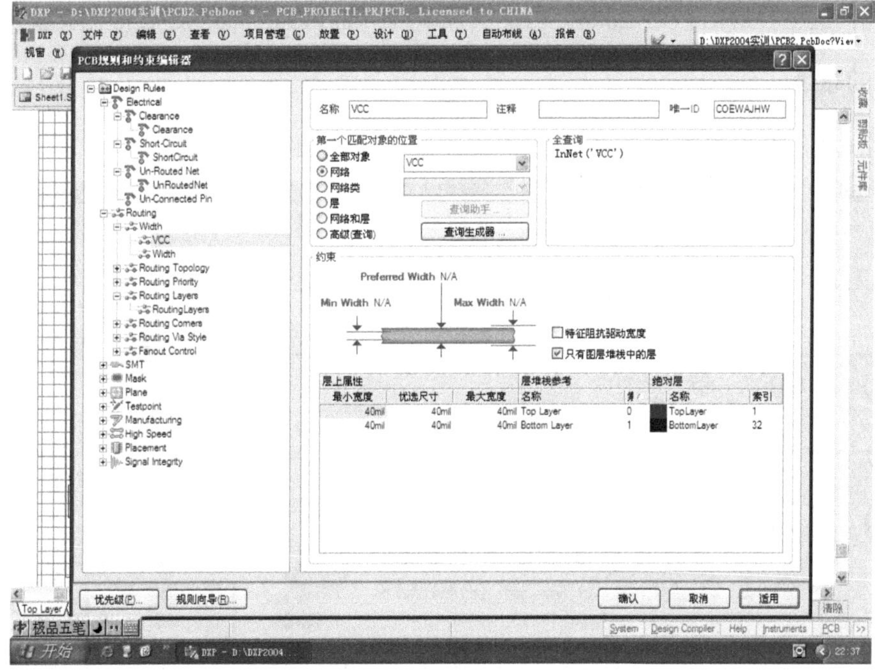

图 6-119　“VCC”线宽编辑图示

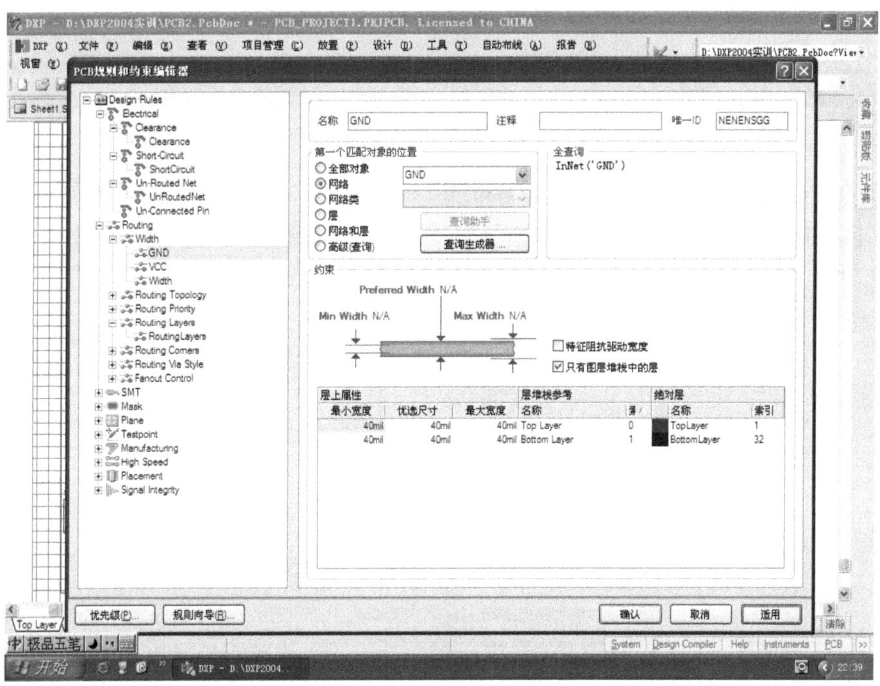

图 6-120　“GND”线宽编辑图示

重要说明：到此，单片机开发板 PCB 图设计中最困难、最繁重的工作已经完成，下面的自动布线等工作会非常简单。为了让我们能更多地学习和掌握电子 CAD 设计技术，在本章最后一节，还要进行一个使用贴片元件的单片机开发板PCB图设计，这需要借用现在完成的PCB2

文件。因此，这里要退出 DXP 2004，以把工程项目中的 PCB2.PcbDoc 文件保存备用。

2. 自动布线

如图 6-121 所示，把电源开关的进出导线先行预置并加宽为 40mil。

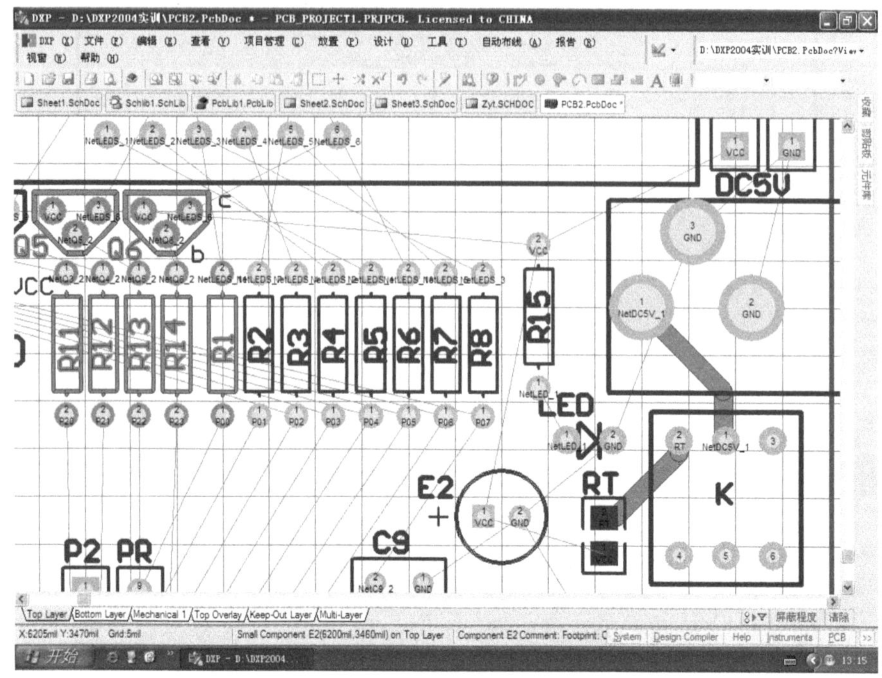

图 6-121　电源开关的进出线加宽预布图示

然后，在 PCB 图绘制界面单击“自动布线”→“全部对象”菜单项，如图 6-122 所示。

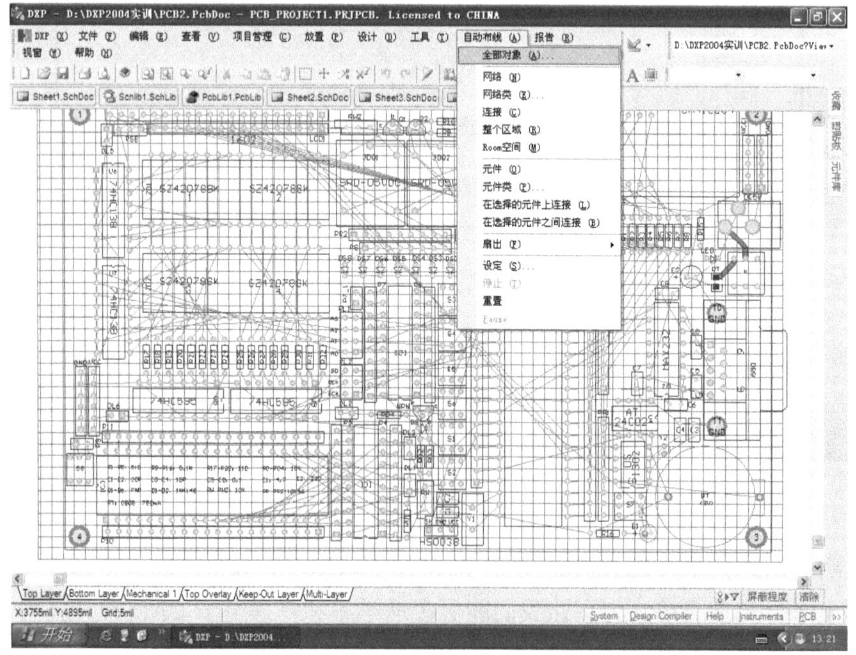

图 6-122　自动布线的菜单操作图示

单击“全部对象”菜单项后，系统弹出“Situs 布线策略”对话框，如图 6-123 所示。

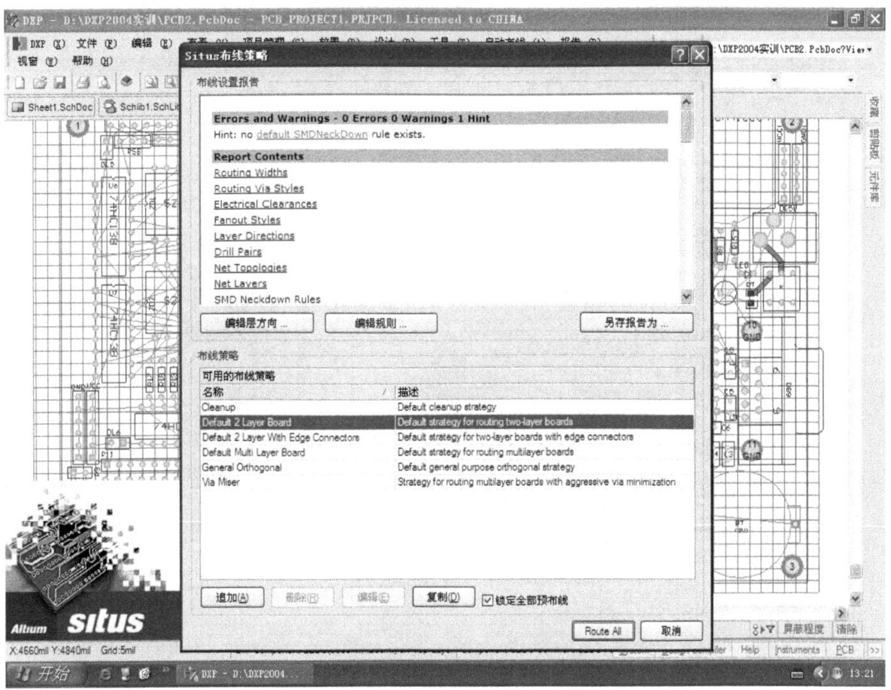

图 6-123　“Situs 布线策略”对话框

在图 6-123 所示对话框中，选中“锁定全部预布线”复选框后，单击“Route All”按钮，系统就进入自动布线过程，并弹出一消息框显示布线进度信息，如图 6-124 所示。

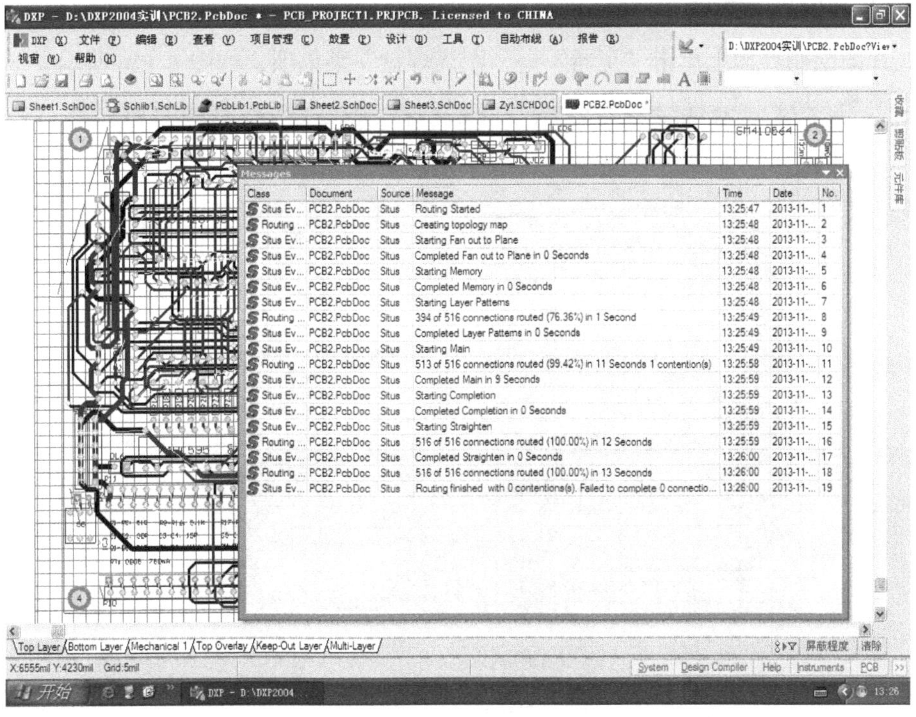

图 6-124　自动布线的消息框

当消息框的信息不再更新后，布线结束。消息框中最后一行中的前两个数值都为 0，才说明布通率为 100%，关闭消息框。完成自动布线后的 PCB 板如图 6-125 所示。

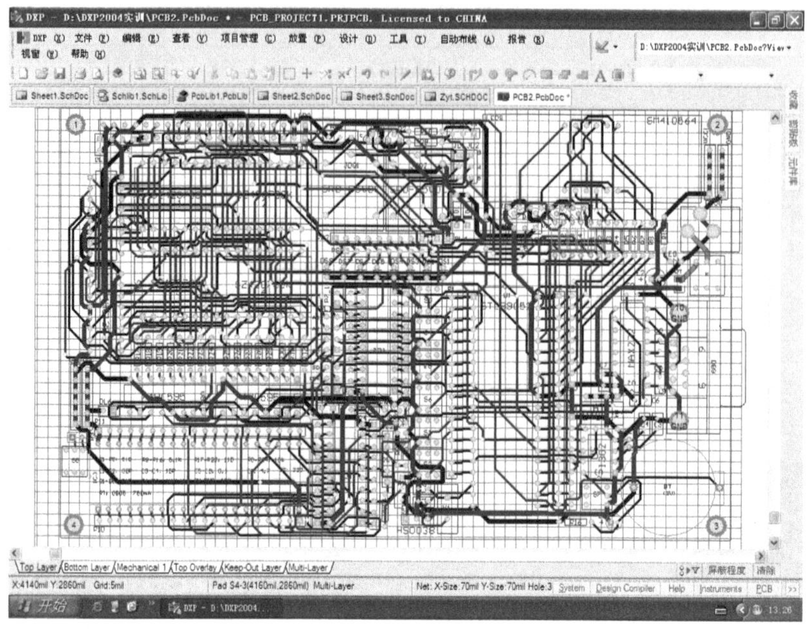

图 6-125　自动布线完成后的 PCB 板

6.5.5　单片机开发板 PCB 图的补泪滴、覆铜及加工

1. PCB 图的补泪滴

在 PCB 图绘制界面上单击“工具”→“泪滴焊盘”菜单项，如图 6-126 所示。

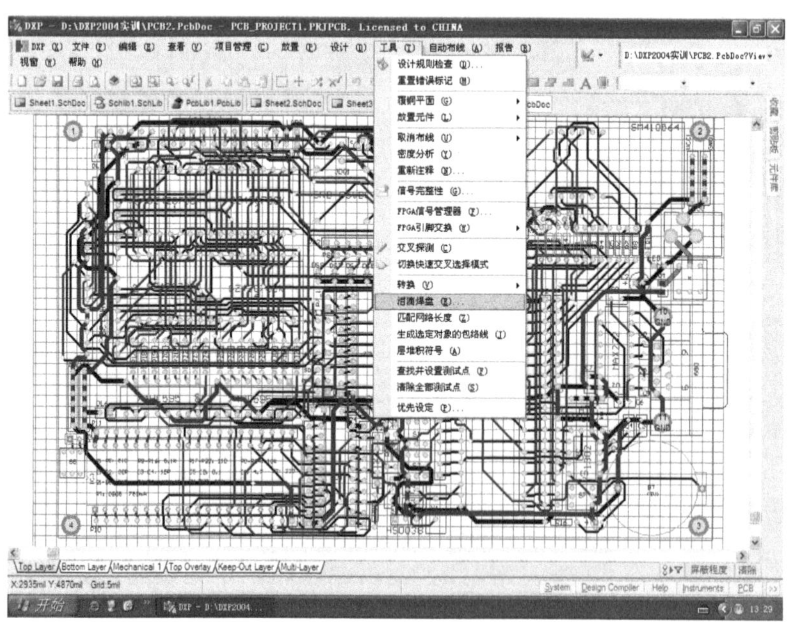

图 6-126　PCB 图补泪滴的菜单操作图示

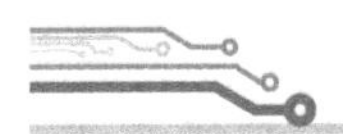

单击“泪滴焊盘”菜单项后，系统弹出“泪滴选项”对话框。在该对话框中，在“一般”选项组里选中“全部焊盘”和“全部过孔”复选框，在“行为”选项组中选中“追加”单选按钮，在“泪滴方式”选项组中选中“圆弧”单选按钮，如图 6-127 所示。

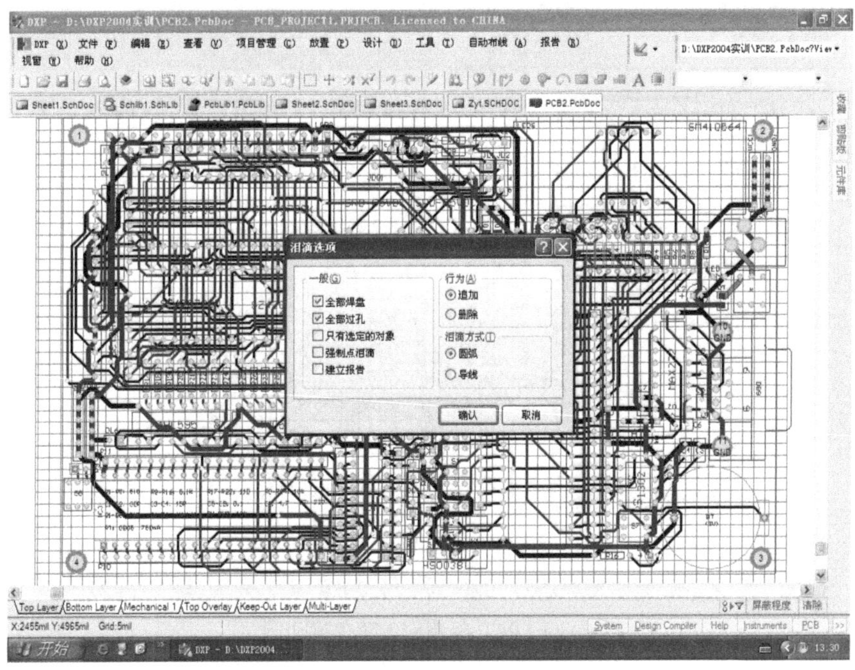

图 6-127　“泪滴选项”对话框的设置

单击“泪滴选项”对话框中的“确认”按钮后，系统就自动进行 PCB 图的补泪滴工作。补泪滴完成后的 PCB 板如图 6-128 所示。

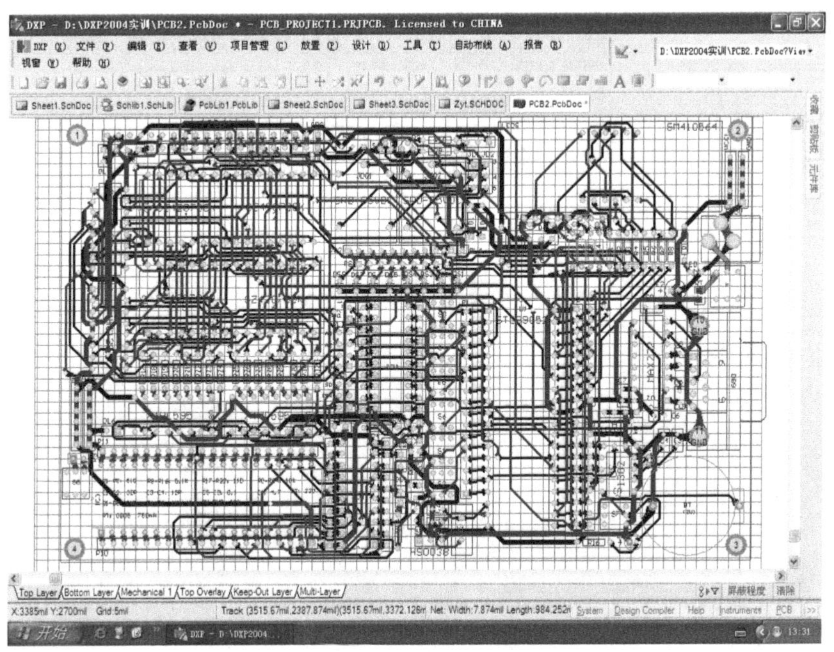

图 6-128　补泪滴完成后的 PCB 板

2. 覆铜

在图 6-128 所示界面上单击“放置”→“覆铜”菜单项，如图 6-129 所示。

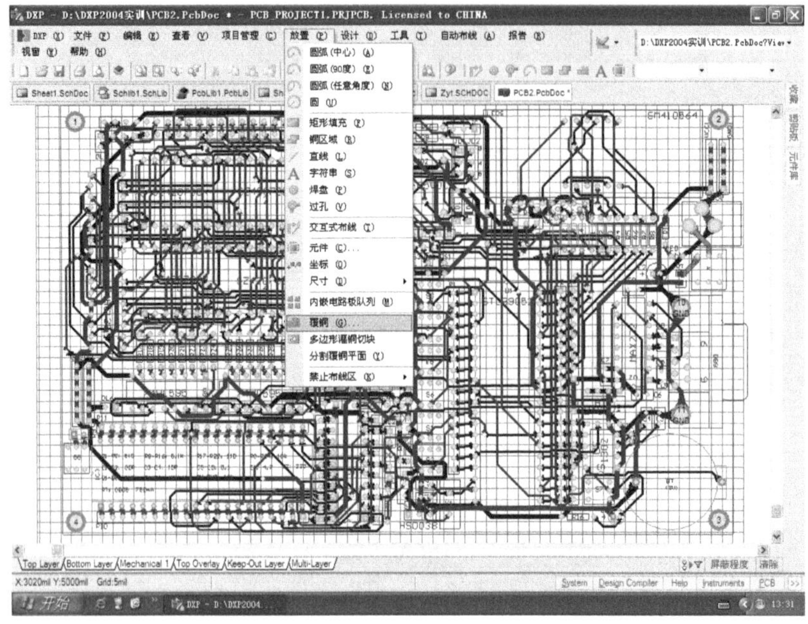

图 6-129　PCB 板覆铜的菜单操作图示

单击“覆铜”菜单项后，系统弹出“覆铜”对话框，在对话框的“填充模式”中选中“实心填充”，在“属性”的“层”选项中选择“Top Layer”，“连接到网络”选择“GND”，在对象连接中选择“Pour Over Same Net Polygons Only”，选中“锁定图元”和“删除死铜”复选框，如图 6-130 所示。

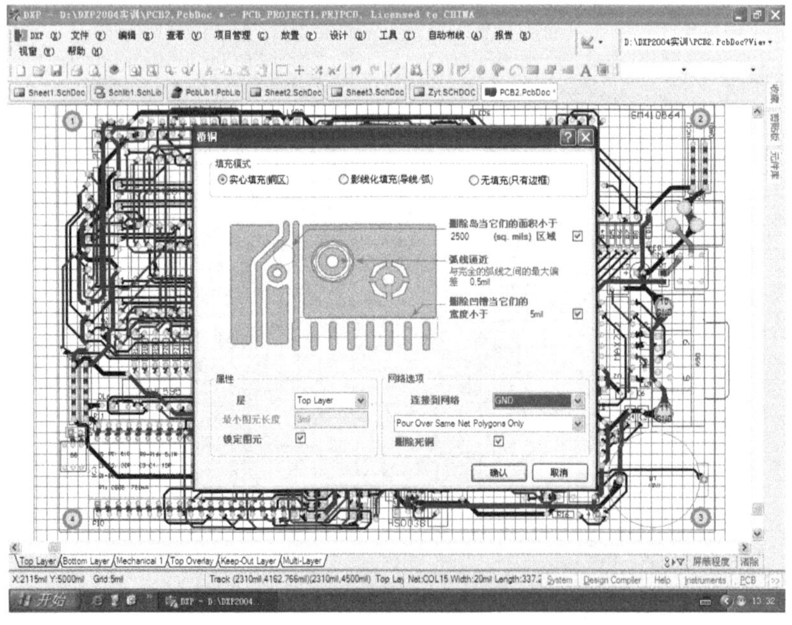

图 6-130　“覆铜”对话框的设置

单击图 6-130 所示“覆铜”对话框的“确认”按钮，鼠标光标呈“十”字状，用光标的十字中心依次在电气边界的四个顶点上单击，如图 6-131 所示，然后右击退出。

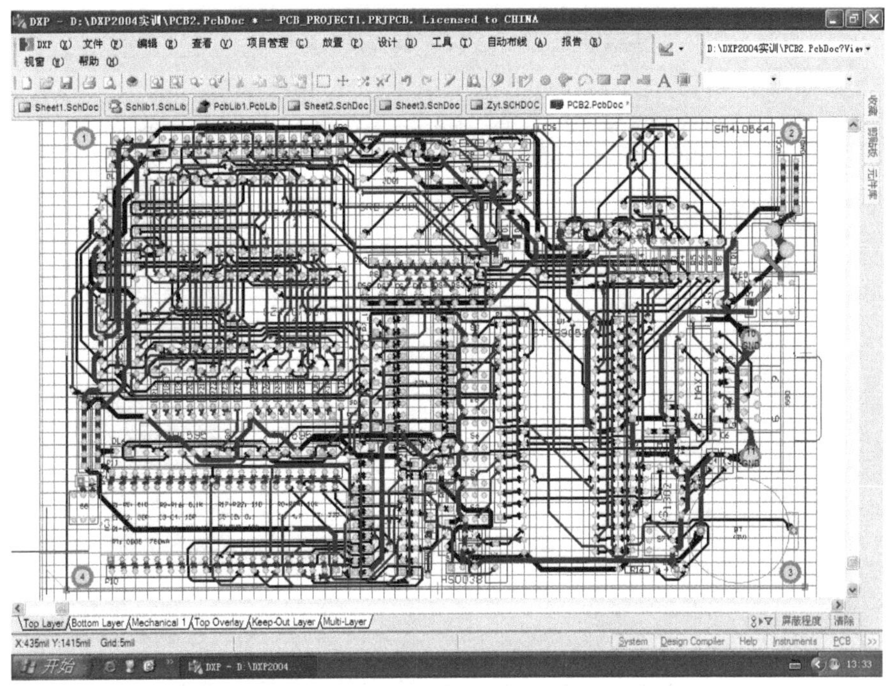

图 6-131　PCB 板覆铜时的区域划定操作图示

系统开始进行覆铜工作，当 PCB 图被一蒙层遮盖时，覆铜完成，单击 PCB 图空白处，蒙层消失而显示出覆铜后的 PCB 图，如图 6-132 所示。

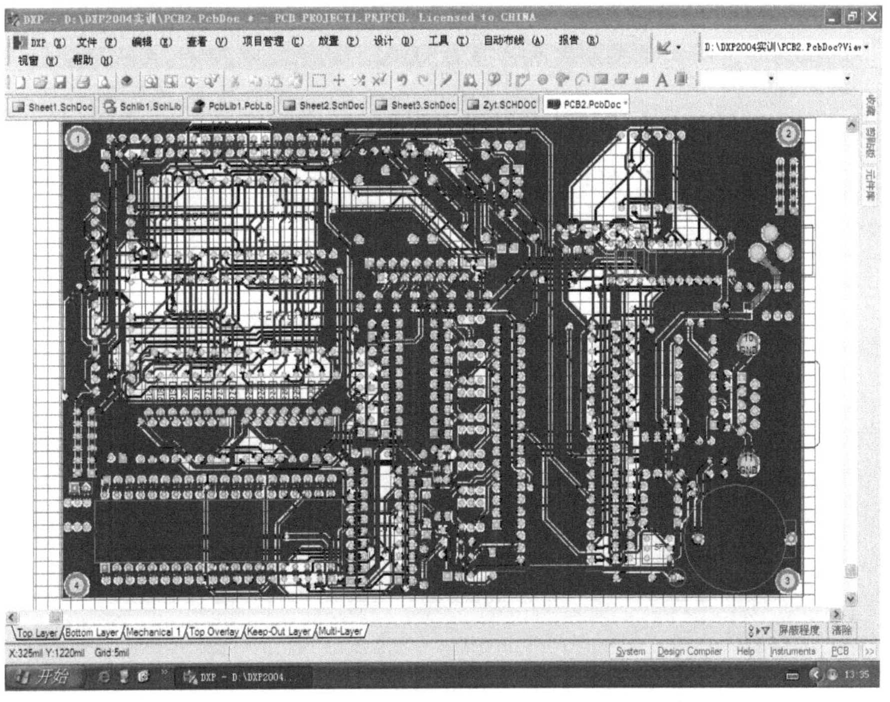

图 6-132　“Top Layer”层覆铜完成后的 PCB 板图示

接下来再次单击“放置”→“覆铜”菜单项，在弹出的“覆铜”对话框中，在“属性”的“层”选项中选择“Bottom Layer”层，其他保持不变，如图 6-133 所示。

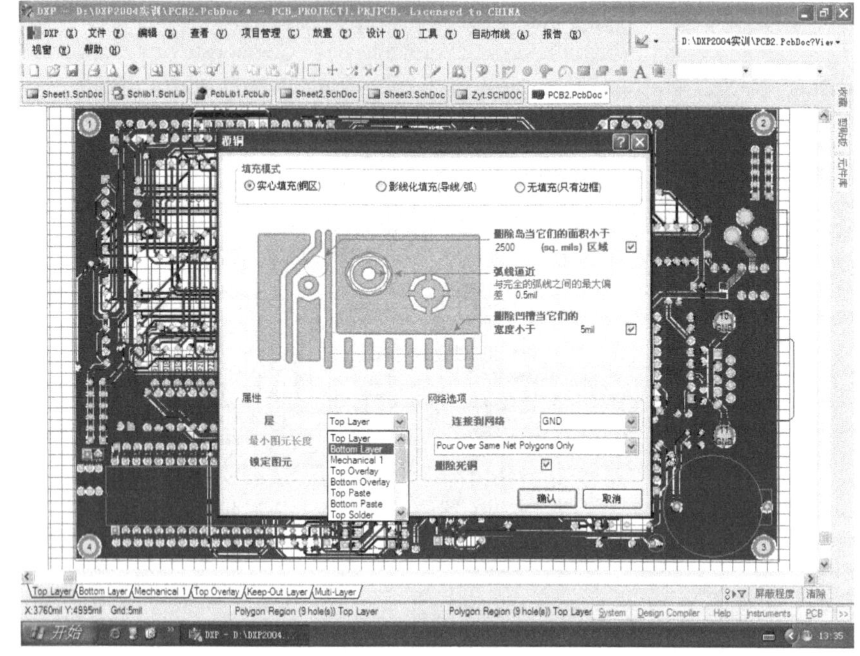

图 6-133　对双面板另一面覆铜的“覆铜”对话框设置

在图 6-133 所示“覆铜”对话框中单击“确认”按钮，鼠标光标呈“十”字状，同样用十字光标中心，在 PCB 图电气边界的四个顶点上依次单击后再右击，系统就进行 PCB 图另一面的覆铜。第二面覆铜完成后的 PCB 板图如 6-134 所示。

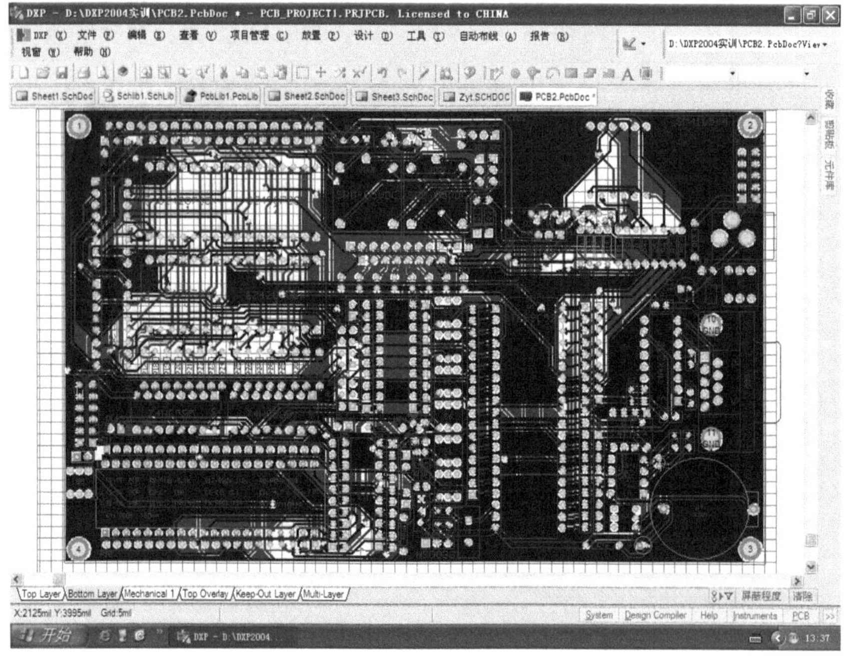

图 6-134　完成了底面覆铜后的 PCB 板

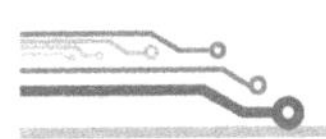
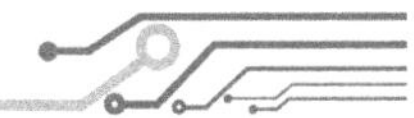

到此，单片机开发板 PCB 图的绘制就全部完成了，把这个完成的 PCB2.PcbDoc 文件发给厂家，厂家就能为我们加工生产出非常漂亮的单片机开发板电路板。

由厂家打样加工生产的单片机开发板电路板如图 6-135 所示。

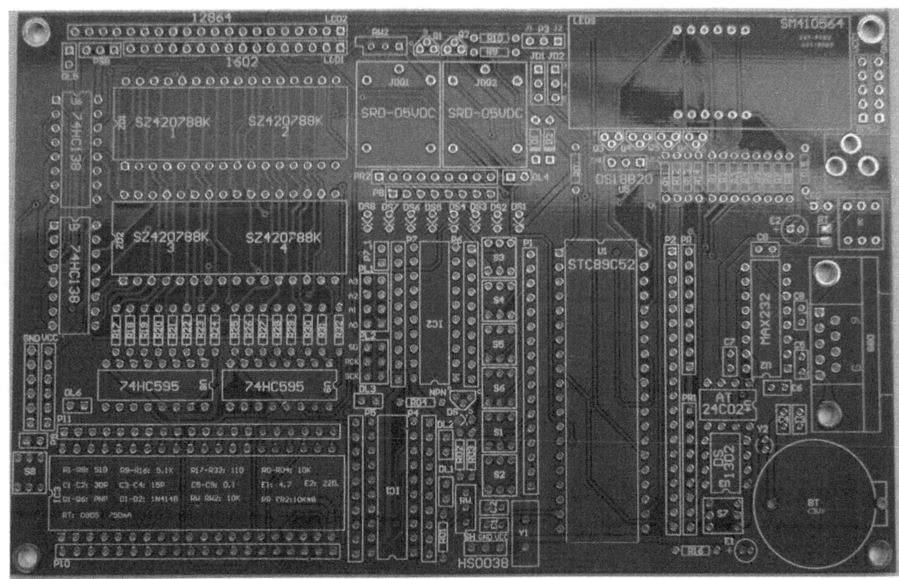

图 6-135　由厂家打样制板的单片机开发板电路板顶面照

安装焊接完成后的单片机开发板实物照如图 6-136 所示。

图 6-136　安装焊接完成后的单片机开发板实物照

6.6　使用贴片元件的单片机开发板 PCB 图设计

这块贴片式单片机开发板 PCB 图设计，就是将图 6-135 中占绝大多数的直插式元件封装，更换成贴片式元件封装，这是利用前面 PCB 图的布局总成果进行二次开发，因此事半功倍。

具体要进行的封装更换是：

① 把5个“DIP-16”封装更换为5个“SOP16”封装；

② 把两个“DIP-8”封更换为两个“SOP8”封装；

③ 把7个“TO-92A”封装更换为7个“SOT 23”封装；

④ 把36个“AXIA-0.3”封装更换为36个“CR3216-1206”封装；

⑤ 把9个“RAD-0.1”封装更换为9个“CR3216-1206”封装；

⑥ 把10个“LEDPCB”封装更换为“CR3216-1206”封装。

封装更换操作前，须安装SOP16、SOP8封装所在的库文件和SOT23封装所在的库文件。另外，DXP 2004的常用元件库中包含了众多的1206封装，即1206贴片封装就不用安装库文件了。具体而言，这块贴片式单片机开发板上的所有电阻、无极电容和发光二极管都采用“CR3216-1206”型号的贴片封装。

关于封装的更换操作在第5章中已做了详细介绍，下面实训涉及封装更换时就只做简要叙述，必要时请参考前面有关封装更换的操作叙述。

6.6.1 把复制的PCB文件追加到工程项目中

单片机开发板布局总成果的复制文件名为“PCB2”，须更改为“PCB3”后追加到工程项目中。更改方法是，打开PCB复制文件所存放的文件夹，右击该PCB文件的文件名，再在系统弹出的快捷菜单中单击“重命名”菜单项，如图6-137所示。然后在文件名文本框中把“PCB2”改为“PCB3”，再把这个名为“PCB3”的PCB文件复制到“D：\DXP2004实训”文件夹中，即前面所建立的工程项目文件和所有绘图文件所在的文件夹中。

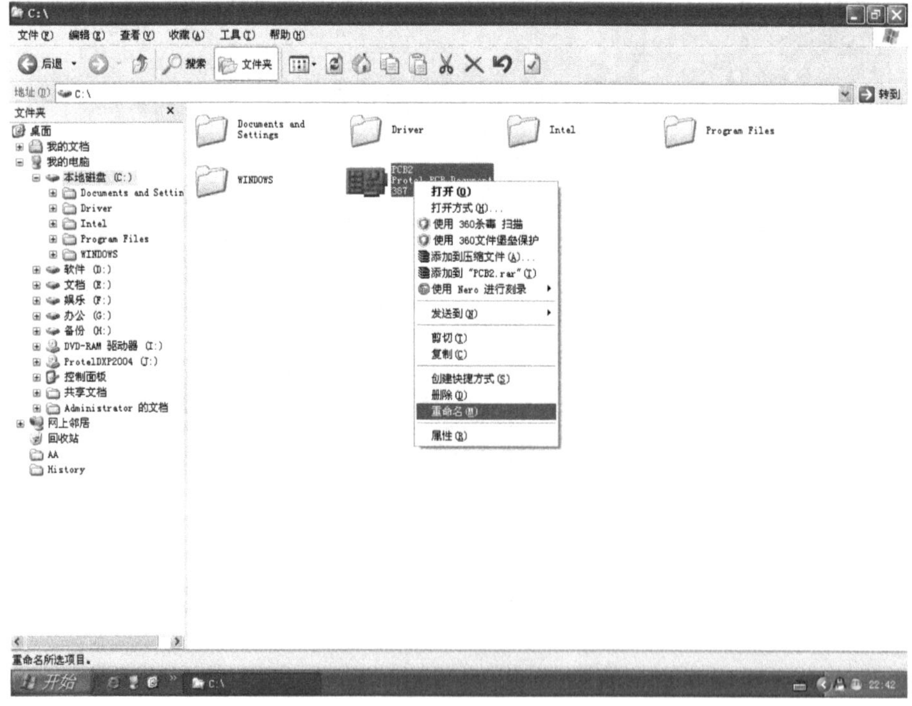

图6-137 把“PCB2”改名为“PCB3”

启动DXP 2004，然后展开工作区工作面板，右击工程项目文件名“PCB_PROJECT1.PRJPCB”，在弹出的快捷菜单中，单击“追加已有文件到项目中”菜单项，如图6-138所示。

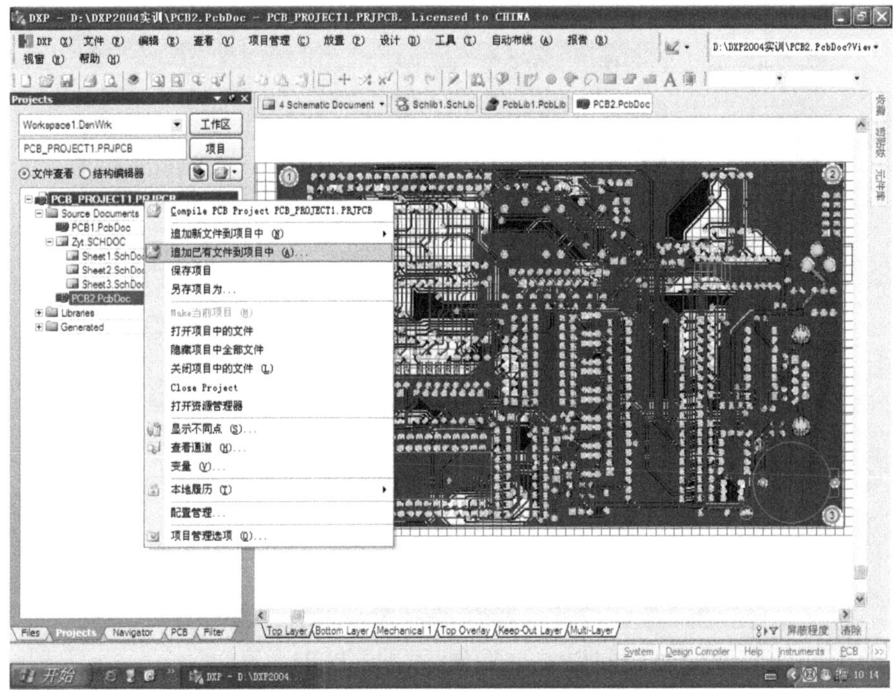

图6-138　“追加已有文件到项目中”的菜单操作图示

单击图6-138中的菜单项后，系统弹出打开追加文件对话框，如图6-139所示。

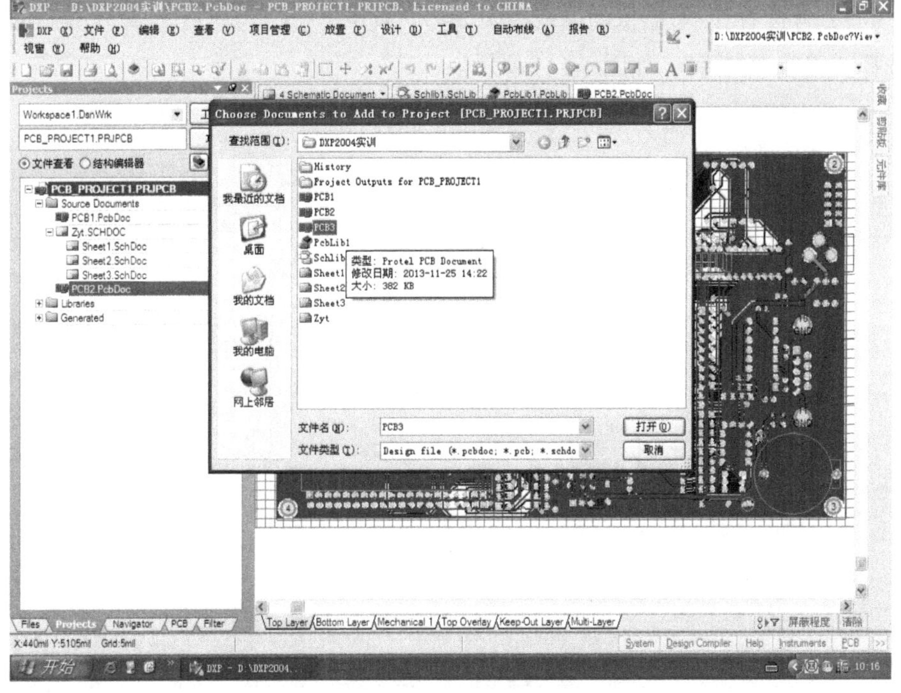

图6-139　追加已有文件到项目中操作图示

在图 6-139 所示对话框中，双击“PCB3”文件后，在工作面板中就会出现所追加的 PCB3 文件图标，再单击这个新出现的 PCB 文件图标，工作区就显示为打开了的 PCB3 绘图文件，如图 6-140 所示。

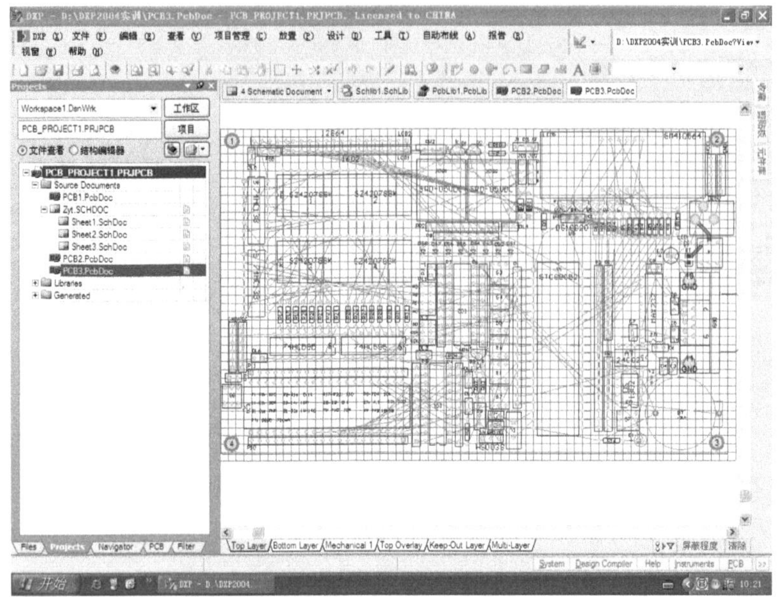

图 6-140　用 PCB2 文件复制产生的的 PCB3 封装布局图

6.6.2　安装 SOP16、SOP8 及 SOT 23 封装所需的库文件

关闭工作面板，把 PCB 图放大一级显示，然后展开“元件库”面板并单击其“查找”按钮，在弹出的“元件库查找”对话框的编辑框中，输入“SOP”，“查找类型”选择“Protel Footprints”，“范围”选择“路径中的库”，如图 6-141 所示。

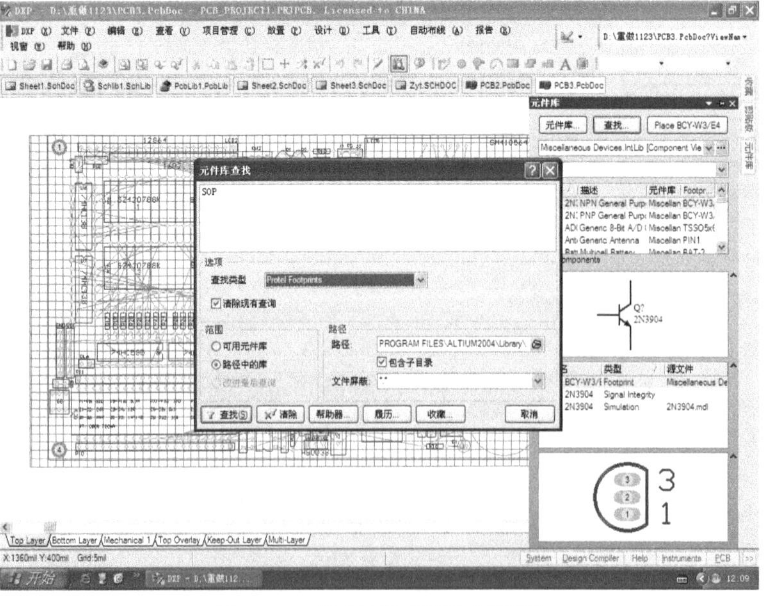

图 6-141　“元件库查找”对话框

在图 6-141 中单击“查找”按钮，系统就会在“元件库”面板中滚动显示有关查找结果，滚动显示结束，可调节封装列表框右边的滚动条，先在“名称”栏找出所需的 SOP16 和 SOP8 封装，然后再在对应的元件库栏就可查明所需的库文件，如图 6-142 所示。

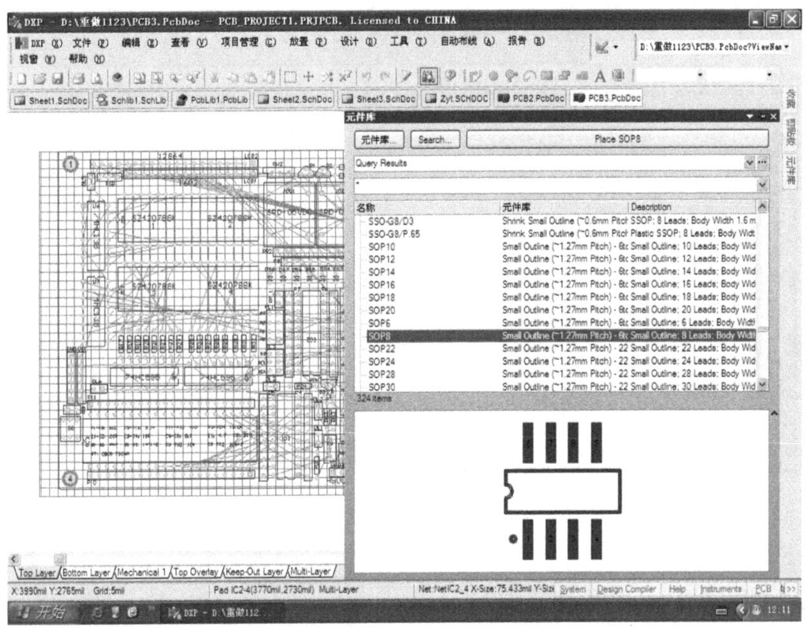

图 6-142　元件库查找结果图示

从图 6-142 所示的查找结果中可以看到，SOP16 封装和 SOP8 封装都在“Small Outline（~1.27mm Pitch）”库文件中。接下来，就把该库文件安装到可用元件库中。在图 6-142 所示界面中，单击“元件库”按钮，系统弹出“可用元件库”对话框，在“可用元件库”对话框的“安装”界面上单击“安装”按钮，系统弹出“打开”对话框，如图 6-143 所示。

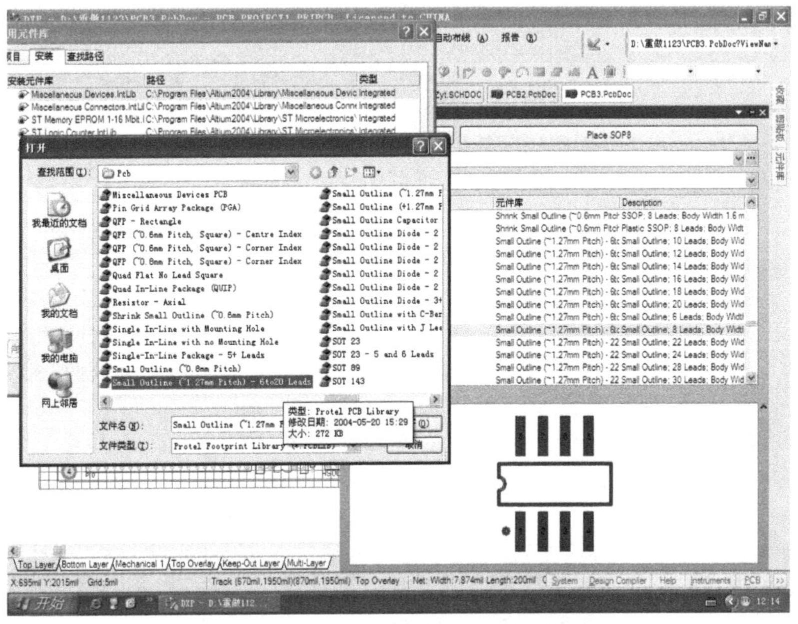

图 6-143　安装贴片元件库文件操作图示

在图 6-143 所示的“打开”对话框中，双击“Small Outline（~1.27mm Pitch）”库文件，就完成了 SOP16、SOP8 封装所需库文件的安装。

接下来，在“PCB”文件夹中找到并双击“SOT 23”库文件，如图 6-144 所示。

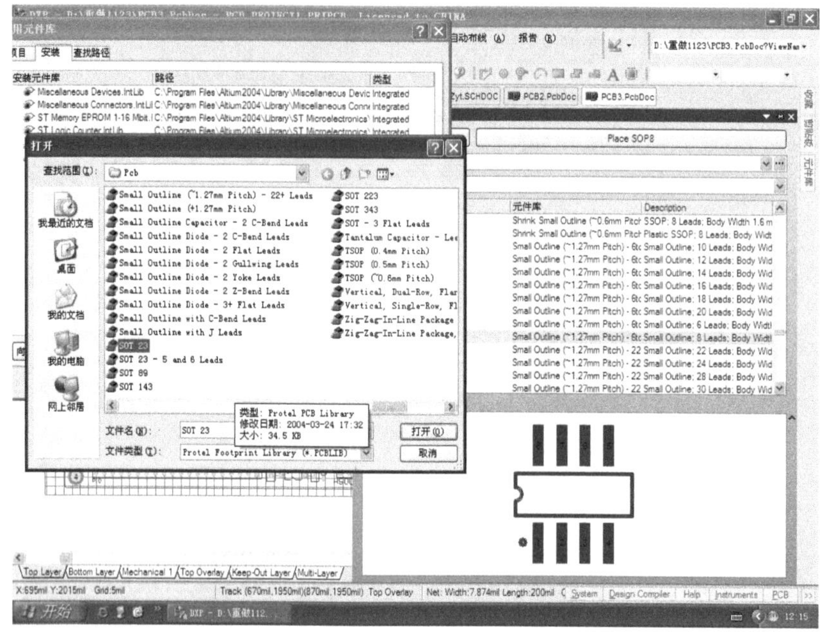

图 6-144 “SOT 23”库文件安装图示

关闭“可用元件库”对话框，“元件库”面板就显示出 SOT 23 系列封装名列表及对应的封装。在这个封装名列表框中，逐一观察每个封装的电极分布图，下边的两电极为“左 2 右 1”的封装就是所需的三极管封装，如图 6-145 所示，所需的封装名为“SO-G3/E4.6”。

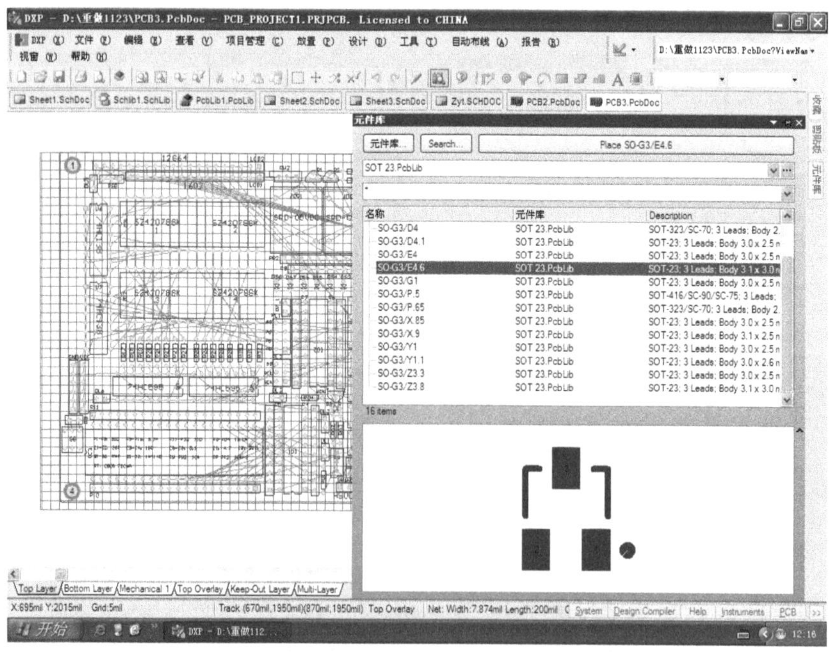

图 6-145 “SOT-23”三极管所需的“SO-G3/E4.6”封装图示

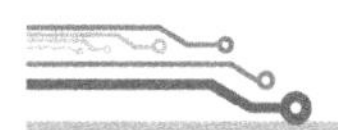

6.6.3　把 DIP16 封装更换为 SOP16 封装

在 PCB 图绘制界面中单击任一 DIP16 封装的空白处，再在弹出的快捷菜单中单击“查找相似对象”菜单项，如图 6-146 所示。

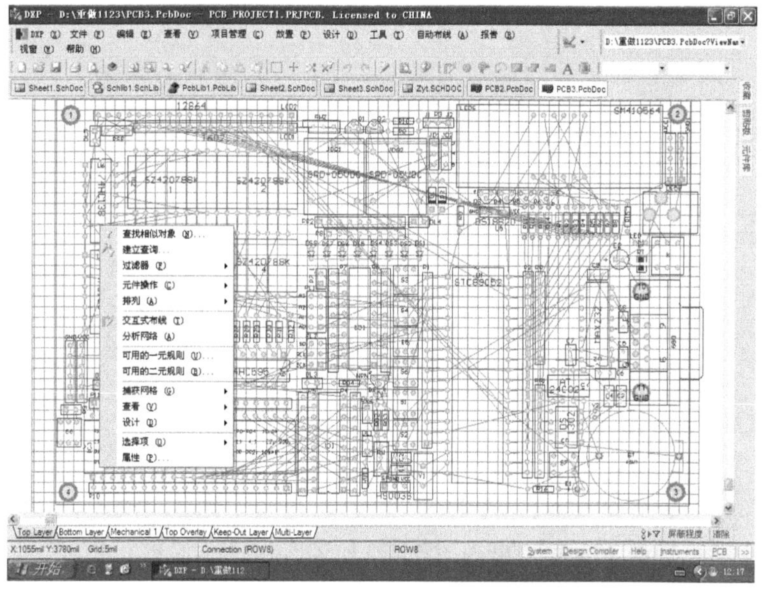

图 6-146　集体更换某类封装的操作图示

在弹出的“查找相似对象”对话框的“Footprint”选项中，把第二个参数“Any”改为“Same”，中选“选择匹配”和“运行检查器”这两项，如图 6-147 所示，再单击“确认”按钮。再在弹出的“检查器”对话框中，把“Footprint”项的封装名改为“SOP16”，如图 6-148 所示。

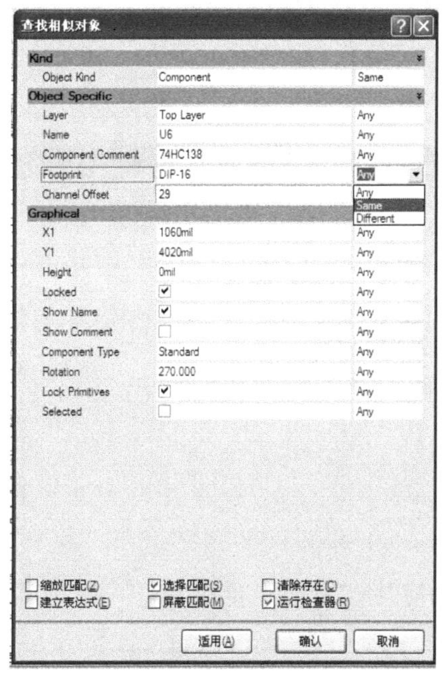

图 6-147　DIP-16 封装的更换操作图示

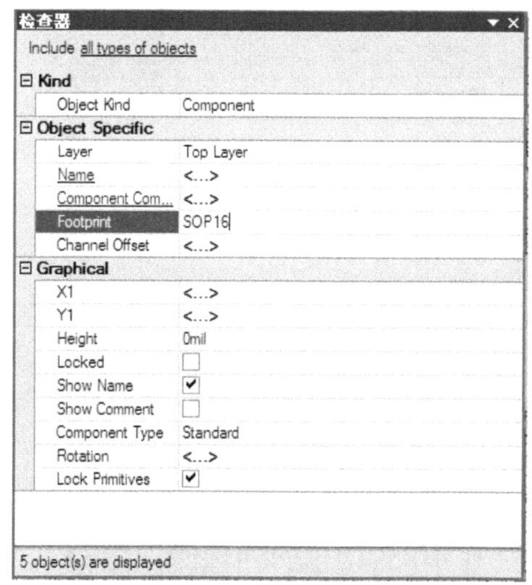

图 6-148　换为 SOP16 封装的操作图示

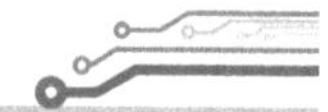

封装名更改后回车，再单击工作区空白处（或按 Shift+C 组合键，下同），就完成了 5 个 DIP16 封装的更换。

5 个 DIP16 封装更换后的 PCB 板如图 6-149 所示。

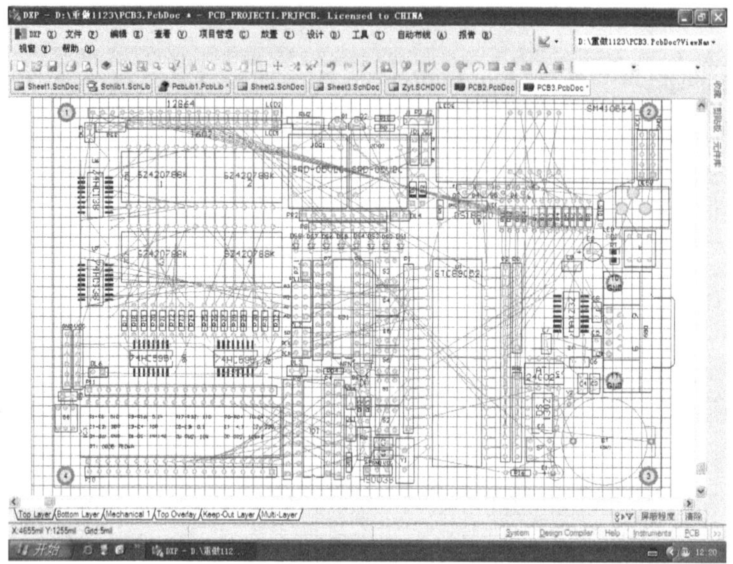

图 6-149　5 个 DIP16 封装更换为 SOP16 封装后的 PCB 板

6.6.4　把 DIP8 封装更换为 SOP8 封装

在图 6-149 所示界面上右击任一 DIP8 封装空白处，在弹出的快捷菜单中单击“查找相似对象”菜单项，在弹出的“查找相似对象”对话框中将 Footprint 选项第二参数改为“Same”，选中“选择匹配”和“运行检查器”两项，如图 6-150 所示，再单击“确认”按钮。

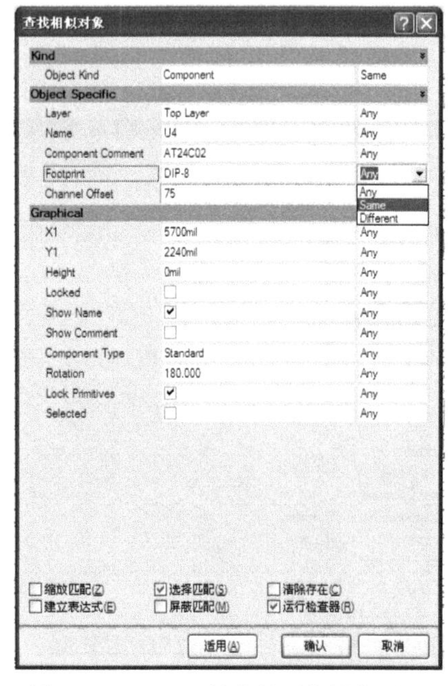

图 6-150　DIP-8 封装的更换操作图示

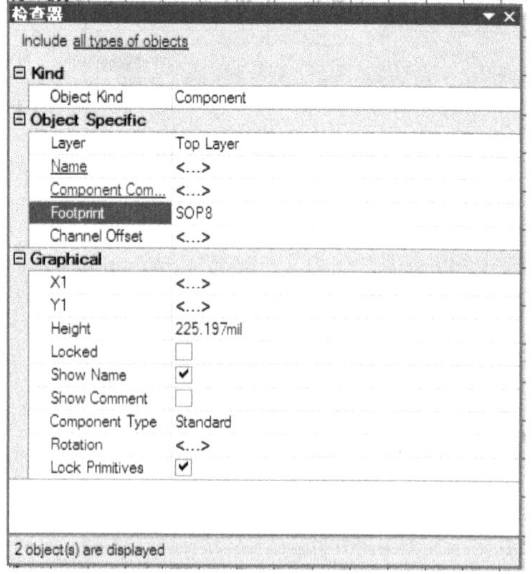

图 6-151　更换为 SOP8 封装的操作图示

然后，在弹出的“检查器”对话框中，将 Footprint 选项的封装名改为 SOP8，如图 6-151 所示。更名后直接回车，再按 Shift+C 组合键，这就完成了两个 DIP8 封装的更换。

6.6.5　把 TO–92A 封装更换为 SO–G3/E4.6 封装

在图 6-149 所示界面上右击 Q1 封装的空白处，在弹出的快捷菜单中单击“查找相似对象”菜单项，在弹出的“查找相似对象”对话框中将 Footprint 选项的“Any”参数改为“Same”，选中“选择匹配”和“运行检查器”两项，如图 6-152 所示，然后单击“确认”按钮。

接下来，在弹出的“检查器”对话框中，将 Footprint 选项的封装名改为“SO-G3/E4.6”，如图 6-153 所示。更名后直接回车，再按 Shift+C 组合键，这就完成了 7 个 TO-92A 封装的更换。

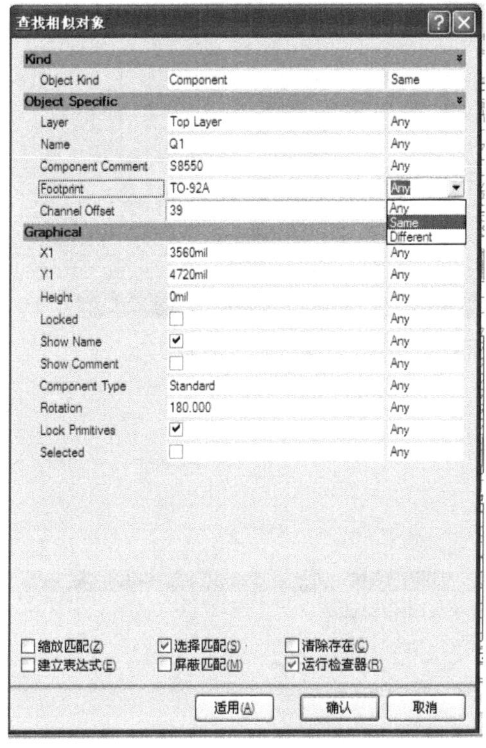

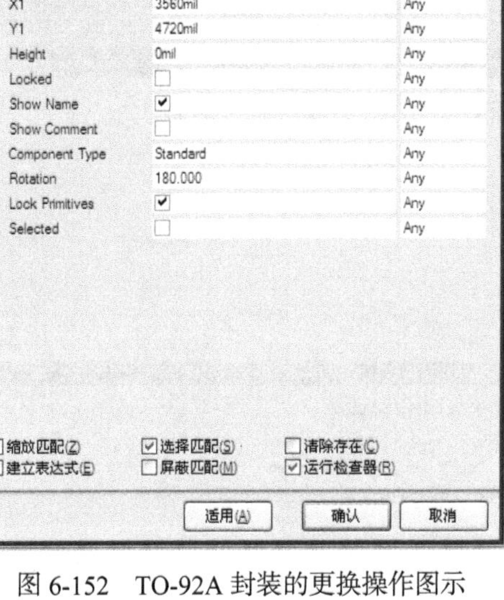

图 6-152　TO-92A 封装的更换操作图示　　　　图 6-153　更换为 SO-G3/E4.6 封装图示

完成了集成块和三极管的封装更换后的 PCB 板如图 6-154 所示。

6.6.6　把 AXIAL–0.3 封装更换为 1206 封装

在图 6-154 所示界面上右击任一电阻封装的空白处，在弹出的快捷菜单中单击“查找相似对象”菜单项，在弹出的“查找相似对象”对话框中将 Footprint 选项的“Any”参数改为“Same”，选中“选择匹配”和“运行检查器”这两项，如图 6-155 所示，再单击“确认”按钮。

然后，在弹出的“检查器”对话框中，将 Footprint 选项的封装名改为“CR3216-1206”，如图 6-156 所示。更名后直接回车，再按 Shift+C 组合键，这就完成了 36 个 AXIAL-0.3 封装的更换。

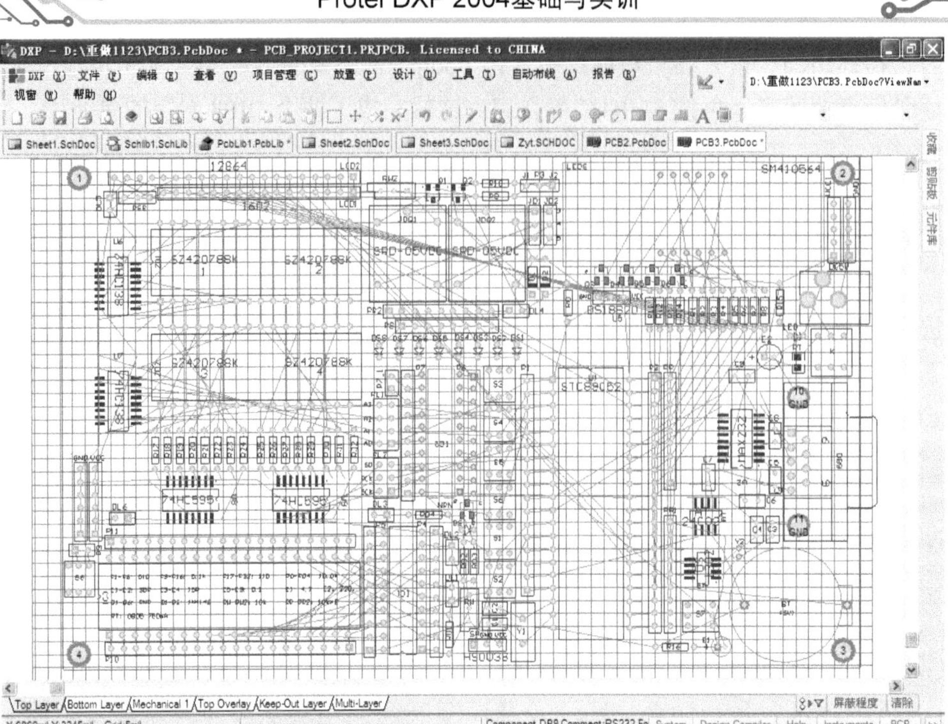

图 6-154　7 块集成电路和 7 个三极管更换为贴片封装后的 PCB 板

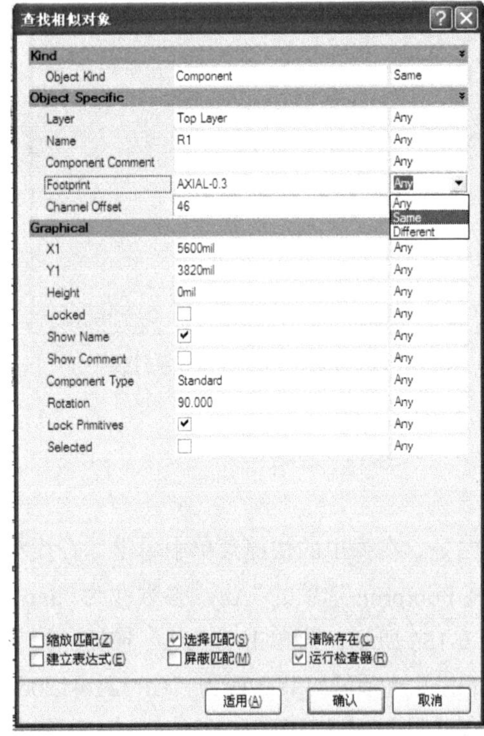

图 6-155　AXIAL-0.3 封装的更换操作图示

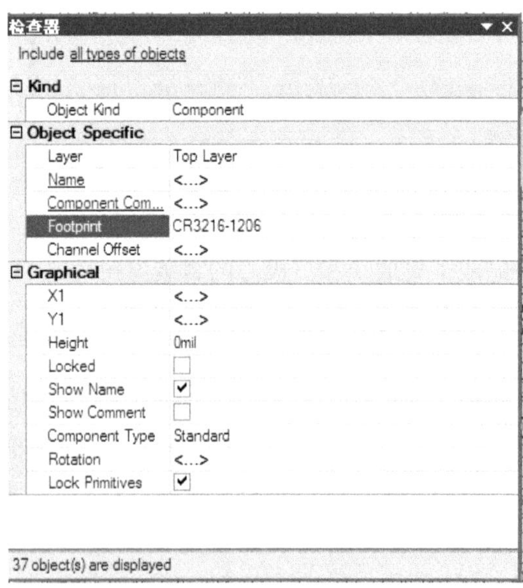

图 6-156　更换为 CR3216-1206 封装的操作图示

6.6.7　把 RAD–0.1 封装更换为 1206 封装

在图 6-154 所示界面上右击任一无极电容封装的空白处，在弹出的快捷菜单中单击“查找相似对象”菜单项，在弹出的“查找相似对象”对话框中将 Footprint 选项的“Any”参数改为“Same”，选中“选择匹配”和“运行检查器”，如图 6-157 所示，再单击“确认”按钮。

然后，在弹出的“检查器”对话框中，将 Footprint 选项的封装名改为“CR3216-1206”，如图 6-158 所示。更名后直接回车，再按 Shift+C 组合键，这就完成了 9 个 RAD-0.1 封装的更换。

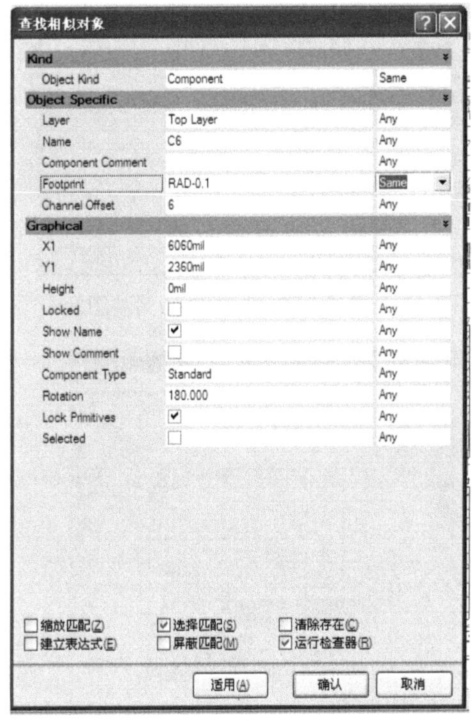

图 6-157　RAD-0.1 封装更换操作图示

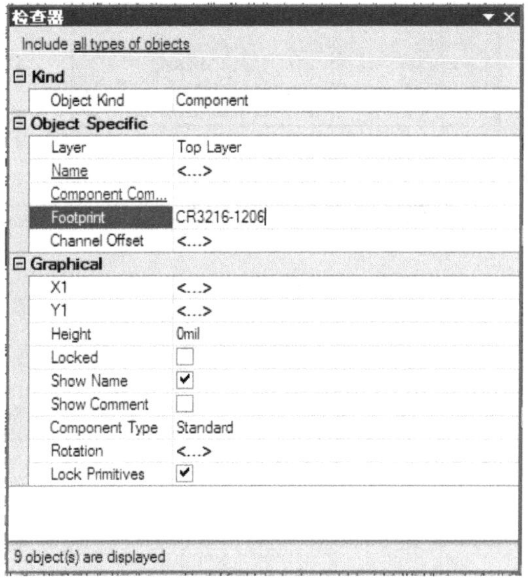

图 6-158　更换为 CR3216-1206 封装图示

6.6.8　把 LEDPCB 封装更换为 1206 封装

在图 6-154 所示界面上右击任一发光二极管封装的空白处，在弹出的快捷菜单中单击“查找相似对象”菜单项，在弹出的“查找相似对象”对话框中改 Footprint 选项第二参数为“Same”，选中“选择匹配”和“运行检查器”，如图 6-159 所示，再单击“确认”按钮。

然后，在弹出的“检查器”对话框中，将 Footprint 选项的封装名改为“CR3216-1206”，如图 6-160 所示。更名后直接回车，再按 Shift+C 组合键，这就完成了 10 个 LEDPCB 封装的更换。

6 类封装更换完成后的单片机开发板 PCB 图如图 6-161 所示。

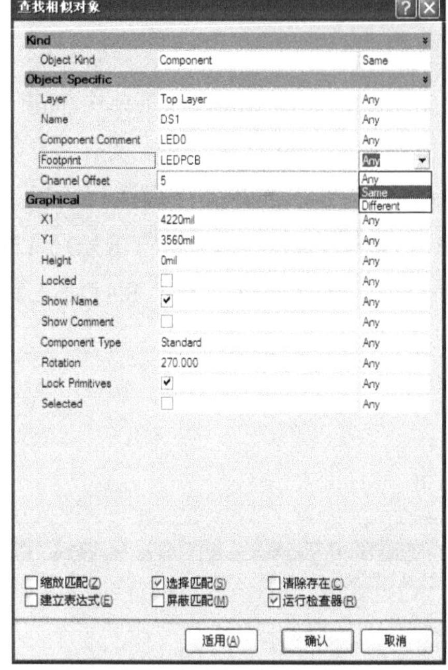

图 6-159　LEDPCB 封装的更换操作

检查器
Include all types of objects

Kind	
Object Kind	Component
Object Specific	
Layer	Top Layer
Name	<...>
Component Com...	<...>
Footprint	CR3216-1206
Channel Offset	<...>
Graphical	
X1	<...>
Y1	<...>
Height	0mil
Locked	☐
Show Name	☑
Show Comment	☐
Component Type	Standard
Rotation	<...>
Lock Primitives	☑

10 object(s) are displayed

图 6-160　更换为 CR3216-1206 封装图示

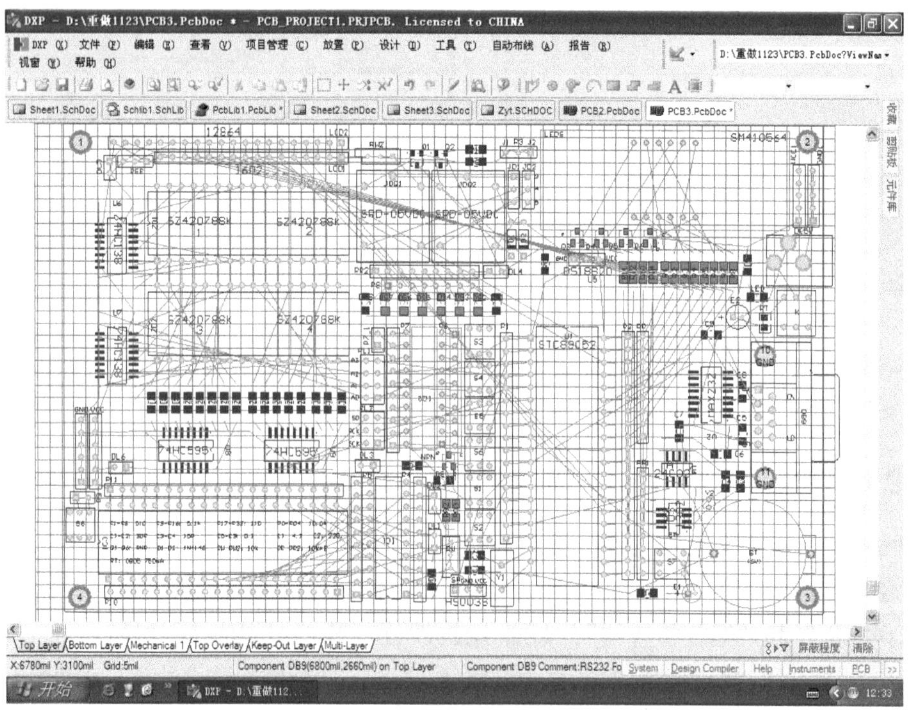

图 6-161　6 类封装更换完成后的单片机开发板 PCB 图

6.6.9　布局调整、自动布线和补泪滴及覆铜

6 类元件的封装换为贴片封装后，电源插座、电源开关、DB9 座、BT 座的放置位置保持不变，LEDS 第 1 脚坐标上移为（5350，4300），U1 第 1 脚坐标调整为（4700，3250），U1 左

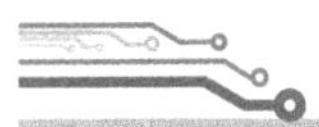

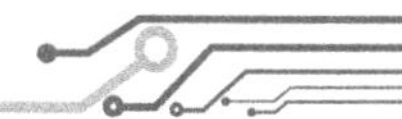

右两边的元件都向右移动 200mil，要注意 P1、P2 与 U1 两边的相对间距不变，PCB 板的左边界线和 1、4 号安装孔都向右移动 10mm（394mil），即 PCB 板长减小为 150mm（591mil）。采用贴片元件的单片机开发板 PCB 图布局调整完成后如图 6-162 所示。

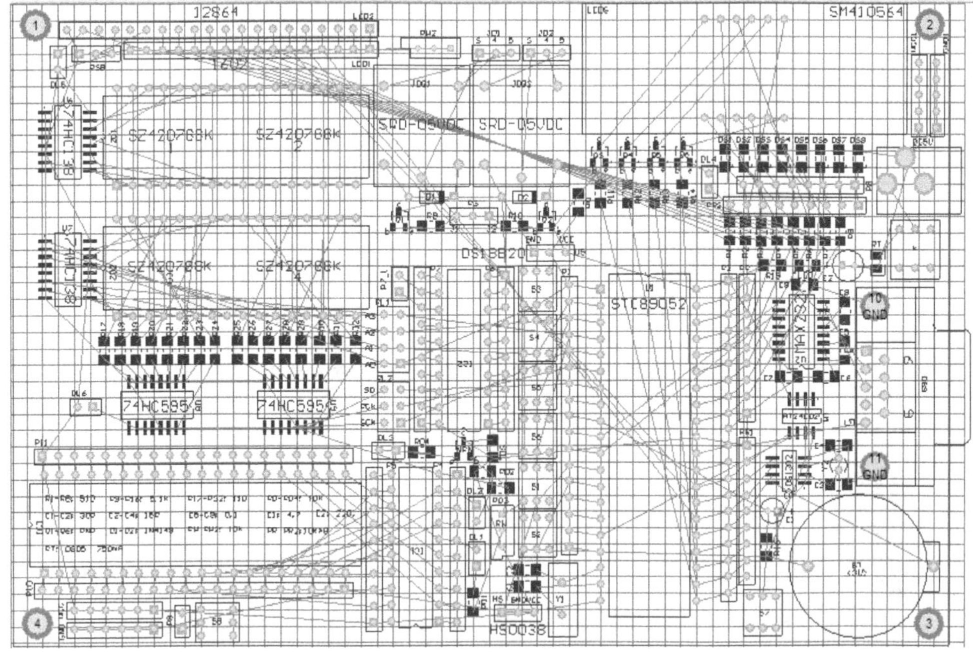

图 6-162　布局调整完工后的贴片式单片机开发板 PCB 图

布局调整完成后，把电源开关的进出线先行放置后再加宽，如图 6-163 所示。

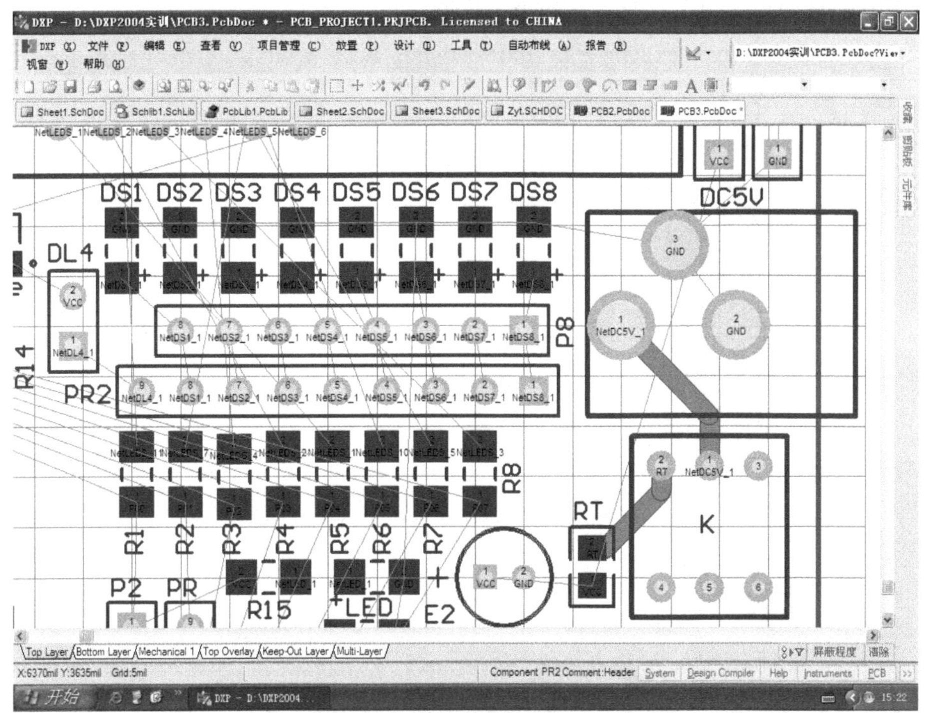

图 6-163　将电源开关的进出线都加宽预布

将电源开关的进出线都加宽预布后，单击“自动布线”→“全部对象”菜单项，在弹出的“Situs 布线策略”对话框中选中“锁定全部预布线”项，如图 6-164 所示。

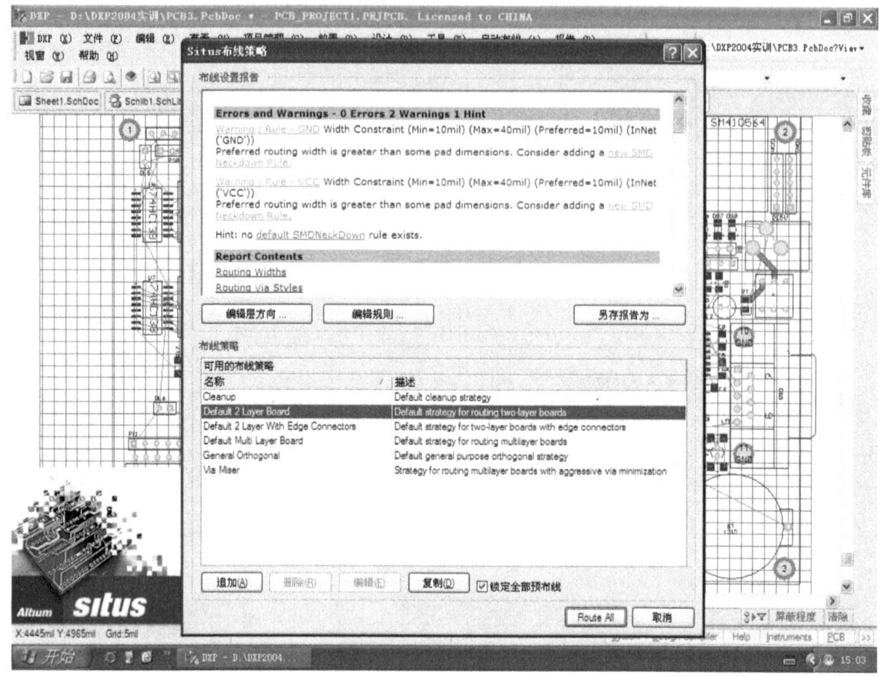

图 6-164　在“Situs 布线策略”对话框中选中“锁定全部预布线”项

然后单击“Situs 布线策略”对话框中的“Route All”按钮，系统就开始进行自动布线，并用一消息框给出自动布线进度信息，如图 6-165 所示。

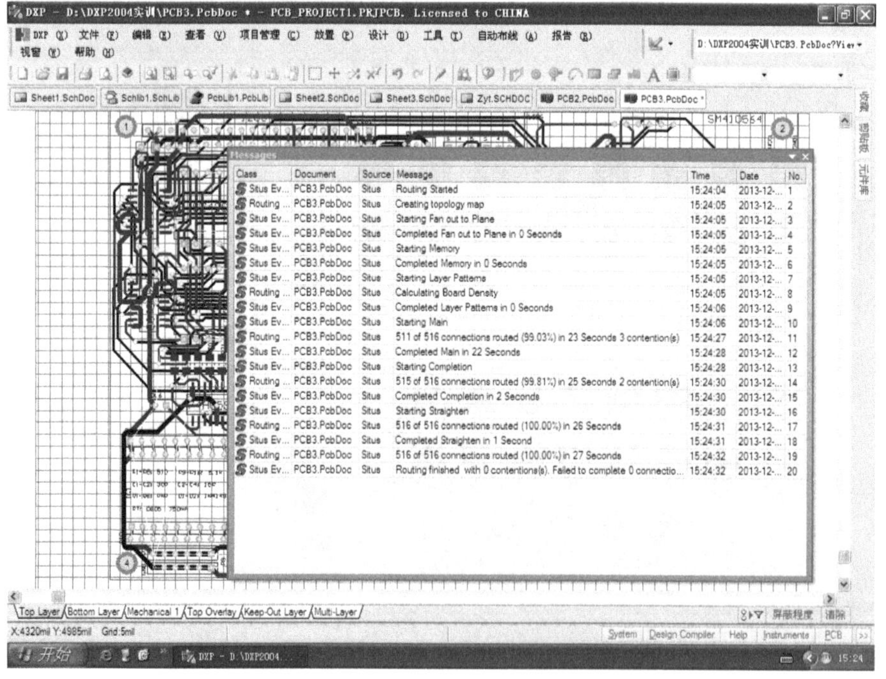

图 6-165　系统自动布线过程中的进度消息图示

当自动布线的消息框中的数据信息不再变化时，自动布线完成，但必须保证最后一行的两个数值都为 0，否则说明自动布线未 100%布通，须撤销自动布线操作后重做。若多次都未能 100%布通，就要考虑把布线规则中的三种线宽都适当减小后再重新进行自动布线。

自动布线完成后，单击“工具”→“泪滴焊盘”菜单项，系统弹出“泪滴选项”对话框，如图 6-166 所示。

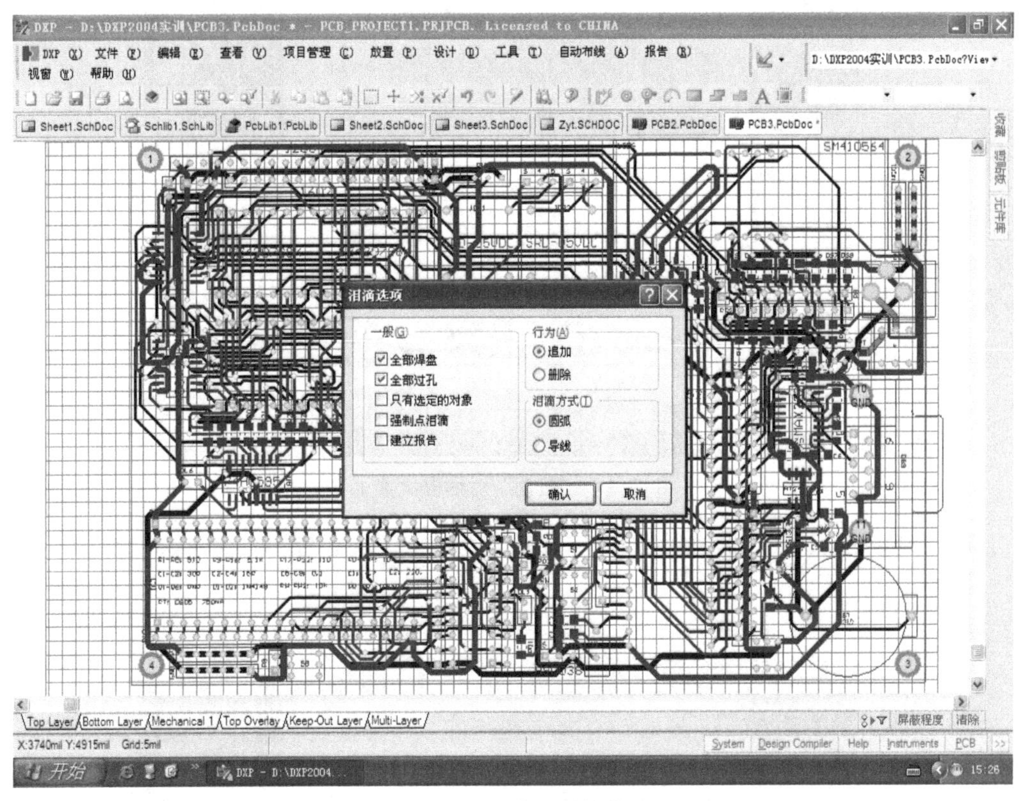

图 6-166　泪滴选项的设置

在如图 6-166 所示对话框中，在“一般”选项组里选中“全部焊盘”和“全部过孔”，在“行为”选项组中选中“追加”，在“泪滴方式”中选中“圆弧”，然后单击“确认”按钮。这就完成了补泪滴操作。接下来，单击“放置”→“覆铜”子菜单，系统弹出“覆铜”对话框，如图 6-167 所示。

如图 6-167 所示，在“覆铜”对话框的“填充模式”中选中“实心填充”，在“属性”的“层”选项中选择“Top Layer”，“连接到网络”选择“GND”，在对象连接中选择“Pour Over Same Net Polygons Only”，选中“锁定图元”和“删除死铜”。再单击“确认”按钮，“覆铜”对话框关闭，光标变成“十”字形状。用十字光标中心在 PCB 板四个边界顶点上依次单击，完成覆铜区域的划界，然后右击鼠标，以退出划界操作。当 PCB 图被白色蒙层遮盖时，PCB 板顶面覆铜完成，在空白处单击鼠标，PCB 图即正常显示。顶面覆铜完成后，再次单击“放置”→“覆铜”菜单项，系统弹出“覆铜”对话框，如图 6-168 所示。

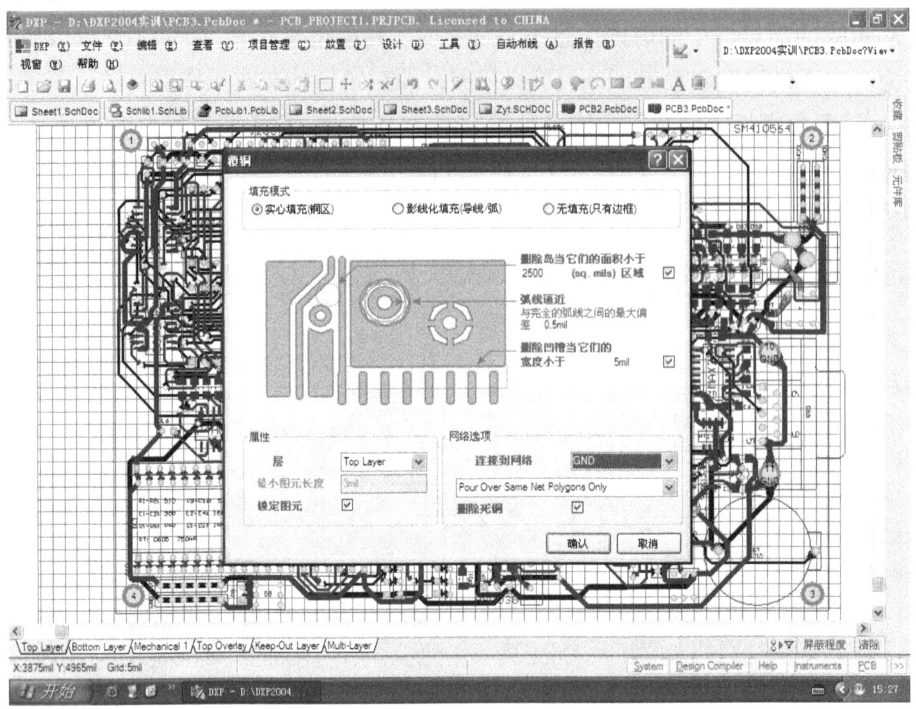

图 6-167 “覆铜”对话框设置 1

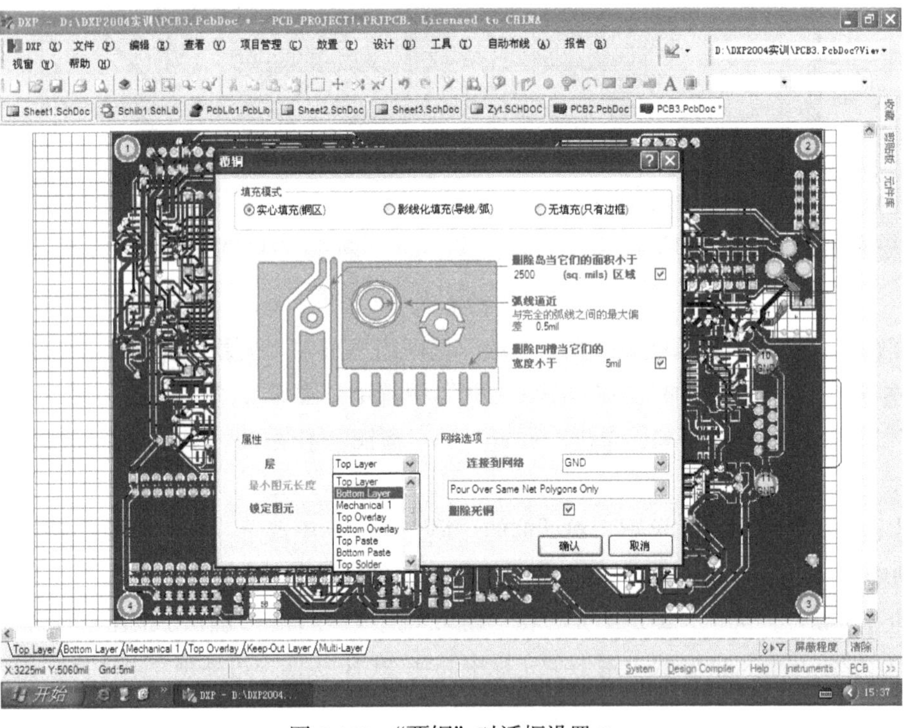

图 6-168 “覆铜”对话框设置 2

在图 6-168 所示的覆铜对话框中，只要将“属性”中的“层”选项选择为“Bottom Layer”，其余保持不变，单击“确认”按钮，覆铜对话框关闭，同样用“十”字光标在四个边界顶点上依次单击以划定覆铜区域，然后右击鼠标，系统就进行 PCB 板底面的覆铜。完成了顶面和底面覆铜后的 PCB 板如图 6-169 所示。

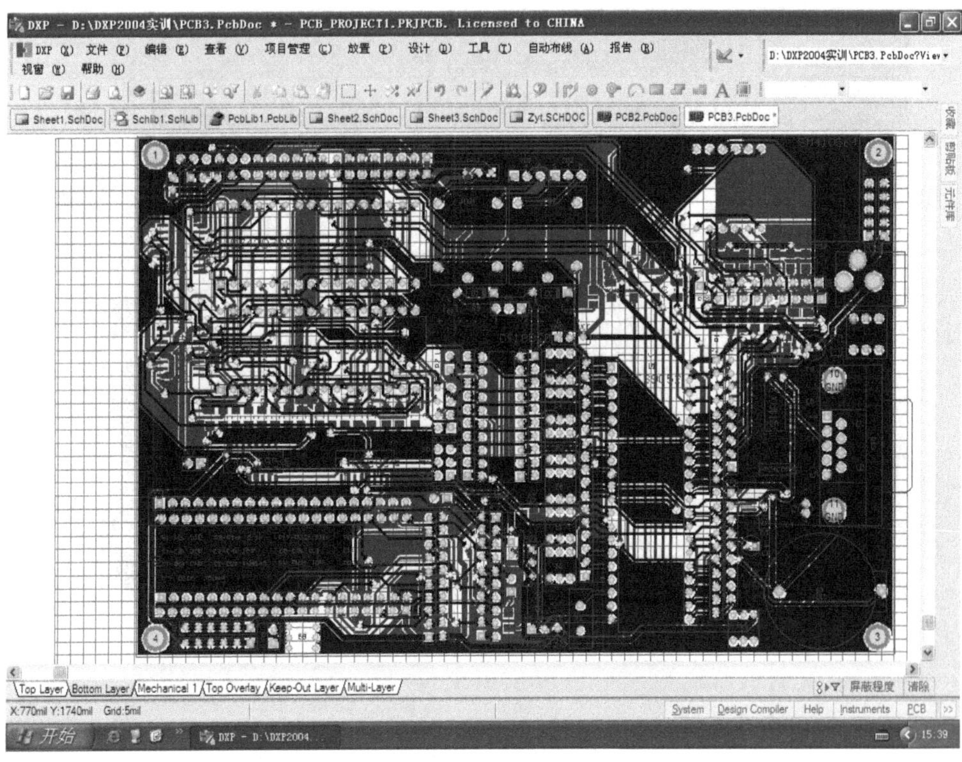

图 6-169　两面都完成了覆铜后的 PCB 板图示

到此，贴片型单片机开发板的 PCB 图设计完成。将全部设计完成后的 PCB3.PcbDoc 文件发给厂家，厂家就能为我们打样加工出如图 6-170 所示的印制电路板。

图 6-170　贴片型单片机开发板电路板实物照（99mm×149mm）

安装焊接完工后的贴片型单片机开发板实物如图 6-171 所示。

图 6-171　焊接完工后的贴片型单片机开发板实物照

小　结　6

本章用层次原理图的设计模式，化难为易地完成了电路复杂的单片机开发板原理图设计，提高了印制电路板开发设计水平。本章实训的要点是：

① 掌握由下向上进行层次原理图设计的步骤。

② 掌握把大电路图分为几个小电路图的分解思路。

③ 掌握给子原理图放置端口的方法。

④ 掌握给主原理图选择图纸入口的方法。

⑤ 掌握总线入口的放置方法。

⑥ 掌握总线的放置方法。

⑦ 掌握在原理图设计中部分电路的复制和粘贴方法。

⑧ 掌握 PCB 图设计中线宽规则的修改和添加操作。

⑨ 掌握自动布线的操作方法。

⑩ 掌握给 PCB 板补泪滴和放置覆铜的方法。

习　题　6

一、填空题

1. 由下向上的层次原理图设计时第一步是将______电路______几个功能分电路。

2. 层次原理图是把整个电路设计为一个__________和若干个__________。

3. “根据图纸建立图纸符号”的层次原理图设计采用由____向____的设计模式，它要求预先设计出___原理图并在图上放置__________，然后在_____原理图设计界面中执行“______”→“_____”菜单项操作，进入______界面中以选择______作为图纸符号。

4. 在层次原理图的主原理图中，一个图纸符号代表一个_____，图纸符号上的____是各个子电路间实现信号连接的接口。

二、上机作业

1. 启动 DXP 2004，打开 PCB2.PcbDoc 文件。

2. 在 PCB 图设计界面中，依次单击“工具”→“覆铜平面”→“Shelve 2 Polygon”菜单项。观察取消覆铜后的 PCB 图。

3. 在 PCB 图设计界面中，依次单击“工具”→“泪滴焊盘”菜单项，然后在弹出的“泪滴选项”对话框中选中“删除”后单击“确认”按钮。观察取消泪滴后的 PCB 图。

4. 在 PCB 图设计界面中，依次单击“编辑”→“Undo”菜单项。观察“Undo”菜单项的作用，再次单击“Undo”菜单项并观察其结果。

5. 在 PCB 图设计界面中，依次单击“编辑”→“Redo”菜单项。观察“Redo”菜单项的作用，再次单击“Redo”菜单项并观察其结果。

6. 理解“Undo”菜单项和“Redo”菜单项的功能，并用菜单操作，把 PCB 图恢复为刚打开 PCB2.PcbDoc 文件时的状态。

7. 退出 DXP 2004。

参 考 文 献

[1] 任富民. 电子 CAD-Protel DXP 2004 SP2 电路设计[M]. 2 版. 北京：电子工业出版社，2012.

[2] 孙立津，等. 电子线路 CAD 设计与仿真[M]. 北京：电子工业出版社，2011.

[3] 王国玉，等. 电子线路 CAD 与实训[M]. 北京：电子工业出版社，2011.